国家级重点技工学校推荐教材

现代大型低速柴油机

主　编　李　斌
副主编　倪春明　赵　磊　周卫杰

HEUP 哈尔滨工程大学出版社

内 容 简 介

本书结合生产实际，对现代大型低速柴油机的使用原理、结构设计、制造安装等方面进行阐述，是国内少有的对此方面进行专业论述的专著，有着重要的理论和实际意义。

本书可供船舶修造企业、技校和职校作为教材使用，也可供动力和机电专业的学生、教师，以及工程技术人员自学参考。

图书在版编目(CIP)数据

现代大型低速柴油机/李斌主编．—哈尔滨：哈尔滨工程大学出版社，2015．7
ISBN 978－7－5661－0943－9

Ⅰ．①现…　Ⅱ．①李…　Ⅲ．①低速柴油机　Ⅳ．①TK429

中国版本图书馆 CIP 数据核字(2015)第 190669 号

出版发行 哈尔滨工程大学出版社
社　　址 哈尔滨市南岗区东大直街 124 号
邮政编码 150001
发行电话 0451－82519328
传　　真 0451－82519699
经　　销 新华书店
印　　刷 哈尔滨工业大学印刷厂
开　　本 787mm×1 092mm　1/16
印　　张 18．5
字　　数 482 千字
版　　次 2015 年 7 月第 1 版
印　　次 2015 年 7 月第 1 次印刷
定　　价 37．00 元
http://www.hrbeupress.com
E-mail:heupress@hrbeu.edu.cn

目　录

项目一　船舶柴油机的认识

模块一　柴油机类型的认识

【学习目标】

1. 能根据柴油机的基本知识，熟练识别柴油机的类型；
2. 能根据柴油机的型号表示，描述柴油机的结构特点；
3. 能按照柴油机的工作顺序，描述柴油机的工作原理和特点；
4. 能根据柴油机的工作过程，分析和绘制四冲程和二冲程柴油机的定时圆图；
5. 能根据柴油机的特点，分析柴油机的应用范围。

【模块描述】

船舶柴油机是驱动螺旋桨旋转或带动发电机发电的动力源。本模块主要介绍柴油机的基本概念，增压的原理，柴油机的基本结构，四冲程和二冲程柴油机的工作原理。本模块要求学生能够熟练地识别柴油机的类型，画出柴油机的定时圆图，描述柴油机进气、压缩、燃烧、膨胀和排气各个工作过程，能比较四冲程和二冲程柴油机的优缺点。

【任务分析】

柴油机是以柴油或劣质燃油为燃料，压缩发火的往复式内燃机。柴油机的基本结构由固定部件、运动部件和配气机构等三大部件组成。同时，为了保证柴油机正常运转，还需要具有燃油、润滑、冷却、增压和操纵等5大系统。柴油机每做一次功，必须完成进气、压缩、燃烧、膨胀和排气5个过程，即一个工作循环。柴油机通过活塞的四个冲程或两个冲程完成一个工作循环，分别称为四冲程或二冲程柴油机。在柴油机中，用增加进气压力来提高功率的方法称为柴油机的增压，采用废气涡轮增压，二冲程柴油机的扫气形式分直流和弯流两大类。

本模块要求能够熟练地识别柴油机的类型和型号表示，了解柴油机的性能特征。

【知识准备】

一、柴油机的基本概念

(一)热机

把热能转换成机械能的动力机械称之为热机。

热机的基本工作原理是燃料在一个特设的装置中燃烧，将燃料的化学能通过燃烧，再通过燃烧产物（工质）的膨胀做功把热能转变为机械能。热机在工作过程中需要完成两次能量转化，如图1－1所示。蒸汽机、蒸汽轮机、柴油机以及汽油机等都是较典型的热机。根据燃料燃烧时所在部位不同，热机分为外燃机和内燃机两种类型。

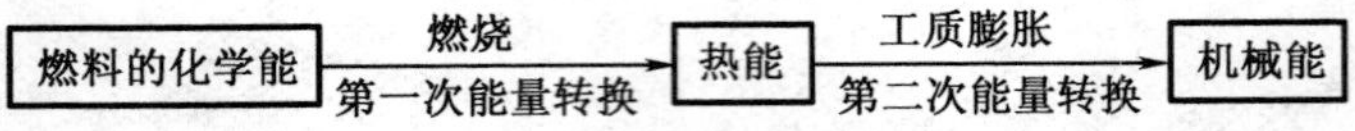

图 1-1　燃料的能量转换

(二) 外燃机

外燃机是燃料的燃烧(燃料的化学能转变成热能)是在汽缸外部特设的锅炉中进行的,燃料燃烧时放出的热能加热水,使水变成蒸汽,再将蒸汽引入汽缸内膨胀做功,推动机械运动。往复式蒸汽机、蒸汽轮机等都是外燃机。

(三) 内燃机

1. 内燃机的概念

工作机械如果两次能量转化过程是在同一机械设备的内部完成的,则称之为内燃机。如汽油机、柴油机以及燃气轮机和煤气机等。

2. 内燃机的优点

内燃机与外燃机相比,其主要优点是:

(1) 在内燃机中,两次能量转换均发生在汽缸内部,受热部件可以在大大低于最高循环工作温度下工作,可以采用较高的循环最高温度,具有较高的热效率;

(2) 热能不需要中间工质(水蒸气)传递,减少了热能在工质传递过程中的热损失,结构简单。另外尺寸和质量等方面也具有明显优势,例如,燃气轮机在热机中的单位质量功率最大。

(四) 柴油机

1. 柴油机的特点

柴油机是一种压缩发火的往复式内燃机。柴油机使用挥发性较差的柴油或劣质燃料油作燃料;采用内部混合法(燃油与空气的混合发生在汽缸内部)形成可燃混合气;缸内燃烧采用压缩式发火(靠缸内空气被压缩后形成的高温自行发火)。这些特点使柴油机在热机领域内具有最高的热效率,因而应用十分广泛。在船用发动机中,柴油机已经取得了绝对统治地位。

2. 柴油机的优点

通常,柴油机具有以下突出优点:

(1) 经济性好,柴油机的有效热效率可达 50% 以上,可使用价廉的重油,燃油费用低;

(2) 功率范围宽广,单机功率为 0.6 kW ~ 87 200 kW,适用领域广;

(3) 尺寸小,质量轻,有利于船舶机舱的布置;

(4) 机动性好,启动迅速、方便,加速性能好,有较宽的转速和负荷调节范围,并可直接反转,能适应船舶航行的各种工况要求;

(5) 可靠性高,寿命长,维修方便。

3. 柴油机的缺点

同时,柴油机也具有以下缺点:

(1) 存在机身振动、轴系扭转振动和噪声;

(2) 某些部件的工作条件恶劣,承受高温、高压作用并具有冲击性负荷。

(五) 柴油机与汽油机比较

柴油机与汽油机的比较,有以下特点。

根据所用燃料的不同，内燃机可大致分为汽油机、煤气机、柴油机和燃气轮机，它们都具有内燃机的共同特点，但又具有各自的工作特点。柴油机与汽油机的比较如表1－1所示。汽油机使用挥发性好的汽油作燃料，采用外部混合法（汽油与空气在汽缸外部进气管中的汽化器内进行混合）形成可燃混合气；其燃烧为点火式（电火花塞点火）。这种工作特点使汽油机不能采用高压缩比，因而限制了汽油机经济性的大幅提高，也不允许作为船用发动机使用（汽油的火灾危险性大），但它工作柔和平稳、噪音低、质量小，因而广泛应用于轿车和轻型运输车辆。

表1－1　柴油机与汽油机的比较

特点＼机型	柴油机	汽油机
燃料（燃烧工质）	柴油或劣质燃油	汽油
点火方式	压缩自行发火	电火花塞点燃
混合气的形成方式	汽缸内混合	汽缸外混合
压缩比	12～22	6～10
有效热效率	30%～55%	15%～40%

二、柴油机的基本结构和常用几何术语

（一）柴油机的基本结构

四冲程柴油机主要由固定部件、运动部件、配气机构和一些系统组成。其主要部件如图1－2所示。

1. 固定部件

固定部件主要包括机座、机体、汽缸盖、汽缸套和主轴承等。固定部件构成柴油机主体，支撑运动部件并由汽缸盖、汽缸套与活塞组件组成燃烧室和燃气工作的空间（汽缸）。

2. 运动部件

运动部件主要包括活塞组件、连杆组件和曲轴飞轮组件等。它们构成曲柄连杆机构，使活塞的往复运动转换为曲轴的回转运动，实现热能向机械能的转换。

3. 主要系统

柴油机除主要部件组成外，还要设置燃油系统、润滑系统、冷却系统、换气与增压系统以及操纵和控制系统。

柴油机的基本结构可使进入汽缸的新鲜空气被压缩以提高温度和压力，并以压缩点火方式使喷射进汽缸的燃料燃烧，所产生

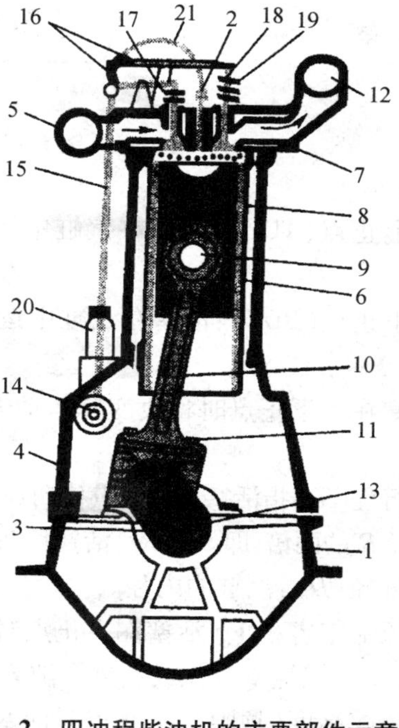

图1－2　四冲程柴油机的主要部件示意图

1—机座；2—喷油器；3—主轴承；4—机体；5—进气管；6—汽缸套；7—汽缸盖；8—活塞；9—活塞销；10—连杆；11—连杆螺栓；12—排气管；13—曲轴；14—凸轮轴；15—顶杆；16—摇臂；17—进气阀；18—排气阀；19—气阀弹簧；20—高压油泵；21—高压油管

的高温、高压的工质在汽缸中膨胀，推动活塞运动，再通过曲柄连杆机构转变为曲轴的回转运动，从而带动工作机械，最后还可将汽缸内的废气排出，再吸入新鲜空气，进行下一个做功过程。

（二）柴油机的常用术语

柴油机常用几何术语如图 1－3 所示。

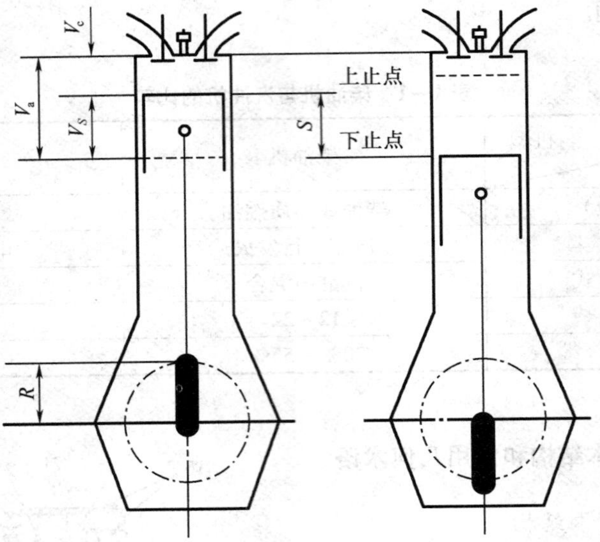

图 1－3　柴油机主要几何术语

1. 上止点（TDC）：活塞在汽缸中运动的最上端位置，也就是活塞离曲轴中心线最远的位置。

2. 下止点（BDC）：活塞在汽缸中运动的最下端位置，也就是活塞离曲轴中心线最近的位置。

活塞在上下止点时将改变其运动方向，此瞬间的活塞速度为零，所以称为上（下）止点或死点。

3. 行程（S）：指活塞从上止点移动到下止点间的直线距离。行程又称冲程，行程 S 等于曲轴曲柄半径 R 的两倍，即 $S=2R$。活塞移动一个行程，相当于曲轴转动 180°CA（曲轴转角）。

4. 缸径（D）：汽缸的内径。

5. 压缩室容积 V_c：活塞在上止点时，活塞顶、汽缸盖底面与汽缸套表面之间所形成的空间容积，又称燃烧室容积或汽缸余隙容积。

6. 余隙高度（顶隙）：上止点时活塞最高顶面与汽缸盖底平面之间的垂直距离。

7. 汽缸工作容积（V_S）：活塞在汽缸中从上止点移动到下止点时所扫过的容积，即

$$V_S = \frac{\pi D^2}{4} \cdot S$$

8. 汽缸总容积（V_a）：活塞在汽缸内位于下止点时，活塞顶以上的汽缸全部容积，即

$$V_a = V_c + V_S$$

9. 压缩比（ε）：汽缸总容积与压缩室容积的比值，亦称几何压缩比或理论压缩比，即

$$\varepsilon = \frac{V_a}{V_c} = \frac{V_c + V_S}{V_c} = 1 + \frac{V_S}{V_c}$$

压缩比是柴油机的一个重要结构参数，它表示缸内工质被压缩的强烈程度。柴油机压缩比为12～22。中高速柴油机的ε高于低速机。实际上柴油机的压缩比取决于进、排气定时，因此运转中柴油机的压缩比与几何压缩比有所不同。

三、柴油机的工作原理

柴油机每做一次功，就是在汽缸内完成一个由进气、压缩、燃烧、膨胀和排气5个过程组成的工作循环。柴油机持续地运转做功过程，是汽缸内周而复始地重复一个个工作循环的过程。柴油机可通过活塞的四个冲程或两个冲程完成一个工作循环，分别被称为四冲程或二冲程柴油机。

（一）四冲程柴油机的工作原理

柴油机的基本工作原理是采用压缩发火方式使燃料在缸内燃烧，以高温高压的燃气做工质，在汽缸中膨胀推动活塞往复运动，并通过活塞—连杆—曲柄机构将往复运动转变为曲轴的回转运动，从而带动工作机械。

根据柴油机的上述工作特点，燃油在柴油机汽缸中燃烧做功必须通过进气、压缩、燃烧、膨胀与排气5个过程。包括进气、压缩、混合气形成、着火、燃烧与放热、膨胀做功和排气等在内的全部热力循环过程，称为柴油机工作过程；包括进气、压缩、膨胀和排气等过程的周而复始的循环叫工作循环。

如果柴油机工作循环的5个过程是通过进气、压缩、膨胀和排气4个行程来实现的（曲轴转动720 °CA），这种柴油机叫作四冲程柴油机。

1. 工作过程

图1－4中所示的四个简图分别表示四个活塞行程的进行情况，以及活塞、曲轴、气阀等部件的有关动作情况。

第一冲程——进气冲程：空气进入汽缸时相应的活塞行程。

作用：吸入新鲜空气。

活塞从上止点下行，进气阀a打开。由于汽缸容积不断增大，缸内的气体压力降低，由于进入汽缸的新鲜空气流经进气管、进气阀时存在一定的阻力，因此进气压力线（1—2）低于大气压力线，依靠汽缸内气体压力与大气压力的压差，新鲜空气经进气阀被吸入汽缸。进气阀一般在活塞到达上止点之前一定角度即提前打开（曲柄位于点1），下止点之后一定角度延迟关闭（曲柄位于点2）。曲柄转角φ_{1-2}（图中阴影线所占的角度）表示进气持续角，约为220 °CA～250 °CA（曲柄转角）。

第二冲程——压缩冲程：工质在汽缸内被压缩时相应的活塞行程。

作用：吸入气体被压缩，产生高温、高压气体。

活塞从下止点向上运动，自进气阀a关闭（点2）才开始压缩，一直到上止点（点3）为止。第一行程吸入的新鲜空气经压缩后，压力增高到3～6 MPa，温度升高到600～700 ℃，此温度可以保证喷入汽缸的雾状燃油自燃（燃油的自燃温度为210～270 ℃）。压缩终点的压力和温度分别用符号p_c和t_c表示。在压缩过程的后期，由喷油器c喷入汽缸的燃油与高

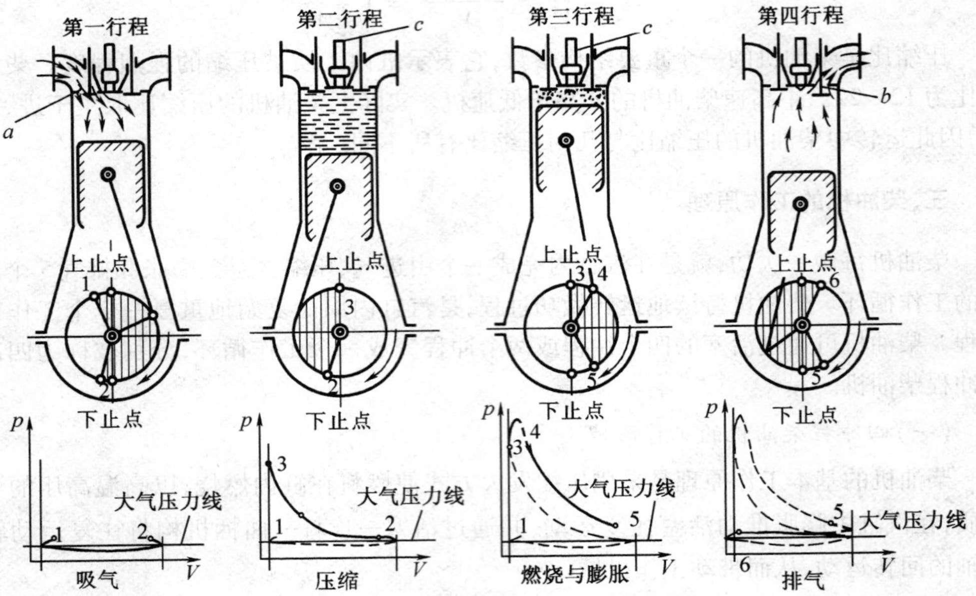

图 1-4　四冲程柴油机的工作原理图

温空气混合、加热,并自行发火燃烧。曲柄转角 φ_{2-3}(图中阴影线所占的角度)表示压缩过程,约为 140 °CA ~ 160 °CA。

第三冲程——燃烧和膨胀冲程:工质在汽缸内燃烧膨胀时相应的活塞行程。

作用:吸入气体膨胀做功。

活塞在上止点附近,由于燃油强烈燃烧,使汽缸内的气体温度和压力急剧升高,压力约为 5 ~ 8 MPa,甚至高达 15 MPa,温度约为 1 400 ~ 1 800 ℃或更高。此压力推动活塞下行,带动曲柄转动,从而输出机械功。燃烧时产生的最大压力称为最大爆发压力 p_z,它一般出现在上止点后的某一曲柄转角位置上(一般在上止点后 10 °CA ~ 15 °CA)。汽缸内的最高温度 T_z 一般出现在上止点后的某一曲柄转角位置上(一般不超过上止点后 40 °CA)。膨胀一直到排气阀 b 开启时结束,膨胀终了时的汽缸内的气体压力约为 250 ~ 450 kPa,气体温度约为 600 ~ 700 ℃,曲柄转角 φ_{3-4-5}(图中阴影线所占的角度)表示膨胀过程,占 130 °CA ~ 150 °CA。

第四冲程——排气冲程:燃烧后的废气从汽缸内排出时相应的活塞行程。

作用:做完功的气体排出汽缸。

在上一行程末,活塞尚在下行,排气阀 b 开启,废气靠汽缸内外压力差经排气阀排出,废气的压力迅速下降。当活塞经下止点上行时,废气被活塞推挤出汽缸,此时的排气压力略高于大气压力(约 1.05 至 1.1 大气压),且是在压力基本保持不变的情况下进行的。为了尽可能将废气排除干净,排气阀一直延迟到上止点后(点 6)才关闭。曲柄转角 φ_{5-6}(图中阴影线所占的角度)表示排气持续角,为 230 °CA ~ 260 °CA。

进行了上述的四个行程,柴油机就完成了一个工作循环。当活塞继续运动时,另一个新的循环又按同样的顺序重复进行,以维持柴油机的连续运转。

四冲程柴油机每完成一个工作循环,曲轴需要回转两转(720 °CA),活塞运行四个行程。每个工作循环中只有第三行程(膨胀行程)是做功的,其他的三个行程都是为膨胀行程服务的,都需要消耗能量。柴油机常做成多缸的,这样进气、压缩、排气行程需要的能量借助其他正在做功的汽缸或飞轮来供给。如果是单缸的柴油机,则由相对较大的飞轮来提供。

2. $p-V$ 示功图

图 1-4 下方的 $p-V$ 图表示一个工作循环内汽缸中气体压力随活塞位移(即汽缸容积)而变化的情形。在 $p-V$ 图中,进气过程曲线为 1—2;压缩过程曲线为 2—3;燃烧和膨胀过程曲线为 3—4—5;排气过程曲线为 5—6。把一个工作循环的各过程线综合起来,就构成了四冲程柴油机的示功图。在工作过程进行中,汽缸内气体的压力和容积是同时变化的。$p-V$ 示功图可以用来研究柴油机各工作过程进行的情况,且可以用来计算柴油机一个工作循环的指示功。

3. 定时圆图

四冲程柴油机进、排气阀的开启和关闭都不在上、下止点,而是在上、下止点前后的某一时刻。它们的开启持续角均大于 180 °CA。进、排气阀在上、下止点前后启闭的时刻称为气阀定时。通常气阀定时用距相应止点的曲柄转角(°CA)来表示。用曲柄转角表示气阀定时的圆图称为气阀定时圆图。如图 1-5 所示,它表示了各工作过程的次序与规律。

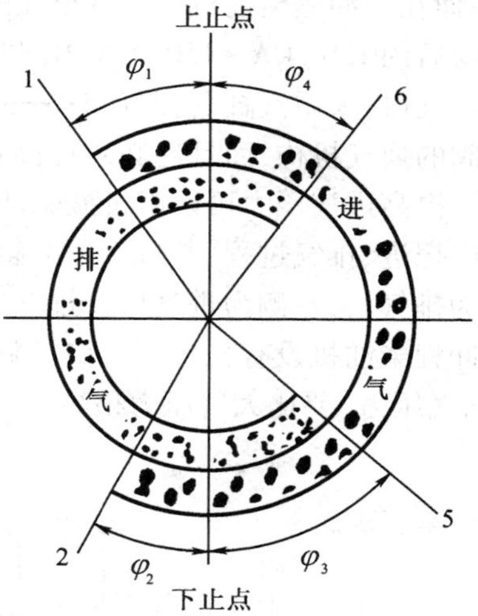

图 1-5　气阀定时圆图

从图 1-5 可以看出,进气阀在上止点前点 1 开启,在下止点后点 2 关闭。其与相应止点的夹角 φ_1,φ_2 分别称为进气提前角和进气滞后角。排气阀在下止点前点 5 开启,在上止点后点 6 关闭。其与相应止点的夹角 φ_3,φ_4 分别称为排气提前角和排气滞后角。气阀提前开启是为了减少进、排气的阻力,滞后关闭是为了增加进气时间和利用气流的流动惯性,使废气排除干净,并增加空气的吸入量,以利于燃油的燃烧,另外还可减少排气耗功。因此气阀定时是影响四冲程柴油机做功的重要因素。

4. 气阀重叠角

由图 1-5 可以看出,在上止点前后进气阀与排气阀同时开启着,同一汽缸的进、排气阀在上止点前后同时开启所对应的曲轴转角称为气阀重叠角。在气阀叠开期间,进气管、汽缸、排气管连通,此时利用废气的流动惯性,除可避免废气倒冲入进气管外,还可以抽吸新鲜空气进入汽缸,并利用此压力差在将新鲜空气吸入汽缸的同时将燃烧室内的废气排出汽缸,实现所谓燃烧室扫气。此时不但可提高换气质量,还可利用进气冷却燃烧室有关部件。因而四冲程柴油机均有一定的气阀重叠角,而且增压柴油机的气阀重叠角均大于非增压机,如表 1-2 所示。

表 1-2　四冲程柴油机气阀定时及气阀重叠角

名称	非增压		增压	
	开启	关闭	开启	关闭
进气阀	上止点前 15°~30°	下止点后 10°~30°	上止点前 40°~80°	下止点后 20°~40°
排气阀	下止点前 35°~45°	上止点后 10°~20°	下止点前 40°~55°	上止点后 40°~50°
重叠角	25°~50°		80°~130°	

(二)二冲程柴油机的工作原理

活塞在两个行程内完成一个工作循环(曲轴转动 360 °CA)的柴油机,叫作二冲程柴油机。

在四冲程柴油机中,新鲜空气的吸入与废气的排出是靠活塞的抽吸和推挤作用完成的;而在二冲程柴油机中没有单独的进气和排气行程。其进气与排气过程几乎重叠在下止点前后约 120 °CA ~ 150 °CA 内同时进行。因此二冲程柴油机在结构上,必须在汽缸套下部开设气口,采用汽缸套扫气口——排气口,或采用汽缸套下部设扫气口——汽缸盖上设排气阀的换气机构,而且还必须提高进气压力,使进气能从扫气口进入汽缸并将废气扫出汽缸。提高进气压力可以由机械驱动的扫气泵或由废气涡轮驱动的增压器来实现。这样,就可以把进、排气过程(扫气过程)缩减到下止点前后的部分行程中完成。图 1-6 中汽缸右侧为排气口,左侧为进气口。排气口比进气口略高,进排气口的开关均由活塞控制。此外,二冲程柴油机设有扫气泵。扫气泵预先将空气压缩并送入扫气箱中,扫气箱中的空气压力(扫气压力)要比大气压力稍高。

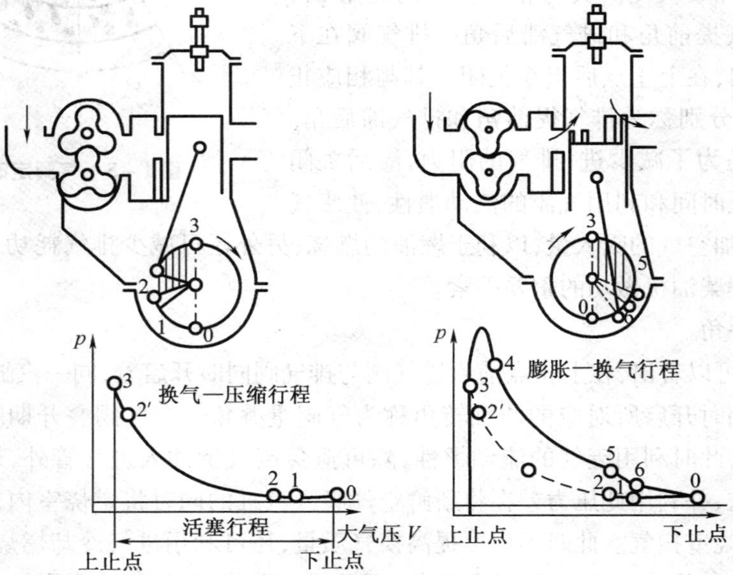

图 1-6　二冲程柴油机工作原理

1. 工作过程

第一冲程——扫气、排气及压缩行程。

活塞由下止点向上运动。在活塞遮住进气口之前，新鲜空气通过进气口不断充入汽缸，并将汽缸内的废气经排气口驱除出去。当活塞上行到将进气口全部遮闭时(点 1)，新鲜空气停止进入汽缸。当活塞继续上行排气口被遮闭后(点 2)，汽缸内的空气就被上行的活塞压缩，压力和温度亦随之升高。在活塞到达上止点前的某一时刻(点 2′)，柴油经喷油器喷入汽缸，并与高温高压空气混合后着火燃烧。在这一行程中，进行了换气(曲线 0—1—2)、压缩(曲线 2—3)和喷油着火燃烧等过程。

第二冲程——膨胀、排气及扫气行程。

活塞由上止点向下运动。在此行程的初期，燃烧仍在猛烈地进行，到点 4 才基本结束。高温高压的燃气膨胀推动活塞下行做功。当活塞下行将排气口打开时(点 5)，由于此时缸内的燃气的压力和温度仍较高，分别为 0.25 ~ 0.6 MPa 和 600 ~ 800 ℃，因而汽缸内燃气借助汽缸内外的压差经排气口高速排出，缸内的压力也随之下降。当缸内压力下降到接近扫气压力时，下行的活塞将进气口打开(点 6)，新鲜空气便通过进气口充入汽缸，并对汽缸内进行扫气，将汽缸内的废气经排气口驱除出去。这个过程一直要延续到下一个循环活塞再次上行将进气口关闭时为止，称为扫气过程。在这一行程中，进行了燃烧与膨胀(曲线 3—4—5)、排气(曲线 5—6)和部分扫气(曲线 6—0)过程。

在柴油机中，我们把用增加进气压力来提高功率的方法称为柴油机的增压。增压柴油机和非增压柴油机的主要区别在于进气压力不同，非增压柴油机是在大气压力下进气的，而增压柴油机则是在较高的压力下进气的。

为了实现柴油机的增压，必须在柴油机上装设一台压气泵，若压气泵由柴油机带动则称为机械增压。进气压力的提高会使柴油机消耗于压气泵的功增多，甚至当进气压力超过某一定值后，柴油机因其增加的功率几乎全部消耗在驱动压气泵上，因此机械增压的进气压力都较低，一般不超过 150 kPa，否则，将得不偿失。

如果将柴油机排出的废气送入涡轮机中，使涡轮机高速回转来带动一离心式压气机工作，从而提高进入柴油机的空气压力以实现增压，我们称这种增压方式为废气涡轮增压。目前，船用二冲程低速柴油机都采用废气涡轮增压的方式提高进气压力，图 1－7 所示为一种具有废气涡轮增压的二冲程柴油机工作原理图。它的工作原理为新鲜空气通过吸入口 f 进入废气涡轮增压器(由废气涡轮和离心式压气机组成)，经压气机 e 压缩后，新鲜空气的压力和温度升高，然后经冷却器 g 冷却后导入进气管和扫气箱 h，经过汽缸下部的进气口 a 进入汽缸；而废气则通过汽缸盖上的排气阀 b 排出汽缸，废气经排气管 j 后进入废气涡轮增压器的涡轮端 d，带动涡轮旋转从而驱动压气机一起工作，不断地将新鲜空气吸入到压气机。

2. $p-V$ 示功图

对于排气口－扫气口式二冲程柴油机的工作过程如图 1－8 所示。

二冲程柴油机的工作过程包括第一行程(压缩行程)、第二行程(膨胀冲程)和换气过程(进、排气过程)。压缩行程指活塞从下止点上行遮住排气口开始(图中点 4)，当活塞到达上止点时，压缩过程结束(图中的点 c)。膨胀行程是指从上止点燃油发火燃烧开始到活塞下行打开排气口结束(图中的点 1)，z 点表示缸内的最大爆发压力点，d_2 点表示工作循环的最高温度点，在此过程中燃气膨胀推动活塞下移向外输出有效功。换气过程是指从膨胀行程终止后开始，随着活塞的移动，活塞依次打开排气口(点 1)、打开扫气口(点 2)、到达下止点(点 0)、关闭扫气口(点 3)、关闭排气口(点 4)，到压缩行程开始前结束。废气排出汽缸，新鲜空气进入汽缸进行清扫的过程,不占有单独的行程,因而又称为“扫气过程”。

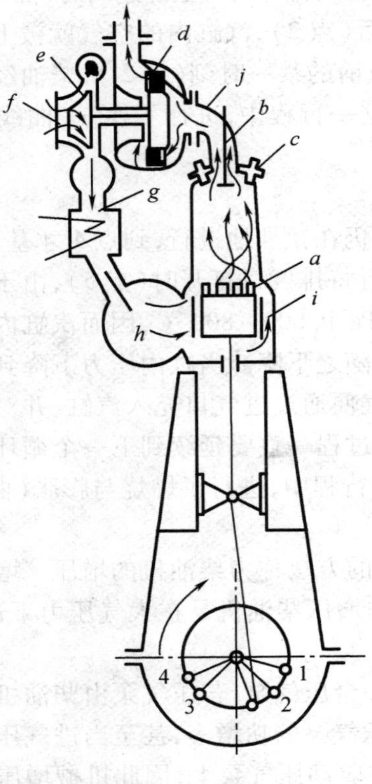

图 1-7　废气涡轮增压示意图

a—扫气口;b—排气阀;c—喷油器;d—涡轮;
e—压气机;f—吸气口;g—中冷器;
h—扫气箱;i—内扫气箱;j—排气管

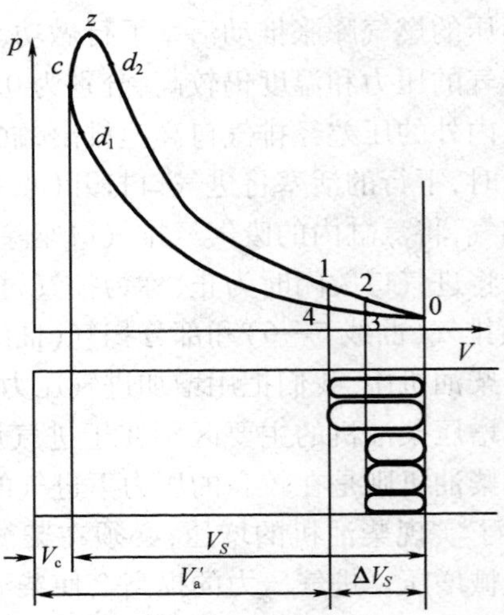

图 1-8　二冲程柴油机的 $p-V$ 示功图

3. 定时圆图

二冲程柴油机也可以用定时圆图来表示它的各项定时时刻。图 1-9 为某二冲程柴油机的定时圆图。

4. 有效压缩比

由柴油机的工作原理可知,无论四冲程或二冲程柴油机,它们真正压缩的始点均不在下止点,而在进气阀或排气阀(口)全部关闭时的时刻。通常将进或排气阀(口)全部关闭瞬时的汽缸容积(汽缸有效工作容积)与压缩室容积的比值称为有效压缩比 ε_e。二冲程柴油机有效压缩比 ε_e 可以表示为

$$\varepsilon_e = 1 + \frac{(1-\varphi_S)V_S}{V_S}$$

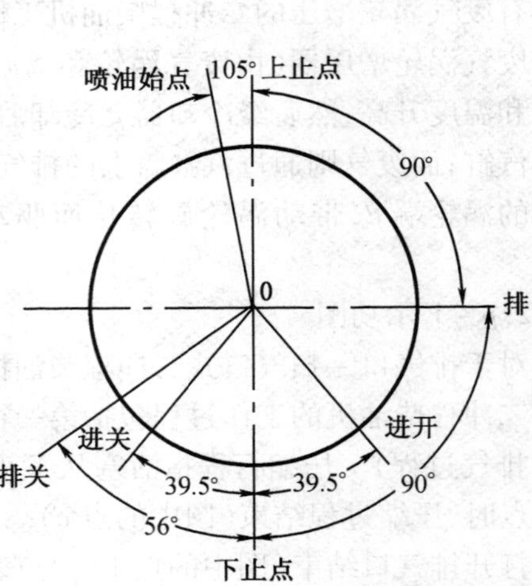

图 1-9　二冲程柴油机的定时圆图

式中，φ_S为行程失效系数；φ_S = 气口高度(h)/行程(S)。

5. 二冲程柴油机的换气形式

在二冲程柴油机中，不同的换气形式对换气质量有重要影响。根据气流在汽缸中的流动路线，二冲程柴油机的换气形式可分为弯流与直流两大类。每一大类中又有不同的换气形式，即

- 弯流
  - 横流
    - 简单横流
    - 扫气口装有单向阀
  - 回流
  - 半回流(新型横流)
    - 简单半回流
    - 扫气口有控制阀
    - 排气口有控制阀
- 直流
  - 排气阀－扫气口式
  - 排气口－扫气口式

(1) 直流扫气

在排气阀－扫气口直流扫气中，汽缸下部均布一圈扫气口，在缸盖上有排气阀(1～6个)，如图1－10所示。空气从扫气口进入汽缸，沿汽缸中心线上行驱赶废气从汽缸盖上的排气阀排出汽缸。显然，气流在缸内的流动方向是自下而上的直线流动。扫气口在汽缸轴线和汽缸半径两个方向上都有倾斜角，使扫气空气进入汽缸后向上并绕汽缸轴线做螺旋运动，形成"气垫"。扫气过程中空气与废气不容易掺混，扫气效果好。此外，排气阀的启闭由排气凸轮控制，所以排气阀可以与扫气口同时或提前关闭，避免了"过后排气"。

在船用柴油机中B&W，UEC等机型是传统的排气阀－扫气口直流扫气式柴油机，现代船用超长冲程柴油机MAN B&W MC/MCE机型、Sulzer RTA系列也是采用排气阀－扫气口直流扫气形式。

(2) 横流扫气

简单横流扫气如图1－11所示。扫、排气口位于汽缸中心线的两侧，排气口的位置比扫气口略高一些。空气从扫气口一侧沿汽缸中心线向上，在靠近燃烧室部位回转到排气口一侧，再沿汽缸中心线向下把废气从排气口清扫出汽缸。为了使扫气进行得完善，扫气口和排气口在汽缸轴线方向和汽缸半径方向上都有一定的倾斜角，防止进气直接流向排气口。

(3) 回流扫气

如图1－12所示，扫、排气口在汽缸下部同一侧且排气口在扫气口的上方。进气流沿活塞顶面向对侧缸壁并沿缸壁向上流动，到汽缸盖转而向下流动，把废气从排气口清扫出汽缸。气流在缸内做"回线"流动。在船用大型柴油机中，MAN KZ型低速柴油机即为回流扫气形式。

(4) 半回流扫气

半回流扫气的扫气口布置在排气口的下方和两侧，如图1－13所示。气流在缸内的流动兼有横流和回流的特点。某些早期的半回流扫气，在排气管中装有回转控制阀。当活塞上行遮住扫气口后，通过回转控制阀把排气口关闭，以避免"过后排气"带来的空气损失。在船用大型柴油机中Sulzer RD，RND，RLA，RLB等机型均为半回流扫气。

弯流扫气柴油机的主要特点，如表1－3所示。

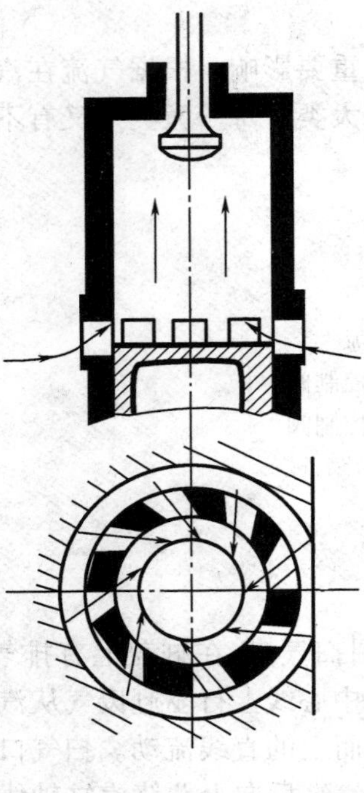

图 1 – 10　直流扫气示意图

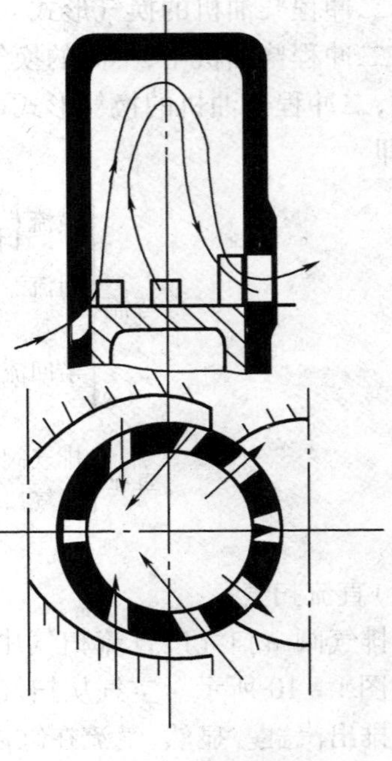

图 1 – 11　横流扫气示意图

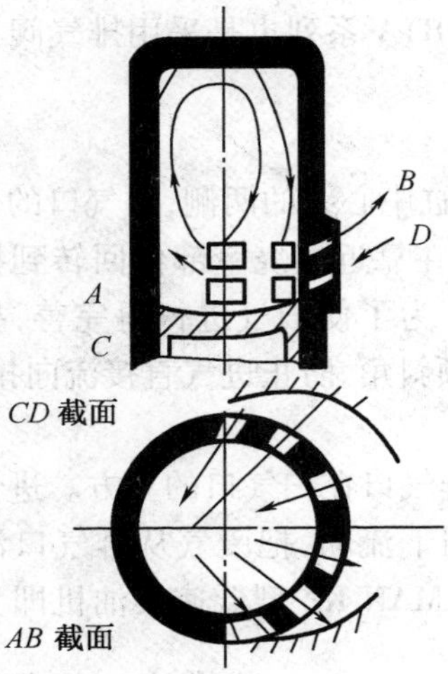

图 1 – 12　回流扫气示意图

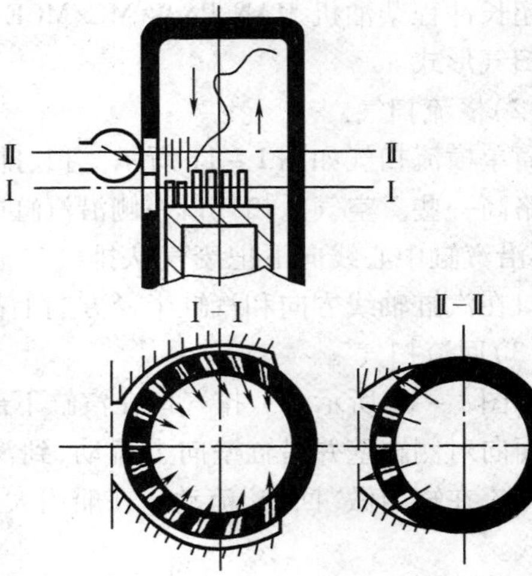

图 1 – 13　半回流扫气示意图

表1-3　弯流扫气的主要结构特点

扫气形式	气口布置	主要特点
简单横流	进、排气口位于汽缸中心线的两侧	空气从进气口一侧沿汽缸中心线向上，在靠近燃烧室部位回转到排气口的另一侧，再沿着汽缸中心线向下，把废气从排气口清扫出汽缸
回流	进、排气口在汽缸下部同一侧且排气口在进气口的上方	进气流沿活塞顶面向对侧的缸壁并沿缸壁向上流动，到汽缸盖转向下流动，把废气从排气口中清扫出汽缸
半回流	进气口布置在排气口的下方及两侧	气流在汽缸内的流动特征兼有横流与回流的特点，某些半回流扫气形式，在排气管中装有回转控制阀

上述弯流扫气的气流在缸内流动路线长（通常大于2S），新气与废气易掺混且存在扫气死角和气流短路现象，因而换气质量较差。尤其在横流扫气中，汽缸套下部的进、排气口两侧受热不均，容易产生变形。但弯流扫气的结构简单，维修较方便，在行程缸径比$S/D<2.2$的船用大型柴油机中曾经得到普遍使用。直流扫气的气流在汽缸内流动路线短（约为S），新气与废气不易掺混，因而换气质量较好，同时汽缸套下部受热均匀，但结构复杂，维修难度大。现代船用大型柴油机随冲程缸径比S/D的增加，发展了长冲程（$S/D>2.5$）和超长冲程（$S/D>3$）柴油机。直流扫气以其优势成为现代船用大型柴油机的主要换气形式。

（三）二冲程柴油机与四冲程柴油机的比较

从上述四冲程与二冲程柴油机工作原理比较，看出两者有以下特点。

1. 做功能力大。二冲程柴油机两个行程即曲轴转一转完成一个工作循环，由此可提高柴油机功率。两台汽缸尺寸与转速相同的四冲程与二冲程柴油机，二冲程柴油机的功率在理论上是四冲程柴油机的2倍。计及气口行程损失和扫气泵损失，则二冲程柴油机的功率为四冲程机的1.6~1.8倍。

2. 回转均匀。由于二冲程柴油机曲轴每转一转完成一个工作循环，因而它的回转要比四冲程机均匀，可使用较小的飞轮。

3. 结构简单。二冲程柴油机的换气机构较简单，便于维修保养。

4. 换气质量差。二冲程柴油机没有单独的换气行程，换气角度仅为四冲程机的1/3，因此新旧气体容易掺混，换气质量较四冲程机差，耗气量也大。

5. 热负荷高。二冲程柴油机的工作循环比四冲程机多一倍，二冲程机的热负荷比四冲程机高。因为在转速相同的情况下，二冲程柴油机工作频繁，燃烧室周围部件的热负荷、喷油器的热负荷较高，容易引起喷油嘴的堵塞，并给高增压带来困难。

总之，在提高功率方面二冲程柴油机比四冲程机优越；而在换气质量方面，四冲程机较二冲程机优越。

（四）增压柴油机的概念

柴油机所能发出的最大功率受到汽缸内所能燃烧的燃料的限制，而燃烧的燃料又受到每个循环内汽缸所能吸入空气量的限制。如果空气能在进入汽缸前得到压缩而使其密度增大，则同样的汽缸工作容积可以容纳更多的新鲜空气，就可以多供给燃料，得到更大的输出功率。这就是增压的基本目的。

1. 柴油机增压概述

增压技术始于19世纪末期,在20世纪初期得到初步应用。随着材料科学及制造技术的进步,柴油机的涡轮增压技术在20世纪中期开始走向大规模商业应用。目前,船用大功率柴油机的绝大部分、车用柴油机的半数以上均采用了增压技术。增压柴油机的比功率(以平均有效压力表示)较之非增压柴油机增加了4~5倍。由于涡轮增压利用排气能量来增加充气量以提高功率,不仅工作过程得到改善、燃油消耗率下降,而且排放也得到改善。由此可见,采用涡轮增压技术以后,柴油机的性能得到了全面的、大幅度的提高。

所谓增压,就是用提高汽缸进气压力的方法,使进入汽缸的空气密度增加,从而可以增加喷入汽缸的燃油量,以提高柴油机的平均指示压力和平均有效压力。柴油机的增压程度一般以增压度来表示。增压度是柴油机增压后标定功率与增压前标定功率的差值与增压前标定功率的比值。它表示增压后功率增加的程度。

由于空气在增压器中被压缩时压力和温度同时升高,这就影响了空气密度的增加和增压的效果,因此,大多数增压器都设有中间冷却器以降低空气温度,提高空气密度。通常船舶柴油机增压器的中冷器都是以海水来冷却的。中冷的另一个作用是降低柴油机的循环平均温度。资料表明,当进气温度降低10 ℃时,循环平均温度将降低25 ℃。这使柴油机的热负荷降低很多。因此,中冷是增压柴油机,特别是中、高增压柴油机在提高进气压力的同时所必须采用的技术措施。

在一些新型的柴油机上,空气冷却器采用两级冷却,高温淡水冷却第一级而低温淡水冷却第二级,这样就能够更有效地利用柴油机的废热。此外,采用两级冷却还可以在低负荷下旁通第二级冷却以增加进气温度,保证柴油机的良好工作。

2. 增压方式

根据驱动增压器所用的能量的不同,柴油机增压主要分为以下三种类型,如图1-14所示。

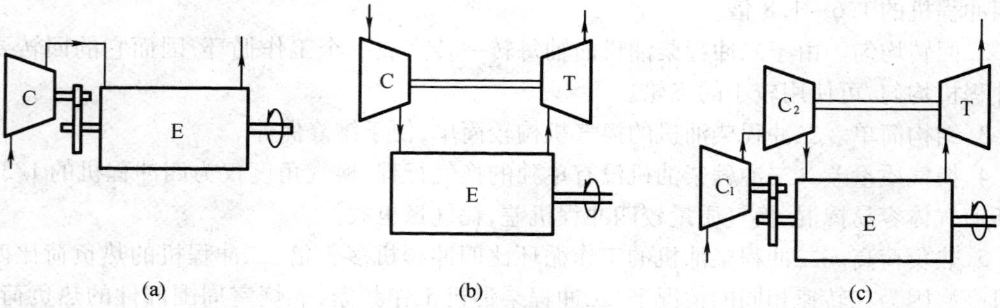

图1-14 柴油机增压的基本形式

E—柴油机;C—压气机;T—涡轮机

(a)机械增压;(b)涡轮增压;(c)复合增压

(1)机械增压

柴油机输出轴直接驱动机械增压器(压气机),实现对进气的压缩。

(2)废气涡轮增压

压气机与涡轮机同轴相连,构成废气涡轮增压器。涡轮机在排气能量的推动下,带动压气机工作，实现进气增压。显然，这种增压形式可以从废气中回收部分能量，不仅提高了柴油机的功率，而且还提高了动力装置的经济性，因而获得广泛应用。

（3）复合增压

这种增压形式既采用废气涡轮增压，又采用机械增压。根据两种增压器的不同布置方案，可分为串联增压和并联增压。

随着废气涡轮增压技术的发展，目前，大型轴流式废气涡轮增压器的效率已达到75%，因此，机械增压和复合增压已很少使用。

3. 增压压力

柴油机增压压力的高低可以用无因次量增压比表示

$$\pi_b = p_k / p_o$$

式中　p_k——增压压力；

p_o——环境条件下大气压力或增压器进口压力。

根据 π_b 的高低，一般将柴油机增压分为四级：

低增压，$\pi_b \leqslant 1.5$；

中增压，$\pi_b = 1.5 \sim 2.5$；

高增压，$\pi_b = 2.5 \sim 3.5$；

超高增压，$\pi_b > 3.5$。

现代船用低速柴油机的 π_b 一般在3.0上下。

增压柴油机汽缸内工作循环的各主要过程——压缩、燃烧和膨胀的进行情况与非增压柴油机一样，只是由于采用了增压，使各个过程的压力和温度有所提高。至于换气过程，则与非增压柴油机相似，所不同的是废气排出汽缸后不是直接排入大气，而是经排气阀和排气管进入废气涡轮并推动废气涡轮做功，并带动同轴的压气机工作。压气机首先将吸入的新鲜空气压缩，然后将压缩后的空气充入汽缸，这样就增加了进入汽缸的空气量。

【任务实施】

一、柴油机的类型识别

由于柴油机用途不同，因而柴油机的类型有很多种。对其分类，通常有以下几种分类方法。

（一）工作循环——四冲程柴油机和二冲程柴油机

按工作循环可分为四冲程柴油机和二冲程柴油机两类。柴油机的一个工作循环包括进气、压缩、燃烧、膨胀、排气5个过程，这5个过程紧密相关，缺一不可。四冲程柴油机曲轴转两转（活塞运动4个行程）完成一个工作循环，而二冲程柴油机曲轴转一转（活塞运动2个行程）完成一个工作循环。

判断柴油机是四冲程柴油机还是二冲程柴油机，简单的方法是：

（1）从汽缸盖上安装的阀件来判断。四冲程柴油机汽缸盖上有进气阀；而二冲程柴油机汽缸盖上无进气阀。

（2）从汽缸套上气口来判断。四冲程柴油机汽缸套上无扫排气口；而二冲程柴油机汽缸套上有扫气口。

（3）从柴油机上进气管来判断。四冲程柴油机进气管在汽缸盖上；二冲程柴油机进气管在汽缸体上。

（二）速度——低速、中速和高速柴油机

$$v_m = \frac{Sn}{30}$$

柴油机的速度可以用曲轴转速 n 或活塞平均速度 v_m 表示。活塞的平均速度按转速分类一般为

低速柴油机	$n \leqslant 300$ r/min	$v_m < 6$ m/s
中速柴油机	$300 < n \leqslant 1\ 000$ r/min	$v_m = 6 \sim 9$ m/s
高速柴油机	$n > 1\ 000$ r/min	$v_m > 9$ m/s

（三）结构特点——筒形活塞式柴油机和十字头式柴油机

按柴油机的结构特点分类，柴油机可以分为筒形活塞式柴油机和十字头式柴油机。图1－15(a)为筒形活塞式柴油机的示意图，它的活塞通过活塞销直接与连杆相连。这种结构的优点是结构简单、体积小、质量轻。它的缺点是由于运动时有侧推力，活塞与汽缸之间的摩擦力较大。中高速柴油机一般都采用此结构。

图1－15(b)所示为十字头式柴油机。它的活塞设有活塞杆，通过十字头与连杆相连接，并在汽缸下部设中隔板将汽缸与曲轴箱隔开。当柴油机工作时，十字头的滑块在导板上滑动，侧推力由导板承受，十字头式柴油机活塞只做往复运动，活塞不起导向作用，活塞与缸套之间没有侧推力作用。中隔板可防止燃烧产物落入曲柄箱而污染润滑油，有利于劣质燃油的使用和采用增压技术，因而功率大、工作可靠、使用寿命长。但它的质量和高度增大，结构也较复杂。目前大型低速二冲程柴油机都采用这种结构，常作为船舶主机使用。

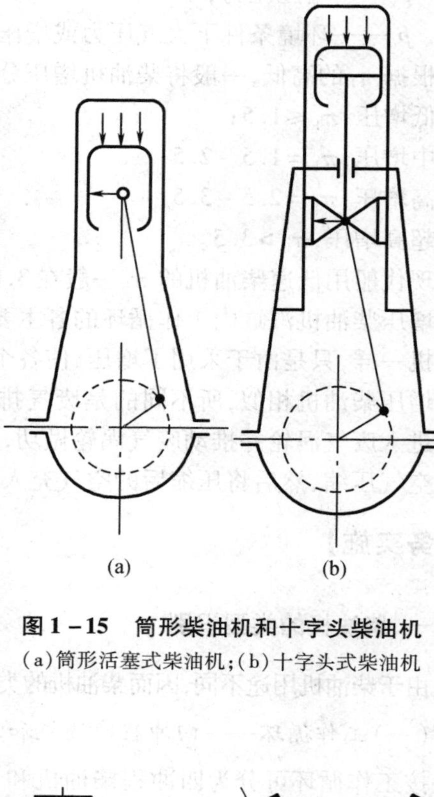

(a) (b)

图1－15　筒形柴油机和十字头柴油机

(a)筒形活塞式柴油机；(b)十字头式柴油机

（四）汽缸排列——直列式和V形柴油机

船用柴油机通常均为多缸机。多缸柴油机的汽缸排列可以有直列式、V形、W形等。船用柴油机均为直列式与V形两种，如图1－16所示。直列式柴油机的汽缸数因曲轴刚度和安装上的限制一般不超过12缸。当缸数超过12缸时通常采用V形柴油机。它具有两个或两列汽缸，其中心线夹角呈V形，并共用一根曲轴输出功率。V形机的汽缸数可达18甚至24，汽缸夹角通常为90°,60°或45°。V形机具有较高的单机功率和较小的比质量（柴油

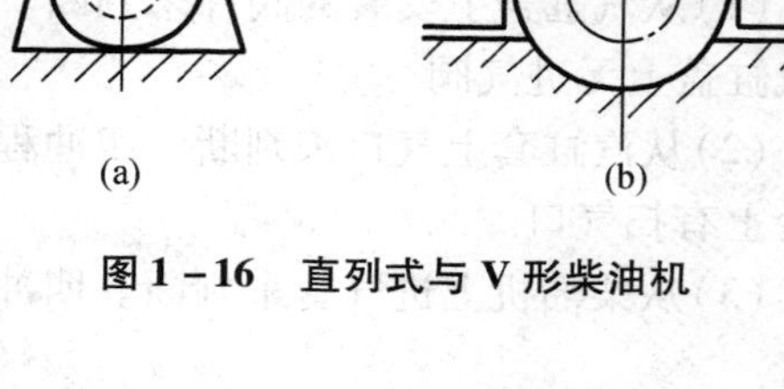

(a) (b)

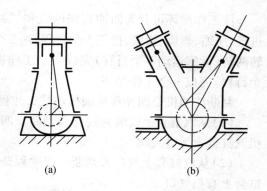

图1－16　直列式与V形柴油机

机净质量与标定功率的比值），主要用在中、高速柴油机中。

（五）进气方式——增压柴油机和非增压柴油机

在柴油机中，用增加进气压力来提高功率的方法称为柴油机的增压。增压柴油机和非增压柴油机的主要区别在于进气压力的不同，增压柴油机的进气压力较高，而非增压柴油机的进气压力是大气压力。

（六）转向——可逆转柴油机和不可逆转柴油机

可由操纵机构改变自身转向的柴油机称为可逆转柴油机。曲轴仅能按同一方向旋转的柴油机称为不可逆转柴油机。在船舶上凡直接带动定螺距螺旋桨的柴油机均为可逆转柴油机；凡带有倒顺车离合器、倒顺车齿轮箱或可变螺距螺旋桨的柴油机以及船舶发电柴油机均为不可逆转柴油机。

（七）旋向——左旋柴油机和右旋柴油机

观察者由柴油机功率输出端向自由端看，正车时按顺时针方向旋转的柴油机称右旋柴油机，反之则称为左旋柴油机。单台布置的船舶主柴油机通常均为右旋柴油机。某些采用双机双桨推进装置的船舶推进装置（如客船），由船尾向船首看，布置在机舱右舷的柴油机为右旋柴油机，布置在机舱左舷的柴油机为左旋柴油机。在这种动力装置中，为便于操纵管理，右机的操纵侧即凸轮轴侧布置在柴油机左侧（即内侧），而排气侧布置在右侧；左机的操纵侧在柴油机的右侧（即内侧）。

二、柴油机的型号识别

柴油机的型号是指每一柴油机制造厂都将其产品用一组字母或数字组成的字符串来命名柴油机，以便于用户选择柴油机。

我国曾对柴油机标号做过统一的规定，如6ESDZ43/82B型柴油机各字符表示意义如下：6——汽缸数为6，E——二冲程，S——十字头，D——可倒转，Z——增压，43——缸径为43 cm，82——冲程为82 cm，B—机型发展顺序号。

国外各柴油机制造厂沿用该厂历史上机型的发展型号，并在机型发展中不断更改型号。我国对外开放后，引进多种国外名牌船用柴油机专利许可证，这些柴油机一般沿用专利厂的原型号标志，并在机名前附注我国的厂名以示区别。如HD－B&W L35MC/MCE型柴油机，其中HD表示上海沪东造船厂，B&W表示MAN B&W公司。表1－4和表1－5列出了典型船用柴油机的标号。

表1－4　典型船舶中、高速柴油机的型号

生产厂家	机型及标号含义		技术特征
国产船用柴油机	6300ZC	6——汽缸数 300——汽缸直径(mm)	Z——(增)增压 C——船用
	12V135ZC	12——汽缸数 135——汽缸直径(mm)	V——V型机 Z——(增)增压 C——船用
	8E350ZDC	8——汽缸数 350——汽缸直径(mm)	E——(二)二冲程 D——(倒)可倒转 Z——(增)增压 C——船用

表 1-5 典型船舶低速柴油机的型号

生产厂家	机型及标号含义		技术特征
国产船用低速柴油机	6ESDZ43/82A	6——汽缸数 ESDZ——技术特征 43/82——汽缸直径(cm)/活塞行程(cm) A——改进型号	E——(二)二冲程 S——(十)十字头 D——(倒)可倒转 Z——(增)增压
MAN-B&W公司	6S60MC/MCE 6S50MC-C	6——汽缸数 S——冲程形式(K:短冲程;L:长冲程,S:超长冲程;G:"绿色"超长冲程) 60——汽缸直径(cm) MC/MCE——技术特征 MC-C——技术特征	MC: M——发动机系列 C——凸轮轴控制 MCE: E——经济型 MC-C: C——紧凑型
	6K80ME-C9 6S50ME-B9 6G60ME-C9	K——短冲程 S——超长冲程 G——"绿色"超长冲程	E——电子控制 B——凸轮轴控制排气阀 C——电子控制排气阀
Wartsila公司	12RTA90M	12——汽缸数 R、T——技术特征 90——汽缸直径(cm) A:变型; M:改进型	R——焊接结构、二冲程、十字头,直接反转,有推力轴承 L——长冲程 T——直流扫气
	6RT-flex60C-B 6RT-flex58T-D W6X62	6——汽缸数 RT-flex——技术特征 60,58,62——汽缸直径(cm) X——新一代电喷柴油机	C——集装箱船 T——油船 B,D——改进型
Mitsubishi公司	6UEC85/160C	6——汽缸数 UEC——技术特征 85/160——汽缸直径(cm)/活塞行程(cm) C——改进型号	U——二冲程、直流扫气 E——废气涡轮增压 C——十字头式

三、船舶柴油机的应用认识

柴油机同其他各种动力机械相比具有突出的优点,因而得到了广泛的应用。据近年来的世界各国造船资料统计,柴油机作为主动力装置,装船总数及所占功率份额均已达到98%以上,特别是在运输船舶上,柴油机作为主机和辅机更是占有绝对统治地位。

(一)低速二冲程柴油机的应用

一般对船用主机来讲,经济性、可靠性和使用寿命是第一位的,质量和尺寸是第二位的。据此,低速二冲程柴油机因其效率高、功率大、工作可靠、寿命长、可燃用劣质油以及转速低(通常为100 r/min左右,最低可达56 r/min)等优点适于做船舶主机使用。根据资料统计,目前世界船用低速柴油机市场仍被 MAN B&W、Wärtsilä-Sulzer 和日本三菱重工三大公司垄断,约分别占世界市场份额的 64.2 %,21.1 %和 7 %。

总部位于德国的 MAN B &W 公司是世界最大的船用柴油机生产厂家,除了自己研制和生产船用低、中速柴油机外,还向许多国家出口柴油机生产许可证,包括日本、韩国的主要柴油机生产厂都引进 MAN B&W 公司的技术。中国多家柴油机厂也引进该公司的生产许可证,制造部分型号的柴油机,据 2001 ~ 2002 年统计,沪东重机股份有限公司产量约为 75 万马力①,大连船用柴油机厂约为 30 万马力,宜昌船用柴油机厂约为 10 万马力。MAN B&W 公司于 1982 年推出长冲程的 L – MC 系列低速大功率柴油机,此后不久又推出短冲程的 K – MC 系列和超长冲程的 S – MC 系列,各系列又有缸径不等的型号,缸径有 50 cm,60 cm,70 cm,80 cm 和 90 cm,还有 26、42、46 和 98(cm)。MC 系列总共有 25 个型号,功率范围为 1 350 kW ~ 87 200 kW。该公司于 2002 年底推出了首台智能型柴油机 ME,目前有 7 种型号的 ME 系列柴油机获得了订单。

WärtsiläNew Sulzer 公司系芬兰 Wärtsilä 公司和瑞士 New Sulzer 公司合并而成,是世界第二大船用柴油机生产厂家,其产品的结构比 MAN B &W 公司的复杂,但燃油消耗率低,其在中国市场所占的份额也相对低,2001 年该公司研制的首台智能型柴油机 6 – RT – flex58T – B 正式投入实际应用。上海沪东重工、大连船用柴油机等厂家持有 Wärtsilä New Sulzer 公司的许可证,生产了数台 RTA 系列型的低速柴油机。

截止 2004 年 5 月,SULZER RT – flex 型柴油机在全世界的订单已超过 105 台;MAN B&W ME/ME – C 型柴油机的订单已超过 85 台。

日本三菱重工设计制造的 UEC – LS 型系列低速船用柴油机问世多年,1998 年完成了 UEC – LS Ⅱ型系列化,销往世界各国装船使用(但至今未能进入中国市场)。为了适应更大功率的需要,也为了适应日益严格的环保要求,三菱重工最近又开发了 UEC – 52LSE 型,该型机比老式的同类型功率得到了进一步的提高,而燃油消耗率大致相等。

(二)中速柴油机的应用

大功率四冲程中速柴油机因其尺寸与质量小较适于做部分滚装船、集装箱船的主机。船舶发电柴油机因其发电机要求功率不大、转速较高以及结构简单,因而均采用中、高速四冲程筒形活塞式柴油机。据对全球 2004 ~ 2005 年度的造船统计显示,中速柴油机的订单已占船用柴油主机总数的 18.49%;占船用柴油发电机组总数的 76.83%;占船用电力推进柴油主机总数的 50% 以上。船用中速柴油机目前虽然生产厂家较多,但主要集中于几家公司,据 2004 年世界各国造船造机结果统计,Wärtsilä 公司占市场份额的 53%,MAN B&W 公司占市场份额的 22.4%,Mak 占市场份额的 11.2%,其余公司占 26.4%。

随着船舶的航速和尺寸不断增加,柴油机的单机功率也在逐步增加,在柴油机大功率化的同时,油耗低、可以使用劣质燃料的二冲程十字头式大型高增压低速超长冲程柴油机已成为船舶推进动力装置的主流机型。而舰艇上则采用实现集中控制和自动化程度较高的四冲程筒型高增压柴油机通过复合齿轮获得合适的推进动力。

(三)高速柴油机的应用

高速柴油机具有体积小,质量轻、功率小、管理较方便等特点。因此高速柴油机主要应

---

①　1 马力 = 735.499 瓦

用于应急发电机和救生艇发动机,以及有的船舶上用于应急消防泵、应急空压机等,作为应急设备的动力源。

模块二　柴油机构造的认识

【学习目标】

1. 能根据现场的柴油机设备,描述柴油机的基本组成和特点;
2. 能根据典型柴油机的说明书,描述几种典型柴油机的结构特点。

【模块描述】

船舶柴油机的主要部件有活塞、汽缸、汽缸盖、十字头、连杆、曲轴、轴承、机架、机座和贯穿螺栓等部件。本模块主要介绍柴油机的总体构造,了解现代船用大型低速柴油机的结构特点,掌握典型的大功率四冲程柴油机和大型低速二冲程柴油机的结构及系统组成,为柴油机的拆装和检修奠定良好的基础。

【任务分析】

船舶柴油机在结构上可分为十字头式柴油机和筒状活塞式柴油机。十字头式柴油机比较笨重,尺寸质量较大,但可靠性高、寿命长,用于大型低速柴油机;而筒形活塞式柴油机结构简单、紧凑、尺寸小、质量轻,用于中高速强载柴油机。

现代船用低速机采用二冲程、单作用、定压增压、直流扫气的工作方式。

【知识准备】

柴油机是一种压缩发火的往复式内燃机,所以其总体结构及主要零部件都是围绕完成此功能而设置的。柴油机是推动船舶前进的主要动力设备,了解其结构组成及功能,对做好维护管理工作是极其重要的。

一、十字头式柴油机的基本结构组成

船用柴油机结构比较复杂,它由许多零件、机构和系统组成。柴油机的组成和相互连接关系如图 1－17 所示。尽管各柴油机厂商制造的柴油机结构、型号各不相同,但它们在工作原理和总体结构上有很多共同之处。柴油机主要由以下部件和系统组成。

(一)主要固定件

柴油机的主要固定件由机座、机架、主轴承、汽缸和汽缸盖等组成。中小型柴油机常将汽缸体和机架做成一体称为机体,并用轻便的油底壳代替机座。主要固定件构成了柴油机的骨架,形成运动部件和传动部件的运行空间,并布置润滑、冷却和扫气的油、水、气空间。支撑着运动件和辅助系统。

(二)主要运动件

柴油机的主要运动件由活塞组件、连杆组件及曲轴和飞轮组成,对于大型低速柴油机

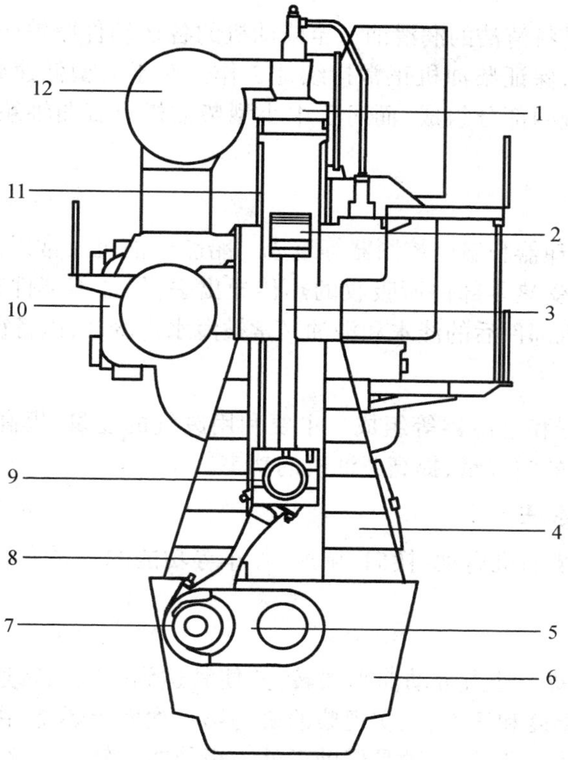

图1－17　十字头柴油机总体结构图

1—汽缸盖;2—活塞;3—活塞杆;4—机架;5—曲轴;6—机座;7—连杆大端轴承;
8—连杆;9—十字头;10—空冷器;11—汽缸套;12—排气总管

还有十字头组件。活塞的顶部、汽缸套的内壁以及汽缸盖的底部共同组成了燃烧室空间,保证了柴油机工作过程的进行,同时将活塞的往复运动通过连杆转变为曲轴的回转运动,使燃气推动活塞的动力通过曲轴以回转的方式向外传输出。

(三)配气机构

配气机构由进、排气阀,气阀传动机构,凸轮轴及凸轮轴传动机构组成。进排气系统由空气滤器、进排气管和消音器组成。它们的作用是按照柴油机工作循环的需要,定时地向汽缸内供应充足、清洁的新鲜空气,并将燃烧后的废气排出汽缸。

二、柴油机的系统

(一)燃油系统

燃油系统主要由燃油供给系统和燃油喷射系统组成。燃油供给系统是把符合使用要求的燃油畅通无阻地输送到喷油泵入口端。该系统通常由燃油的加装和测量、储存、驳运、净化处理、供给等5个环节组成。燃油喷射系统一般由喷油泵、喷油器和高压油管组成,其作用是定时、定量地向燃烧室内喷入雾化良好的燃油,保证燃烧过程的进行。

(二)润滑系统

润滑系统的作用是将清洁的润滑油送至柴油机的各运动件摩擦表面,起到减磨、冷却、清洁、密封和防锈作用,保证柴油机正常持续地工作。对于大型低速柴油机通常由汽缸注油系统和曲轴箱油系统两部分组成,而对于中小型柴油机只有曲轴箱油系统,也称之为机油系统。

(三)冷却系统

冷却系统由泵、冷却器和温度控制器等组成。船舶柴油机通常以淡水和滑油作为冷却剂在机内进行流动,将受热零部件所吸收的热传导出去,保证零部件有正常的工作温度和工作间隙。冷却柴油机部件后的淡水和滑油又常被海水再冷却,以备循环使用。

(四)增压系统

增压系统由增压器和空冷器等组成。主要利用废气的能量,提高进气的压力,增加空气密度,增加进入汽缸的空气量,提高柴油机的功率。

(五)操纵和控制系统

操纵系统是控制柴油机启动、换向、调速、停车等功能的一系列装置的统称,它是一个复杂的系统。

1. 启动

柴油机启动是借助于外力带动曲轴回转,并使其达到一定的转速,由活塞压缩汽缸内气体使其具有足够的温度和压力,以实现柴油机的第一次发火燃烧,由静止转入工作状态。柴油机启动的方式大致有两种:一种是借助于外力矩使曲轴转动起来,如人力手摇启动、电机启动和气马达启动等;另一种是借助于加在活塞上的外力推动活塞使曲轴旋转起来,如压缩空气启动。目前远洋船舶上的柴油机启动普遍采用压缩空气启动系统,它由空气压缩机、主空气瓶、主启动阀、空气分配器、启动控制阀和汽缸启动阀等组成。

2. 换向

柴油机的换向由换向阀和换向机构等组成。其主要作用是按照运转要求改变柴油机的运转方向,进行正车或倒车运转,使船舶前进或后退,满足船舶作业的需要。

3. 调速

柴油机的调速由调速器和调节机构等组成。其主要作用是按照航速或负荷的要求,改变柴油机油门的大小,控制柴油机的转速。

根据按操纵方式的不同操纵可分为机旁手动操纵系统、机舱集中控制室控制系统和驾驶台控制系统。

【任务实施】

十字头式柴油机的活塞设有活塞杆,通过十字头与连杆相连接,十字头的滑块在导板间滑动,给活塞导向并承受侧推力。在汽缸下部设中隔板将汽缸与曲轴箱隔开。柴油机的主要固定件如机座,机架和汽缸体是分开制造的,并用贯穿螺栓固定在一起。采用正置式主轴承,将曲轴安放在柴油机的机座上。十字头柴油机工作可靠,寿命长。它的缺点是质量和高度增大,结构复杂,目前大型低速二冲程柴油机都采用这种结构。

一、现代柴油机的结构特点

现代船用低速柴油机经过不断地发展和优化整合，在总体结构上趋于一致，主要采用二冲程、单作用、定压增压、直流扫气的工作方式，这种柴油机在结构上有以下显著特点。

（一）定压增压

随着柴油机不断向高增压和超高增压方向发展，采用定压涡轮增压系统代替脉冲涡轮增压系统是现代柴油机的一大显著特点，柴油机的排气系统不断简化，使得柴油机的制造和维护管理都更加容易。

（二）长行程和超长行程

为了提高船舶动力装置总体的经济性和柴油机本身的经济性，柴油机的行程不断加长。低速柴油机的 *S/D* 值已从 1980 年代的 2.2 左右增长到目前的 4.65。柴油机行程的加长，使得柴油机的高度和宽度都有所增长，尺寸质量增加，转速降低，经济性不断提高。

（三）采用气口－气阀直流扫气及旋转式排气阀及液压式气阀传动机构

随着柴油机向长行程化方向发展，柴油机的各种换气方式趋于统一，普遍采用气口－气阀直流扫气方式。即只在柴油机汽缸下部设扫气口而在汽缸盖中央设旋转式排气阀及液压式气阀传动机构。旋转式排气阀可使排气阀在启闭时有微小的旋转运动，可保证气阀密封面磨损均匀、贴合严密，提高了排气阀的可靠性。采用液压式气阀传动机构改变了沿用几十年的机械式气阀传动机构，减低了排气阀的噪音，延长了气阀机构的使用寿命，成为现代直流换气柴油机广泛采用的气阀及气阀传动机构。

（四）燃烧室部件普遍采用钻孔冷却结构

现代超长行程柴油机燃烧室部件的热负荷和机械负荷已达到了相当高的程度，这成为限制柴油机提高增压度的重要因素。为了解决这一技术难题，燃烧室部件普遍采用了钻孔冷却结构。这是一种最合理的“薄壁强背”结构形式，使燃烧室部件的热负荷和机械负荷维持在可以接受的水平上。近年来在活塞头的钻孔冷却中又附设了喷管装置以加强其冷却效果。

（五）采用全支撑连杆小端结构

超长行程柴油机的最高爆发压力 p_z 已增高到 15 MPa，其十字头轴承和曲柄销轴承均承受着巨大的单向冲击性负荷，十字头轴承的工作条件尤为恶劣。为了提高它们的可靠性，目前普遍采用全支撑式连杆小端结构，以增大承压面积，降低轴承比压，延长十字头轴承的工作寿命。

（六）采用独立的汽缸润滑系统

良好的汽缸润滑是减少缸套和活塞环磨损的必要条件。为了减少在柴油机低负荷时汽缸油的耗量，采用了汽缸注油量随负荷自动调整，精确控制注油定时的电子注油系统，以保证汽缸套可靠的润滑。

（七）曲轴上增设轴向减振器

由于柴油机的长行程化和单缸功率的增加，导致曲轴的轴向刚度变弱，在运转时容易产生轴向振动而使主机及船体产生振动。现代超长行程柴油机在曲轴的前端增设轴向减振器,以有效地消减曲轴的轴向振动。

(八)焊接结构

柴油机的主要部件包括机座、机架、汽缸体和曲轴等普遍采用焊接结构代替原来的铸造结构,这不仅大大减轻了柴油机的质量,还提高了柴油机的总体强度。采用焊接曲轴是把单位曲柄通过焊接而组成一个整体的焊接型曲轴。这是现代曲轴制造工艺中的一项重要成就,目前这种曲轴已在长冲程大型低速机中应用。

(九)喷油泵采用可变喷油正时(VIT)机构

大缸径柴油机的 VIT 机构采用升降套筒法调节喷油定时,而喷油量的调节则采用旋转柱塞法,其喷油定时与喷油量的关系是可变的。小缸径柴油机的 VIT 机构采用曲线斜槽柱塞,其喷油定时与喷油量的关系是固定的。

(十)采用薄壁轴瓦

超长行程柴油机的十字头轴承和曲柄销轴承均承受着巨大的单向冲击性负荷,为了提高它们的可靠性,广泛使用了薄壁轴瓦。尤其对十字头轴承使用一种高锡铝合金薄壁轴瓦,以改善其使用性能。

二、MAN B&W 公司 S50MC – C 型柴油机的结构特点

目前,有 MAN B&W, Wärtsiä, MITSUBISHI 等公司生产大型低速二冲程柴油机。如 MAN B&W 公司生产的 MC/ME 系列柴油机和 Wärtsilä 公司生产的 SULZER RTA/RT – flex 系列柴油机,已成为二冲程十字头式柴油机市场的主导产品。下面以 MAN B&W 公司的 S50MC – C 型柴油机为例介绍二冲程十字头柴油机的总体结构。

MAN B&WMC – C 型柴油机首先是在大缸径机上实现的,这些柴油机是为了大型集装箱船而设计制造的,相对原机型转速有所提高。根据市场需求,MAN B&W 公司又推出了中缸径的 MC – C 型柴油机(S50,S60 及 S70MC – C)。S – MC – C 系列柴油机的发展目标是,在提高功率输出的前提下改善可靠性,减轻质量,缩短柴油机的长度,这就是“C”紧凑型的概念。一般来说,对相同尺寸的柴油机其长度缩短约 10%,功率则上升 10%,如:S50MC – C 的汽缸中心距从 S50MC 的 890 mm 下降到 850 mm,6S50MC – C 型机的长度比 6S50MC 的长度短 240 mm。

如图 1 – 18 所示,S50MC – C 型柴油机的汽缸直径为 500 mm,活塞行程为 2 000 mm,行程缸径比为 4.0。是一款尺寸比较适中,广泛用于各类船舶的超长行程低速十字头柴油机。柴油机的各部件的结构特点如下。

(一)汽缸盖

汽缸盖采用钻孔冷却,钢制的汽缸盖承受着主要的热负荷。由于钢制的汽缸盖的抗热负荷能力比铸铁缸套要大,这也使其可靠性提高。

(二)活塞

在活塞结构上采用了低置活塞环组,提高活塞顶岸高度,这对于柴油机汽缸工作是非常有利的。由于活塞环位置的降低,活塞环处于温度较低的区域,离燃气区较远,使燃烧产物不易进入摩擦面,活塞环工作条件和润滑性能改善,活塞环组的工作性能提高,活塞的磨损大大减轻。

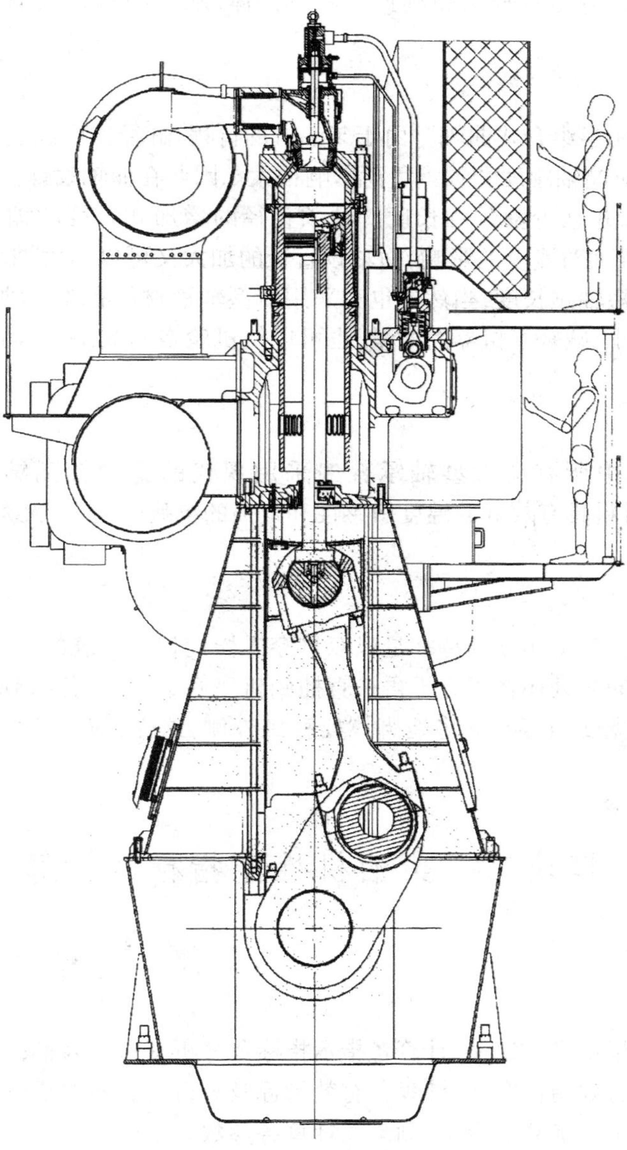

图 1－18　MAN B—W S50MC－C 型柴油机

活塞顶岸高度的提高也使汽缸盖与汽缸套结合面降低成为可能，这使得汽缸盖与汽缸套结合面以及汽缸套的热负荷降低，使其工作条件改善。

（三）连杆

柴油机采用短连杆结构，其主要目的是降低机器的高度，减轻机器质量，并可以减少振动和降低成本。柴油机十字头销设计成非常简单的直段轴形，省去了两个端销，直径也缩小了。这样既简化了加工过程，又减轻了质量。

（四）汽缸体

在汽缸体设计上的显著特点是汽缸体的高度减小，使其质量变小，加工制造和维护管理更加方便。特别是将凸轮轴箱和汽缸体做成一体，水套冷却并取消了汽缸体内的冷却水腔。

（五）曲轴

柴油机曲轴采用半组合式曲轴。由于柴油机的行程/缸径比已经达到了4.0，最高燃烧压力达到15 MPa，对曲轴刚度和轴承负荷影响很大。因此在曲轴设计上采用加大主轴颈和曲柄销的直径方法，并减少轴颈的长度。轴颈直径的增加和长度的缩短增强了曲轴的刚度，弥补了 *S/D* 值增大对刚度的影响，而轴颈直径的加大又可以增大轴承的承载面积，在相同的轴承负荷下缩短轴颈长度，当然这也和采用新型轴承材料有关。轴颈的缩短使汽缸中心距和整机长度减小，减轻了机器的质量，也可以使机舱空间减小，从而增大用于营运的船舶容积。

（六）主轴承

新型的柴油机中所有的大型轴承普遍采用现代的薄壁轴瓦结构，轴承材料采用Sn40Al，这种轴承材料具有较低的温度敏感性和很强的抗疲劳能力，大大地提高了主轴承的可靠性。

（七）贯穿螺栓

柴油机在结构上的最明显的特征是以双贯穿螺栓代替了传统的单贯穿螺栓，而且与传统的贯穿螺栓的不同之处还在于它不再一直插到机座底部，而是拧入到机座顶部的螺孔之中。机座在不增加宽度的情况下将地脚螺栓移到外侧，这样，简化了焊接工艺并有利于厂家的安装。

模块三　柴油机性能指标的计算

【学习目标】

1. 能按柴油机指示指标定义，计算各指示指标及分析其影响因素；
2. 能按柴油机有效指标定义，计算各有效指标及分析其影响因素；
3. 能按柴油机工作参数的定义，测量及计算各参数。

【模块描述】

柴油机的性能指标是表征柴油机的动力性和经济性的指标。本模块主要介绍柴油机性能指标的种类和含义。能够了解柴油机性能指标的概念和计算方法，分析各性能指标的影响因素。测量柴油机的压缩比、最大爆发压力和排气温度等有关参数。掌握柴油机的工作参数的限制要求和措施。

【任务分析】

柴油机的动力性和经济性指标及一些工作参数，用来表征柴油机机械负荷、热负荷和强化程度等性能。动力性和经济性指标可分成指示指标和有效指标两类。指示指标是以汽缸内工作循环示功图为基础的指标，而有效指标是以柴油机的输出轴上的有效功为基础的。指示指标有平均指示压力、指示功率、指示热效率和指示耗油率等指标。有效指标有平均有效压力、有效功率、有效热效率和有效耗油率等指标。

熟练掌握柴油机指示指标的计算与分析;柴油机有效指标的计算与分析;柴油机工作参数测量分析与计算。

【相关知识】

柴油机的性能一般可以从动力性、经济性、运转性(冷车启动、排放性、加速性与加载性等)、可靠性和耐久性等方面来加以衡量,通常柴油机的性能指标主要有动力性指标和经济性指标。

柴油机的性能指标又可以分成指示指标和有效指标两大类。指示指标是建立在汽缸内燃气对活塞所做功(汽缸内示功图所表示的工作循环指示功)为基础上的性能指标。它只考虑缸内燃烧不完全及传热等方面的热损失,没有考虑运动副间所存在的摩擦损失。它反映了汽缸内工作循环的完善程度。有效指标是建立在柴油机输出轴上所得到的有效功为基础上的性能指标。它既考虑了汽缸的热损失也考虑了一系列的机械损失。它是评定柴油机工作性能的最终指标。

柴油机的工作参数主要用来表征机械负荷、热负荷、基本结构和强化程度等性能。

【任务实施】

一、指示指标

指示指标包括平均指示压力 p_i 和指示功率 P_i、指示热效率 η_i 和指示燃油消耗率 b_i(简称指示油耗率)。平均指示压力 p_i、指示功率 P_i 反映了柴油机工作循环动力性能的大小;指示热效率 η_i 和指示燃油消耗率 b_i 用来衡量柴油机工作循环经济性的好坏。

(一)平均指示压力 p_i

假定一个数值不变的压力 p_i 作用在活塞上,这个力在一个膨胀行程内所做的功与一个实际工作循环的指示功相等,如图 1－19 所示。这个假想的压力就称为平均指示压力。若某一循环所做的指示功为 W_i,则

$$W_i = p_i \cdot A \cdot S$$

$$P_i = W_i/(A \cdot S) = W_i/V_S$$

式中　p_i——平均指示压力,Pa;

A——活塞面积,m^2;

S——活塞行程,m;

V_S——汽缸工作容积,m^3。

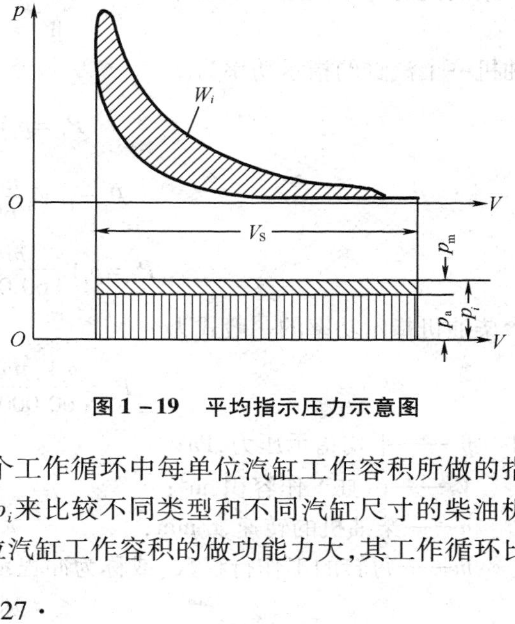

图 1－19　平均指示压力示意图

由上式可见,平均指示压力 p_i 也就是一个工作循环中每单位汽缸工作容积所做的指示功。它的数值与汽缸容积无关,因此可以用 p_i 来比较不同类型和不同汽缸尺寸的柴油机汽缸工作容积的利用程度。p_i 值大,说明其单位汽缸工作容积的做功能力大,其工作循环比较

完善。在实际船舶运营中,p_i由测取的 $p-V$ 示功图经计算得到。

对于既定的柴油机,影响 p_i大小的主要因素是循环供油量或负荷大小,其次是换气质量、燃油雾化质量等影响燃烧质量的因素。

(1)循环供油量(负荷)大,p_i提高。

(2)过量空气系数增大,缸内的燃烧质量提高,p_i提高;但当过量空气系数过高时,由于油气浓度过低而使 p_i降低。

(3)工质混合完善程度提高,p_i提高。

(4)换气质量提高,p_i提高。

因此一般情况下,增压柴油机 p_i高于非增压柴油机;四冲程机 p_i高于二冲程机;直流扫气式柴油机的 p_i高于弯流扫气式柴油机。实际运行的柴油机,当进、排气阀定时或喷油定时发生变化、汽缸漏泄增加、燃油喷射压力调节不当、燃油雾化质量下降、增压系统故障等都会引起 p_i降低。

在标定工况下船用柴油机的平均指示压力的数值范围如表 1-6 所示。

表 1-6　标定工况下 p_i,p_e统计表

机型		p_i/MPa	p_e/MPa
四冲程	非增压	0.75～1.12	0.60～0.92
	增压	0.95～3.75	0.80～3.0
二冲程	非增压	0.65～0.95	0.50～0.70
	增压	0.80～2.03	0.70～1.80

(二)指示功率 P_i

指示功率是指柴油机汽缸内的工质在单位时间内推动活塞所做的指示功,单位一般用千瓦表示。

柴油机的每个汽缸每个工作循环工质所做的指示功为

$$W_i = p_i V_S$$

柴油机一个汽缸的指示功率为

$$P_i = p_i V_S \frac{nm}{60}$$

$$P_i = p_i V_S \frac{nm}{60} \quad (W)$$

$$P_i = p_i V_S \frac{nm}{60\ 000} \quad (kW)$$

整台柴油机指示功率的一般式为

$$P_i = \frac{p_i V_s nmi}{60\ 000} \quad (kW)$$

式中　p_i——平均指示压力,Pa;

V_S——汽缸工作容积,m^3;

n——柴油机的转速,r/min;

m——每转的工作行程数(或称为冲程系数),四冲程机 $m=1/2$,二冲程机 $m=1$;

i——汽缸数。

如各缸负荷不均匀，则可将各缸功率相加而得到整台柴油机的功率。

在船上，应定期测量示功图并计算柴油机的功率。对既定的柴油机其 V_S 和 m 为定值，为简化计算起见，令 $V_S m/60\ 000$ 为 C，C 称为汽缸常数。这样，整台柴油机指示功率的公式可简化为

$$P_i = Cp_i ni \quad (\text{kW})$$

（三）指示热效率 η_i 和指示油耗率 b_i

根据实测示功图求得每个工作循环工质对活塞所做的指示功 W_i 和指示功率 P_i。按照效率定义，柴油机的指示热效率为指示功的热当量与相应消耗的燃料热量之比值，即

$$\eta_i = W_i / Q_{吸入}$$

式中　W_i——指示功，J；

$Q_{吸入}$——为得到指示功 W_i 而加入汽缸内的总热量，J。

对于一台柴油机，当测得其指示功率 P_i 和每小时燃油消耗量 B 时，根据 η_i 的定义，可用下式进行计算

$$\eta_i = 3\ 600P_i / (BH_u)$$

式中　B——柴油机每小时油耗量，kg/h；

H_u——所用燃料低热值，通常取 $H_u = 42\ 700$ kJ/kg；

P_i——指示功率，kW。

指示油耗率 b_i 以 1 kW 指示功率每小时消耗的燃油量表示，即

$$b_i = B/P_i$$

η_i 和 b_i 评定柴油机实际工作循环经济性的重要指标。两者之间的关系为

$$\eta_i = 3\ 600/(b_i H_u)$$

目前船用柴油机的 η_i 和 b_i 统计数据如表 1－7 所示。

表 1－7　柴油机的 η_i，b_i，η_e，b_e，η_m 的数据

机型		η_i	b_i/(kg/(kW·h))	η_e	b_e/(kg/(kW·h))	η_m
四冲程	非增压	0.43～0.50	204～163	0.30～0.40	272～231	0.78～0.85
	增压	0.44～0.58	195～147	0.37～0.54	231～160	0.85～0.92
二冲程	非增压	0.36～0.51	238～170	0.29～0.35	300～245	0.70～0.80
	增压	0.45～0.60	192～143	0.38～0.55	225～155	0.85～0.94

二、有效指标

有效指标包括平均有效压力 p_e、有效功率 P_e、有效热效率 η_e 和有效油耗率 b_e。平均有效压力 p_e、有效功率 P_e 反映了柴油机动力性能的大小；有效热效率 η_e 和有效油耗率 b_e，用来衡量柴油机经济性的好坏。

（一）有效功率 P_e 和机械效率 η_m

柴油机汽缸内发出的指示功，通过柴油机的活塞、连杆传递给曲轴，再由曲轴向外输出

功。经过这一系列的传递过程，不可避免地造成损失，这种损失称为机械损失。机械损失功率 P_m 就是指作用在活塞上的指示功率传递到曲轴（有效功率）上的过程中损失的功率。它包括以下几项。

（1）摩擦损失功率。克服柴油机各相对运动部件表面摩擦力所消耗的功率。如活塞、活塞环与汽缸套壁间的摩擦损失（约占全部摩擦损失的 55% ~65%），十字头滑块与导板、各轴承处的摩擦损失（约占全部摩擦损失 35% ~45%）。

（2）拖动损失功率。带动柴油机辅助机械（如喷油泵、注油器、气阀传动机构、扫气泵、空气分配器、自驱动滑油泵等）所消耗的功率。拖动损失功率随着柴油机转速的提高而增加。

（3）泵气损失功率。仅发生在非增压四冲程柴油机的进、排气过程中所消耗的功率。在增压式四冲程柴油机中由于进气压力大于排气压力，因而，不但没有损失，反而可以获得有用功。在二冲程柴油机中，由于没有单独的进气与排气行程，所以泵气损失功率为零。

有效功率 P_e 就是指示功率减去机械损失功率 P_m 所剩的功率，也就是从柴油机曲轴飞轮端传出的功率。即

$$P_e = P_i - P_m$$

机械损失功率一般不用它的绝对值 P_m 表示，而用机械效率表示。机械效率 η_m 是有效功率 P_e 与指示功率 P_i 的比值，即

$$\eta_m = P_e/P_i = (P_i - P_m)/P_i = 1 - P_m/P_i$$

柴油机在运行中机械效率 η_m 的大小不仅取决于设计和制造的质量，还受柴油机运转工况（如负荷、转速、滑油质量、冷却状况）等多种因素的影响。

对于同一台柴油机，如果转速 n 不变，负荷增加时，机械效率相应增加；当柴油机空载运行时，它发出的指示功全部消耗于机械损失，则 $\eta_m = 0$；如平均指示压力 p_i 不变（循环供油量不变），当转速 n 提高时，由于摩擦损失功率增大，机械效率随之下降。但是，对于不同型式的柴油机，转速和负荷对机械效率的影响随其使用方式不同而异，通常柴油机的机械效率 η_m 的数值在柴油机出厂时以 $\eta_m - n$ 的形式给出。因而，可以方便地查出某一使用转速或负荷时该柴油机的机械效率 η_m 的数值。

柴油机的有效功率 P_e 在试验台上用水力测功器（或电力测功器）测出，称为制动马力（BHP）。

在柴油机装船后，可用扭力计测量其输出功率，称为轴功率（SHP），此时

$$P_e = \frac{M_e \cdot \omega}{1\,000} = \frac{M_e \cdot 2\pi n}{60 \times 1\,000} = \frac{M_e \cdot n}{9\,550} \quad (\text{kW})$$

式中 ω——柴油机输出轴的角速度，rad/s；

M_e——柴油机输出轴的有效扭矩，N·m；

n——柴油机转速，r/min。

目前，现代柴油机的机械效率 η_m 值见表 1 -7。

（二）有效燃油消耗率 $b_e(g_e)$ 和有效热效率 η_e

有效燃油消耗率是指每 1 kW 有效功率每小时所消耗的燃油量；单位是千克每千瓦小时（kg/(kW·h)），即

$$b_e = B/P_e \quad 或 \quad b_e = b_i/\eta_m$$

式中 B——柴油机每小时油耗量，kg/h；

P_e——柴油机有效功率,kW。

有效热效率 η_e是指曲轴有效功与所消耗燃料的热量之比,即

$$\eta_e = \frac{W_e}{Q_{吸入}} = \frac{W_i}{Q_{吸入}} \cdot \frac{W_e}{W_i} = \eta_i \cdot \eta_m$$

$$\eta_e = \frac{3\,600P_e}{BH_u}$$

b_e,η_e是评定柴油机经济性的重要指标,两者之间的关系是

$$\eta_e = 3\,600/(b_e H_u)$$

目前,现代柴油机的机械效率 b_e,η_e值见表 1-7。

(三)平均有效压力 p_e

平均有效压力 p_e是柴油机在每一工作循环每单位汽缸工作容积所做的有效功。知道了平均指示压力和机械效率之后,就可以求出柴油机的平均有效压力 p_e,即

$$p_e = p_i \eta_m$$

或根据测得的有效功率 P_e和转速 n 推算出来,即

$$p_e = P_e/(Cni)$$

同样,平均机械损失压力 p_m也可以写成

$$p_m = P_m/(Cni)$$

则平均有效压力 p_e也可以写为

$$p_e = p_i - p_m$$

平均有效压力 p_e的数值取决于工作循环进行的完善程度和机械损失的大小,它是衡量柴油机做功能力的重要参数。p_e值越高,说明柴油机的强化程度越高。

三、柴油机的工作参数

柴油机除指示指标、有效指标之外,还用其他一些常用参数来表征机械负荷、热负荷、基本结构、强化程度和排放特性等。

(一)最高燃烧压力 p_z(最高爆炸压力)

燃烧过程中汽缸内工质的最高压力称为最高燃烧压力 p_z。最高燃烧压力 p_z是柴油机周期性变化的机械负荷的主要外力,它引起各受力部件的应力和变形,造成疲劳破坏、磨损和振动。

p_z值的大小对柴油机的结构与性能均有很大的影响。

(1)p_z的增大使柴油机结构尺寸增大,柴油机笨重。

(2)p_z的增大使螺栓预紧力增大,造成接合面比压增大。

(3)p_z的增大使磨损、振动、噪音等相应增大。为了避免工作粗暴,一般限制其平均压力增长率 $\Delta p/\Delta\varphi = (p_z - p_c)/\Delta\varphi$ 不超过(0.4~0.6)MPa/°CA。

(4)p_z的增大会破坏润滑油膜,加剧零部件的磨损,降低柴油机的使用寿命。

(5)适当提高 p_z,ε 和 λ,可以提高柴油机的热效率,降低燃油消耗率。p_z一般随平均有效压力 p_e的增长而增长,但增长的速度较 p_e缓慢。一般高速柴油机的 p_z/p_e(p_{max}/p_e)=3~9;中速柴油机的 p_z/p_e=5~7;低速柴油机的 p_z/p_e=6~10。

目前柴油机 p_z值的数据范围是:

非增压柴油机 $p_z=6\sim8$ MPa；

增压低速二冲程柴油机 $p_z=7\sim18$ MPa；

增压中、高速柴油机 $p_z=7\sim23$ MPa。

(二)排气温度 t_r

非增压柴油机的排气温度指排气管内废气的平均温度，增压柴油机的排气温度指汽缸盖排气道出口处废气的平均温度。

对同一台柴油机而言，排气温度高低反映了缸内负荷的大小与燃烧质量的好坏。因而在船舶上通常用排气温度来衡量热负荷的大小。柴油机排气温度过高，不但标志热负荷过高，而且还会引起经济性下降、可靠性下降、排放性能下降等。因而，排气温度是柴油机运转管理中重要的监测参数。为保证柴油机可靠运转，通常均对排气温度的最高值进行限制。通常船用柴油机排气温度的最高值应低于 550 ℃。

(三)活塞平均速度 v_m

在曲轴一转两个行程中活塞运动速度的平均值称为活塞平均速度 v_m，即

$$v_m=2Sn/60=Sn/30$$

式中　n——柴油机转速，r/min；

S——柴油机活塞行程，m。

活塞平均速度是影响柴油机机械负荷、热负荷和寿命的重要参数之一。提高 v_m 可以提高柴油机的功率，但零件的机械负荷、热负荷同时增加，机件的磨损也相应增加，因而靠提高 v_m 来提高功率是有限度的。

近代船用大型二冲程柴油机多采用长或超长行程。为了维持较长的寿命和适当的 v_m 值，均选用较低转速，如标定转速低于 100 r/min，甚至仅为 60 ~ 70 r/min。这有利于提高螺旋桨的推进效率。

(四)行程缸径比 S/D

行程缸径比 S/D 是柴油机的主要结构参数之一。在活塞平均速度 v_m 及缸径 D 为定值的条件下，S/D 的大小对柴油机结构的影响有以下几点：

(1)影响柴油机的尺寸和质量。S/D 增大，则柴油机的宽度、高度及质量均相应增加。

(2)影响机械负荷。缸内气体压力不直接受 S/D 的影响，但最大往复惯性力 F_{jmax} 将随 S/D 的增加而减小，即 S/D 增加，机械负荷减小。

(3)影响热负荷。S/D 增大，汽缸散热面增大，热负荷减小，同时影响燃烧室各部件的传热量分配比例。如 S/D 增大，汽缸套的热负荷增大，而汽缸盖与活塞顶的热负荷相应减小。

(4)影响混合气形成。S/D 增大，燃烧室余隙高度增大，有利于混合气的形成。

(5)影响扫气效果。S/D 增大，因气流在缸内流动路线长将降低扫气效果，但此影响随扫气形式不同而不同。如对直流扫气的影响较小，允许使用较大的 S/D 值，而对弯流扫气的影响比较大，不允许使用较大的 S/D 值(通常不高于 2.2)。

(6)影响曲轴刚度。S/D 增大使曲柄半径变大，曲轴轴颈的重叠度降低，曲轴刚度下降。

(7)影响轴系的振动性能。S/D 增大，轴系的纵振及扭振固有频率降低，容易产生不允许的纵振和扭振。

目前，船用柴油机的 S/D 值范围见表 1－8。

表 1－8　船用柴油机 S/D 的数据

机型	高速机	中速机	低速机		
			弯流	直流	长(超长行程)
S/D	0.9～1.25	1.0～1.8	1.71～2.05	1.88～2.26	2.42～4.20

(五)强化系数 $p_e \cdot v_m$

强化系数 $p_e \cdot v_m$ 用来表示柴油机所受热负荷和机械负荷两方面的综合强烈程度。不同类型柴油机的强化系数见表 1－9。

表 1－9　船用柴油机强化系数的数据

机型	低速机	中速机		高速机
		四冲程	二冲程	
p_e(bar①)	11.5～18	14～30	9～11	14～22
$p_e \cdot v_m$ (bar·m/s)	75～147	120～282	66～85	123～343

(六)压缩比 ε

压缩比是一个对柴油机性能影响很大的结构参数,它的影响主要表现在经济性、燃烧与启动及机械负荷等方面。

1. 经济性

在一定范围内提高 ε 可明显提高经济性。当 $\varepsilon > 12$ 后对经济性的影响程度减弱;ε 过高时将由于余隙高度过小不利于雾化与混合气形成而使经济性降低。

2. 机械负荷

ε 增加将使压缩压力 p_c 增加,继而使最高燃烧压力 p_z 提高,使柴油机的机械负荷增加,磨损加剧。因此,机械负荷限制了 ε 的上限。在柴油机增压技术的发展中对高增压柴油机曾使用过降低压缩比($\varepsilon < 10$)以限制其机械负荷。当代船用大型超长行程柴油机为了提高经济性,使 ε 提高到 16～19 的高水平。

3. 燃烧与启动

为了保证柴油机冷车启动时能正常燃烧,ε 不能太低。因此,保证柴油机具有良好的冷车启动性成为限制 ε 的下限。

运转中的柴油机,压缩比 ε 会发生变化。如活塞头部的烧蚀、主轴承的磨损等都会造成 ε 降低。因此应对压缩比进行适当的调整,以保证柴油机具有良好的机动性和经济性。

(七)比质量指标 g_w

比质量又称为单位功率质量,是柴油机净重与标定功率的比值。比质量的大小主要与柴油机的类型、结构、附件的大小有关,同时也与所用材料和制造技术有关。各类柴油机比质量 g_w(kg/kW)的一般范围为船用高速机:1.4～3.7;船用中速机:10～19;船用低速机 20～35。

① 1 bar = 0.1 MPa

（八）单位体积功率 P_V

单位体积功率 P_V 是柴油机标定功率 P_e 与柴油机外廓体积 V 的比值（$P_V = P_e/V$）。其中柴油机的外廓体积是指柴油机的最大长、宽、高尺寸。

模块四　船舶柴油机装配工艺的认识

【学习目标】

1. 能正确描述船舶柴油机装配前的基本准备工作；
2. 能正确描述船舶柴油机通常采用的装配技术。

【模块描述】

以现代大型船舶柴油机为载体，以船舶柴油机的装配技术为任务，应用装配精度及装配尺寸链计算方法对装配尺寸进行分析，比较不同船舶柴油机装配方法的工艺特点。

【任务分析】

将加工好的各个零件（或部件）根据一定的技术条件连接成完整的机器（或部件）的过程，称为柴油机（或部件）的装配。船舶柴油机是由几千个零件组成的，其装配工作是一个相当复杂的过程。

柴油机的装配是柴油机制造过程中最后一个阶段的工作。一台柴油机能否保证良好的工作性能和经济性以及可靠地运转，很大程度上决定于装配工作的好坏，即装配工艺过程对产品质量起决定的影响。因此，为了提高装配质量和生产率，必须对与装配工艺有关的问题进行分析研究。例如，装配精度、装配方法、装配组织形式、柴油机装配工艺过程及其应注意的问题和装配技术规范等。

【知识准备】

一、装配精度及装配尺寸链

（一）装配精度

船舶柴油机制造时，不仅要求保证各组成零件具有规定的精度，而且还要求保证机器装配后能达到规定的装配技术要求，即达到规定的装配精度。柴油机的装配精度既与各组成零件的尺寸精度和形状精度有关，也与各组成部件和零件的相互位置精度有关。尤其是作为装配基准面的加工精度，对装配精度的影响最大。

例如，为了保证机器在使用中工作可靠，延长零件的使用寿命以及尽量减少磨损，应使装配间隙在满足机器使用性能要求的前提下尽可能小。这就要求提高装配精度，即要求配合件的规定尺寸参数同装配技术要求的规定参数尽可能相符合。此外，形状和位置精度也尽可能同装配技术要求中所规定的各项参数相符合。

船舶柴油机装配精度通常包括几何精度、运动精度、相互配合精度等。

1. 几何精度

几何精度是指零部件的实际几何形体与理想几何形体相接近的程度，包括尺寸、形状、相互位置的精度。零部件几何量的加工误差包括尺寸误差、形状误差、位置误差、表面粗糙度、表面波纹度等。在船舶柴油机装配中的几何精度主要包括距离精度、相互位置精度等。

(1)距离精度

距离精度是指产品中相关零、部件间的距离精度。

(2)相互位置精度

相互位置精度是指产品中相关零、部件间的平行度、垂直度、同轴度等。

2. 运动精度

(1)回转精度

回转精度是指船舶柴油机或传动中回转零件的径向跳动和轴向窜动，一般船舶柴油机主轴的径向跳动根据其位置不同，允许在轴端处跳动幅度也不一样。

回转精度除了与主轴组件各零件的精度有关，与装配方法也有密切关系。

(2)传动链精度

船舶柴油机内传动链中对该项精度有规定要求。

3. 相互配合精度

相互配合精度是指零件配合表面间的配合质量和接触质量。配合质量影响配合性质，接触质量影响产品的接触刚度，影响机械产品的几何精度和运动精度的保持性。

为了提高装配精度，必须采取一些措施：

(1)提高零件的机械加工精度；

(2)提高柴油机各部件的装配精度；

(3)改善零件的结构，使配合面尽量减少；

(4)采用合理的装配方法和装配工艺过程。

柴油机及其部件中的各个零件的精度，很大程度上取决于它们的制造公差。为了在装配时能保证各部件和整台柴油机达到规定的最终精度(即各部分的装配技术要求)，这就有必要利用尺寸链的原理来确定柴油机及其部件中各零件的尺寸和表面位置的公差。根据尺寸链的分析，可以确定达到规定的装配技术要求所应采取的最适当的装配方法和工艺措施。

(二)装配尺寸链

任何一个机构，如活塞连杆机构、配气机构等，都是由若干个相互关联的零件所组成，这些零件的尺寸就反映着它们之间的关系，并形成尺寸链。这种表示机构中各零件之间的相互关系的尺寸链，就称之为装配尺寸链。

装配尺寸链可由装配图看出，图 1-20 所示为活塞与汽缸配合的装配尺寸链图。图 1-20(b)中所示为其相应的尺寸链简图。

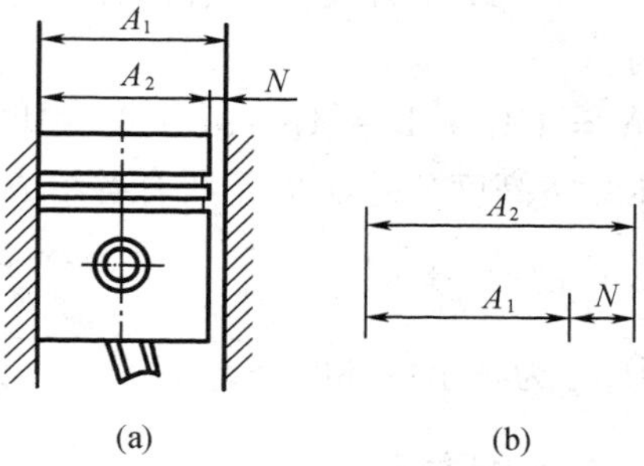

图 1-20　活塞与汽缸套的配合的尺寸链

装配尺寸链中的封闭环，它在装配前是不存在的，而是在装配后才形成的，如图 1-20(b)中的 N。封闭环通常就是装配技术要求。其中如果某组成环的尺寸增大(其他各组成环不变情况下),使封闭环的尺寸也随之增大,则此组成环称为增环;如果某组成环尺寸增大,使封闭环的尺寸随之减少,则此组成环称为减环。

封闭环的基本尺寸等于所有各组成环基本尺寸的代数和,即等于所有增环的基本尺寸之和减去所有减环的基本尺寸之和。它可由下式表示

$$N = \sum_{z=1}^{m} A_z - \sum_{j=m+1}^{n-1} A_j$$

式中 N——封闭环的基本尺寸;

A_z——A_1, A_2, A_m,为各增环的基本尺寸;

m——增环数;

A_j——$A_{m+1}, A_{m+2}, A_{n-1}$,为各减环的基本尺寸;

n——尺寸链的环数(包括封闭环在内)。

为了使装配达到规定的装配技术要求,从尺寸链的观点看,就是要保证尺寸链中的封闭环达到规定的精度要求。尺寸链封闭环的公差等于所有各组成环的公差之和。它可由下式表示

$$\delta_N = \delta_{A_1} + \delta_{A_2} + \delta_{A_3} + \cdots + \delta_{A_{n-1}} = \sum_{i=1}^{n-1} \delta_{A_i}$$

式中 δ_N——封闭环的公差;

δ_{A_i}——各组成环的公差;

n——尺寸链的环数(包括封闭环在内)。

以上是用完全互换法计算尺寸链的基本公式。

分析柴油机的装配尺寸链时,应从装配图中,找出各个零件或部件之间的相互关联的尺寸链关系,然后按照装配技术要求,找出以此技术要求为封闭环的装配尺寸链。同理,根据各个部件的装配技术要求,依次找出机器的全部装配尺寸链。

图 1-21 所示为柴油机各零件所组成的尺寸链关系图。为了保证柴油机的压缩比,压缩容积必须保持恒定,即压缩室的高度必须一定。压缩室高度以 N 表示。N 是在装配后形成的,因此,N 为封闭环。从柴油机的装配图中,可以找出由固定件和运动件等为组成环所构成的尺寸链。

图 1-21 中各尺寸参数都直接影响到压缩室的高度。因此,压缩室高度 N 的基本尺寸为

$$N = (A_1 + A_2 + A_3 + A_5 + A_6 + A_7 + A_{10} + A_{12} + A_{14}) - (B_4 + B_8 + B_9 + B_{11} + B_{13})$$

而压缩室高度公差 δ_N 等于所有各组成环公差的总和(其中尺寸 B_i 以 A_i 来代替),即

$$\delta_N = \sum_{i=1}^{14} \delta_{A_i}$$

式中,δ_{A_i} 为各组成环的公差。

二、装配方法

装配方法与解装配尺寸链的方法是密切相关的。为了达到规定的装配技术要求,解尺寸链确定部件或柴油机装配中各个零件的公差时,必须保证它们装配后所形成的累积误差不大于部件或柴油机按其工作性能要求所允许的数值。

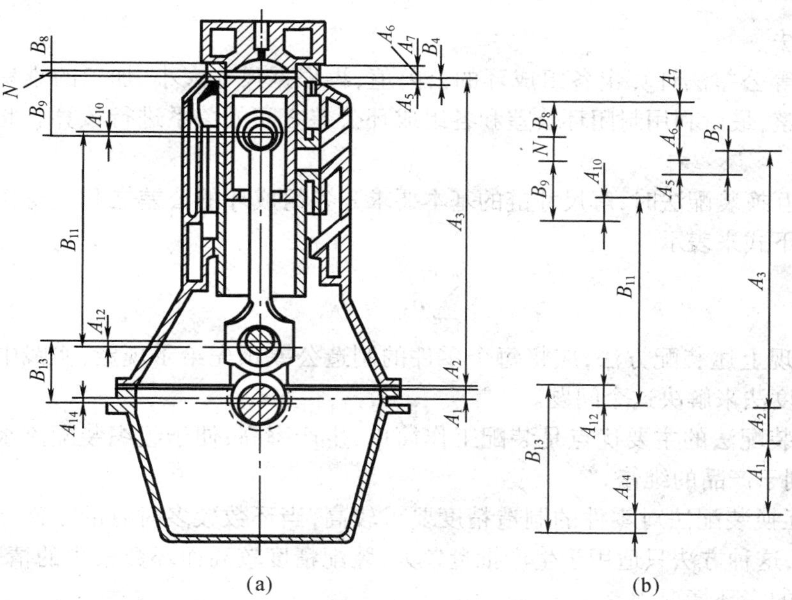

图 1－21　柴油机压缩室高度计算尺寸链图

A_1—主轴承孔轴线至机座上平面的距离；A_2—机座垫片厚度；A_3—机体总高度；A_4—机体上装汽缸套的凹坑深度；A_5—汽缸套垫片厚度；A_6—汽缸套凸肩高度；A_7—汽缸盖垫片厚度（压缩后的尺寸）；A_8—汽缸盖凸台高度；A_9—活塞销轴线至活塞顶平面之距离；A_{10}—连杆小端孔与活塞销间隙的一半；A_{11}—连杆大小端孔轴线距离；A_{12}—连杆大端孔与曲柄销间隙的一半；A_{13}—曲柄半径；A_{14}——主轴承孔至主轴颈间隙的一半

常用的装配方法有互换装配法、不完全互换装配法、选择装配法、修配法、调整法等5种。

（一）互换装配法

互换装配法是通过零件的精度来保证装配精度的一种装配方法。装配时零件不需进行任何选择、修配或调节就可以达到规定的装配精度要求。其实质是以完全互换为基础来确定机器中各个零件的公差，零件不需要做任何挑选、修配或调整，装配成部件或机器后就能保证达到预先规定的装配技术要求。

互换法是通过求解尺寸链来达到装配精度的要求，解尺寸链的核心问题是将封闭环的公差合理地分配到各组成环上去。

公差的分配方法有三种，即等公差法、等精度法和经验法。

1. 等公差法

设定各组成环的公差相等，将封闭环的公差平均分配到各组成环上。此方法计算较简单，但未考虑相关零件的尺寸大小和实际加工方法，所以不够合理，常用在组成环尺寸相差不太大，而加工方法的精度较接近的场合。

2. 等精度法

设定各组成环的精度相等，考虑了组成环尺寸的大小，但未考虑各零件加工的难易程度，使组成环中有的零件精度容易保证，有的精度较难保证。此法比等公差法合理，但计算较复杂。

3. 经验法

先根据等公差法计算出各组成环的公差值，再根据尺寸大小、加工的难易程度及工作经验进行调整，最后利用封闭环公差和各组成环公差之间的关系进行核算。此法在实际中应用较多。

用完全互换装配法时，解尺寸链的基本要求是各组成环的公差之和不得大于封闭环的公差。可用下式来表示

$$\sum_{i=1}^{n-1} \delta_{A_i} \leqslant \delta_N$$

为了实现上述装配方法，应将每个零件的制造公差预先给予规定，实践中常采用等公差法和等精度法来解决这个问题。

用互换装配法的主要优点是装配工作简单、生产率高、便于组织装配流水线和协作化生产，也有利于产品的维修。

但是，互换装配法对零件的制造精度要求较高，当环数较多时有的零件加工显得特别困难。因此，这种方法只适用于生产批量较大、装配精度较高而环数较少的情况，或装配精度要求不高的多环情况中。

针对这种情况，尤其对多环且装配精度要求高的场合，可采用不完全互换装配法。

(二) 不完全互换装配法

不完全互换装配法又称部分互换装配法。这种方法的实质是考虑到组成环的尺寸分布情况，以及其装配后形成的封闭环的尺寸分布情况，可以利用概率论给组成环的公差规定得比用完全互换装配法时的公差大些，这样在装配时，大部分零件不需要经过挑选、修配或调整就能达到规定的装配技术要求，但有很少一部分零件要加以挑选、修配或调整才能达到规定的装配技术要求。换句话说，用这种装配方法时，有很少一部分尺寸链的封闭环的公差将超过规定的公差范围，不过可将这部分尺寸链控制在一个很小的百分数之内，此百分率称为“危率”(或“冒险率”)。这样，根据封闭环的公差计算组成环的公差时，必须考虑到危率和组成环的尺寸分布曲线的形状。

不完全互换装配法在大批量生产中，装配精度要求高和尺寸链环数较多的情况下使用，显得更优越。

(三) 选择装配法

选择装配法就是将组成环的公差放大到经济加工精度，通过选择合适的零件进行装配，以保证达到规定装配精度的方法。用此法装配时，可在不增加零件机械加工的困难和费用的情况下，使装配精度提高。

选择装配法在实际使用中又有两种不同的形式，直接选配法和分组装配法。

1. 直接选配法

所谓直接选配就是从许多加工好的零件中任意挑选合适的零件来配套。一个不合适再换另一个，直到满足装配技术要求为止。装配质量在很大程度取上决于工人的技术水平和经验，但装配的生产率低。例如，在柴油机活塞组件装配时，为了避免机器运转时活塞环在环槽内卡住，可以凭经验直接挑选易于嵌入环槽的合适尺寸的活塞环。

2. 分组装配法

分组装配法是将组成环的公差按完全互换法装配算出后放大数倍，达到经济精度公差数值。零件加工后测量实际尺寸的大小，并进行分组，相对应组进行互换装配以达到规定的装配精度。由于组内零件可以互换，又称分组互换法。这种方法的实质是将加工好的零件按实际尺寸的大小分成若干组，然后按对应组中的一套零件进行装配，同一组内的零件可以互换，分组数越多，则装配精度就越高。零件的分组数要根据使用要求和零件的经济公差来决定。部件中各个零件的经济公差数值，可能是相同的，也可能是不相同的。

零件的分组数以 K 表示，可按下式计算

$$K = \frac{\delta'_{A_i}}{\delta_{A_i}}$$

式中　δ'_{A_i}——零件的经济公差（零件的制造公差）；

δ_{A_i}——零件的组公差（零件分组后在该组内的尺寸变动范围）。

由于部件中各个零件的 δ'_{A_i} 和 δ_{A_i} 不一定相同，因此应按最大的 K 来分组，并且以对应组内完全互换为基础，对应组内各零件尺寸的公差及其上、下偏差必须满足完全互换装配法的各个公式的要求。

利用这种方法，可不减小零件的制造公差而显著地提高装配精度，但它也有一些缺点。例如，增加了检验工时和费用，在对应组内的零件才能互换，因而在一些组级可能剩下多余的零件不能进行装配等。因此，分组装配法主要用以解决装配精度要求高、环数少（一般不超过 4 个环）的尺寸链的部件装配问题。例如，柴油机制造中的活塞销和活塞销孔、燃油设备的柱塞副、针阀副、齿轮油泵等的装配中，已广泛采用。

（四）修配法

修配法是在装配过程中，通过修配尺寸链中某一组成环的尺寸，使封闭环达到规定精度要求的一种装配方法。

采用修配装配法时，尺寸链中各组成环尺寸均按加工经济精度制造。这样，在装配时累积在封闭环上的总误差必然超过规定的公差。为了达到规定的精度要求，需对规定的某一组成环进行修配。要进行修配的组成环称为修配环。

修配法在生产中应用广泛，主要用于成批或单件生产，装配精度要求高的情况下。

修配环的选择应注意以下原则：

(1) 选易于修配且装卸方便的零件；

(2) 若有并联尺寸链，选非公共环，否则修配后，保证了一个尺寸的装配要求，但又破坏了另一个尺寸链的装配精度要求；

(3) 选不进行表面处理的零件，以免破坏表面处理层。

修配法的实质是为使零件易于加工，有意地将零件的公差加大。在装配时则通过补充机械加工或手工修配的方法，改变尺寸链中预先规定的某个组成环的尺寸，以达到封闭环所规定的精度要求。这个预先被规定要修配的组成环称为“补偿环”。

如果将尺寸中各组成环按经济公差 $\delta'_{A_1}, \delta'_{A_2}, \cdots, \delta'_{A_{n-1}}$ 进行加工，则装配后封闭环的实际变动量（以 Δ_N 表示）为

$$\Delta_N = \sum_{i=1}^{n-1} \delta'_{A_i}$$

这时,装配后Δ_N将比允许变动量(即规定的封闭环的公差δ_N)为大,其差位为Δ_K

$$\Delta_K = \Delta N - \delta_N = \sum_{i-1}^{n-1} \delta'_{A_i} - \delta_N$$

差值Δ_K称为"尺寸链的最大补偿量",即装配时的最大修配量。装配时,修配尺寸链中某一预先被规定作为补偿环的那个组成环的尺寸,以达到封闭环的精度要求。

用修配法解装配尺寸链时,一方面要保证各组成环有经济的公差,另一方面不要使补偿量Δ_K过大,以致造成修配工作量过大。此外,还必须选择容易加工的组成环作为补偿环。

修配法的优点是可以扩大组成环的制造公差,并且能够得到高的装配精度,特别对于装配技术要求很高的多环尺寸链,更为显著。

修配法的缺点是没有互换性,装配时增加了钳工的修配工作量,需要技术水平较高的工人,由于修配工时难以掌握,不能组织流水生产等。因此,修配法主要用于单件小批量生产中解高精度的装配尺寸链。在通常情况下,应尽量避免采用修配法,以减少装配中钳工工作量。

(五)调整法

调整法是在装配时用改变产品中可调件的相对位置或选用大小合适的调整件来达到装配精度的方法。调整法的实质是装配时不是切除多余金属,而是改变补偿件的位置或更换补偿件来改变补偿环的尺寸,以达到封闭环的精度要求。

例如,柴油机的配气机构中所采用的一种螺钉补偿件,用以调整进气门和摇臂之间的装配间隙。利用此补偿件后,不但能使机构中各零件的制造变得容易,而且在气门间隙增大的情况下,可以及时进行调整,以保证机器正常运转,并延长了机构的使用寿命。

与修配法相似,用调整法解尺寸链时,其最大调整量(补偿量)Δ_K可用修配法的Δ_K的公式来计算。

用调整法装配时,常用的补偿件有螺钉、垫片、套筒、楔子以及弹簧等。

调整法装配有如下优点:

(1)可加大组成环的尺寸公差,使组成环各个零件易于制造;

(2)用可调整的活动补偿件(如上例所述调整螺钉)使封闭环达到任意精度;

(3)装配时不用钳工修配,工时易掌握,易于实现流水生产;

(4)在装配过程中,通过调整补偿件的位置或更换补偿件的方法来保证机器正常工作性能。

但是用调整法解装配尺寸链也有其缺点,例如,增加了尺寸链的零件数(补偿件),即增加了机器的组成件数。

调整法适用于封闭环精度要求高的尺寸链,或者在使用中零件因温升及磨损等原因其尺寸有变化的尺寸链。

三、装配组织形式及装配工艺规程

(一)装配的组织形式

装配的组织形式主要取决于生产规模、装配过程的劳动量和产品的结构特点等因素。

目前,在柴油机制造中,装配的组织形式主要有两种,即固定式装配和移动式装配。

1. 固定式装配

固定式装配是指全部工序都集中在一个工作地点(装配位置)进行。这时装配所需的零件和部件全部运送到该装配位置。

固定式装配又可分为按集中原则进行和按分散原则进行两种方式。

(1)按集中原则进行的固定式装配　全部装配工作都由一组工人在一个工作地点上完成。由于装配过程有各种不同的工作,所以这种组织形式要求有技术水平较高的工人和较大的生产面积,装配周期一般也较长。因此,这种装配组织形式只适于单件小批量生产的大型柴油机、试制产品以及修理车间等的装配工作。

(2)按分散原则进行的固定式装配　把装配过程分为部件装配和总装配,各个部件分别由几组工人同时进行装配,而总装配则由另一组工人完成。这种组织形式的特点是工作分散,允许有较多的工人同时进行装配,使用的专用工具较多,装配工人能得到合理分工,实现专业化,技术水平和熟练程度容易提高。所以,装配周期可缩短,并能提高车间的生产率。因此,在单件小批量生产条件下,也应尽可能地采用按分散原则进行的固定式装配。当生产批量大时,这种方式的装配过程可分成更细的装配工序,每个工序只需一组工人或一个工人来完成。这时工人只完成一个工序的同样工作,并可从一个装配台转移到另一个装配台。这种产品(或部件)固定在一个装配位置而工人流动的装配形式称为固定式流水装配,或称固定装配台的装配流水线。

固定式流水装配生产时装配台安排在一条线上,装配台的数目由装配工序数目来决定,装配时产品不动,装配所需的零件不断地运送到各个装配台。

固定装配台的装配流水线是固定式装配的高级形式。由于装配过程的各个工序都采用了必要的工夹具,工人又实现了专业化工作,因此产品的装配时间和工人的劳动量都有所减少,生产率得以显著提高。

这种装配方式在中、大功率柴油机的成批生产中已广泛采用。

2. 移动式装配

移动式装配是指所装配的产品(或部件)不断地从一个工作地点移到另一个工作地点,在每一个工作地点上重复地进行着某一固定的工序,在每一个工作地点都配备有专用的设备和工夹具;根据装配顺序,不断地将所需要的零件及部件运送到相应的工作地点。这种装配方式称为装配流水线。

根据产品移动方式不同,移动式装配又可分为下列两种形式。

(1)自由移动式装配

自由移动式装配的特点是装配过程中产品是用手推动(通过小车或辊道)或用传送带和起重机来移动的,产品每移动一个位置,即完成某一工序的装配工作。

在拟定自由移动式装配工艺规程时,装配过程中的所有工序都按各个工作地点分开,并尽量使在各个工作地点所需的装配时间相等。

这种装配方式,在中型柴油机的成批生产中被广泛采用。

(2)强制移动式装配

强制移动式装配的特点是装配过程中产品由传送带或小车强制移动,产品的装配直接在传送带或小车上进行。它是装配流水线的一种主要形式。强制移动式装配在生产中又有两种不同的形式,一种是连续运动的移动式装配,装配工作在产品移动过程中进行,另一种是周期运动的移动式装配,传送带按装配节拍的时间间隔定时地移动。

这种装配方式,在小型柴油机大量生产中被广泛采用。

除上述两种装配组织形式外,对大型低速柴油机的装配,还出现一种固定形式的分段装配法。这种装配方式的特点是将柴油机连同管路附件、行走平台和扶梯等,分成若干个分段,如机座、曲轴、机架、汽缸体、上、下部行走平台分段等,各分段可同时进行分装配,然后再将装好的分段运送到总装试车台上进行总装配。

这种装配方式的优点是分段装配可平行地进行,缩短了装配时间,可实现装配工作专业化,避免长时间高空作业,提高总装试车台的周转率等。

(二)装配工艺规程

机器装配工艺规程同零件机械加工工艺规程一样,是工厂在一定生产条件下用以组织和指导生产的一种工艺文件。

1. 拟定装配工艺规程的依据和原始资料

(1)拟定装配工艺规程的依据

拟定装配工艺规程时,必须考虑几个原则:

①产品质量应能满足装配技术要求;

②钳工修配工作量尽可能减到最少,以缩短装配周期;

③产品成本低;

④单位车间面积的生产率最高;

⑤充分使用先进的设备和工具。

(2)拟定装配工艺规程的原始资料

拟定装配工艺规程时,必须根据产品的特点和要求,生产规模和工厂具体情况来进行,不能脱离实际。因此必须掌握足够的原始资料,主要的原始资料是:

①产品的总装图、部件装配图以及主要零件的工作图(施工图);

②产品验收技术条件;

③所有零件的明细表;

④工厂生产规模和现有生产条件;

⑤同类型产品工艺文件或标准工艺等参考资料。

通过对产品总装图、部装图和主要零件图的分析,可以了解产品每一部分的结构特点、用途和工作性能,了解各零件的工作条件以及零件间的配合要求,从而在装配工艺规程拟定时,采用必要措施,使之完全达到图纸要求。分析装配图还可以发现产品结构的装配工艺性是否合理,并提出改进产品设计的意见。

产品的验收技术条件是机器装配中必须保证的。熟悉验收技术条件,是为了更好地采取措施,使拟定的装配工艺规程,达到预定的装配质量要求。

生产规模和工厂条件,决定了装配组织形式和装配方法以及采用的装配工具。

2. 装配工艺规程的内容及其拟定步骤

(1)装配工艺规程的内容

如前所述,装配工艺规程是组织和指导装配生产过程的技术文件,也是工人进行装配工作的依据。因此,它必须包含以下几个方面内容:

①合理的装配顺序和装配方法;

②装配组织形式;

③划分装配工序和规定工序内容;

④选择装配过程中必需的设备和工夹具;

⑤规定质量检查方法及使用的检验工具;

⑥确定必需的工人等级和工时定额。

(2)装配工艺规程的拟定步骤

掌握了必要的原始资料后,就可以着手进行装配工艺规程的拟定工作。拟定装配工艺规程的步骤大致如下。

①分析研究装配图及技术要求。从中了解机器的结构特点,查明尺寸链和确定装配方法(即选择解尺寸链的方法)。

②确定装配的组织形式。根据生产规模和产品的结构特点,就可以确定装配组织形式。例如大批生产的中、小型柴油机,可采用移动式装配流水线,小批量生产的中型柴油机,可采用固定装配流水线。

③确定装配顺序(即装配过程)。装配顺序基本上是由机器的结构特点和装配形式决定的。装配顺序总是先确定一个零件作为基准件,然后将其他零件依次地装到基准件上去。例如,柴油机的总装顺序总是以机座为基准件,其他零件(或部件)逐次往上装。可以按照由下部到上部、由固定件到运动件到固定件,由内部到外部等规律来安排装配顺序。

④划分工序和确定工序内容。在划分工序时必须注意:前一工序的活动应保证后一工序能顺利地进行,应避免有妨碍后一工序进行的情况,采用移动式流水线装配时,工序的划分必须符合装配节拍的要求。

⑤选择装配工艺所需的设备和工夹具。应根据产品的结构特点和生产规模,尽可能地选用最先进的合适的装配工夹具和设备。

⑥确定装配质量的检验方法及检验工具。

⑦确定工人等级及工时定额。应根据工厂具体情况和实际经验及统计资料来确定工人等级和制定工时定额。

⑧确定产品、部件和零件在装配过程中的起重运输方法。

⑨编写装配工艺文件。装配工艺文件有过程卡(装配工序卡)和操作指导卡等。过程卡是为整台机器编写的,它包括完成装配工艺过程所必需的一切资料。操作指导卡是专为某一个较复杂的装配工序或检验工序而编写的,它包括完成此工序的详细操作指示。

⑩确定产品的试验方法并拟定试验大纲。

四、常用装配工具

为了顺利地装配船舶设备,应尽量做好装配前的各项准备工作,准备各种装配工具。装配时需要准备的装配工具通常包括通用和专用工具、通用和专用量具、各种随机辅助设备等。所准备的工具和量具的品种、规格应能保证全部装配工作的顺利进行。

(一)通用工具

1. 扳手

扳手是用来拆装各种螺纹连接件的常用工具。按其结构形式和作用,可分为通用扳手、专用扳手和特种扳手三大类。

使用扳手时,应把扳手的开口全部套在欲扳动部件上,并注意扳手的开口平面与被扳动件轴线相垂直,否则不仅容易滑脱,而且也容易损坏螺纹连接件的棱角。

(1)通用扳手

通用扳手又称活络扳手(adjustable spanner),如图1－22所示。其特点是它的开口尺寸能在一定范围内调节,所以可用一把活络扳手扳动开口尺寸允许范围内的多种规格的螺栓和螺母,使用方便。

图1－22　活络扳手

使用活络扳手时应注意以下几点:

①活络扳手使用时不允许在其手柄上套上一根长管子作为加长手柄;

②应使扳手开口的固定部分承受主要作用力,即扳手开口的活动部分位于受压方向;

③扳紧力不能超出螺栓或螺母所能承受的限度;④扳手的开口尺寸应调整到与被扳紧部位尺寸一致,将其紧紧卡牢再用力扳动螺帽。

(2)专用扳手

每一种专用扳手只能用以扳动固定规格的螺栓和螺母,按其结构特点可分为以下几种。

①开口扳手　又称呆扳手,分为单头和双头两种,如图1－23所示。它的尺寸规格以开口宽度(mm)分类。开口扳手一般用在螺帽空间比较宽阔的地方,使用时应注意扳手开口的受力部位。

②整体扳手　整体扳手有正方形、六角形、十二角形等几种形式,其中十二角形扳手就是梅花扳手,如图1－24所示。梅花扳手只要转动30°就可改变扳手方向,所以扳动狭窄部位的螺栓和螺母时,使用这种扳手较为方便。其规格以六角螺母的对边距离为扳手的公称尺寸。

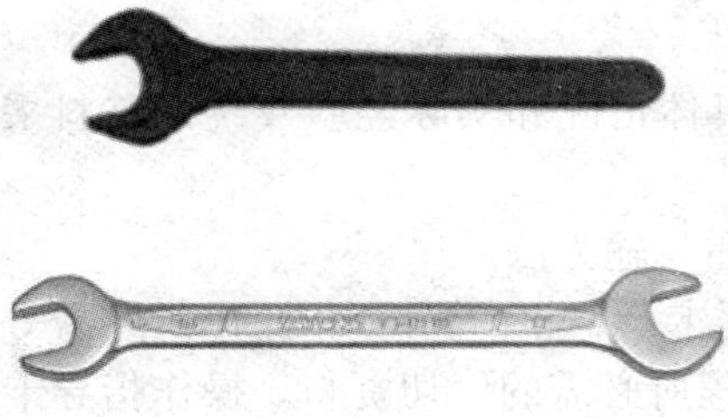

图1－23　开口扳手

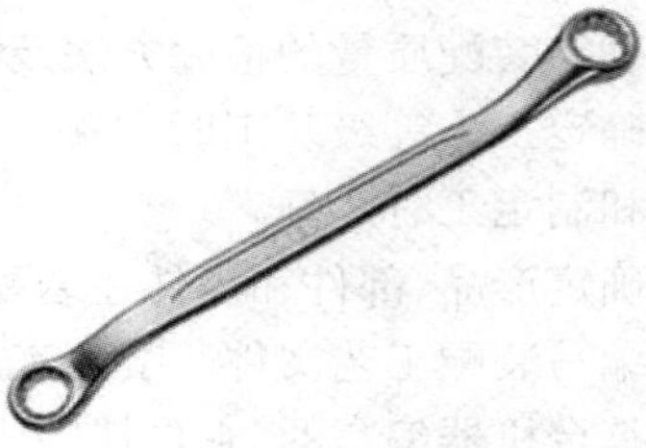

图1－24　梅花扳手

③套筒扳手　套筒扳手(box spanner)是由一套尺寸不等的活络套筒头子和弓形手柄等组成,如图1－25所示。一般都配套成盒,分9件、13件、17件、28件、32件等多种组合,其规格尺寸同梅花扳手基本相同,适用于多种特殊位置和维修空间狭小的地方,且效率较高。

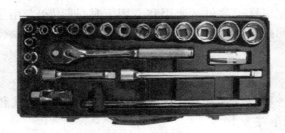

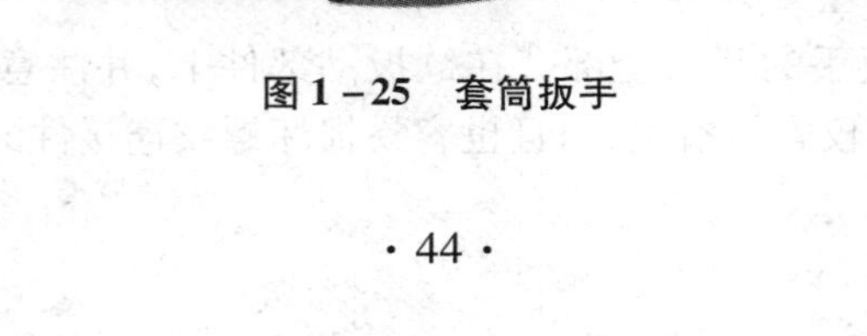

图1－25　套筒扳手

此外，专用扳手还包括钩形扳手、内六角扳手、管扳手等用于特殊工件的扳手。

(3)特种扳手

特种扳手一般是为拆装某一类专用螺帽而设计的，在结构和功用上有别于前述两类扳手，船舶机械中常用的特种扳手有以下两种。

①扭力扳手　扭力扳手又称公斤扳手，如图1－26所示。手柄上带有刻度和指针，使用时可根据扳动时的指针刻度来测定螺栓、螺母的拧紧力矩值。凡是对螺栓、螺母的上紧扭矩有明确规定的装配工件(如某些中小型柴油机的连杆、缸盖螺母，空压机的缸盖螺栓等)上紧时都要使用这种扳手。

②风动冲击扳手　风动冲击扳手(impack wrench)是以压缩空气为动力，用来拆卸和上紧一些较大的螺帽。如大型柴油机的缸盖螺帽等，外形如图1－27所示。

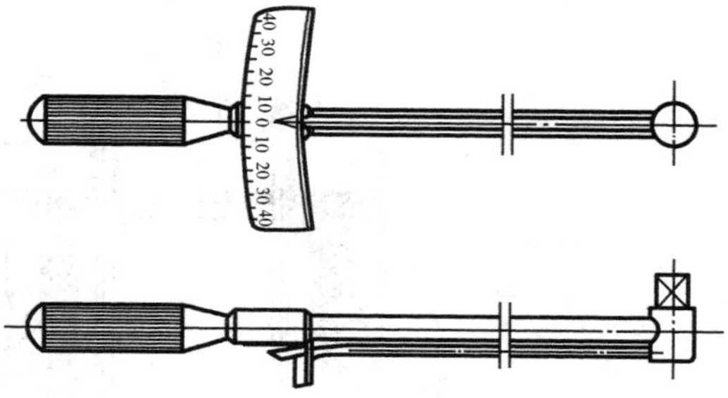

图1－26　扭力扳手

图1－27　风动冲击扳手

2. 手锤

船舶机械拆装用的手锤(hammer)一般分为刚性手锤和弹性手锤两类。

由碳钢淬硬制造的手锤属刚性手锤，根据锤头的质量划分规格，常用的有0.25 kg，0.5 kg，1 kg等几种，常与錾子、冲头、垫块等配合使角；但不宜直接敲击零件表面。

由铜、硬橡胶、木头等做成的手锤属软手锤，常用于拆装传动轴及轴端装置，如齿轮、键、轴承等，可直接敲击零件表面。

3. 钳子

在船机检修常用的钳子有用来夹持和剪断金属薄板及金属丝铁柄钳；可用于夹持或剪断各种电线绝缘柄钳；供夹持及拉拔各种扁平或圆柱形工件鲤鱼钳；在检修中常用来装拔销钉、弹簧等零件还能剪断细小的工件或线材的尖嘴钳；专用于拆装弹性挡圈挡圈钳；用以弯曲金属薄板片及金属细丝的扁嘴钳等。

4. 其他钳工工具

其他一些钳工工具如钢锯、锉刀、刮刀、螺丝刀、丝维、板牙、冲子和拉码等也是在轮机的拆检作业中经常使用的。

(二)专用工具

专用工具一般都是为某主、辅机拆装方便而专门设计制造的，通常由生产厂家随机配备。机型不同，专用工具也有所不同，常用的船机拆装专用工具有以下几种。

1. 液压拉伸工具

该工具是大型柴油机中常用的装置，如图 1 －28 所示。液压拉伸工具主要用于拆装大型柴油机汽缸头螺母。其主要工作原理是利用螺栓材料本身的弹性变形，借助液压的力量把螺栓拉伸至一定长度，使螺母与其压紧的平面能处于松弛的状态，以便用扳手旋紧或旋松螺母达到螺栓上紧或旋松的目的。使用时要根据说明书中所规定的缸头螺母旋紧力的大小，用手动高压液压泵给出相应的标准压力来进行螺母的拆装工作。为了保证液压工具的良好状态，应定期地对液压拉伸器进行保养。同时在使用时要根据说明书的规定正确地安装和操作。

该工具也可拆装主机的其他紧固螺母，如活塞杆下部的海底螺母、十字头轴承螺母等。

2. 汽缸套拆装专用工具

该工具用于拆装柴油机汽缸套，如图1 －29 所示。它由缸套悬吊梁、托底梁、提吊螺栓和螺母等组成。使用时应按使用说明正确安装，吊装缸套时应使天车吊钩与吊装工具吊点在同一垂直线上。要注意缸体与缸套的定位记号，避免安装时错位。

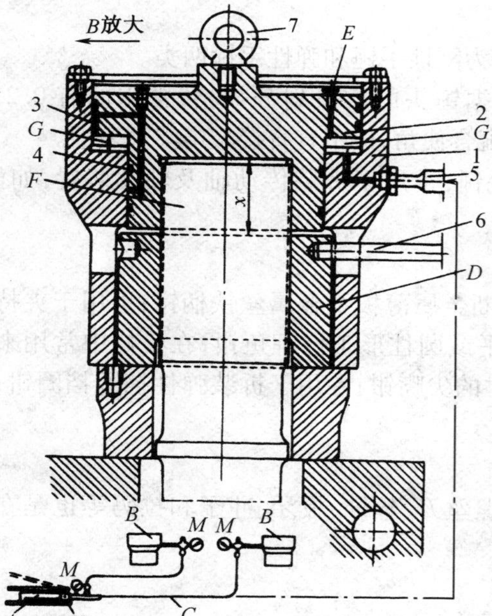

图 1 －28　液压拉伸工具

1—液压油缸；2—液压活塞；3—上部密封环；
4—下部密封环；5—高压软管接头；6—扳手；7—吊环

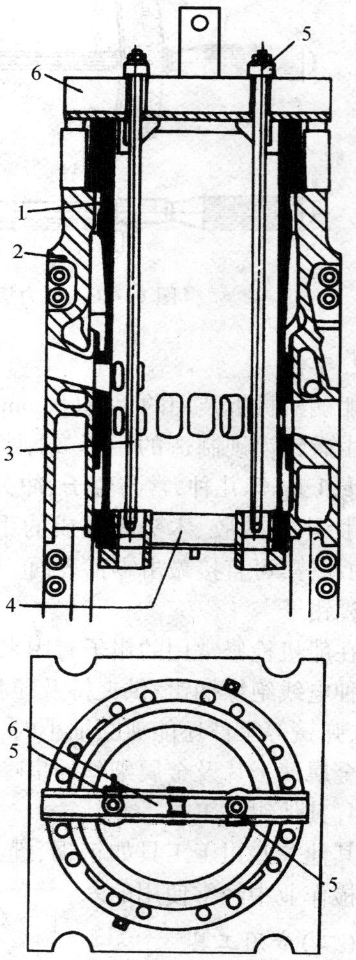

图 1 －29　缸套拆装专用工具

1—缸套；2—汽缸体；3—提吊螺栓；
4—托底梁；5—螺母；6—悬吊梁

3. 活塞环拆装专用工具

该工具专用于拆装活塞环，如图 1－30 所示。适用于拆装缸径较大的柴油机活塞环。使用时要注意不能用力过猛，以免折断活塞环。

4. 活塞装入汽缸套的专用工具

该工具在活塞的安装时使用。使用时要平稳地放置在汽缸体上平面，注意定位销的位置。将带环的活塞涂上滑油并保证环的搭口互相错位后，放入汽缸套内，依靠专用工具的锥形喇叭口将活塞环逐渐收拢，压入汽缸套，如图 1－31 所示。

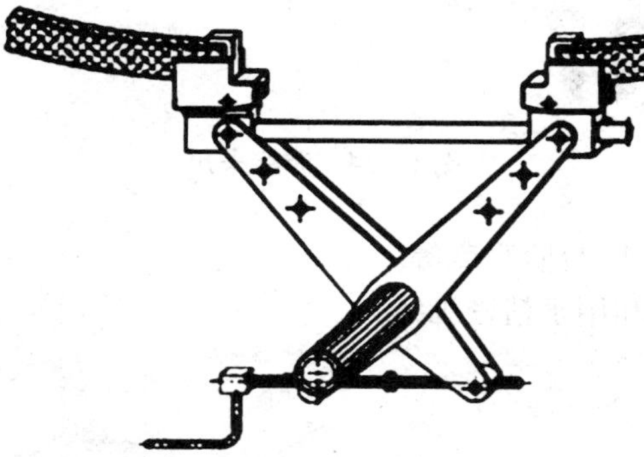

图 1－30　拆装活塞环专用工具

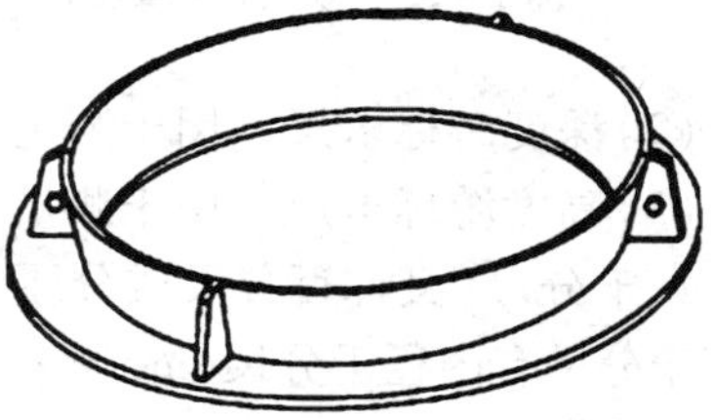

图 1－31　活塞装入汽缸套的专用工具

5. 主轴瓦拆装专用工具

这种工具适用于拆装主轴瓦上瓦，如图 1－32 所示。使用时吊板用螺栓上紧，拆卸时要注意主轴承盖、上瓦的定位销，以保证主轴承安装位置的精度。拆去主轴承盖、上瓦和垫片后，在不抬起曲轴的情况下，用专用销子插在油孔中或用固定在曲柄臂上的专用工具将下瓦自主轴承座中盘出或装入；有的柴油机用液压千斤顶抬起曲轴，用钩形工具转出轴瓦。

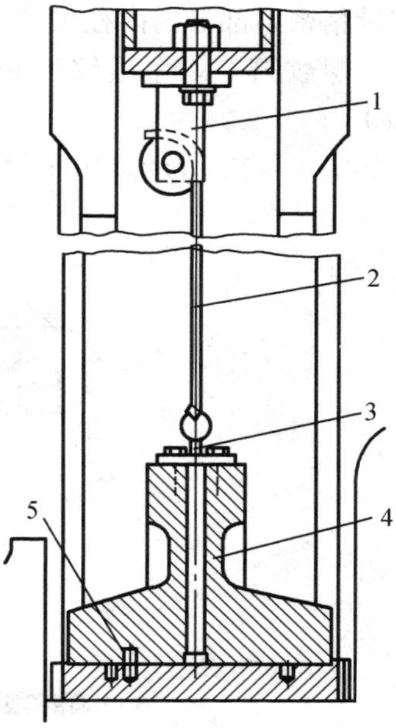

图 1－32　主轴瓦拆装工具

1—吊架；2—绳索；3—吊板；4—主轴承盖；5—定位销

（三）通用量具

1. 钢尺（钢板尺、钢卷尺）

用于测量工件长度尺寸。

2. 塞尺（又称厚薄规）

如图 1－33 所示。用于测量两机件相互之间的微小间隙。如气阀间隙、活塞环搭口及天地间隙等。其使用方法为：

（1）使用前应将塞尺擦干净，否则会影响测量精度；

（2）使用时根据机件之间配合间隙大小选出一片或数片，重叠在一起塞进间隙内，使钢片在间隙内既能推动，又能拉动，且有明显摩擦力的感觉；

（3）如果钢片在间隙内很松动或无法推动，则应更换一片较厚或较薄的钢片重新测量。

3. 卡尺

(1)游标卡尺　游标卡尺(slide callipers)如图1－34所示。用于测量工件的内、外径尺寸。如内径、外径、高度、厚度和深度等。

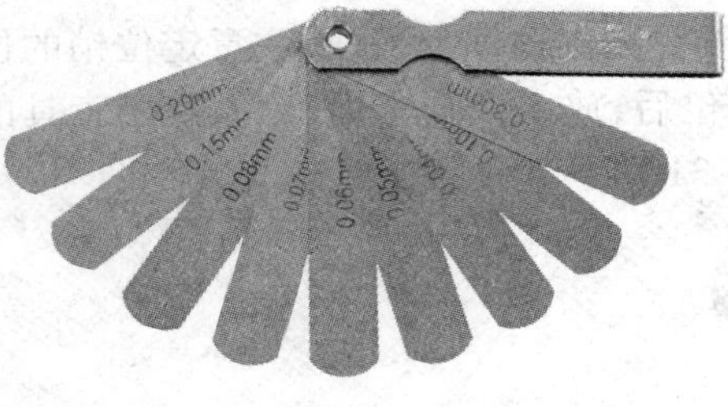

图1－33　塞尺(厚薄规)

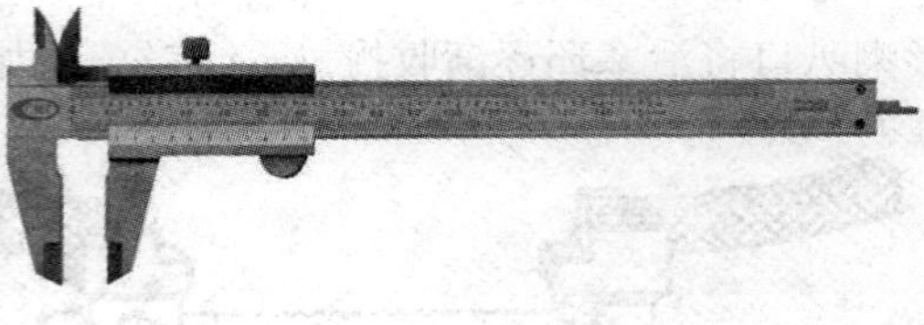

图1－34　游标卡尺

(2)深度游标卡尺　用于测量工件深度尺寸、台阶高度等。

(3)高度游标卡尺　用于测量工件的高度和用于精密画线。

4. 千分尺(又称百分尺或分厘卡)

千分尺有内径千分尺(inside micrometer)和外径千分尺(outside micrometer)之分。

(1)外径千分尺　如图1－35所示。用于测量精密工件的外形尺寸。

(2)内径千分尺　如图1－36所示。用于测量精密零部件的内径尺寸。

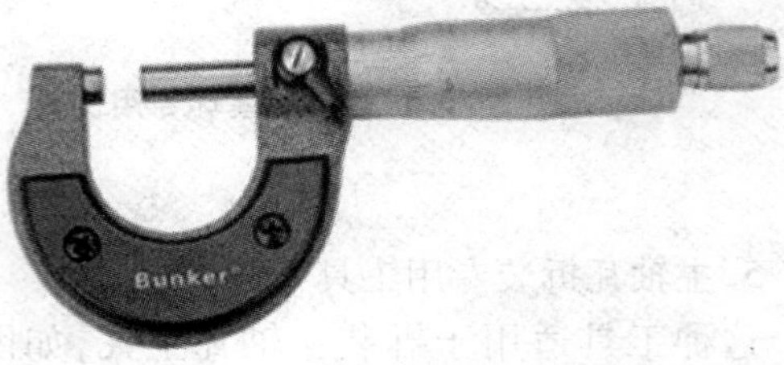

图1－35　外径千分尺

5. 螺纹规(又称螺纹样板 screw pitch gauge)

如图1－37所示。用于检查普通螺纹

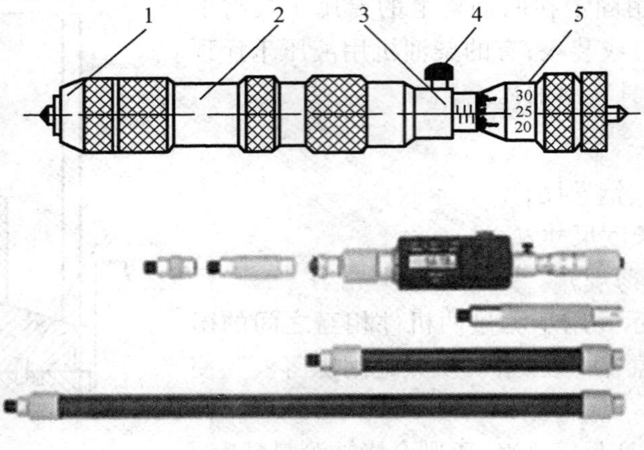

图1－36　内径千分尺

1—测量头;2—节杆;3—尺身;4—紧固螺钉;5—游标

的螺距或每英寸牙数。

（四）专用量具

在设备检修中，有些设备用普通量具测量较困难，为此常配有随机供应或购置的专用量具。如测量汽缸内径的量缸表、测量曲轴臂距差的臂距差表、主轴承磨损量的桥规等。

图1－37　螺纹规

1. 内径千分表

内径千分表在船上主要用于测量缸套的内径。其结构由千分表、连接杆、固定量杆和活动量杆组成，如图1－38所示。连接杆的一端与千分表相连，另一端与固定量杆和活动量杆组成的可调测量棒相连。

内径千分表在使用时需要用一个外径千分尺按零件尺寸先对内径千分表进行校正，使千分表的指针指向零位，并把可调测量棒上的紧固螺母拧紧后再进行实际测量。为适应不同尺寸缸径的需要，固定测量杆有一组不同尺寸的杆可供选择，同时调整垫片也有一组可供选配。

在测量汽缸内径时，根据汽缸内径的大小配上适当的测量棒，把一个外径千分尺调到与标准缸径相同。再将内径千分表的测量棒放到外径千分尺里进行调校，一般测量棒调校后的长度比缸径稍大（视缸套磨损情况而定），再将千分表放到汽缸内进行测量。

2. 量缸表

量缸表是用于测量汽缸内径的一种专用内径千分表或百分表。为方便缸套测量，大型船舶柴油机一般都随机配有专用量缸表，其结构由千分表、连杆、活动测量杆、固定测量杆、锁紧螺母等组成，如图1－39所示。其原理与普通内径千分表基本相同：活动测量杆1感受的位置变化通过表身内部的连接杆传递到千分表3，指示出测量的变化值，从而达到内径测量的目的。

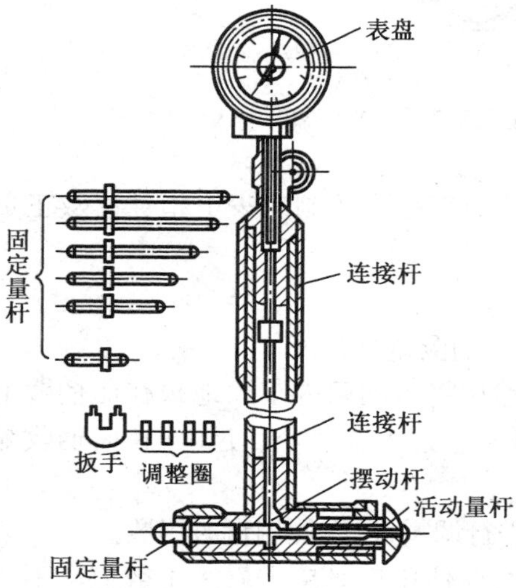

图1－38　内径千分表

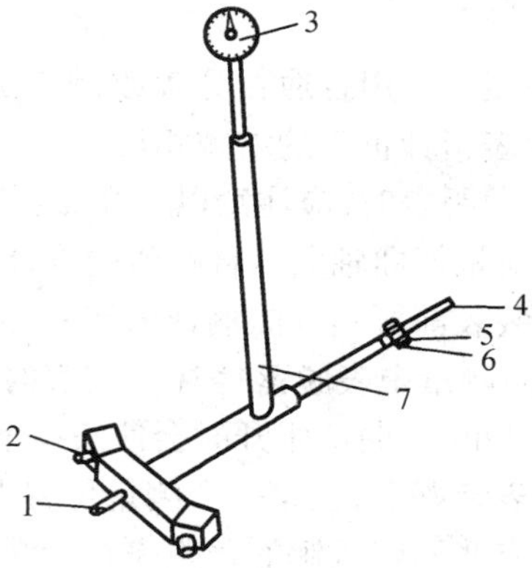

图1－39　量缸表

1—活动量杆；2—支撑头；3—千分表；4—固定量杆；5—锁紧螺母；6—调整垫片；7—连杆

使用量缸表时，在各杆件连接组装后，需先用游标卡尺或外径千分尺校验活动测量杆1顶端与固定测量杆4顶端的最大长度。测量时先将量缸表的固定测量杆端插入缸套测量样板的孔中定位，用手摇动连杆7，使活动测量杆端上下摆动。千分表指针指示刻度的最小位置即是欲测的直径位置。缸径应为测量杆长度 L 减去表的读数。支撑头的作用是在测量时和缸壁接触，以确定测量杆的位置。

量缸表使用后，拆下各部分零件清洁，涂油脂并放入表盒中保存。

3. 臂距表

臂距表也称为拐挡表，用于测量曲柄臂距变化的数值，是一种特殊的百分表，它的测量精度为0.01 mm。一般船用柴油机都随机配备专用臂距表，其结构由臂距表、重锤、测量杆等组成，如图1-40所示。这种表测量臂距差时，曲柄臂张开时，臂距值增大，表的指针指向正(+)值或读数增大方向；曲柄臂缩合，臂距值减小，则表的指针指向负(-)值或读数减小方向。这样，表上指针的正负或读数的增减与臂距的增减相一致。

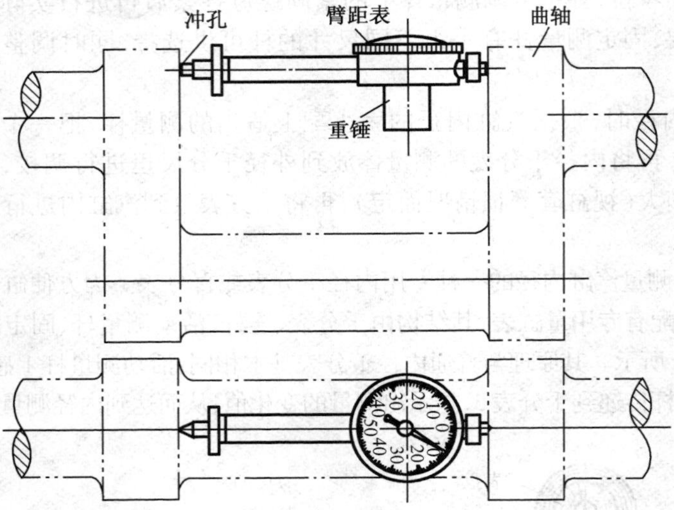

图1-40　臂距表及其安装

臂距表也可用普通百分表改制而成。但用普通百分表改制时表上指针读数正负的增减与臂距表指针正负的增减相反。

使用臂距表时，应注意以下几点：

(1)应根据曲轴曲柄臂距值的设计尺寸组装表的测量杆长度。

(2)装表前要确认曲柄臂内侧的冲眼位置，然后将表的两端牢固地顶在曲柄臂上的冲眼内，以防测量中表脱落摔坏。装表时预压缩量不应过大或过小。过大，在曲柄收缩时会压坏表；过小，在曲柄张开时会使表掉下摔坏。

(3)表装好后，在第一个测量位置上要对表进行调零，以方便测量时读数。

(4)有些不带重锤的臂距表在测量的过程中，应使用反光镜查看表上数值。不要用手转动表盘查看读数，以免影响测量的准确性。

4. 桥规

桥规(bridge gauge)用来测量曲轴的桥规值和主轴颈下沉量。

柴油机主轴颈的下沉主要是由于主轴承下瓦磨损和主轴颈磨损所导致的。但在实际工作中,主轴颈的正常磨损量一般很小,相对于主轴承下瓦的磨损几乎可以忽略。所以测量出的桥规值主要是反映主轴承下瓦的磨损量。

桥规是随机专用量具,其结构随机型不同而异。桥规如图 1 - 41 所示。柴油机的桥规铭牌上一般标记着柴油机台架试验时测量的各道主轴承的桥规值,作为在以后使用中测量比较的依据。前后两次测量桥规值之差即是主轴瓦下瓦相应时间阶段的磨损量。

目前大型柴油机普遍采用一种带有测深尺的桥规,在主轴承两端测量而无须拆卸主轴承。如图 1 - 42 所示为 SulzerRTA 型柴油机桥规。

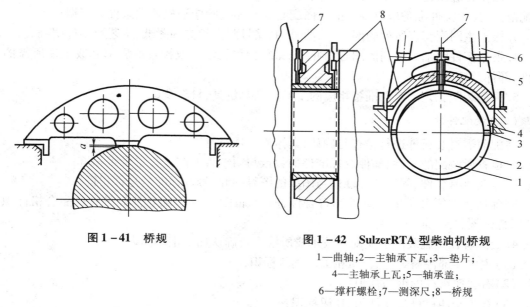

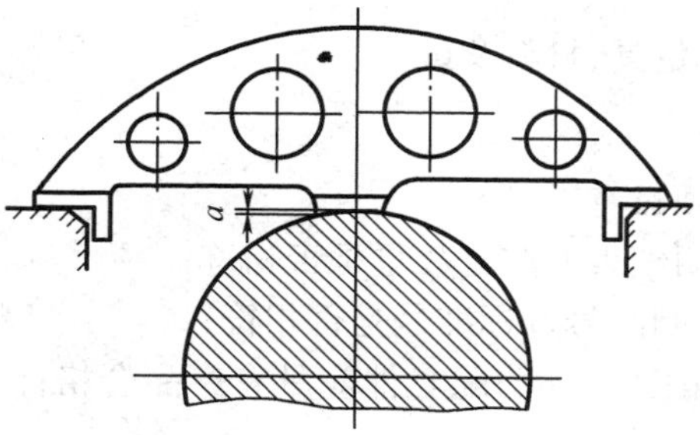

图 1 - 41　桥规

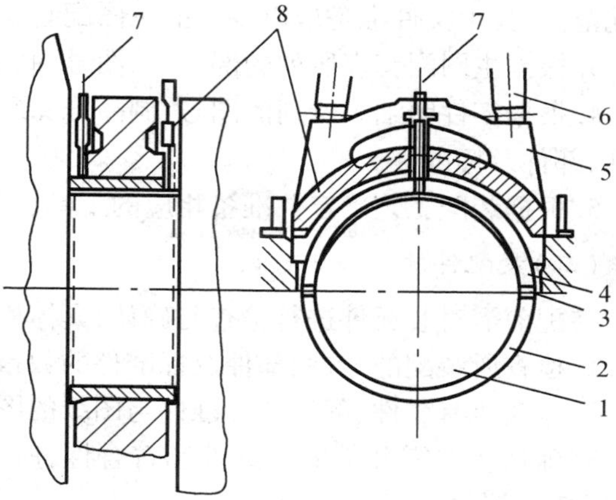

图 1 - 42　SulzerRTA 型柴油机桥规

1—曲轴;2—主轴承下瓦;3—垫片;
4—主轴承上瓦;5—轴承盖;
6—撑杆螺栓;7—测深尺;8—桥规

(五)起吊设备

拆卸机器上质量较大的部件,常常采用各种起重工具和设备。

1. 环链式手拉葫芦

这是一种悬挂式手动提升重物的工具,一般在没有固定起重设备的场合使用,这种设备能较灵活地起落重物。但使用时必须注意被吊部件的质量应与环链式手拉葫芦的起重吨位相匹配。

2. 起重行车

起重行车又称天车,是用于吊装大型零部件的专用起重设备。如主机吊缸时,汽缸头、活塞的吊装。根据起重行车动力源的不同,又分为手动式和电动式两种。

此外,吊装工作中还常使用一些其他的工具、索具等。如液压千斤顶、卸扣、吊环、钢丝绳及钢丝绳轧头、滑车等。

采用机舱起吊设备进行吊运时,起吊前应根据部件的重量选用相应规格的吊索和吊钩等,确定受吊处的位置;检查起吊控制开关操纵的灵活性。

【任务实施】

一、装配前的准备工作

（一）装配实施前的准备

在装配实施前，操作者需完成以下工作：

1. 操作者在实施装配前必须阅读、熟悉图纸工艺文件，了解装配对象的结构及功能；

2. 操作者应以施工指令为依据确定所要装配的柴油机的机型、机号、所属部套、工序及装配范围，技术文件准备应以专门的主图配套表和相应的柴油机技术条件为依据；

3. 根据主图配套表所列的部套号、图号、制品号配借相应的图纸、工艺及零件明细表；

4. 根据零件明细表所列的图号、制品号和配套数量领取或接收所属部套或工序所需的零件、部件及标准件；

5. 根据装配工艺确定并准备相应的工具、工装、量具、材料及试验设备。

（二）装配件的检查与确认

装配前需对装配件进行检查与确认，具体检查项目有：

1. 检查所装配的零件、部件及标准件的数量与明细表的配套数量是否相符；

2. 检查所有零件、部件及标准件与图纸的图号、制品号及标准号是否相符；

3. 确认所有零部件的完好性和符合性，所有加工件、外购配套件应具有产品合格标识（如绿色标签、合格证）；

4. 装配者在实施装配前应配合技术或质检人员确认如下钢印标识：

（1）主要零部件与炉号、材质相关的钢印标识；

（2）有关船级社的钢印标识；

（3）有关柴油机排放元件的 ID 码标识；

（4）加工过程中配对或对号的加工钢印标记。

（三）装配前对零部件的处理要求

装配前需对零部件进行必要的处理，主要工作如下：

1. 装配现场应整洁干净。所有零部件、辅件、工具、工装及量具应按装配性质和装配顺序合理摆放。精密加工件、运动件的配合面应有可靠的防护及保养。

2. 零件在进入装配前应认真修理所有边角、孔口及油道交结部位的翻边与毛刺，认真修理加工面，特别是装配贴合面可能出现的碰痕和高点，但对于有特殊要求的边角，如两半环的哈夫接合面、有端盖法兰配装的贴合端面等，应按图纸要求保留锐角。

3. 所有螺孔的孔口应倒角，螺纹应清洗干净，对于需涂黏连剂和填充硅胶的螺纹螺孔应进行化学清洗并彻底吹洗干净。

4. 所有零件应认真进行清洗，重要的油道应按相关的柴油机清洗规范进行严格串洗并封口保护。

二、装配技术

在柴油机装配过程中，各零件的安装与连接除采用螺栓紧固外，通常还采用单配技术、黏接技术和过盈配合等装配技术。

（一）单配技术

在许许多多的自然现象中，存在着这样一个事实，即大量的随机变量都服从或近似地服从正态分布规律。例如，在一批同样的零件尺寸测量中，它的误差分布就符合正态分布规律。

当零件批量生产时，由于零件的分布误差符合正态分布规律，所以只要保证零件间配合性质按公差要求选配，就可以满足零件间配合的要求，这样做是经济的；但在柴油机制造和装配中，有时会遇到一些需要现场加工，并且装配精度要求较高的零件。这些零件数目较少，而且有些零件的加工精度很难保证，不可能用选配的办法达到配合要求，这样，就出现了单配的技术，即根据已经生产出的零件的尺寸生产与之相配的零件。单配的零件有可能出现名义尺寸的改变，但这种变化一般不大，所以，配合公差仍可按图纸要求。单配后的零件配合精度较高，经济性较好。

在柴油机制造和装配中，单配技术的应用范围较小，主要用在一些配对定位的场合，例如，在凸轮轴传动机构中，中间齿轮（或链轮）轴与机架之间的圆柱定位销、栏杆接头处的圆锥定位销、汽缸体与链箱拼装定位的紧配螺栓、活塞填料函法兰与汽缸体的定位销孔、盘车轮与曲轴的紧配螺栓等。

这些定位销或螺栓大多采用圆柱形，也有少量采用圆锥形。圆柱配合面的优点是加工方便，缺点是定位销或螺栓与孔的配合精度要求较高。否则不能达到必需的紧密配合要求，且经多次拆装后，孔与定位销或螺栓之间的配合精度不能保持，容易松动。

圆锥形配合面的特点正好相反，虽然加工圆锥形配合面比加工圆柱形配合面困难一些，但却容易达到紧密配合，经多次装拆，配合面也不易松动。

（二）黏接技术

黏接技术是使用黏接剂将零件黏接在一起，使零件之间具有一定的接合强度和密封性。由于化工技术的发展，黏接剂具有越来越好的性能：优良的黏接强度、耐水、耐热、耐化学药品、不易发霉、具有密封性。这就为黏接剂的广泛使用创造了条件。

在柴油机制造与装配中，在很多需要密封或需要一定的接合强度的位置使用黏接技术。例如，盖板的平面或螺栓螺纹处涂黏接剂密封；机架道门的橡胶密封圈的制作，需要将橡胶条按实际长度下料后，黏接成橡胶圈，并黏接在道门上；双头螺柱种紧时，通常将种入的螺纹处涂黏接剂，使种入的螺柱不容易松动。

黏接剂分有机黏接剂和无机黏接剂两种，其中有机黏接剂使用较为普遍。黏接剂大多由专业厂家提供，胶合时应注意以下问题。

1. 表面处理

表面处理是针对胶黏物和被黏物两方面的特性，对被黏物表面进行处理，从而达到与胶黏剂完全相适应的最佳状态，这样才能发挥出胶黏剂的最大效能。

表面处理分表面清洗、机械处理和化学处理三种。不同材料经脱脂去污、机械处理，再经化学处理，能不同程度的提高黏接强度。在黏接的表面处理中，不管何种方法处理后，都不得用手去接触被黏面，以免被黏面重新被沾污。

2. 涂胶

涂胶应在表面处理后 8 h 以内进行，有时要涂上底胶来保护清洗过的表面。涂胶的方法很多，常用的有涂刷法、喷涂法、灌注法。涂胶要均匀，胶层要薄，厚薄要一致，要防止产生缺胶和漏胶，同时在胶合时要当心胶层内产生夹空和气泡。

3. 固化

涂胶黏合后，就可进行固化。若用室温固化工艺，则放置2～4 h后，即开始凝胶，24 h后基本固化。

（三）过盈配合

过盈配合指具有过盈（包括最小过盈等于零）的配合。此时，孔的公差带在轴的公差带之下。即孔的各个方向上的尺寸减去相配合的轴的各个方向上的尺寸所得的代数差，此差为负时是过盈配合。

在安装过程中，有许多零件间需要紧密配合，用以防止连接脱落或需要传递大的扭矩，于是产生了过盈配合技术。过盈配合就是利用材料的弹性使孔扩大、变形、套在轴上，当孔复原时，产生对轴的箍紧力，使两零件连接。当金属在弹性限度内变形时，总有一个恢复变形的力存在，恢复力形成作用在两配合面上的正压力。正压力越大，两配合件就越不容易脱落，可传递较大的扭矩，过盈技术在柴油机安装过程中应用很广泛，如MAN B&W大型低速柴油机活塞冷却芯管与法兰装配、燃油和排气凸轮与凸轮轴的装配、链轮与凸轮轴装配、燃油和排气滚轮装配中销轴与滚轮套筒的装配、Sulzer柴油机的各凸轮轴段连接等。

过盈连接的配合面多为圆柱面，也有圆锥形式的配合面。采用圆柱面过盈配合时，如果过盈量较小或零件较小，一般用压入法装配；当过盈量较大或零件尺寸较大时，常用温差法装配。

采用温差法装配时，可加热包容件或冷却被包容件，也可同时加热包容件和冷却被包容件，以形成装配间隙，由于这个间隙，零件配合面的不平度不致被擦平，因而连接的承载能力比用压入法装配高。压入法过盈连接拆卸时，配合面易被擦伤，不易多次装拆。

圆锥面过盈连接利用包容件与被包容件相对轴向位移获得过盈配合。可用螺纹连接件实现相对位移，近年来，利用液压装拆的圆锥面过盈连接应用日渐广泛。圆锥面过盈连接的压合距离短，装拆方便，装拆时配合面不易擦伤，可用于多次装拆的场合。

1. 热过盈装配

热过盈装配就是通过加热包容件，使之膨胀，尺寸变大，然后进行安装，这种工艺亦称红套。

例如MAN B&W柴油机活塞冷却芯管与法兰的装配、燃油和排气凸轮以及链轮与凸轮轴的装配等均采用红套的方法进行。

红套时应注意以下几点：

（1）加热温度的控制

红套加热的温度应保证红套时的装配间隙。红套装配的间隙一般取

$$\Delta = \delta \quad 或 \quad \Delta = 0.001D$$

式中 Δ——红套装配的间隙，mm；

δ——孔与轴配合的过盈量，mm；

D——轴径，mm。

按照这个要求，红套装配时的加热温度应为

$$t = \frac{\Delta + \delta}{\lambda D} + t_0 \quad 或 \quad t = \frac{2\delta}{\lambda D} + t_0$$

式中 λ——加热零件的线膨胀系数，铜质：$\lambda = 1.8 \times 10^{-5}$（1/℃）；钢质：$\lambda = 1.1 \times 10^{-5}$

（1/℃）；

t_0——装配时的环境温度，℃。

例如，MAN B&W S46MC－C 型柴油机燃油凸轮与凸轮轴的装配，凸轮轴的直径为 $\phi 200_{-0.029}^{\ 0}$ mm，燃油凸轮的孔径为 $\phi 200_{-0.240}^{-0.194}$ mm，其装配过盈量 $\delta = 0.165 \sim 0.24$ mm，取红套的装配间隙为 $\Delta = 0.001D = 0.2$ mm（近似等于平均过盈量）。为保险起见，过盈量取最大值，即 $\delta = 0.24$ mm，设环境温度 $t_0 = 25$ ℃，则红套时的加热温度为

$$t = \frac{\Delta + \delta}{\lambda D} + t_0 = \frac{0.2 + 0.24}{1.1 \times 10^{-5} \times 200} + 25 = 225\ ℃$$

应当注意的是，以上计算得出的加热温度，前提是要求加热均匀，并应防止零件变形，因此通常采用烘箱电热或油煮等加热方式，且达到加热温度后，需再保温一段时间，才能进行装配。对于一些尺寸和质量较大的零件，采用气割火焰加热时，由于加热温度不均匀，零件各处的膨胀量不一样，则应适当提高加热温度。

（2）事先备好内径测量样棒

为确保红套时的装配间隙，使装配能顺利完成，应事先准备好加热零件内径测量的样棒，在装配前，用样棒检查零件的内孔直径，确认达到要求后，再进行装配。

样棒可用 10～15 mm 圆钢做成，两端磨光磨尖，其长度为套合处的孔径应该膨胀到的预定套合尺寸，装配时只要样棒能通过，则可以进行套合。

（3）红套定位工具

在红套时，零件安装的具体位置是有严格规定的，而红套过程要求能迅速准确，因此红套时一般要用定位工具来定位。如凸轮红套在凸轮轴上时，凸轮的轴向位置和圆周方向的位置均匀需要精确定位，为了操作方便，如图 1－43 所示，一般采用定位环来定位，其操作过程如下。

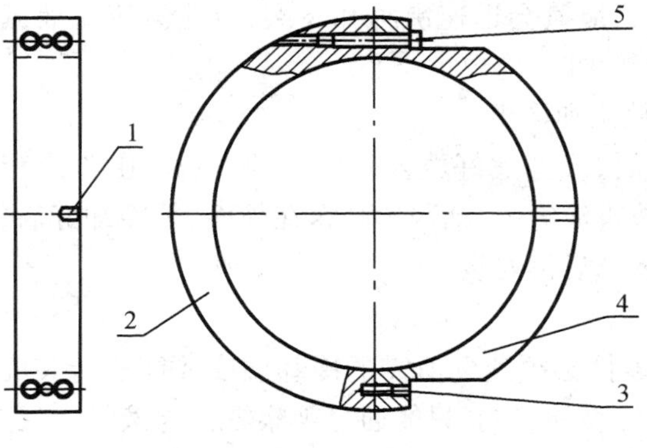

图 1－43　凸轮红套定位环

1—刻线槽及刻线；2—定位环下半块；3—定位销；4—定位环上半块；5—内六角螺栓

①在凸轮轴上画线，标记出凸轮的轴向和圆周方向的位置。

②将凸轮轴在 V 形铁上固定好，并使需安装凸轮所对应的刻线朝上，在凸轮轴相应的位置安装定位环，并使定位环上的刻线对准凸轮轴上的刻线，这样可将凸轮轴上的刻线引至定位环上，以方便检查和调整。为方便拆装，定位环一般设计成哈夫式。

③将凸轮加热到所需的温度后，迅速套入凸轮轴，并与定位环靠死，然后调整凸轮，使凸轮上规定的角度线与定位环上的刻线对准，等凸轮稍稍冷却后，便可以在凸轮轴上固定，这时即可拆下定位环。

(4)红套操作时的注意事项

红套操作时首先应注意安全保护，零件较小，用手拿时，一定要戴石棉手套；零件较大时，需用吊具吊起，也应戴石棉手套操作，以免烫伤；加热后一定要用量棒检查后才能装配，套入时应迅速，一旦发现有问题时，应果断拆下重新加热红套。

2. 冷过盈装配

冷过盈装配也叫冷套，其方法是将被包容零件冷却，使其收缩，尺寸变小，然后立即将其装配，待恢复到常温后，则与配合的零件形成过盈配合。

冷过盈装配中，通常采用液氮作为冷却剂来冷却零件。液氮为低温液化气体，在标准大气压力下，其液氮沸点为 −195.65 ℃。

在柴油机的装配中，经常使用冷套技术。例如燃油、排气滚轮的装配中，销轴和滚轮导筒的配合为过盈配合，采用冷套；在排气阀驱动油缸的装配过程中，密封衬套与泵座是过盈配合，采用冷套。

冷套时应注意以几下个问题：

(1)冷却容器的选择

因为液氮是低温液化气体，温度非常低，很多材料在低温下会脆裂，因此选择冷却容器的材料应保证在这种低温下不发生脆裂，通常选用钢质材料做成的容器。另外，由于液氮在常温下就会气化，所以为节省液氮的使用量，对冷却容器还应适当的保温。

(2)安全问题

在冷套的操作过程中，应注意安全保护。在往冷却容器里加入液氮或将零件放进液氮过程中，由于温差非常大，液氮会迅速沸腾和飞溅，应注意避免液氮飞溅到皮肤上，造成冻伤，尤其是在夏天，穿着较少时，应更加小心。

(3)零件冷却时的放入和取出

零件在放进和取出时，应考虑好放入和取出的方法。由于冷套时，冷却的零件一般很小，可用细铁丝缠好后放进液氮中，细铁丝则露在外面，等冷却好后，戴上石棉手套，用细铁丝将零件取出，解下细铁丝后再安装。

(4)冷却情况检查

冷套时，被冷却的零件必须达到所需的冷却温度才能进行装配，和红套不同的是被冷却零件的温度是不便于测量检查的，只能通过观察零件与液氮的反应情况来判断零件的温度。一般当液氮不再沸腾时，说明零件的温度已接近液氮的温度，可以取出进行装配。因为液氮沸腾后即气化蒸发，当冷却容器较小时，一次装入的液氮量不足以将零件冷却到所需的温度，可分几次加入液氮，直到零件不再沸腾为止。

另外，冷却前应检查零件表面是否有伤痕，以免在冷却时，由于低温脆硬和热应力而产生裂纹。

实际工作中，零件的装配是采用红套还是冷套，应当从成本等诸多方面来选择，一般选择尺寸和质量较小的零件进行加热或冷却。

3. 液压过盈装配

当过盈配合的表面是锥面时，多采用液压扩孔装配的方法进行安装。例如 Sulzer 柴油机的燃油、排气凸轮装配以及凸轮轴段的联轴器安装等，均匀采用液压扩孔装配。

(1) 安装参数的确定方法

锥面配合的过盈量与配合锥面之间的相互位移有关，位移越大，过盈量就越大。因此要保证装配后使用正常，确保过盈量达到设计要求，就必须保证安装时，位移量达到相应的数值。为此必须确定相应的安装参数，安装时，当相应参数达到要求时，即可认为达到安装所需要的过盈量。

根据安装的方法不同，安装参数也不一样。如果安装零件的壁厚不均匀，通常采用确定配合零位的方法，来确定位移量；如果安装零件的壁厚均匀，则通常采用计算零件外径增大值的方法来确定位移量。

①零位问题

当 Sulzer 柴油机的燃油、排气凸轮装配时，为了获得准确的轴向压入量，燃油、排气凸轮与衬套配合的零线位置的确定是很重要的。在零线位置时凸轮内孔与衬套外圆正好完全接触，配合既没有间隙也没有过盈。确定零线位置的方法较多，使用得较多的是实测法。其测量方法是：

a. 将凸轮和衬套清洗干净；

b. 将凸轮置于平台上，孔的大端朝上，放入衬套，并在衬套上施加一个轴向推力 F_0（或用加重的方法进行），此时将千分表表座吸在凸轮端面上，表针打到衬套的端面上，预压一定的量，注意表针要与衬套端面垂直，并将表盘的读数调节为零；

c. 将轴向力加大到 F_1，读出千分表反转的读数 l_1，即为衬套进入凸轮的距离；依此将轴向力加大到 $F_2, F_3, \cdots, F_i$，同时读出千分表反转的读数 $l_2, l_3, \cdots, l_i$，一般 4 ~ 5 点即可；

d. 如图 1 - 44 所示，将轴向以 F 为纵坐标，以 l 为横坐标作 $F-l$ 图，因为在弹性变形范围内，所以各点的连线为一直线，设连线的延长线与 l 轴交于 A 点，点 A 即为衬套与凸轮配合的轴向压入量的零位。

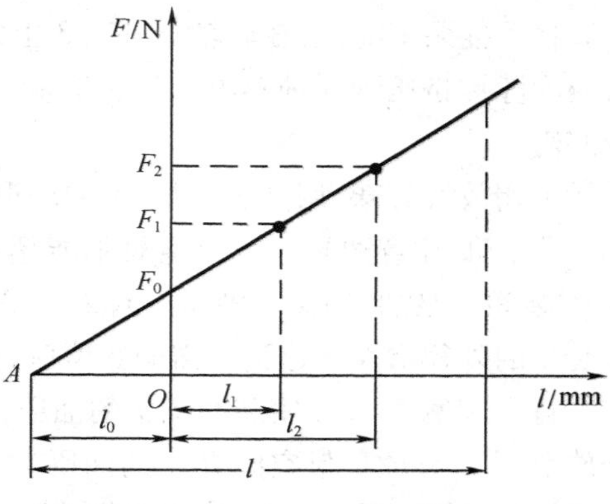

图 1 - 44　安装零位的确定

②联轴器外套外径增大量的计算

如果安装零件的壁厚均匀，则通常采用计算零件外径增大值的方法来确定位移量。图 1 - 45 为 Sulzer 型柴油机凸轮轴段的联轴器，由联轴器外套 1 和联轴器内套 2 两个零件组成。联轴器外套 1 与联轴器内套 2 之间是锥面配合，锥度一般为 1∶80。联轴器内套与轴段之间有一定的间隙，安装时先将联轴器套入两个轴段，然后用液压使联轴器外套 1 相对于联轴器内套 2 产生一定的位移，便产生了过盈配合。由于过盈配合，使联轴器内套产生弹性变形，直径缩小，并紧箍在轴段上，联轴器内套 2 与凸轮轴段 3 之间产生一定的径向压力，此压力会使联轴器内套 2 与凸轮轴段之间产生静摩擦力，进而可以传递转矩。

传递转矩的能力取决于静摩擦力的大小，而静摩擦力的大小取决于联轴器内套 2 与凸轮轴段3之间的径向压力和摩擦系数。在材料和环境一定的情况下，摩擦系数是一定的，如钢质材料之间，在干摩擦的情况下，摩擦系数为0.14～0.15，因此传递转矩的能力取决于联轴器内套2与凸轮轴段3之间的径向压力。

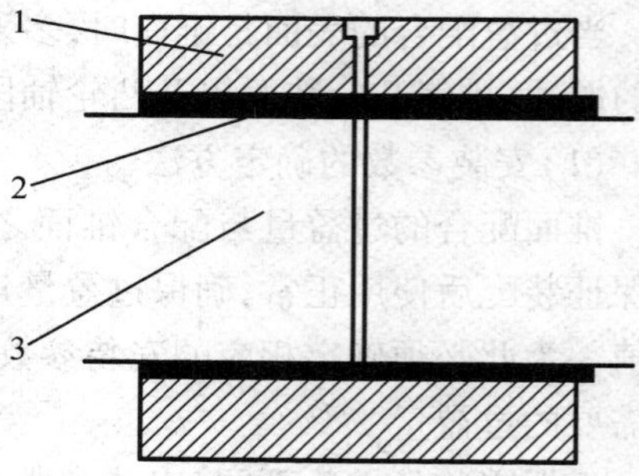

图1-45　凸轮轴段联轴器

1—联轴器外套；2—联轴器内套；3—凸轮轴段

联轴器内套2与凸轮轴段3之间的径向压力的大小，取决于联轴器内套2外锥面所承受的径向压力，而联轴器外套1在给联轴器内套2一个径向压力的同时，本身也会受到联轴器内套2的反作用力，即联轴器内套2也给联轴器外套1同样的径向压力，这个径向压力会使联轴器外套1的直径弹性增大，径向压力越大，联轴器外套1的直径弹性增大的数值越大。根据这个原理，可计算得出联轴器外套直径增大的量，在安装时，只要测量出联轴器外套1外圆直径的增大量达到计算的数值，即可认为安装到位。

(2)液压过盈装配的装配工艺

图1-46为Sulzer RTA52U型柴油机凸轮轴的SKF联轴器，其安装过程如下。

①将所有待装零件去毛刺，清洗干净。在联轴器的配合锥面上涂一层干净的润滑油。

②将两段凸轮轴段的标记对准。

③连接两轴段时，两凸轮轴段之间的轴向间隙一超过1 mm，并且两轴段的圆周方向位置必须正确，可通过检查燃油凸轮的排列来确认。

④将联轴器推入凸轮轴，按图1-46所示的轴向位置，将联轴器内套2定位。

⑤将高压油软管12与高压油泵11以及联轴器外套3上的*R*环形空间接口连接好，打开接头附近的旋塞。

⑥将手摇泵13安装在联轴器外套3上的HPC接头上，往安装间隙*P*处泵入液压油，直到安装间隙被挤压到联轴器内套2的厚端。用高压油泵11向环形空间*R*泵油，直到油从放气旋塞溢出。

⑦关闭放气旋塞，用高压油泵11向环形空间*R*加压，驱使联轴器外套3向联轴器内套2的厚端移动，注意油泵的压力绝对不能超过25 MPa。在装配过程中，应不断地用手摇泵13向安装间隙泵油，确保联轴器内套2与联轴器外套3之间始终有一层油膜存在。当联轴器外套3的外径增大量达到所需的数值后，可认为安装到位。

⑧打开旋塞5，释放安装间隙中的油压，使安装间隙中的液压油流回手摇泵13中，然后打开放泄阀6，释放环形空间*R*中的油压。

⑨拆除高压软管12。用旋塞堵住油孔，并保证环形空间的中剩余的油不会漏掉。

⑩用螺栓4将锁归板安装妥。注意，在首次安装时，必须先将螺母7拧紧，再用螺栓4安装好锁紧板9。

联轴器安装完毕后，应测量联轴器内套2厚端伸出联轴器外套3的长度，并作记录，在以后的安装过程中，可不再测量联轴器外套3外圆的增大量，而直接测量联轴器内套2厚端伸出联轴器外套3的长度与记录尺寸相符即可。

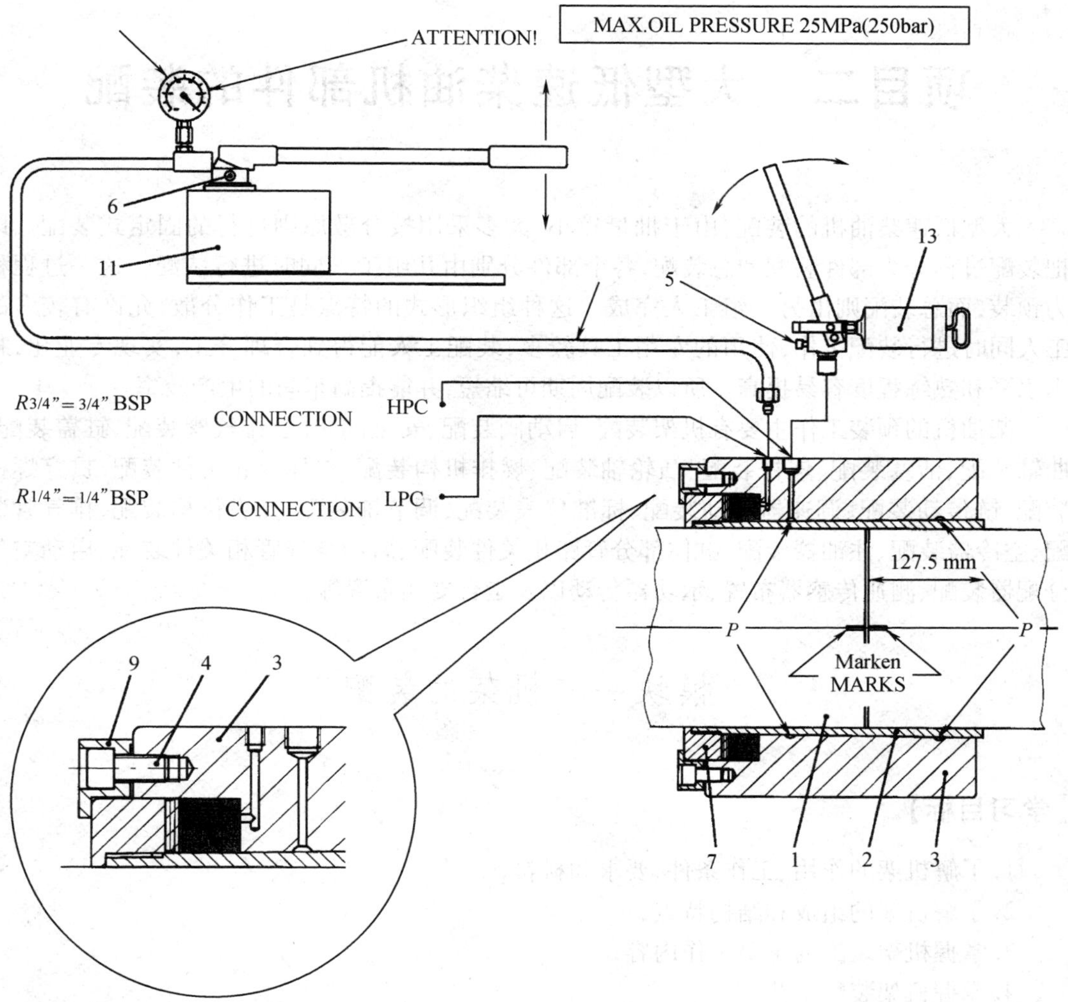

图 1-46　凸轮轴联轴器安装

1—凸轮轴;2—联轴器内套;3—联轴器外套;4—螺栓;
5—旋塞;6—放泄阀;7—螺母;8—密封环;9—锁紧板;
10—油压表;11—高压油泵;12—高压软管;13—手摇泵;
P—安装间隙;R—环形空间;HPC—高压油接头;LPC—低压油接头

项目二　大型低速柴油机部件的装配

大型低速柴油机的装配，由于批量较小，大多采用按分散原则进行的固定式装配。即把装配过程分为部件装配和总装配，各个部件分别由几组工人同时进行装配。这一过程称为预装，而总装配则由另一组工人完成。这种组织形式的特点是工作分散，允许有较多的工人同时进行装配工作，使用的专用工具较多，装配工人能得到合理分工，实现专业化，技术水平和熟练程度容易提高。所以装配周期可缩短，并能提高车间的生产效率。

柴油机的预装工作主要有机架装配、启动阀装配、安全阀装配、排气阀装配、缸盖装配、曲轴装配、活塞装配、连杆装配、凸轮轴装配、燃排机构装配、缸体及相关件装配、贯穿螺栓装配、链传动装配、调速器传动装配、标准仪表装配、调节轴装配、操纵机构装配、排气管装配、空冷器装配、注油器装配、缸体部分管路相关件装配、启动空气管相关件装配、启动空气分配器装配、测速传感器布置、示功器传动以及走台支架布置等。

模块一　机架的装配

【学习目标】

1. 了解机架的作用、工作条件、要求和材料；
2. 了解机架的组成和结构特点；
3. 掌握机架装配的主要工作内容；
4. 掌握机架装配工艺。

【模块描述】

十字头式柴油机的机架是柴油机主要固定部件的重要组成部分。本模块主要介绍柴油机机架的功用、工作条件和要求，了解柴油机机架的结构组成和特点，掌握柴油机机架装配的主要内容和柴油机机架的装配工艺过程。能够以十字头式柴油机的机架为实例，要求能独立完成相关的机架检查、测量和装配工作。

【任务分析】

机架是柴油机的支架，它与机座形成曲柄回转空间。机架分 A 字形机架与箱形机架两种。箱形机架为刚性整体，结构紧凑、质量轻、刚性好，机架结合面少，使加工、制造容易，安装简单，曲柄箱密封性好。

机架上容易出现疲劳裂纹、道门密封盖板漏泄、曲柄箱防爆门跳开等故障。安装时应严格按照规范要求进行装配。机架的主要安装有各种门盖安装；铭牌和警告牌安装；各种管路安装；凸轮轴传动及平衡装置的安装；路台支架安装等。

【知识准备】

一、作用

1. 承受气体力、运动件的惯性力和安装预紧力；
2. 支撑汽缸体；
3. 与机座组成曲柄箱回转空间；
4. 在十字头式柴油机中承受侧推力，为十字头导向(安装导板)。

二、工作条件

受到各种力、力矩及油、水、气腐蚀等作用。

三、要求

要求其具有足够的刚度和强度；质量轻，尺寸紧凑，便于拆装检修；密封性好，防止漏油、漏水和漏气；工艺性好，结构简单，便于制造加工。

四、材料

一般为铸铁整体铸造或焊接结构。

五、机架的结构组成

柴油机的固定部件中机座、机架和汽缸体构成了柴油机的骨架与箱体。

机架是柴油机的支架，它与机座形成的曲轴箱空间是柴油机运动件的运动空间。机架分为 A 字形机架与箱形机架两种。

A 字形机架是单片式装配结构，通过在铸造的单片 A 字架上覆板制造而成的。但由于加工制造复杂，刚性、密封性较差，目前已很少使用。

箱形机架由上面板、底板、横向隔板和左、右侧板焊接而成的，它具有结构紧凑、质量轻、刚性好的优点。在机架内设有十字头滑块导板，用以承受侧推力。在侧板上开有检修通道，通过它可以检查主轴承、曲轴及连杆大端轴承的工作状态。在机架的背面设有防爆门。由于整个机架为一刚性整体，结合面少，使加工、制造容易，安装简单，也改善了曲轴箱的密封性。MAN B&W 公司的 MC 系列柴油机和瓦锡兰公司的瓦锡兰 RTA 系列柴油机都采用箱形机架。

【任务实施】

一、机架装配的主要工作内容

(一)MAN B&W S－MC 柴油机机架的结构特点

图 2－1 所示为 S－MC 型柴油机机架立体图。此箱型机架的结构特点如下：

因汽缸数的不同，机座由一部分或两部分组成。如果机座由两部分组成，彼此之间用紧配螺栓连接。机座由两个纵向焊接构件和若干个带有主轴承座的槽向焊接构件而成。主轴承为厚壁轴瓦，有钢背白合金层和锡涂层组成。每个主轴承有两个主轴承盖，它们由

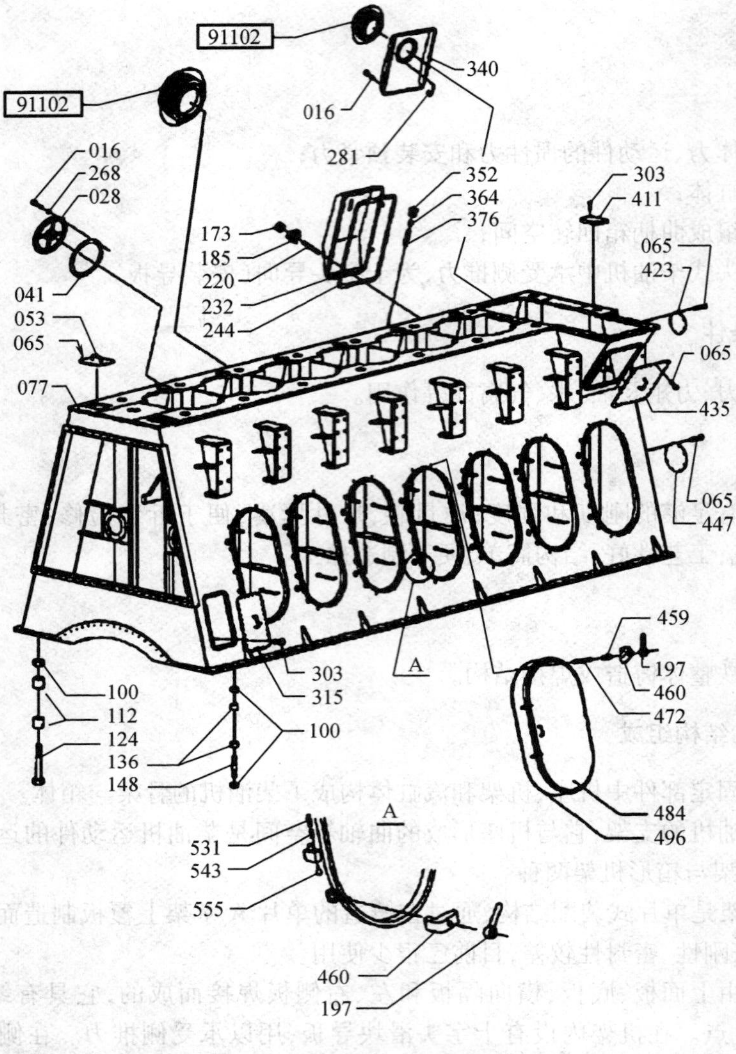

图 2-1　MAN B&W S-MC 柴油机的机架

016—螺栓;028—盖;041—垫片;053—盖;065—螺栓;077—机架;100—螺母;112—定距管;124—螺栓;136—定距管;148—紧配螺栓;173—螺母;185—夹具;197—蝶形螺母;220—螺栓;232—排气侧机架门;244—密封环;268—垫片;218—泄放管;303—螺栓;315—盖;340—链传动机构上门盖;352—螺栓;364—弹簧;376—锁紧销;411—盖;423—盖;435—盖;447—盖;459—弹簧;460—夹具;472—螺柱

两个螺柱和螺母固紧,并用液压拉伸器拧紧。在机座的后端安装有推力轴承和链传动装置。在机座的最前端安装有一个轴向减振器。机架安装在机座的上平面,和机座一样,机架也由一部分或几部分组成,在其后端安装有链传动机构。机座和机架合起来构成柴油机的曲柄箱。机架上装有钢板的机架门,以便于检查十字头、主轴承和曲柄销轴承。机座、机架和安装在机架上的汽缸体用贯穿螺钉紧固在一起,形成一个整体。

在机架内,每缸装有一根开槽的回油管,固定在十字头上的活塞冷却油出油管可以在这根管子中上下运动。冷却油从开槽的回油管经一出口管被引入机座的油底盘,如图 2-2 所示。

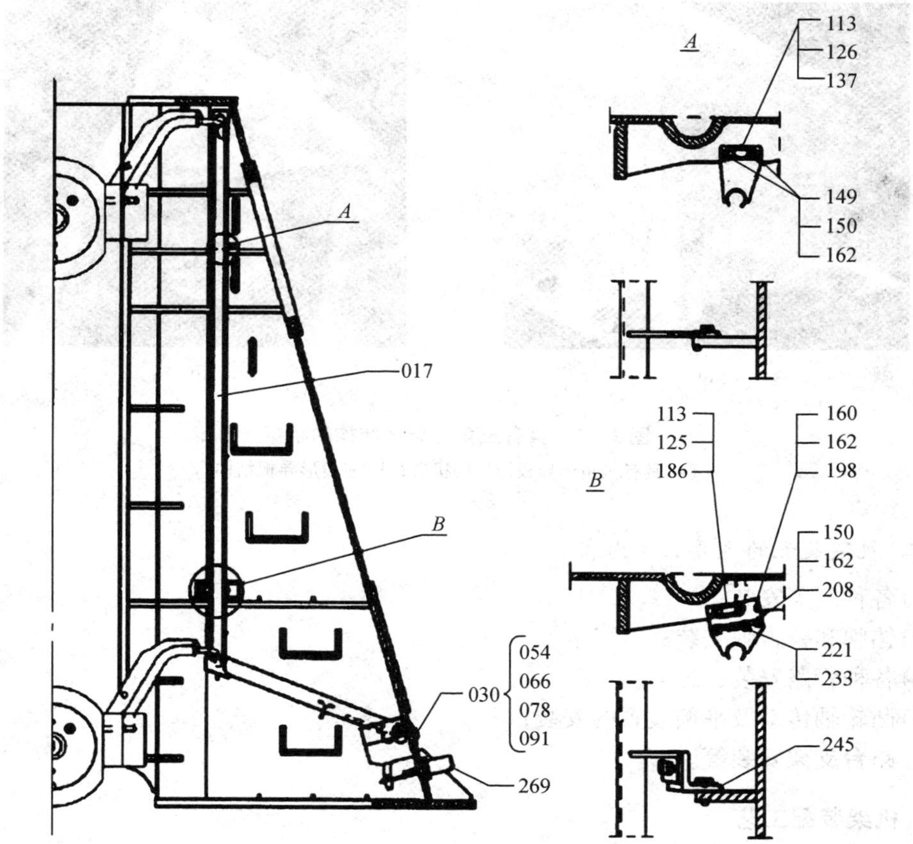

图 2－2　MAN B&W S－MC 柴油机活塞冷却油布置

017—开槽回油管；030—观察窗组件；054—观察窗；066—法兰；078—垫片；091—螺栓；113—锁紧垫片；125—板；137—螺栓；149—紧配螺栓；150—锁紧垫片；162—螺母；186—螺栓；198—紧配螺栓；208—紧配螺栓；221—螺栓；233—锁紧垫片；245—支架；269—润滑油流量控制装置

在相应的润滑油出口管处，安装有用于现场观测润滑油温度、流量以及温度、流量报警装置。

铁垫块的柴油机机座上，球形垫圈和球面螺母以球面接触，球形垫圈上接触面必须平整。

柴油机的横向通过装在主轴承处的侧撑板固定，侧撑板衬垫带 1∶100 的斜度，从柴油机后端两侧装入。

柴油机在前、后方向的固定，是在正对机座二根纵梁的后端，在每根纵梁处用带有球形垫片的一块端部撑板和一只螺栓紧固，该端部撑板的衬垫带 1∶100 的斜度，从上方装入。

MAN B&W 公司的 S/K80ME/MC－C 和 K90ME/MC－C 柴油机机架采用了三角形的导板结构，如图 2－3 所示。导板背部由一块竖向整板做支撑，取代了从前的水平加强筋，从顶部到底部形成连续的三角形结构。这种结构使导板在垂向的刚性均匀，改善了滑块表面的工作条件。采用这种三角形导板结构，使结构应力降低，加工容易，制造成本降低。

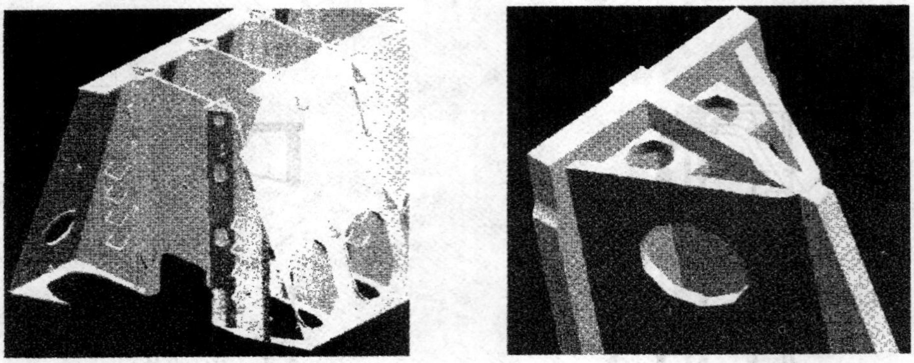

(a) (b)

图 2-3 具有三角形导板结构的机架

(a)具有三角形导板结构的机架;(b)三角形导板结构

(二)机架装配的主要工作内容

(1)各种门盖安装;

(2)铭牌和警告牌安装;

(3)各种管路安装;

(4)凸轮轴传动及平衡装置的安装;

(5)路台支架安装等。

二、机架装配工艺

(一)机架清洁

机架预装时,首先应将机架用工装吊起,全面清洁,特别是盲孔、螺纹孔内的清洁,孔口修毛刺,并用压缩空气吹干净,精加工的平面、内孔涂防心锈油防锈,然后将机架吊到预装平台上。

(二)机架上种双头螺栓

机架上要安装很多零部件,大多用双头螺栓连接,所以安装各种零部件之前,应将各类各种零部件安装所需的双头螺栓种紧。种紧双头螺栓时,应根据图纸要求选择双头螺栓,并使用专用的双头螺栓紧固器紧固。道门处双头螺栓种紧后,应将门夹、压簧和手柄螺母装妥。

(三)各种门盖安装

机架装有各种门盖,包括机架排气侧和燃油侧门盖、防爆门、自由端和输出端门盖等。

1. 机架道门制作及安装

机架道门制作是指在已经制作好的道门上安装 O 形橡胶密封环。安装工艺是:将黏接剂均匀地涂在机架道门的环形槽子内,形成连续的黏接薄膜,涂胶后立即将 O 形密封橡胶压入槽内,最好采用滚轮连续滚压,黏接从机架道门顶部开始,端部重合后,截去多余部分,然后将两端黏接起来。

如图 2-4 所示,机架道门制作好后,将道门用门夹、压簧和手柄螺母固定在机架上,使黏接剂完全凝固。

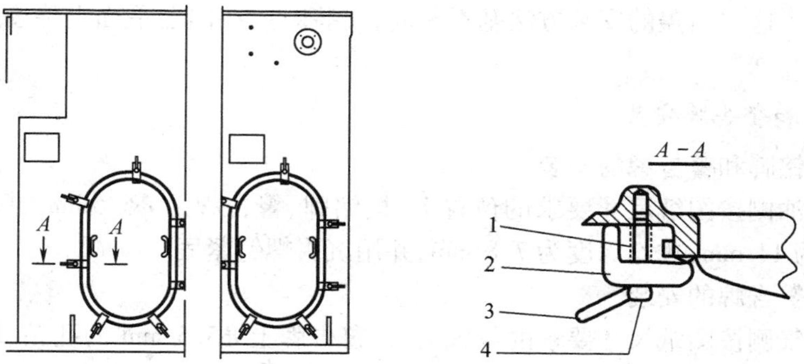

图 2-4　机架道门安装

1—压簧;2—门夹;3—手柄螺母;4—双头螺栓

2. 防爆门的压力试验及安装

防爆门应做开启压力试验后再安装。开启试验前应将防爆门去油封,清洗干净,并用压缩空气吹干净,然后利用工装采用称重法做开启试验,试验压力为 0.005 MPa。试验合格后应将预紧螺栓的止动垫片翻边止动,如图 2-5 所示。

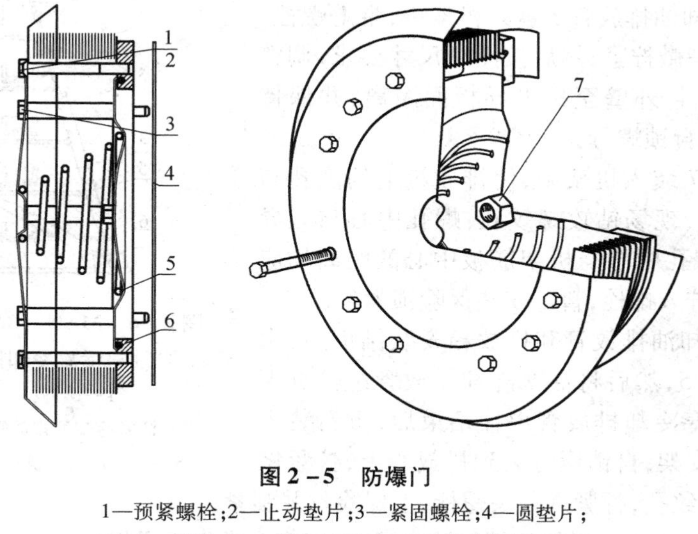

图 2-5　防爆门

1—预紧螺栓;2—止动垫片;3—紧固螺栓;4—圆垫片;
5—弹簧;6—O 形密封圈;7—排放管安装螺母

安装防爆门之前,应先将防爆门与机架之间的盖装好。

盖的过程是:将盖装上吊环螺钉,排放管,利用吊环螺钉将盖装到机架上,在盖与机架之间的接触面上涂密封剂;如果在盖与机架之间有密封垫片,则应在机架平面和盖平面上分别涂密封剂,拧紧螺栓。

防爆门的安装过程是将防爆门、圆垫片、用螺栓装到盖上,安装时,防爆门泄放口位置向下,拧紧螺栓。

3. 其他门盖安装

机架上除了上述的道门、防爆门之外，还有排气侧门盖、燃油侧门盖、自由端门盖以及输出端门盖等。这些门盖的安装方法基本相同，安装时要在门盖平面上涂密封剂再装到机架上，拧紧螺栓。

(四)铭牌和警告牌安装

1. 燃油侧铭牌和警告牌的安装

在机架燃油侧按图纸尺寸要求的位置上，按铭牌、警告牌上 ϕ5.5mm 的孔钻、攻 M5 螺纹，钻孔深度为 11 mm，攻丝深度为 7.8 mm，并用沉头螺钉紧固。

2. 排气侧警告牌的安装

在机架排气侧按图纸尺寸要求的位置上，按警告牌上 ϕ5.5 mm 的孔钻、攻 M5 螺纹，钻孔深度为 11 mm，攻丝深度为 7.8 mm，并用沉头螺钉紧固。

(五)各种管路安装

机架内有一些管路，例如 MAN B&W 的 MC 型柴油机机架中有活塞冷却排放管、主轴承油管等；这些管路可在预装时进行安装。

1. 活塞冷却排放管安装

MAN－B&W 的 MC 型柴油机的活塞采用套管式活塞冷却机械，其排放管布置如图 2－6 所示，安装过程如下：

(1)活塞冷却油排放管 3 装入机架中，带上螺栓，垫圈，自锁螺母稍微拧紧；然后按图纸尺寸要求，调整活塞冷却油排放管外壁至机大导板面距离，并保持上、下一致，拧紧自锁螺母；

(2)排放箱 7 装入机架中，使排放箱上的圆孔与机架上螺孔对正，现场钻攻螺纹孔，螺孔中心与大导板面距离以及螺孔中心与机架筋板中心的距离均应符合图纸要求，拧入螺栓，暂不安装保险锁紧丝；

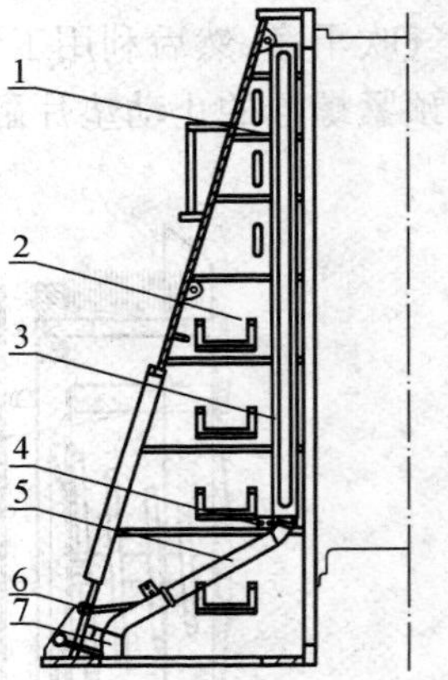

图 2－6　MAN－B&W 的 MC 型柴油机活塞冷却排放管布置

1—螺钉；2—机架；3—活塞冷却油排放管；4—锁紧板；5—排放管；6—观察窗；7—排放箱

(3)活塞冷却油排放管和排放箱安装结束后，由管工配制排放管 5，然后将活塞冷却排放管组件拆下来进行焊接，活塞冷却排放管焊接结束后，重新装入机架中，将管夹支架，自锁螺母装到排放管上，拧紧螺栓，现场钻、攻螺纹孔，拧紧六角头螺栓，上保险丝并锁紧；

(4)将观察窗 6 旋入机架的螺纹孔内，注意观察窗表面不得损坏。

2. 主轴承油管安装

(1)三大件定位后，管工配主轴承油管，管工画线定位，由钳工钻攻螺纹孔；

(2)串油结束后，由钳工安装油管，拧紧螺栓，自锁螺母。

(六)凸轮轴传动及平衡装置的安装

不同的柴油机采用的凸轮轴传动装置也有所不同，MAN B&W 的 MC 型柴油机采用链传动方式，如图 2－7 所示。对于汽缸数较少的柴油机，如 5，6 缸的柴油机，大多还有平衡装置。

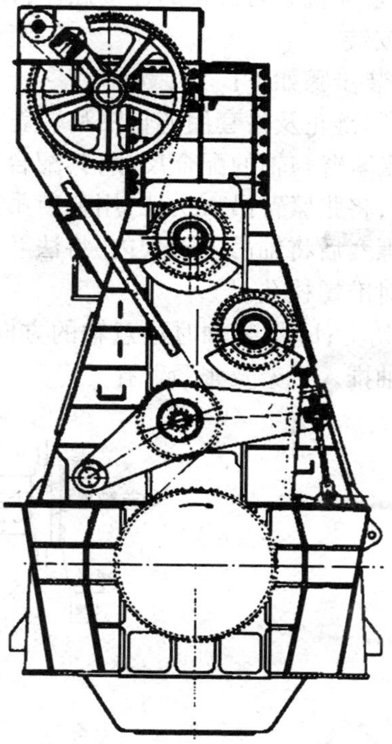

图 2－7　MAN B&W MC 型凸轮轴的链条传动机构

1—凸轮轴链轮;2—橡胶导轨;3—上平衡链轮;
4—下平衡链轮;5—张紧轮;6—张紧机构;7—曲轴链轮

1. 链传动装置及平衡装置在机架内的安装

以图 2－7 示的 MAN B&W S60MC－C 柴油机为例,链传动装置及平衡装置在机架内的安装的主要工作内容有:链轮箱导轨安装、自由端和推力端链条张紧装置安装、自由端和推力端平衡轮安装、自由端链条吊装等。

(1)链轮箱导轨安装

如图 2－8 所示,将导轨在导轨梁上装妥,上紧导轨与导轨梁的连接螺栓,并锁保险钢

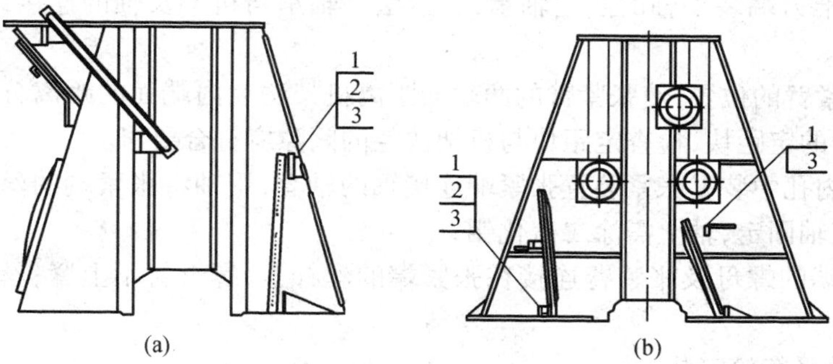

图 2－8　导轨安装

(a)推力端图;(b)自由端图
1—螺栓;2—垫圈;3—锁紧钢丝

丝;将导轨梁组件吊入机架,上紧导轨梁与机架的连接螺栓,并锁保险钢丝。

(2)推力端链条张紧装置安装

推力端链条张紧装置的安装步骤如下:

①如图2-9所示,先将张紧链轮及衬套用链轮轴和端盖安装在张紧臂上。

②如图2-10所示,检查张紧臂与轴的配合尺寸,其配合间隙应符合图纸要求;在张紧臂及机架的内孔涂满润滑油脂,将张紧臂吊入机架,用葫芦吊起张紧臂的摇臂端、使其摇臂孔对准机架孔,装妥轴小端的螺寨后将轴吊入机架内,将法兰轴座落在轴垫座上,调整垫座的高度后套入机架和张紧臂,对准螺栓孔。

注意,a. 轴有油孔的一侧朝上;b. 吊装轴时注意轴的方向,其大端朝向自由端,小端朝向推力端;c. 借用起吊工具将轴推入机架及张紧臂孔。

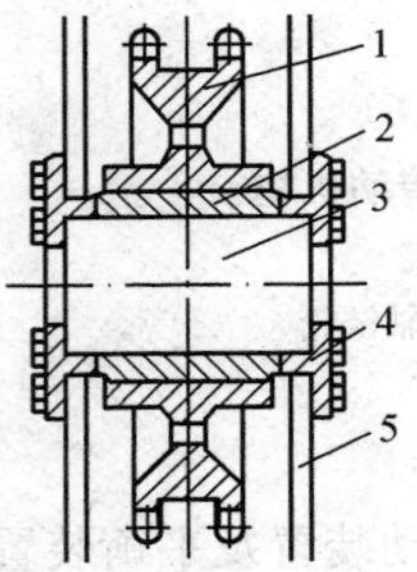

图2-9　张紧链轮安装图

1—张紧链轮;2—衬套;
3—链轮轴;4—端盖;5—张紧臂

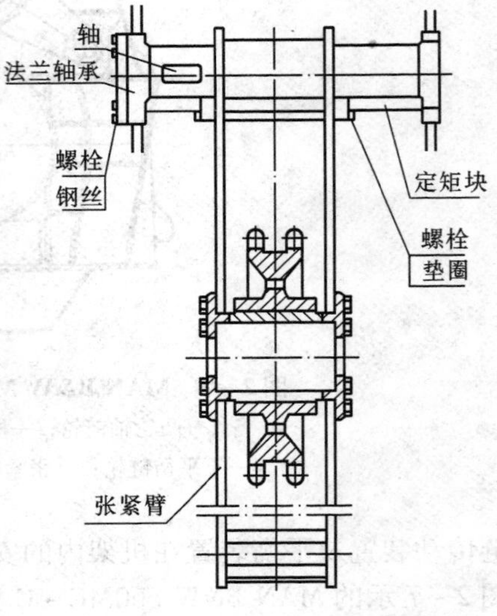

图2-10　张紧旋转轴安装

③在机架推力端装妥轴的法兰轴承,上紧法兰轴承与机架及轴的连接螺栓,并用钢丝锁紧。

④调整张紧臂的位置,使张紧臂的两端面距离机架法兰内端面的距离分别符合图纸要求;配妥张紧臂的定距块,检查定距块与机架法兰的间隙应符合要求。

⑤在机架内孔中装妥张紧装置张紧端连接轴的轴套,用轴将张紧端的丝杆连接在机架上,并用挡圈将轴固定,轴上需涂二硫化钼;

⑥将张紧端的螺母及张紧臂连接在张紧端的丝杆上,螺母暂不上紧;丝杆螺纹上需涂二硫化钼。

(3)推力端平衡轮安装

①清洁所有的待装零件,尤其是法兰轴的油孔清洁;

②检查链轮孔和法兰轴的配合间隙符合要求;

③清理机架上的轴支架的滑动表面及其螺孔,并涂二硫化钼;

④将葫芦挂在吊架上，然后通过链轮减轻孔将平衡链轮挂在葫芦上，将吊架及其附带的平衡链轮一起吊上机架，通过葫芦使平衡轮到位；在链轮的轴孔上涂润滑油脂；

⑤在法兰轴上装妥密封圈，并涂密封胶后，装妥起吊工具并使其保持水平位置（注意，法兰轴上有油孔的一侧垂直向上）；

⑥将法兰轴吊入机架和平衡轮，并拆下起吊工具；

⑦在螺柱上装妥密封圈并涂滑脂，在螺纹上涂二硫化钼后种入机架；

⑧装妥液压螺母后泵紧，使法兰轴到位，泵压为 150 MPa；

⑨测量链轮衬套前端面与机架链轮箱前法兰端面的间隙应符合要求，配制链轮的衬套，衬套与链轮的轴向间隙符合要求；在衬套螺栓的螺纹上涂密封胶，然后上紧。

（4）自由端链条张紧装置安装

①清洁所有待装件，并在机架上轴支架的滑动面上涂二硫化钼；

②把张紧装置链轮通过机架链条箱排气侧的孔吊入机架内，并将偏心链轮装置对准轴支架；

③在轴与偏心轮配合的一段涂润滑油脂，将轴穿进偏心轮，拧紧拉杆螺住并用液压工具泵紧，泵压为 150 MPa；

④在机架顶部组装张紧机构，张紧螺母和锁紧垫片暂不上紧，等总装调整后进行；

⑤连接张紧丝杆和偏心轮。

（5）自由端平衡轮安装

①清洁所有待装件，在机架上轴支架滑动表面上涂二硫化钼；

②在支架的垂直面上安装间隙法兰，将螺栓随手拧上，暂不拧紧；

③将力矩补偿器通过机架上的相应的孔吊入机架，通过机架上表面的孔吊助力矩补偿器，并使链轮轴承孔与机架上的轴支架对准（注意，凸轮轴的力矩补偿重装置从机架凸轮侧孔吊入；排气轴的力矩补偿重装置从机架排气侧孔吊入）；

④清洗法兰轴，将 O 形圈安装在法兰上并涂润滑油脂；

⑤在轴与平衡轮配合的一段上涂润滑油脂，将平衡轮总成安装到位；

⑥清洗法兰轴的拉紧螺柱，将 O 形圈安装在螺柱的槽中，螺纹上涂二硫化钼，拧紧螺柱直至与机架齐平，并泵紧，泵压为 150 MPa；

⑦测量力矩补偿器的链轮与衬套之间的间隙应符合要求，上紧衬套与机架的连接螺栓，螺纹用涂密封胶。

（6）自由端链条吊装

①经链条箱端部的孔，将一根止动销插入每个配重，使平衡重处于垂直向下的位置；

②清洁链条并涂上滑脂，清点链条应有 56 节，在第 25 节处用红漆做上标记，从第 25 节处吊起，长边从凸轮侧吊入；

③将长边的链条从凸轮侧的大道门处拉出，并用钢丝挂在凸轮侧的托架上，短边则在排气侧自由下垂；

④装妥机架前端链轮箱天顶盖的盖板，盖板上涂密封胶并上紧螺栓；

2. 齿轮传动装置及平衡装置在机架内的安装

以齿轮传动装置及平衡装置在机架内安装的主要工作是上、下中间齿轮安装和上、下平衡补偿齿轮安装。这些齿轮安装的过程大体相同，下面以图 2－11 所示的下中间齿轮为例，介绍齿轮安装的过程。

(1)清洗中间齿轮轴,去掉毛刺;

(2)测量轴颈、轴承的孔径、两端轴头的长度和轴承的宽度符合要求,并做记录;

(3)在轴上涂油,将轴装入轮毂孔中,再将轴承装到轴上;

(4)将锁紧板用螺栓固定在轴承上,这样,中间齿轮组件就组装完毕。

(5)在端盖上涂密封胶后,用两只腰形螺栓固定在双架上的大约端部位置;

(6)将中间齿轮从机架顶部吊入机架,注意齿轮的方向,齿轮轴上有两个 M16 的螺纹孔的一端朝自由端;

(7)安装腰形螺栓,将中间齿轮固定;

(8)装入锥销,并检查和调整中间齿轮与机架的轴向间隙符合要求。

在上、下中间齿轮安装时,还要注意对准齿轮标记,检查齿轮的啮合情况符合要求。

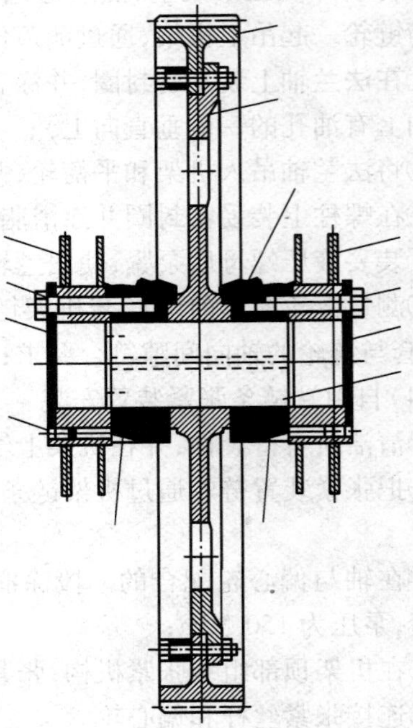

图 2-11　中间齿轮安装

1—轴颈;2—盖;3—腰形螺栓;4—双架;5—锁紧板;6—轮毂;7—齿圈;8—锥销;9—轴塞;10—轴承

(七)路台支架安装

路台支架是操作人员日常检查和修理的通道,也是各种管路安装的基础。路台支架安装的主要内容有支架安装、路台安装和栏杆安装等。

1. 支架安装

将各支架、定距管按图纸要求的位置装在机架上,并用螺栓、螺母上紧。

2. 路台安装

根据实际情况,将花铁板铺在机架走台支架上,花铁板与花铁板之间接缝尽量整齐,无明显间隙和错位现象,钻、攻螺纹孔,用沉头螺钉将花铁板上紧。

3. 栏杆安装

将耳板按图纸的距离尺寸要求焊接在花铁板上,然后将立柱插入耳板中,装上螺母,暂不拧紧。待管工将栏杆配制完后,拧紧螺母,配钻栏杆接头处的销孔,敲入锥销。

模块二　汽缸体总成的装配

【学习目标】

1. 了解汽缸的作用、工作条件、要求和材料;
2. 了解汽缸的组成和结构特点;
3. 掌握汽缸装配的主要工作内容;
4. 掌握汽缸装配工艺。

【模块描述】

汽缸是柴油机主要固定部件的重要组成部分。本模块主要介绍柴油机汽缸的功用、类型、工作条件、要求和材料，了解汽缸的结构组成和结构特点，掌握柴油机汽缸装配的主要工作内容和汽缸的装配工艺过程。能够以十字头式柴油机的汽缸为实例，要求能互相配合完成相关的汽缸的检查、测量和装配工作。

【任务分析】

汽缸是柴油机的重要部件之一，汽缸主要由汽缸体和汽缸套两部分组成。汽缸套内圆工作表面上部是柴油机燃烧室的组成部分，直接受到燃气高温、高压及腐蚀的作用。同时，汽缸套内圆表面与活塞组件还存在相对运动，承受侧推力和摩擦，汽缸套内表面磨损过大时工作可靠性变坏；汽缸套外圆表面与汽缸体内壁面组成冷却水腔，受到穴蚀和电化学作用，长期使用会产生裂纹或穿孔，缸套密封圈会因老化弹性而失效。因此，汽缸套是在恶劣环境下工作的部件，是柴油机的易损件。

汽缸套的常见损坏形式有内圆工作表面磨损、拉缸；外圆表面穴蚀、腐蚀及裂纹等。必须严格按照规范要求进行汽缸的装配。汽缸的主要装配工作有汽缸体拼接；汽缸体螺栓种紧；活塞杆填料函法兰定位；汽缸套组装及缸体总成泵水试验；各盖板及走台支架及地板安装等。

【知识准备】

一、作用

1. 与活塞、汽缸盖组成燃烧室，并与汽缸体形成冷却水通道；
2. 能及时地将部分热量传给冷却水；
3. 在筒形活塞式柴油机中，作为活塞往复运动的导向面，并承受活塞的侧推力；
4. 在二冲程柴油机中，汽缸套上开设气口，布置气流通道；
5. 有些十字头式柴油机，还把汽缸下部空间兼作辅助扫气泵空间。

二、工作条件

1. 柴油机工作时，汽缸内壁要受到燃气的高温、高压和腐蚀的作用；
2. 缸套外壁则受冷却水的腐蚀和穴蚀等作用；
3. 有时还会受活塞的侧推力、摩擦、汽缸盖安装预紧力和敲击等的作用。

三、要求

1. 缸套必须具有足够的强度和刚度；
2. 良好的耐磨性和抗腐蚀能力；
3. 良好的润滑和可靠的冷却；
4. 对汽缸工作容积及冷却水空间应有可靠的气封和水封；
5. 对二冲程机缸套要有合理的气口形状和截面尺寸。

四、材料

汽缸套常用的材料有灰铸铁、耐磨合金(含硼、钡、钛、磷、镍等)铸铁和球墨铸铁,高速柴油机也有采用氮化钢。为了提高汽缸套的耐磨性和抗腐蚀性,可采用对汽缸套内表面进行多孔性镀铬、氮化、磷化、表面淬火和喷镀耐磨合金等工艺措施。为消除穴蚀损坏现象,增加汽缸套的刚性,减小活塞与汽缸套的配合间隙以减小振动,以及冷却系统的正确设计是较为有效的措施。

五、汽缸的结构组成

(一)汽缸组成

汽缸由汽缸体和汽缸套组成。汽缸体的作用是支撑汽缸套和容纳冷却水,汽缸体多用灰铸铁和球墨铸铁铸造。对中高速、中小型柴油机汽缸体一般为整体式,即用铸铁直接整体铸造;大型柴油机汽缸体一般为组合式,即单缸或相邻二缸、三缸用铸铁铸成一体,加工后再用螺栓连接成一个刚性整体。

(二)缸套种类

柴油机的汽缸套有湿式和干式两种形式。

湿式汽缸套的外表面直接与冷却水接触。冷却效果良好,更换和制造也方便;缸套受热以后能自由膨胀,不易产生变形,但与干式缸套相比,其容易产生穴蚀,而且必须有可靠的冷却水密封措施,是应用最广泛的一种形式。

干式汽缸套的外表面不与冷却水接触,汽缸体自身形成一个密封冷却腔,缸套内的热量只能间接通过汽缸体向冷却水散热,散热效果差,其缸壁厚度薄,刚性较差,但加工要求较高,因此,只适用于大批量生产的小型柴油机(一般缸径不超过 150 mm)。

(三)缸套定位与密封

汽缸套一般用上凸缘做轴向定位,与汽缸体上部的支撑相配,由汽缸盖压紧在汽缸体中,汽缸套下端是不固定的,让它受热后面可以自由伸长。为保证缸套上部凸肩区工作可靠,在结构上通常可采取燃烧室上移、燃烧室下移或钻孔冷却等措施。为保证燃烧室的密封,汽缸套顶部与汽缸盖之间常用一只紫铜垫圈。该垫圈除防止漏气外,也可更换厚薄,做调整压缩比之用。在缸套凸缘下端面与缸体支撑面之间也装有紫铜垫片,用以密封冷却水。缸套下部外圆处有几道环形槽,以装橡胶密封圈之用,可防止漏水。

(四)缸套润滑

汽缸套润滑有飞溅和注油两种方式。一般筒形活塞式柴油机可借飞溅到缸套内壁的滑油来润滑,但十字头式柴油机因有横隔板隔开,故为了润滑必须配备专用的汽缸润滑油注油器。有些中速柴油机因燃用含硫量高的重油,除了飞溅润滑外,还辅以注油润滑。此时,缸套上开有注油孔,注油孔位置一般在活塞上止点时第一、二道环之间。

(五)缸套的冷却

为了降低缸套的温度,减小热应力,防止滑油结焦,保持缸套与活塞的正常工作间隙,要对汽缸进行冷却,借以保持汽缸的温度在允许的范围内,壁温不可过高或过低。

船用柴油机汽缸广泛采用淡水循环冷却。冷却水由冷却水空间的最低处进入,由最高处排出,以确保冷却水充满冷却空间,并防止由冷却水带入的空气和生成的蒸汽滞留在高处形成气囊;有些柴油机的冷却水沿切向引入并绕缸套螺旋形上升,从而使缸套得到均匀地冷却。冷却水在流动中不要有死水区,以防缸套局部过热。为了加强对缸套上部的冷却,常采用螺旋形水道、钻孔冷却等措施。冷却水空间要尽可能宽敞,水的流速不可过高,进出水没有急剧的压力降落,以防止产生空泡腐蚀。

【任务实施】

一、汽缸总成装配的主要工作内容

(一)MAN B&W S－MC 柴油机汽缸的结构特点

十字头式柴油机的汽缸是由汽缸体和汽缸套组成的,十字头式柴油机汽缸的汽缸体和汽缸套与筒形活塞柴油机不同。十字头柴油机的汽缸体是单独制造的,可以是单体式的也可以是整体式的,十字头柴油机的汽缸体下部设有中隔板与曲轴箱隔开,形成扫气空间。汽缸套插入到汽缸体中,其下部开有气口,用于柴油机的换气。

MAN B&W S－MC 系列柴油机的汽缸的结构特点如下。

1. 汽缸体

如图 2－12 所示,柴油机的汽缸体包括几个分段,用贯穿螺栓与柴油机的机座和机架连接在一起。汽缸体在垂直方向紧固。

汽缸体顶部的中心孔用来安装汽缸套。冷却水来自于汽缸体顶部,在顶部由于汽缸套的形状而形成一个冷却水腔。

汽缸体底部的中孔用来安装活塞杆填料函。

在汽缸体的排气侧有一组腰形孔,它把汽缸套周围的扫气空间和柴油机上的纵向扫气集管连接起来。

此外,安装有冷却润滑油进油管和冷却水进水管。汽缸体上还装有对扫气空间进行清洗和检查的盖子。

汽缸盖螺栓接在汽缸体上,螺栓均带有密封圈以防止螺纹锈蚀。

2. 汽缸套

如图 2－13 所示,在汽缸体处,汽缸套通过冷却水套和冷却水腔冷却。

汽缸套上加工环槽中的橡胶密封圈确保冷却水的密封。

冷却水经过冷却水连接管从汽缸体进入冷却水套的下部。

冷却水继续经过汽缸体上安装汽缸套的孔周围的水管到达冷却水套的上部,再通过冷却水连接管至缸盖冷却水套。

汽缸套由汽缸盖压紧在汽缸体上,所以柴油机运行时缸套能在受热后自由向下膨胀。冷却水和扫气空气的密封是通过安装于汽缸套导向加工环槽内的两个硅橡胶圈保证的用于扫气空气的密封。

有一个孔以用于检查密封的有效性。

分有许多扫气口,下死点时全部打开,轴线有一个倾斜角度,以使扫气空气旋转运动。

在冷却水套和汽缸体之间的汽缸套自由端有一组孔用来安装供给汽缸润滑油的止回阀。在汽缸的工作表面上,相应有一组布油槽以确保润滑油均匀分布。

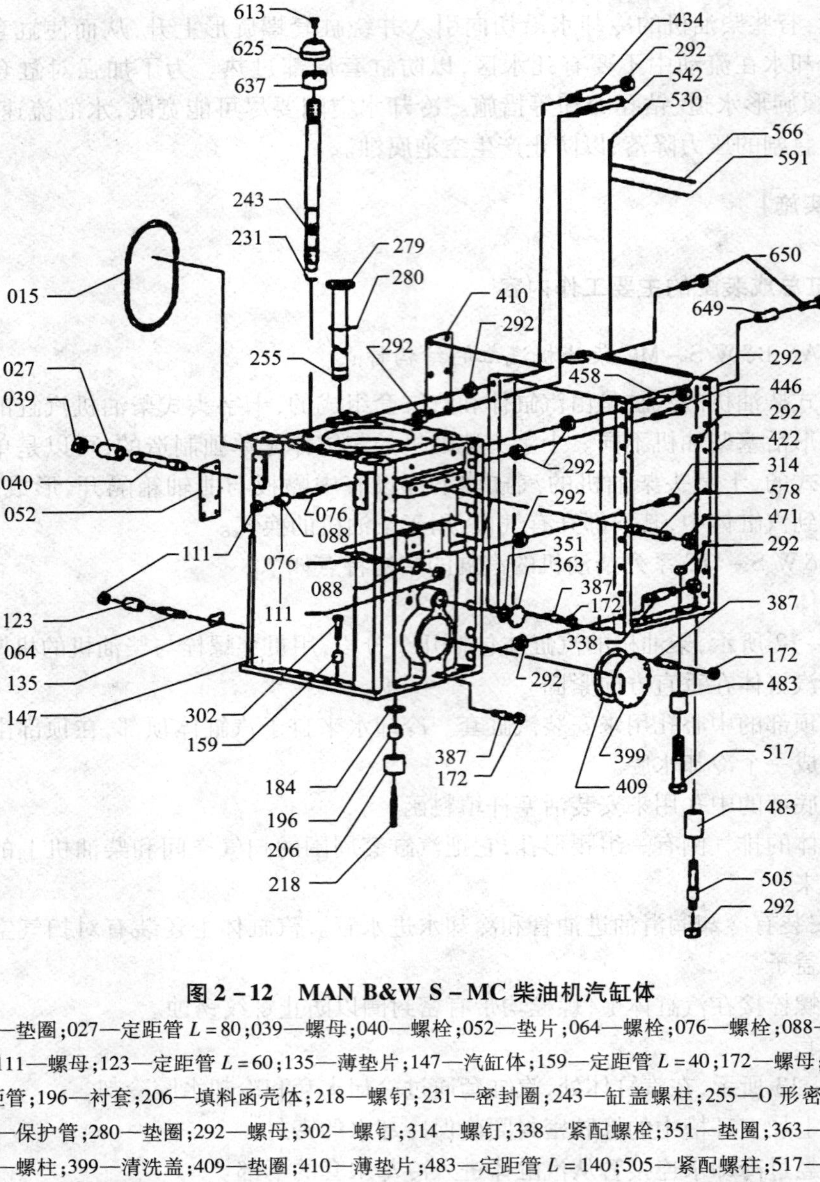

图 2-12 MAN B&W S-MC 柴油机汽缸体

015—垫圈;027—定距管 $L=80$;039—螺母;040—螺栓;052—垫片;064—螺栓;076—螺栓;088—定距管;111—螺母;123—定距管 $L=60$;135—薄垫片;147—汽缸体;159—定距管 $L=40$;172—螺母;184—定距管;196—衬套;206—填料函壳体;218—螺钉;231—密封圈;243—缸盖螺柱;255—O 形密封圈;279—保护管;280—垫圈;292—螺母;302—螺钉;314—螺钉;338—紧配螺栓;351—垫圈;363—法兰;387—螺柱;399—清洗盖;409—垫圈;410—薄垫片;483—定距管 $L=140$;505—紧配螺柱;517—螺钉;530—螺钉;542—螺钉;566—密封压板;578—螺柱;591—橡胶压条;613—螺钉;625—盖;637—螺母;649—定距管 $L=40$;650—螺栓

3. 汽缸注油器

每缸装有一个汽缸注油器,对应于缸套上润滑点的数量每缸装有相应数量的油泵。

注油器之间由几根带连轴节的轴互相刚性连接以使得旋转方向一致。

注油器由位于凸轮轴末端的链传动装置驱动。

对于定距桨(FPP)注油器的注油量与柴油机转速有关,注油量和柴油机速度相对应对于变距(CPP)注油器的注油量与平均有效压力(MEP)有关,注油量与柴油机的负荷对应。

此类注油器是随负荷变化型(LCD)注油器。

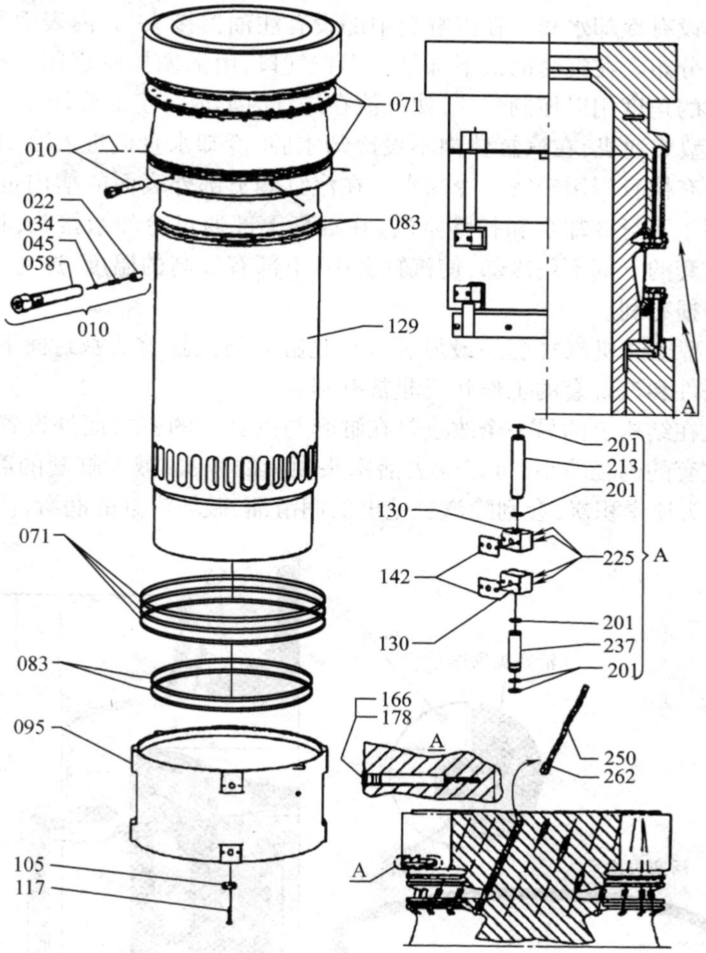

图 2－13　MAN B&W S－MC 柴油机汽缸套

010—止回阀总成；022—推力块；034—弹簧；046—钢球；058—阀壳；071—O 形密封圈；083—O 形密封圈；095—冷却水套；105—压板；117—螺钉；129—汽缸套；130—冷却水接头；142—衬垫；166—温度表螺塞传感器孔；178—垫片；201—O 形密封圈；213—管子；225—螺栓；237—管子；250—管子；262—弹性销

对于装有 Woodward 调速器的柴油机，LCD 型注油器用电气装置控制，电气装置监测调油轴的位置。

对于装有电子调速器的柴油机，LCD 型注油器直接由调速器控制。

LCD 注油器可按两种模式工作。

在启动、操纵和负荷突变时，注油器可增加润滑油量，这降低了缸套的磨损率。

注油器每转提供的注油量是固定的。

目前，新型的 MAN B&W MC 柴油机也有采用焊接汽缸体的。焊接结构有一系列固有的优点，如增加刚性、减轻质量，并且可以将扫气箱与汽缸体制成一体而进一步减轻质量和尺寸。焊接和铸造汽缸的部件可以互换。

汽缸套通过上部的汽缸盖压紧在汽缸体上，当汽缸套受热时，下部可以自由膨胀。由于现代十字头柴油机向长冲程化方向发展,缸套的结构较高,不会全部插入到汽缸体中,因此在汽缸套外部设有冷却水套。在汽缸套中部设有注油器接头,其内表面开有润滑油槽保证汽缸油的均匀分布。在缸套的最下部是一圈扫气口,由活塞控制启闭。扫气口在水平和垂直方向有一定的角度用以控制气流,使气流在进气时形成一定的旋转。

S－MC－C 型柴油机,在汽缸体内不设冷却水腔,冷却水直接进入冷却水套,在冷却水套上下两端都设有橡胶圈用于密封冷却水。在汽缸套下部外表面的槽内也有橡胶圈,用于给缸套导向和用于密封冷却水和扫除空气,在缸套上部通过冷却水接头,将冷却水送至汽缸盖。由于汽缸套的下部不用冷却,使汽缸套中、下部有较高的温度,这对汽缸套工况及消除该区域腐蚀磨损有利。

S－MC－C 型柴油机汽缸套的最显著特点是缸套与汽缸盖的密封面下移,这对于改善密封面的工作条件和汽缸套的工作状况非常有利。

新型柴油机在结构上的另一个改进是在缸套与汽缸盖的密封面处设置了一道去炭环,它的直径比汽缸套的内径略小,可以除去活塞头顶岸的积炭,减少缸套的磨损,如图 2－14 所示。因为活塞头顶岸积炭,会刮除汽缸壁上的润滑油,破坏汽缸的润滑,使缸套磨损加剧。

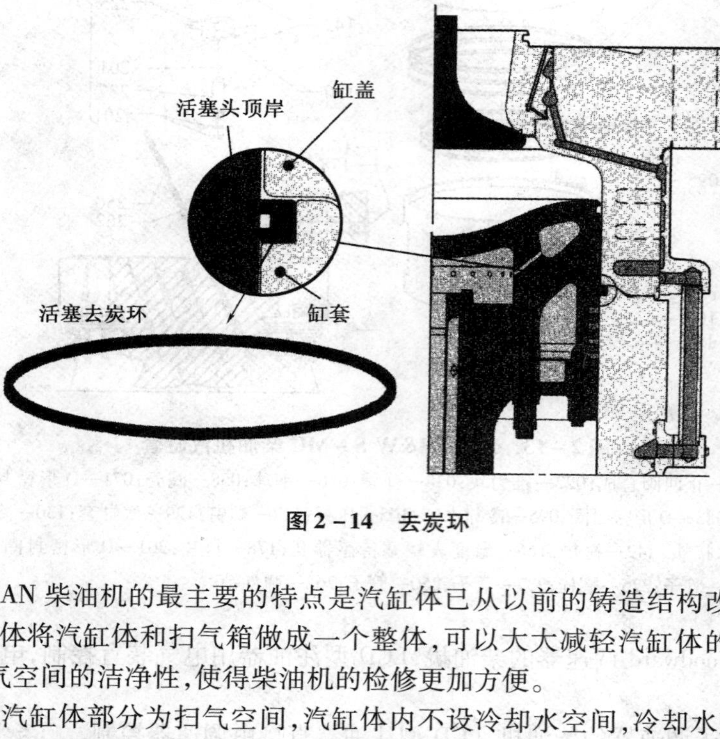

图 2－14　去炭环

新型的 MAN 柴油机的最主要的特点是汽缸体已从以前的铸造结构改为焊接式结构。焊接式的汽缸体将汽缸体和扫气箱做成一个整体,可以大大减轻汽缸体的质量,提高机械性能,改善扫气空间的洁净性,使得柴油机的检修更加方便。

缸套插入汽缸体部分为扫气空间,汽缸体内不设冷却水空间,冷却水空间设在水套和汽缸套之间。汽缸套上部加强并采用钻孔冷却,保证了缸套的机械强度和热强度。8 根汽缸盖螺栓,下部拧入汽缸体内。上部紧固汽缸盖,保证汽缸盖和缸套之间的密封。

（二）缸体总成预装的主要工作内容

缸体总成装配的主要内容包括:

(1)汽缸体拼接;

(2)汽缸体螺栓种紧;

(3)活塞杆填料函法兰定位;

(4)汽缸套组装及缸体总成泵水试验;

(5)各盖板及走台支架及地板安装等。

二、缸体总成预装工艺

(一)汽缸体拼接

大型低速柴油机的汽缸体多为铸件,因铸造条件限制,大多分段铸造,即2~3个汽缸为一组铸造后,再将其拼接起来,形成一个整体。

图2-15为B&W S60MCC柴油机的汽缸体拼接平面示意图,汽缸体的拼接采用螺栓连接,其中有若干个紧配螺栓,其余为普通螺栓。其装配过程如下:

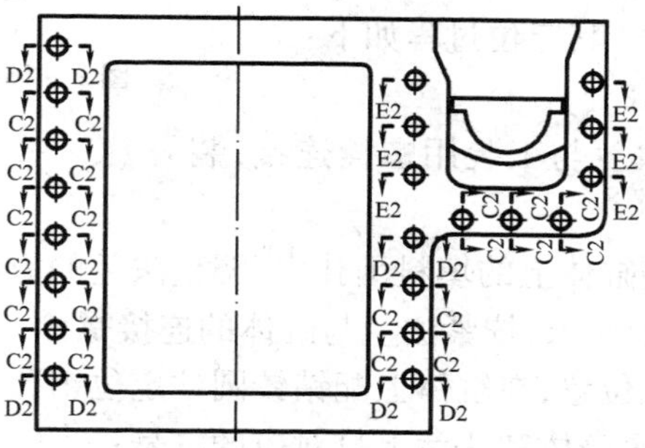

图2-15　B&W S60MCC柴油机的汽缸体拼接平面示意图

C2-C2普通螺栓1 850 N·m;

D2-D2紧配螺栓1 400 N·m;E2-E2普通螺栓1 750 N·m

(1)将汽缸体放置在汽缸体预装平台上,对汽缸体组件进行清砂、精整、去毛刺,用丙酮清洗螺纹,复查各汽缸体、链轮箱连接处无错偏现象;

(2)去除汽缸体安装面上的油脂并涂密封胶,连接各汽缸体,拧紧连接螺栓及其定距管;

(3)去除链轮箱安装面及缸体推力端的油脂,并涂密封胶,连接汽缸体和链轮箱上部,调整链轮箱凸轮侧端面至凸轮中心的距离符合图纸要求,按规定力矩拧紧连接螺栓,注意连接时需交替拧紧;

(4)清洁链轮箱盖与链轮箱连接面的油脂,并涂密封胶,用定位销进行定位,连接好链轮箱盖与链轮箱的连接螺栓并上紧;

(5)装妥汽缸体与汽缸体之间、链轮箱与汽缸体之间的密封圈,压板及其连接螺栓;

(6)按规定力矩要求上紧各托架螺柱;

(7)装妥链轮箱推力端的门盖,门盖涂密封胶并上紧螺栓;

(8)装妥链轮箱的天顶盖,并配妥定位销,拆掉链轮箱的天顶盖。

(二)汽缸体螺栓种紧

汽缸体上的螺柱主要有汽缸盖螺柱和扫气箱集气管螺柱。汽缸盖螺栓用于将汽缸套和汽缸盖紧固在汽缸体上,扫气箱集气管螺柱用于扫气箱集气管的安装,其种紧过程如下。

1. 汽缸盖螺柱种紧

图2-16为S60MC-C型柴油机汽缸盖螺栓安装示意图,汽缸盖螺栓安装的过程如下:

在汽缸盖连接螺柱的螺纹处涂二硫化钼,用专用工具旋紧螺柱,注意要旋紧时避免螺柱受到弯曲应力,旋入力矩应符合规定要求,检查螺柱是否歪斜。

2. 扫气箱集气管螺柱种紧

在扫气箱集气管螺柱的螺纹处涂二硫化钼,用专用工具旋紧螺柱,旋入力矩应符合规定要求,检查螺柱是否歪斜。

(三)活塞杆填料函法兰定位

活塞杆填料函法兰定位是将活塞杆填料函法兰在汽缸体上预先定位,配钻、铰定位销孔,并配制定位销,以便于以后的安装工作。其定位过程如下:

(1)将缸体吊起,置于高处;

(2)将活塞杆填料函法兰与工装用螺栓连接,装上O形密封圈;

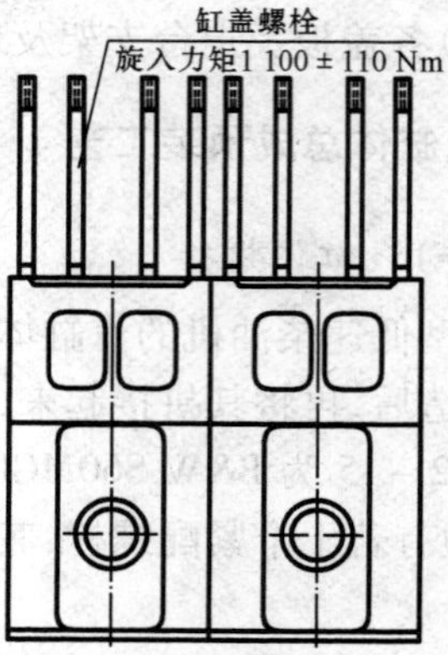

图2-16　B&W S60MC-C柴油机汽缸盖螺栓安装

(3)将填料函壳体装到缸体上的填料函孔内,调整法兰的方向,使法兰上的定位销孔方向和排污孔的位置符合图纸要求,拧紧法兰与缸体的连接螺栓;

(4)根据法兰上的销孔位置,在缸体上配钻铰圆柱定位销孔;

(5)配铰之后,在填料函壳体和法兰上打对应的缸号;

(6)根据销孔尺寸配制定位销,并打上对应的缸号。

(四)汽缸套组装及缸体总成泵水试验

1. B&W柴油机汽缸套组件的装配及汽缸套在汽缸体上的安装

B&W柴油机汽缸套组件的结构与Sulzer柴油机有些不同,如图2-17所示。B&W柴油机汽缸套组件没有支撑环,取而代之的是一个冷却水套,而注油嘴则安装在冷却水套以下,不需穿过冷却水腔。

B&W柴油机汽缸套组件的装配及汽缸套在汽缸体上的安装过程如下:

(1)清洗汽缸套

清洗汽缸套,所有油道、孔口、环槽都应认真吹干净。

(2)冷却水套安装

①在缸套上部与冷却水套配合的两道环槽中装入O形密封环,并涂上润滑油脂。

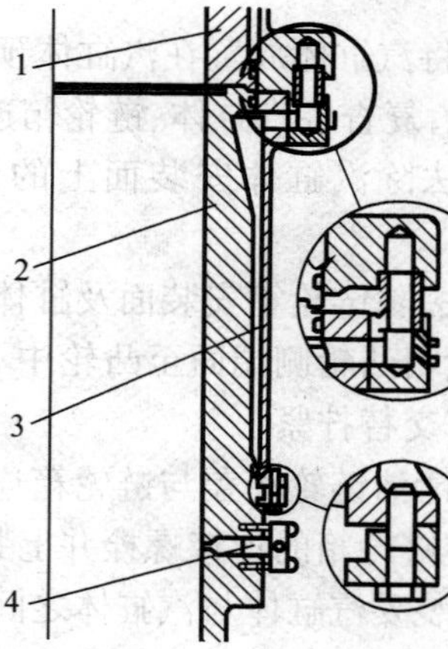

图2-17　B&W型柴油机汽缸套组件

1—汽缸盖;2—汽缸套;
3—冷却水套;4—注油嘴

②将冷却水套去毛刺,清理干净后装到汽缸套外圆上,安装时注意对准冷却水套和汽缸套上的标记线,用管夹和螺栓将冷却水套和汽缸套固定在一起。

③在冷却水套上装各冷却水接头和垫片,并用螺栓紧固。

(3)注油嘴安装

将组装并调试好的注油嘴总成插入汽缸内,用螺栓紧固。

(4)汽缸套组件的在汽缸体上的安装

①在汽缸套下部环槽内装入 O 形密封环;

②将组装好的汽缸套组件吊装到汽缸体上,安装时注意将冷却水套和汽缸套上的标记线朝燃油泵侧;

③测量汽缸套内径尺寸,应符合图纸要求。

2. 缸体总成泵水试验

为检查冷却水道的密封是否良好,在汽缸体总成装配完工后,需进行缸体总成泵水试验,其试验过程如下:

(1)将组装好的汽缸盖总成扣在汽缸套上,旋上汽缸盖螺母,用专用的液压拉伸器泵紧,泵压 150 MPa;

(2)在汽缸冷却水进口装泵水工装,并与试压用水泵相连,在排水口注入加有百克灵防腐剂的水后,用工装盲板封堵;

(3)缸体总成泵水试验,试验压力为 0.7 MPa,并保持 15 min 不漏。

(五)各盖板和走台支架及地板安装

1. 各盖板安装

在汽缸体的燃油泵侧有各种盖板,安装时需将盖板清洗干净,去毛刺。装上密封环或密封垫片后,用螺栓紧固在汽缸体上。

2. 上层走台支架及地板安装

(1)走台支架安装

按照图纸要求,将各支架用螺栓和定距管固定在汽缸体上,拧紧力矩达到规定要求。

(2)地板和栏杆安装

①将走台地板按图纸要求的位置和尺寸布置在走台支架上,现场配钻、攻螺纹孔,地板上刮窝,安装沉头螺钉,将地板固定在走台支架上。地板之间用连接板和对接搭扣连接,现场钻孔,安装螺栓和螺母。

②立柱安装在走台支架上,拧紧螺母,在立柱之间穿入栏杆。在立柱和栏杆交叉处打锥销孔,敲入锥销。栏杆的接口处安装栏杆插座,钻锥销孔,敲入锥销。

模块三　汽缸盖组件及排气阀总成的装配

【学习目标】

1. 了解汽缸盖的作用、工作条件、要求和材料;
2. 了解汽缸盖的结构组成和特点;
3. 掌握汽缸盖装配的主要工作内容;
4. 掌握汽缸盖部件的装配工艺过程;
5. 掌握排气阀总成的装配要求。

【模块描述】

汽缸盖是柴油机重要的固定部件之一。本模块主要介绍柴油机汽缸盖组件的功用、类型、工作条件、要求和材料,了解汽缸盖组件的结构组成和结构特点,掌握汽缸盖组件装配的主要内容和汽缸盖组件的装配工艺过程。掌握汽缸盖组件的装配方法及装配中的注意事项,要求互相配合完成汽缸盖组件的检查、测量和装配工作。

【任务分析】

汽缸盖是柴油机的固定部件,也是燃烧室的主要组成部分。汽缸盖上装有喷油器、启动阀、安全阀和示功阀。筒状活塞式柴油机汽缸盖上还装有进气阀、排气阀,二冲程直流扫气式柴油机汽缸盖上装有排气阀。此外,汽缸盖内部有各种气道和冷却水空间。汽缸盖的结构形式繁多,随机型而异,但共同特点是结构复杂、孔道较多、壁厚不均匀。

汽缸盖工作条件十分恶劣。汽缸盖底面为触火面,直接与高温、高压燃气接触,承受较高的周期变化的机械负荷和热负荷,燃气腐蚀与冲刷,产生很大的机械应力和热应力。冷却面承受机械应力与腐蚀。汽缸盖还会产生应力集中。

汽缸盖常见的损坏形式有汽缸盖底面和冷却面的裂纹、腐蚀,气阀座面和导管的磨损等故障。为保证柴油机可靠的工作,应确保汽缸盖的安装质量。按柴油机规范要求进行安装。汽缸盖的主要装配工作有导水套安装;各种螺柱种紧;各阀件安装;完整性安装等。

【知识准备】

一、作用

1. 密封汽缸、与活塞和汽缸套一起组成燃烧室;
2. 安装阀件,汽缸盖上有喷油器、汽缸启动阀、安全阀(开启压力不超过 1.4 倍最高爆发压力)、示功阀、排气阀、进气阀(四冲程机),以及气阀的传动机构等;
3. 布置冷却水通道;
4. 四冲程柴油机缸盖中要布置进、排气通道。

二、工作条件

1. 柴油机工作时,汽缸盖底面要受到高温、高压燃气的作用;
2. 冷却水腔受到水的腐蚀作用;
3. 受到汽缸盖螺栓预紧力作用;
4. 汽缸盖结构复杂使机械应力和热应力分布不均匀。

三、要求

为了保证柴油机正常工作,要求汽缸盖具有足够的强度和刚度,冷却良好,温度低而均匀,构造简单,并便于拆装检修和管理。

四、材料

汽缸盖通常采用灰铸铁、合金铸铁、球墨铸铁,以及铸钢、锻钢等材料制造。现代二冲程长冲程柴油机的汽缸盖大多采用锻钢制造，而中、小型高速柴油机的汽缸盖则常用灰铸铁。

五、汽缸盖的结构组成

汽缸盖结构有单体式、整体式和分组式。

(一)单体式汽缸盖

每一个汽缸单独做成一个汽缸盖称为单体式汽缸盖。这种汽缸盖普遍应用在缸径较大，强化度较高的柴油机上。它的特点是汽缸盖刚性好，汽缸盖与汽缸套密封面处密封性好，制造、运输、拆装以及检修均较方便。但汽缸中心距加大，增加了柴油机的长度和质量。

(二)整体式汽缸盖

把一排汽缸的汽缸盖(一般 4 ~6 个汽缸)做成一体的称为整体式汽缸盖。一般用于缸径较小的高速柴油机上。它的汽缸中心距小，结构紧凑，柴油机的刚度提高、质量减轻，但易变形，密封性差，结构复杂，加工不便，往往由于局部损坏导致整个汽缸盖报废。

(三)分组式汽缸盖

为了使生产加工更加方便，也有采用 2 ~3 个缸共用一个汽缸盖的结构，称为分组式汽缸盖。它的特点是介于单体式和整体式汽缸盖两者之间。

为保证燃烧室的密封，汽缸盖底面与汽缸套顶部之间用一只紫铜垫圈或软钢垫圈，以防止漏气。

四冲程柴油机汽缸盖的特点是都有进、排气阀装置及进排气通道，按气阀数来分有双阀和四阀两种结构。

二冲程弯流扫气式柴油机汽缸盖的特点是没有进、排气阀和进、排气通道。阀式直流扫气式柴油机汽缸盖的特点是设有排气阀和排气道，汽缸盖结构比弯流扫气柴油机汽缸盖复杂些。

【任务实施】

一、汽缸盖组件预装的主要工作内容

(一)MAN B&W S－MC 柴油机汽缸盖的结构特点

大型低速十字头柴油机由于尺寸较大，汽缸盖通常采用单体式汽缸盖。为了合理使用材料并保证汽缸盖的刚度和强度，曾出现过使用铸铁和铸钢两种材料制造并加以组合的组合式汽缸盖。这主要是利用铸铁的铸造性好的特点，制造汽缸盖结构复杂的部分。利用铸钢强度较高的特点用于承受高负荷的部分，然后进行组合，如内外组合或上下组合。但随着新型柴油机普遍使用锻钢制造汽缸盖，组合式的结构已不再使用。弯流扫气柴油机的汽缸盖结构比较简单，在汽缸盖上仅装有一个喷油器，一个汽缸启动阀和一个示功阀与安全阀的组合阀，但随着弯流扫气柴油机的淘汰，这种汽缸盖已不多见。目前大型低速十字头柴油机以气口－气阀直流扫气的二冲程机占主导地位，下面仅介绍这种柴油机的汽缸盖结构。如图 2－18 所示。

1. 概述

汽缸盖为钢制，其中有一个用于安装排气阀的中心孔，排气阀用四根螺栓紧固在汽缸

盖上。此外汽缸盖上还有用于安装喷油器的孔。喷油器借助于位于螺柱上的螺母下的碟形弹簧座内的弹簧弹性固紧。缸盖上还有安装启动阀、安全阀和示功阀的孔和启动空气进口孔。

在汽缸盖下部装有一冷却水套,在那里形成一冷却水腔。

当排气阀安装后 围绕排气阀阀座形成另一个冷却水腔。上述两冷却水腔通过缸盖上一圈辐射状的倾斜径向孔彼此连通。

冷却水由汽缸套上的冷却水套流经冷却水连接管进入汽缸盖冷却水套,然后经过汽缸盖上辐射状径向孔流入排气阀座周围的冷却水腔。

由此处,冷却水分两路流出缸盖。一路冷却水到冷却水出水总管;另一路冷却水经过排气阀壳体到冷却水出水总管。汽缸盖和缸套之间是用一个低碳钢密封圈密封的。

这种汽缸盖高度较大,但冷却水孔离燃烧室却很近,充分体现了薄壁强背的设计思想,使热负荷和机械负荷都保持在比较低的水平上,提高了可靠性。汽缸盖底面是燃烧室壁面的一部分。上述汽缸盖底面为倒锥形,这种倒锥形燃烧室有利于换气和燃烧。喷油器设有两只并对称布置,有利于油雾形状和燃烧室形状的配合,确保了油、气有良好的混合性能。汽缸盖底最下部的圆柱形壁面,使缸盖和缸套的结合面下移,以便接合处不受火焰的直接冲击,对结合面起到保护作用。冷却水由结合面的外部进入汽缸盖,消除了冷却水通过结合面漏入汽缸内部的可能性。并且冷却完汽缸套的水是通过沿周向均布的四个通道进入缸盖,确保了燃烧室部位的冷却较均匀。图 2 – 18 所示的汽缸盖是由 8 个固定在汽缸体上的双头螺栓和螺母固紧在汽缸套的顶部,这些螺栓在圆周上均匀分布,螺栓的固紧是用汽缸盖自带的液压拉伸器完成的。汽缸盖与汽缸套之间用软钢垫圈密封。大型柴油机的汽缸盖螺栓以及贯穿螺栓、连杆螺栓等重要螺栓普遍采用液压拉伸工具上紧,螺栓的预紧程度由规定油压来保证。

2. 缸盖液压环

缸盖通过连接在汽缸体上的螺柱紧固在汽缸套上。在缸盖上有一个钢环,配以液压拉伸器紧固每个缸盖螺柱,如图 2 – 19 所示。

在液压环上布置有液压拉伸器汽缸,各汽缸之间通过油槽相互连通装有一个环形的活塞和两个密封环的内螺母和一个与内螺母螺纹相配合的外螺母和活塞被旋紧到螺柱上。当液压拉伸器中加入液压时,拉伸器的活塞被液体向上顶起而使缸盖螺栓拉长,然后向下拧紧外螺母。当液压拉伸器系统泄压时,泵紧压力通过外螺母传递给缸盖。

一个用于连接液压高压油泵的快速接头安装在主机凸轮轴侧,位于两个拉伸器之间的液压环的侧面,在液压环顶面,两个拉伸器之间安装有泄放螺栓,在向拉伸器系统加压或泄放时打开该螺栓。

在液压环和缸盖上各有四个用于安装吊环螺栓的螺孔,利用该螺孔可吊装液压环或缸盖。但一般情况下,液压环不与缸盖分开。

在紧急情况下,螺母也可以用专用扳手松开,但是这种扳手不能用于上紧。

(二)汽缸盖组件预装的主要工作内容

汽缸盖组件预装的主要工作内容有:导水套安装;各种螺柱种紧;各阀件安装;完整性安装等。

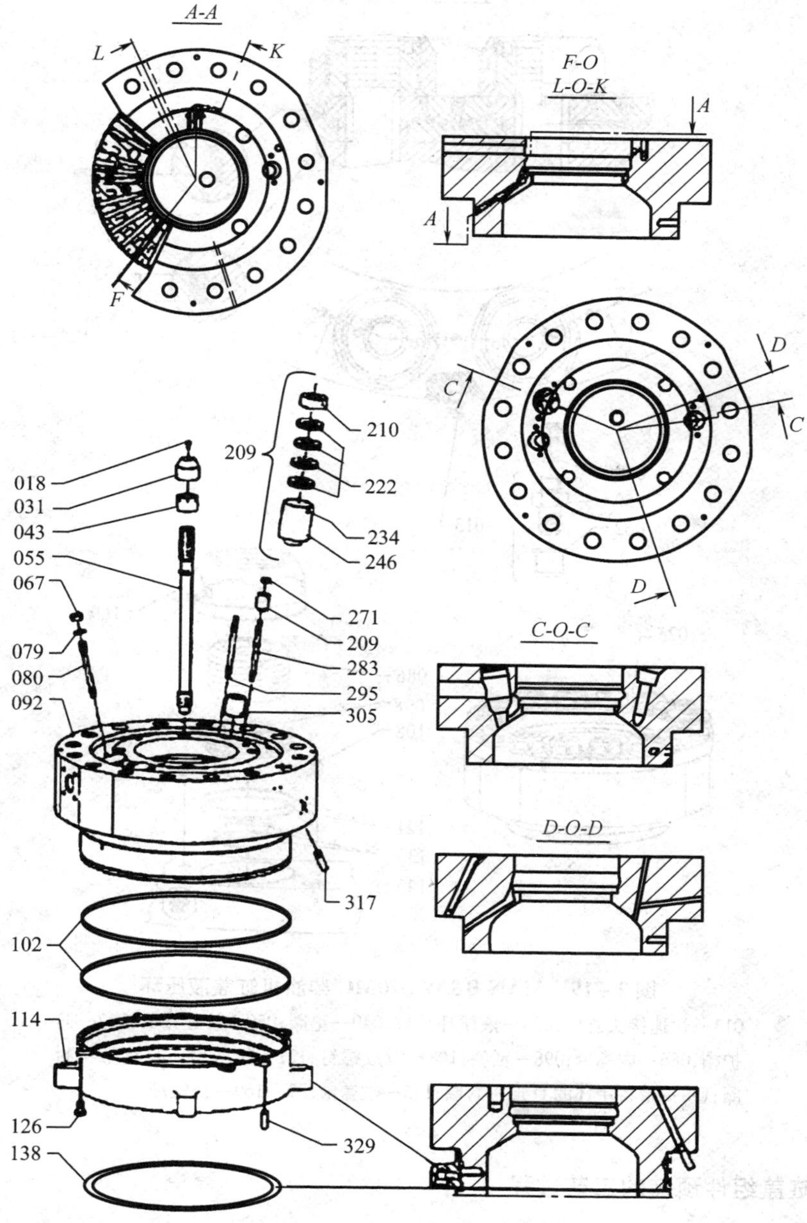

图 2－18　MAN B&W S－MC 柴油机汽缸盖

018—螺栓;031—保护帽;043—螺母;055—排气阀螺柱;067—螺母;079—垫圈;080—螺柱;092—汽缸盖;102—O 形圈;114—冷却水套;126—螺栓;138—垫片;209—碟形弹簧组件;210—圆环;222—碟形弹簧;234—销;246—碟形弹簧壳体;271—螺母;283—螺柱;295—螺柱;305—喷油器套管;317—支管;329—销

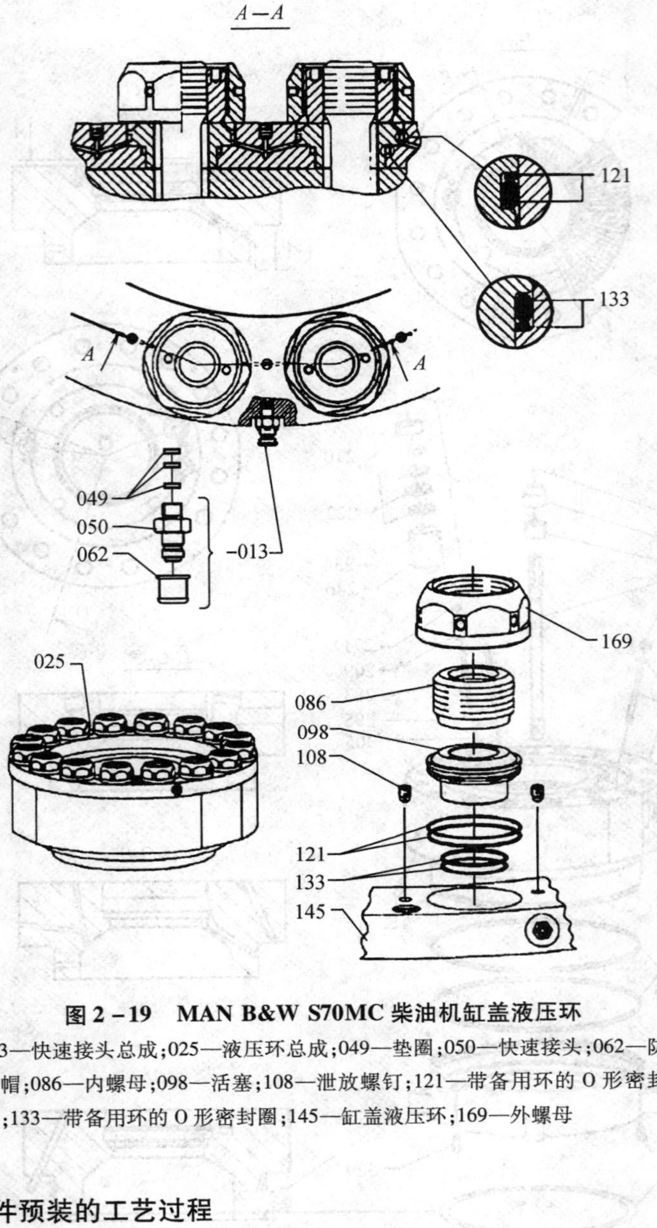

图 2-19　MAN B&W S70MC 柴油机缸盖液压环

013—快速接头总成;025—液压环总成;049—垫圈;050—快速接头;062—防护帽;086—内螺母;098—活塞;108—泄放螺钉;121—带备用环的 O 形密封圈;133—带备用环的 O 形密封圈;145—缸盖液压环;169—外螺母

二、汽缸盖组件预装的工艺过程

下面以图 2-18 所示的 B&W S60MC-C 型柴油机汽缸盖为例,介绍汽缸盖的安装工艺过程。

(一)导水套安装

导水套安装的过程是:

(1)精整并清洁所有待装的零件,去油封并检查汽缸盖的表面质量及安装密封面无缺陷、汽缸盖下部与汽缸套的密封面无损伤,清整外形并去毛刺;

(2)清洁汽缸盖内表面,在汽缸盖和汽缸盖导水套的燃油侧做好标记;

(3)装妥汽缸盖下缘的 O 形密封圈,并涂适量的润滑油脂;

(4)对准标记将汽缸盖装入导水套,并用连接螺栓将导水套坚固在汽缸盖上。

(二)各种螺柱种紧

如图2-20所示,汽缸盖上需安装的螺柱有排气阀螺柱、启动阀螺柱、喷油器螺柱以及吊耳等。其安装过程如下:

(1)用丝锥回攻汽缸盖上的所有螺纹,检查螺纹深度应符合要求,清洁所有螺孔并用压缩空气吹干净;

(2)在排气阀螺柱的旋入端螺纹上涂润滑油脂后,将排气阀螺柱旋入汽缸盖,用专用的双头螺栓紧固器拧紧,拧紧力矩应符合规定要求;旋入后,装妥排气阀螺柱的螺纹保护帽,以保护螺纹;

(3)在启动阀螺柱的旋入端螺纹上涂润滑油脂后,将螺柱旋入缸盖,用专用的双头螺栓紧固器拧紧,拧紧力矩应符合规定要求;

(4)在喷油器螺柱的旋入端螺纹是涂润滑油脂后,将螺住旋入缸盖,用专用的双头螺栓紧固器拧紧,拧紧力矩应符合规定要求。

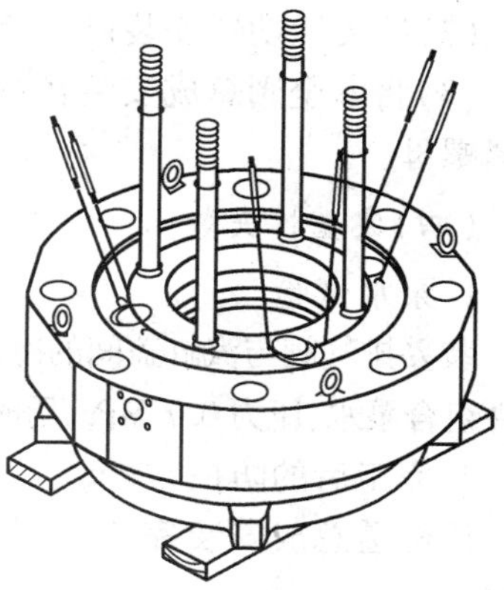

图2-20　汽缸盖螺栓安装

(三)各阀件安装

1. 安装前的准备

安装前应做好各种阀座孔、冷却孔的清洁工作,并检查孔道是否通畅。

2. 排气阀组件的安装

如图2-21所示,排气阀组件的安装过程如下:

(1)彻底清洁排气阀和汽缸盖的安装面,并在安装面上涂润滑油脂;

(2)拆除排气阀螺柱上的螺纹保护帽;

(3)检查排气阀座上是否装好O形密封圈并涂以润滑油脂,将排气阀组件吊装在汽缸盖上,用塞尺检查排气阀与汽缸盖的贴合面应0.05 mm插不进;

(4)在排气阀紧固端的螺纹上涂润滑油脂后,旋入圆螺母,用专用的液压拉伸器泵紧,泵紧压力就符合规定要求。

注意,在安装排气阀之前接上压缩空气,使于排气阀在安装期间保持关闭。

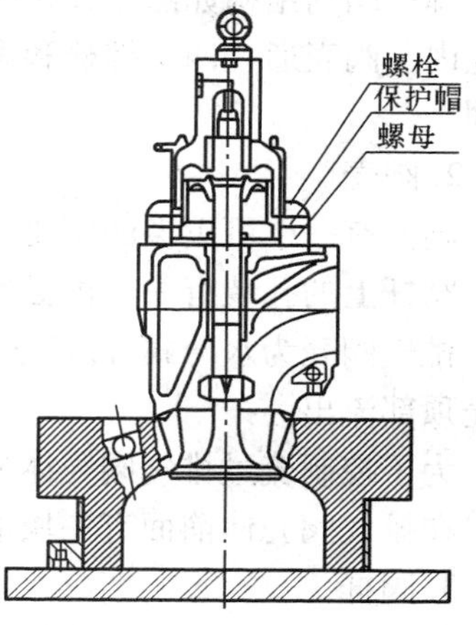

图2-21　排气阀安装

3. 启动阀的安装

(1)在启动阀和汽缸盖的安装面上涂润滑油脂,启动阀的O形密封圈上涂滑油脂后,将启动阀装入汽缸盖;

(2)装妥垫圈,按规定的力矩拧紧启动阀螺母。注意拧紧时应至少分三次轮番拧紧,最后达到拧紧力矩要求。

4. 喷油器的安装

(1)在喷油器的定位周围及座面上涂润滑油脂;

(2)如图2－22所示，将喷油器装入汽缸盖，在喷油器螺柱上装妥定距套管并拧紧螺母，拧紧力矩应符合规定要求。

5. 示功阀及安全阀的安装

(1)将示功阀总成安装在汽缸盖上，在螺纹上涂密封胶，并旋紧螺母；

(2)装妥示功器安装口处带弹簧圈的保护螺塞帽；

(3)将安全阀总成安装在汽缸盖上，在螺纹上密封胶，并旋紧螺母。

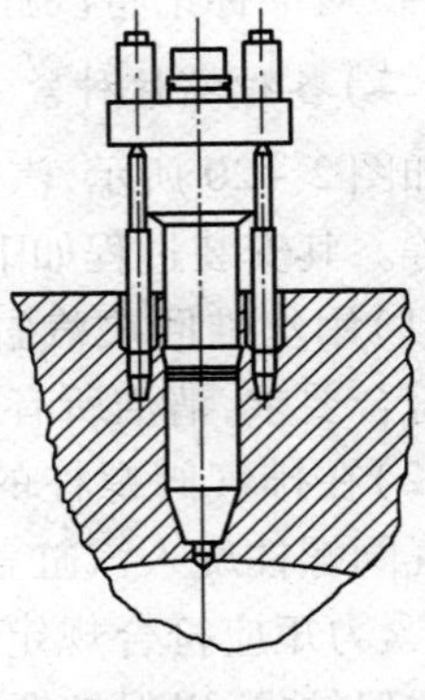

图2－22　喷油器安装

(四)完整性安装

1. 泵水试验

装妥排气阀与汽缸盖间的冷却水连接管，对汽缸盖及排气阀组件组合泵水，压力0.7 MPa，历时5 min不得渗漏。

2. 完工后的防护

汽缸盖总成安装完毕后，将所有的外露口封口，外露的光胚面涂防护油并用蜡纸遮盖好。

三、排气阀总成装配的主要工作内容

(一)排气阀总成的结构

1. 概述

排气阀的结构如图2－23所示。每个汽缸装有一只排气阀，排气阀安装在汽缸盖的中心孔内。阀壳通过四个螺栓和螺母紧固以在汽缸盖的座面上形成气密，螺母用液压拉伸器紧固。

2. 阀壳

阀壳有一个可更换的阀座，阀座提供一个用于阀杆的经硬化处理的锥形座面。

阀杆上的孔装有一个可更换的排气阀杆导套。

排气阀壳为水冷式，冷却水从汽缸盖流经冷却水连接管到达排气阀壳。冷却水从排气阀壳顶部流出。

为了控制流过排气阀壳体的冷却水量，冷却水出口管装有一个节流孔板。

在排气阀壳体前面有一块清洁盖板通过此盖可检查和清晰冷却水水腔。

3. 阀杆

阀杆的材料为镍。阀座区域的热处理以达到所要求的硬度。

在阀杆底部的圆柱部分装有一个叶轮，以使阀杆在柴油机运转时旋转。

在柴油机运行时，为了便于检查排气阀的工作情况，在排气阀液压缸上装有一个“提升/旋转”式检查杆。

试验期间，通过检查杆上下位置有规律的变化来显示排气阀杆的旋转情况。

液压活塞有两个活塞环和一个缓冲装置，用来缓冲排气阀关闭时的冲击。

液压活塞由连接于凸轮轴上的液压油泵上的液压活塞控制。该液压活塞由凸轮轴上的排气凸轮驱动滚轮导筒来驱动的。

注意，排气阀检修后，重要的是检查缓冲装置以防止敲缸。检查可用一专用桥规来进行。

空汽缸,空汽缸安装在排气阀壳上部,用来关闭排气阀的空气从活塞的下部供给,通过一个止回阀和密封空气控制装置上的一个小孔。

在空汽缸的底部装有一个安全阀,在空汽缸的壳体底部装有两个密封环。当密封环失效时,将露出两道密封环之间的泄放孔 D。

注意,确保使用与带 HVOF 镀层的阀杆有关的密封环型号。这些阀杆的顶端均标有 HVOF 字样。

4. 液压缸

在排气阀壳体的上部,液压缸通过螺栓和螺母安装在空汽缸上。液压缸中的液压活塞将排气阀杆压下使得排气阀开启。

在液压缸的上部装有一个放油用的节流阀。

从该节流阀流出的油通过一个槽流向空汽缸周围空腔和活塞泄放油一起通过在空汽缸底部排气阀杆周围有一道密封空气。密封空气有密封环下面引入。密封空气用以阻止燃气和微粒上窜,以防止排气阀杆工作表面磨损和污染排气阀驱动机构的气动系统。

通过一个密封空气控制组件,空汽缸供给密封空气。

密封空气中来自于空汽缸中的油雾成分改善了密封环的工作状况。

当柴油机处于停车状况时,密封空气控制单元中的一个阀自动切断密封空气。

密封空气通过一个节流管从密封空气控制组件中引入。

(二)排气阀总成装配的主要工作内容

排气阀总成预装的主要工作内容有:

(1)排气阀阀壳的组装;

(2)排气阀组件的组装;

(3)阀壳、阀座及排气阀的组装;

(4)空汽缸的组装;

(5)阀驱动装置的组装和安装;

(6)排气阀总成完整性安装。

四、排气阀总成装配的工艺过程

下面以图 2-23 所示的排气阀为例,介绍排气阀总成预装的工艺过程。

(一)排气阀壳的组装

排气阀阀壳的组装工作,主要是将排气阀导套、螺柱、定位销以及各种盖板和接头等安装在排气阀阀壳。

1. 排气阀导套安装

排气阀导套与阀壳是过盈配合,大多采用冷却套的方法安装,其安装过程如下:

(1)精整并清洁所有待装的零件,并回攻所有螺纹,对暂不安装的孔道清洁后应封口,保证装配过程中内部零件的清洁,无毛刺;

(2)测量排气阀壳与排气阀导套的配合尺寸,其配合过盈量应符合图纸要求;

(3)将排气阀导套在液氮箱中冷却,时间不少于 20 min,冷却温度低于环境温度 250 ℃;

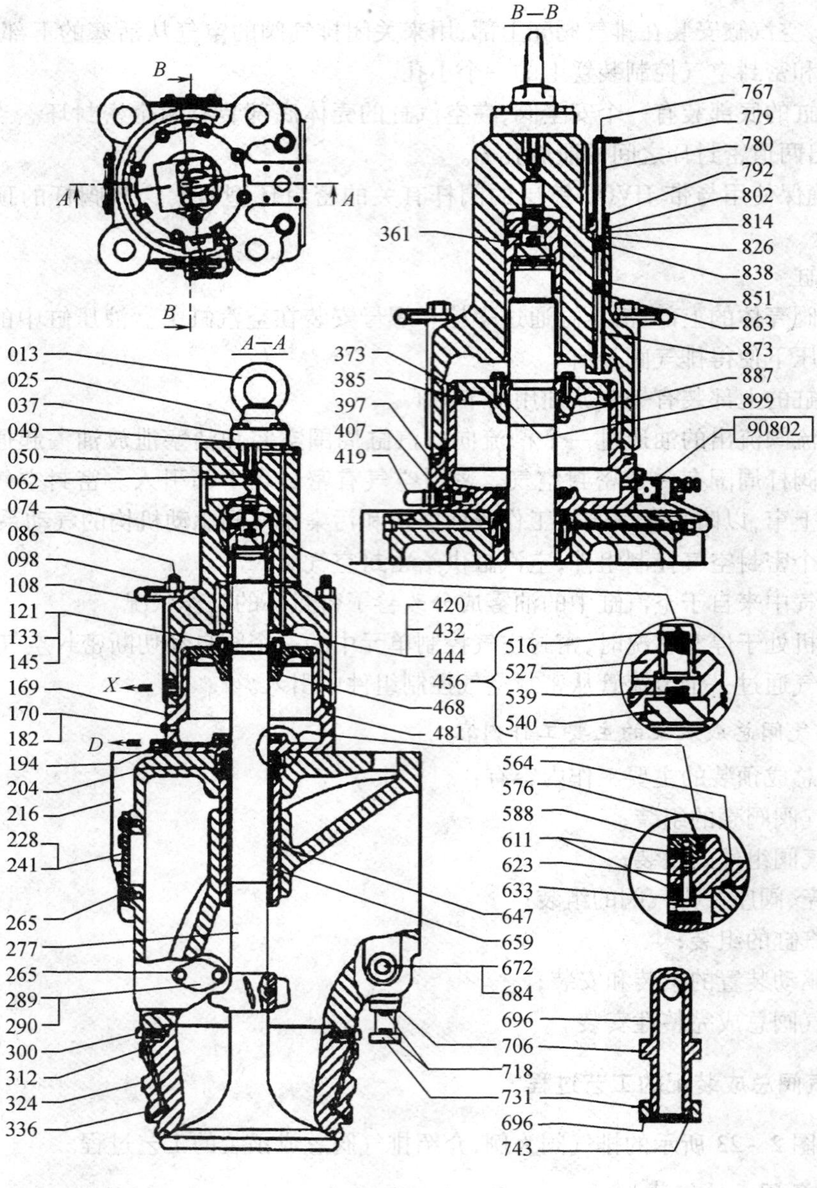

图 2－23　MAN B&W S－MC 柴油机的排气阀

013—吊环螺钉；025—螺栓；037—起吊附件；049—垫片；050—节流阀；062—垫片；074—油缸；086—螺柱；098—螺母；108—安全扶手；121—圆环；133—螺栓；145—锁紧垫圈；169—空汽缸；170—螺塞；182—垫片；194—球阀；204—螺栓；216—排气阀壳体；228—盖板；241—垫片；265—螺栓；277—排气阀杆；289—法兰；290—垫片；300—止动螺钉；312—O 形密封圈；324—阀座；336—O 形密封圈；361—活塞环；373—导向环；385—密封环；397—垫片；456—活塞组件；468—活塞；481—密封环；515—缓冲活塞；527—活塞；539—弹簧；539—圆环高度 24 或 21 mm；564—O 形密封圈；576—O 形密封圈；588—法兰；611—密封环；623—螺栓；635—法兰；647—滚轮导套；659—排气阀导向套；672—垫片；684—螺塞；696—垫片；706—冷却水接头；718—螺栓；731—法兰；743—O 形密封圈；767—螺栓；779—销；780—导向套；792—螺母接头；802—螺纹接头；814—垫片；826—O 形密封圈；838—弹簧；851—弹簧座；863—弹性销；875—旋转式检查杆；887—O 形密封环；899—锥形环 2/2

(4)将排气阀导套从液氮箱中取出后，迅速地垂直套入排气阀壳，并用导套压盖和螺栓将导套定位，待排气阀导套恢复常温后拧紧螺栓；

(5)检查排气阀导套内孔尺寸就符合规定要求。

2. 螺柱、定位销及各种盖板和接头的安装

(1)在排气阀壳体顶部螺纹孔处种入双头螺柱；

(2)装妥排气阀阀壳上的各种定位销、内六角螺塞及垫片，螺纹上应涂密封胶；

(3)装妥排气阀阀壳上的盖板、垫片、螺栓以及各种接头。

(二)排气阀组件的组装

排气阀组件的组装是将转翼安装在排气阀上，转翼和排气阀是过盈配合，一般用红套的方法进行装配。其装配过程如下：

(1)精整并清洁所有待装的零件，回攻所有的螺纹孔，去毛刺；

(2)测量排气阀阀杆和转翼的配合尺寸，其过盈量应符合图纸要求；

(3)在排气阀阀杆上安装红套定位夹箍，控制转翼下端面到排气阀阀杆顶部尺寸符合规定要求；用气割龙头将转翼加热到260 ℃后套入排气阀阀杆中，安装时应注意转翼上具有45°倒角的一端朝下；

(4)在转翼的螺纹孔上装上螺套，先按螺套内孔尺寸用较小的钻花钻出一个凹坑，然后拆除螺套，再用图纸规定尺寸的钻花在阀杆上钻出定位孔，孔的深度应符合规定要求；

(5)装妥转翼与排气阀阀杆的止动螺钉，拧紧螺钉后沿螺纹一圈用中心冲铆牢。

(三)阀壳、阀座及排气阀的组装

阀壳、阀座及排气阀的组装过程如下：

(1)精整并清洁所有待装的零件，回攻所有的螺纹孔，去毛刺；

(2)将排气阀座安放在平板上，在阀壳和阀座的安装面上涂润滑油脂后将阀壳吊装在阀座上，并用螺钉将阀壳固定在阀座上；

(3)在排气阀导套和导套压盖之间装入O形密封圈；

(4)将排气阀立放在平板上，在阀杆上涂润滑油后将阀壳和阀座组件吊装在阀杆上。

(5)涂色油检查阀座与排气阀的接触凡尔线，色油带应连续一周。

(四)空汽缸的组装

(1)精整并清洁所有待装的零件，回攻所有的螺纹孔，去毛刺；

(2)在排气阀阀杆上预装空气弹簧活塞及锥块，涂色油检查锥块和阀杆应接触均匀后拆除；

(3)在空气弹簧缸的外圆和平面上装妥各O形密封圈，将空气弹簧缸对准定位销后，安装在阀壳上，按规定的力矩上紧螺栓。

(4)在空气弹簧活塞上装妥O形密封圈，并涂上润滑油脂。将空气弹簧活塞套入空气弹簧缸内，装上锥块和压力法兰，并用螺栓紧固在阀杆上。

(五)阀驱动装置的组装和安装

排气阀驱动机构的结构如图2－24所示。

1. 阀驱动装置的组装

(1)清除阀驱动装置壳体的毛刺和锐边，回攻所有的螺纹孔。

(2)在壳体上装妥各旋塞。

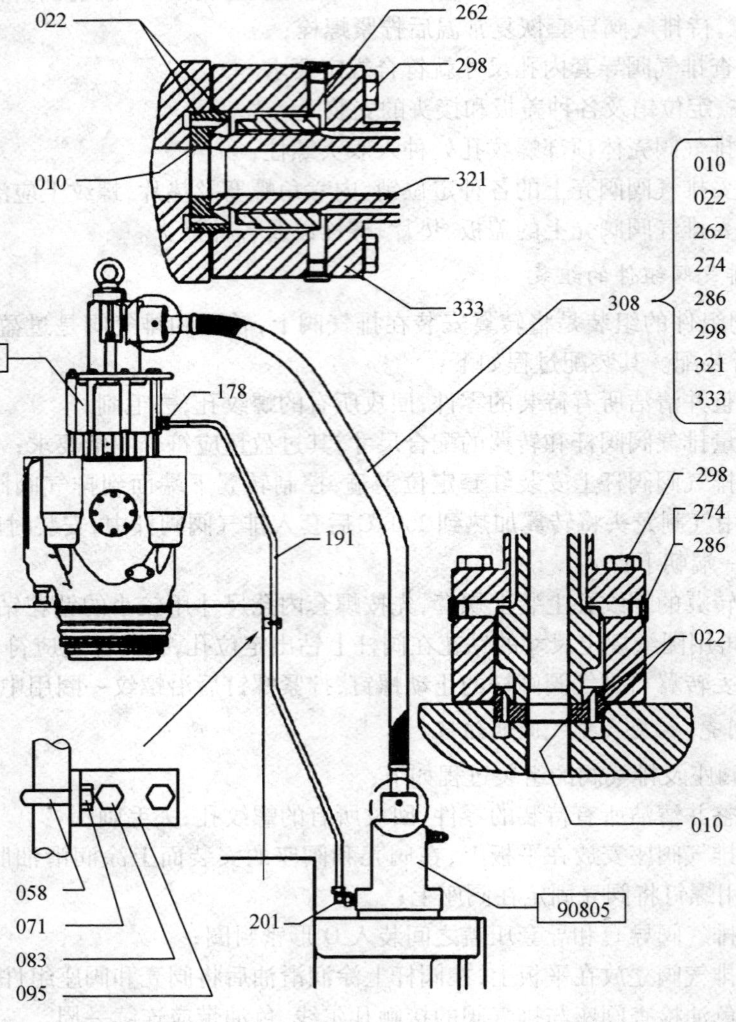

图2-24　MAN B&W S70MC柴油机的排气阀驱动机构

010—密封环；022—密封圈；058—管夹；071—螺母；083—螺栓；095—支架；178—管接头；191—泄放管；201—直角管接头；262—止推衬套；274—螺塞；286—垫圈；298—螺栓；308—高压管组件；321—高压管；333—挠性软管

(3)放气螺钉安装程序如下：

①检查放气螺钉端面应平整，无伤痕；

②将放气螺钉端面涂上色油，装入孔中拧紧后拆除，检查端色油情况，要求接触面色油均匀连续，必要时进行修正；

③在放气螺钉上装上粗滤器和挡圈后，将放气螺钉装在壳体上拧紧。

(4)液压活塞和液压缸安装程序如下：

①试装液压活塞和液压缸，要求液压活塞在液压缸内灵活，无卡阻现象；

②将活塞环放入液压缸，检查活塞环搭口间隙，其间隙值应符合规定要求，必要时应进行修正；

③将液压缸装入壳体内，在液压活塞上装上活塞环后，将液压活塞和活塞环一起装入液压缸，装上挡圈和锁紧垫片，用螺栓按照规定的力矩，将液压缸紧固在壳体上，然后将垫片翻边保险。

(5)装观察玻璃，注意内、外各垫一张 2 mm 厚的耐油石棉橡胶密封圈，装上法兰，并用内六角螺钉紧固。

(6)在缓冲器上装上吊耳螺钉，暂不装 O 形密封圈，将缓冲器装入壳体，拧上螺栓。

2. 阀驱动装置与阀壳的安装

(1)将组装好的阀驱动装置安装在阀壳上，按规定的力矩将连接螺栓紧固；

(2)拆下阻尼器，使排气处于关闭位置，阀杆顶部与液压活塞无间隙，用深度尺测量阀驱动装置壳体上平面到活塞间的尺寸，按规定要求确定阻尼器垫片的厚度；

(3)装上确定后的垫片，在阻尼器上装 O 形密封圈，用螺栓将阻尼器紧固在阀驱动装置壳体上。

(六)排气阀总成完整性安装

(1)排气阀试验。将排气阀总成吊起，在排气阀与平台之间放入木垫，排气阀距离木垫约 20 mm，向排气阀的空气弹簧缸通入压缩空气，排气阀应关闭，切断压缩空气，通过安全阀的阀芯顶入，放空空气后，弹簧排气阀应迅速打开；用上述方法做两次，而且在阀关闭时，至少 15 min 内不得漏气。

(2)装妥排气阀座上的 O 形密封圈，并涂以润滑油脂。

(3)安装结束后做好清洁工作，确认螺钉紧固及保险完整，对外胚面涂以防锈油并用腊纸包好。

模块四　曲轴总成的装配

【学习目标】

1. 了解曲轴的作用、工作条件、要求和材料；
2. 描述曲轴的组成和结构特点；
3. 掌握曲轴装配的主要工作内容；
4. 掌握曲轴装配工艺过程。

【模块描述】

曲轴是柴油机的主要运动部件之一，是动力输出的主体。本模块主要介绍了曲轴的功用、类型、工作条件、要求和材料，熟悉曲轴的结构组成和特点，掌握曲轴装配的主要内容和曲轴的装配工艺过程。以二冲程柴油机曲轴为例，根据说明书的规定的步骤和程序，对曲轴进行测量、检查和装配工作。

【任务分析】

曲轴是柴油机的主要旋转机件，曲轴的旋转是整个柴油机系统的原动力。柴油机各个缸所做的功是通过曲轴汇集并向外输出的，曲轴的寿命决定柴油机的寿命。曲轴形状复杂、刚性差，装上连杆后，可将活塞的往复运动转变成回转运动。曲轴的技术状态直接影响柴油机的正常运转、船舶的安全航行和经济性。

曲轴轴颈表面的磨损是不均匀的，主轴颈与曲柄销的径向磨损主要呈椭圆形，正常磨损取决于曲轴的结构和受力情况。由于大型二冲程柴油机连杆始终受压力作用，且在活塞处于上死点附近时连杆受到压力最大，所以主轴颈的最大磨损处于远离曲柄销一侧；而曲柄销的最大磨损处于远离主轴颈一侧。

曲轴的主要损伤形式有轴颈的磨损、腐蚀、裂纹和断裂、红套滑移等。为确保曲轴正常运转，必须严格按规范要求进行安装。曲轴的主要装配工作有正时齿轮或链轮安装；飞轮安装；平衡重安装等。

【知识准备】

一、作用

(1)通过连杆将活塞的往复运动变成回转运动；

(2)把各缸所做的功汇集起来向外输出；

(3)带动柴油机的附属设备，如喷油泵、气阀、启动空气分配器、离心式调速器，在中、小型柴油机中，还带动滑油泵、燃油泵，冷却水泵、空气压缩机等。

二、工作条件

(1)受力复杂。曲轴工作中受到各缸交变的气体力、往复惯性力和离心力以及它们产生的弯矩和扭矩的作用，使曲轴产生很大交变的弯曲和扭转应力，且均为疲劳应力。

(2)应力集中严重。曲轴弯弯曲曲形状复杂，截面变化集聚，使曲轴内部应力分布极不均匀，尤其在曲臂与轴颈的过渡圆角处及油孔周围产生严重的应力集中现象。

(3)附加应力大。曲轴形状又细又长，刚性很差，是一个弹性体。它在各种力的作用下会产生扭转、横向和纵向振动。当曲轴的自振频率较低时，在发动机工作转速范围内可能出现共振，使振幅大大增加，产生很大的附加应力。

(4)轴颈磨损严重。轴颈在很大的比压下会产生滑动摩擦。由于交变冲击性负荷的作用，以及经常启动、停车，使轴颈与轴承不易保证良好的液体动力润滑状态，从而使轴颈产生较严重的磨损，严重时引起轴承烧损。特别是在润滑不良，机座或船体变形，轴承间隙不合适，超负荷运转或经常启停柴油机时，轴颈的磨损都会明显加剧。

三、要求

(1)足够的强度(尤其是疲劳强度)和刚度；

(2)轴颈应具有足够的承压面积(轴承比压低)和较高的耐磨性、加工精度和光洁度；

(3)具有合理的曲柄排列和发火顺序，以减小曲轴的负荷、使柴油机运转平稳，并改善轴系的振动情况。

四、材料

曲轴常用的材料有优质碳钢、合金钢和球墨铸铁。一般柴油机的曲轴常用优质碳钢制造；大型低速柴油机套合式曲轴中的轴颈用优质碳钢、曲臂用铸钢制造；为了提高中高速、强载柴油机的曲轴疲劳强度和耐磨性能,曲轴采用合金钢制造;对强载度不太高的中高速柴油机可使用球墨铸铁制造曲轴。

五、曲轴的结构组成

(一)曲轴的类型

按结构形式的不同可将曲轴分为整体式、组合式和分段式三种类型。

1. 整体式曲轴

整体式曲轴是整根曲轴一体锻造或铸造出来的。它具有结构简单、质量轻、工作可靠的优点,在中、高速柴油机上得到广泛应用,并逐渐扩大到大型低速柴油机领域。

2. 组合式曲轴

将曲轴的不同部分分开制造,然后应用一定的连接工艺连为一个整体的曲轴称组合式曲轴。组合式曲轴普遍应用于大型低速柴油机中。采用组合式主要是为了制造方便,解决曲轴制造设备能力的限制问题。曲轴的组合方式可分为套合式和焊接式,套合式曲轴的套合方法除红套外,还有冷套方法。

3. 分段式曲轴

先分成两段制造,然后再用法兰连接成整根曲轴。一般用于汽缸数较多的曲轴,一般大型低速柴油机 9 ~ 14 缸机采用分段式曲轴。

(二)十字头柴油机曲轴的构造

曲轴主要由若干个单位曲柄、自由端和飞轮端以及平衡块等组成,如图示 2 – 25 所示。

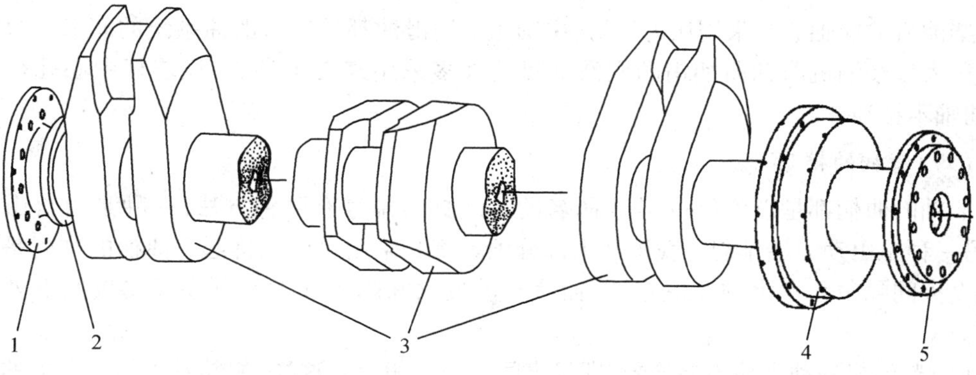

图 2 – 25　MAN B&W S – MC – C 柴油机曲轴

1—自由端;2—轴向减振器活塞;3—单位曲柄;4—推力环;5—功率输出端

由于大型低速十字头柴油机的曲轴尺寸较大,一般采用组合式曲轴,对于缸数较多的柴油机,曲轴是分段制造,然后用法兰连接起来。

由于十字头柴油机的长行程化,曲轴的曲柄臂较长,主轴颈和曲柄销没有重叠度,轴颈与曲柄臂相连接的过渡圆角一般采用车入式圆角,以保证轴颈的有效长度。曲柄销和主轴颈一般采用空心结构,以减轻曲轴的质量和减小惯性力。在曲柄臂上一般不装平衡重。

曲轴的首端设有轴向减振器以减轻轴系纵向振动的影响,在曲轴的尾端设有推力环以组成推力轴承受螺旋桨的推力,通常在推力环的外部设有齿轮或链轮的齿圈用于传动凸轮轴。对于缸数较多的柴油机,曲轴和凸轮轴之间的传动在柴油机的中部。

目前,在曲轴结构方面,一项较新的技术是采用不等的曲柄间距,则相应的柴油机汽缸间距也是不等的。这样设计明显缩短了机器长度、减轻了机器质量。典型的曲柄间距不等结构形式是柴油机前端汽缸的曲柄间距较后端的曲柄间距小。因为前端曲柄传递的扭矩小,曲柄较薄,曲柄间距因而减小。这种不等曲柄间距有两种形式,一种是曲轴前一段各曲柄的间距与后一段不同,另一种是从前向后各缸都不同。例如,12K90ME/ME－C MK9 柴油机,前端 6 缸的汽缸间距为 1 480 mm,而后端 6 缸的汽缸间距为 1 588 mm,这一措施使一台 12K90ME/ME－C MK9 柴油机总长减少半米多,质量减轻 25 t。8K90ME/ME－C 柴油机曲轴各缸的曲柄间距都是不同的,即从后向前曲柄间距依次减小,使柴油机总长减少近 1 m,质量减轻 34 t。

图 2－25 为 MAN B&W S－MC－C 型柴油机曲轴。锻钢曲轴由单位曲柄、自由端(首端)和功率输出端(尾端)三部分组成。曲轴为半组合式,可以是焊接型或半套合式。在曲轴上采用焊接工艺连接是现代曲轴制造中的一个重要成就,曲柄臂不必因为套合工艺需要而加大尺寸,所以质量减轻。曲柄臂和主轴颈及曲柄销之间的连接处是用车入式圆角过渡,圆角处经过冷滚压加工,以提高它的疲劳强度。自由端法兰 1 用来驱动辅助设备或轴带发电机。自由端法兰后为轴向减振器的活塞 2,推力环 4 的前后两侧都装有推力块(图中未示出),以传递螺旋桨的推力和为曲轴轴向定位。推力环的外圈用来安装主动链轮,以便通过链条驱动凸轮轴。这种推力轴和曲轴制造为一体,并将推力轴承和主动链轮组合在一起,可缩短柴油机长度,使布置更为紧凑。

(三)曲轴的润滑

柴油机的曲轴通常采用压力润滑,主轴颈的润滑油都是经由滑油系统的润滑油总管供给的。大型柴油机曲轴曲柄销的润滑油目前大多采用来自十字头,经连杆中心孔往下输送,曲轴不钻油孔。

(四)曲柄的排列

曲轴的曲柄都是以汽缸的号数命名的。汽缸的排号有两种方法,一种是由自由端排起,另一种是由动力端排起。我国和大部分国家都是采用自由端排起。曲柄的排列是由汽缸的发火间隔角和发火顺序决定的,而汽缸的发火间隔角和发火顺序又要按照下列原则决定。

(1)柴油机的动力输出要均匀,即发火间隔角要相等。这样,相邻发火的两个缸的曲轴夹角,二冲程柴油机为 $360°/i$,四冲程柴油机为 $720°/i$。i 为柴油机汽缸数。

(2)要避免相邻的两个缸连续发火,以减轻相邻两缸之间的主轴承的负荷。为此,最好在柴油机的首、尾两端轮流发火。

(3)要使柴油机有良好的平衡性。柴油机在往复惯性力与惯性力矩、离心惯性力与离心力矩的作用下要产生振动。曲轴合理的排列可使引起振动的力和力矩减至最小。

(4)要注意发火顺序对轴系扭转振动的影响。发火顺序不同,各段轴上扭矩的交变情况也不同,对轴系扭转振动的影响也不同。要力求减轻扭转振动。

(5)在脉冲增压式柴油机中,为了防止排气互相干扰,各缸的排气管要分组连接。

关于二冲程柴油机的曲柄排列,现以二冲程六缸柴油机为例来讨论。二冲程六缸柴油机的发火顺序可定为 1—6—2—4—3—5,曲柄排列如图 2－26 所示。它满足发火间隔相等即都为360°/6 =60°的要求,并且在首尾两端轮流发火。另外,还满足了上述的第5项要求。因为若将排气管分为1,2,3和4,5,6两组,每组和一台增压器相连,同组各缸的排气间隔(即发火间隔)为120°,而二冲程柴油机的排气持续角度也大约为120°,因此把每三个相邻汽缸连到一起,排气不会相互干扰。虽然上述发火顺序没有完全满足相邻两缸不能连续发火的要求,但通过综合分析,认为这个发火顺序还是比较好的。

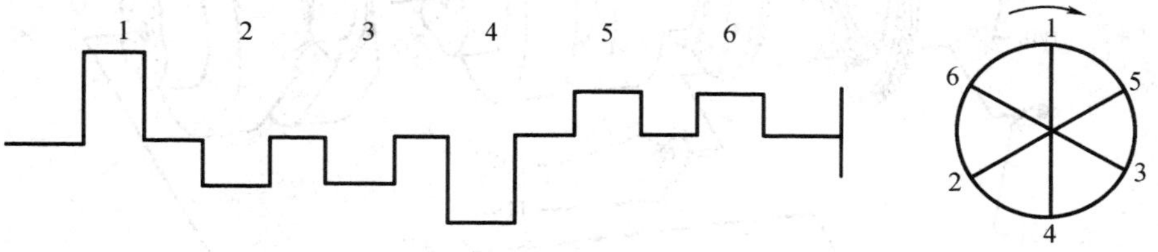

图2－26　二冲程柴油机的曲柄排列

(五)飞轮

单缸柴油机的输出力矩是周期变化的。多缸机采用均匀间隔工作使得输出力矩变化间隔缩短,脉动周期减小,但转速波动仍是明显的。这样柴油机曲轴及其驱动装置转速时快时慢,造成传动件的撞击,噪声明显及磨损加剧,加重扭转振动及定时不准等危害柴油机性能及寿命的现象。安装飞轮的主要目的就是使曲轴回转角速度趋于均匀;飞轮还能保证发动机空车运转的稳定性,以及协助调速器在柴油机负荷急剧变化时阻止速度的过大变化。

飞轮是一个轮辐薄、轮缘厚的大圆轮,具有大的转动惯量,当曲轴转速变化时,飞轮则吸收、储存以及释放能量,减弱曲轴转动的不均匀性。柴油机动力不均匀性越大,所需飞轮惯性矩也越大。

在飞轮轮缘外圆表面刻有各缸上、下死点的标记,还制有360°圆心角的角度等分标志线,在机体后端面装有固定指针。当飞轮"0°"刻度(360°)对准指针时,柴油机第1缸曲柄(活塞)应在上止点位置,这样飞轮刻度与指针配合能标示出曲轴曲柄的转角位置。可用来检查和校正柴油机各种定时。飞轮外缘上有飞轮齿圈(电动机启动用)或蜗轮(电动盘车机用)或盘车杆孔。

【任务实施】

一、曲轴总成装配的主要工作内容

(一)MAN B&W S－MC柴油机曲轴的结构特点

1. 曲轴的结构特点

如图2－27所示为MAN B&W柴油机曲轴。曲轴均为半组合式,各部分用红套或焊接方法组成一体。

主轴承是由主润滑油管分流到各主轴承支架的润滑油来润滑的,而用于润滑曲柄销轴承的滑油则是由十字头通过连杆中心孔来供给的。

在曲轴的末端装有一个盘车飞轮和用于推力轴承的推力环。

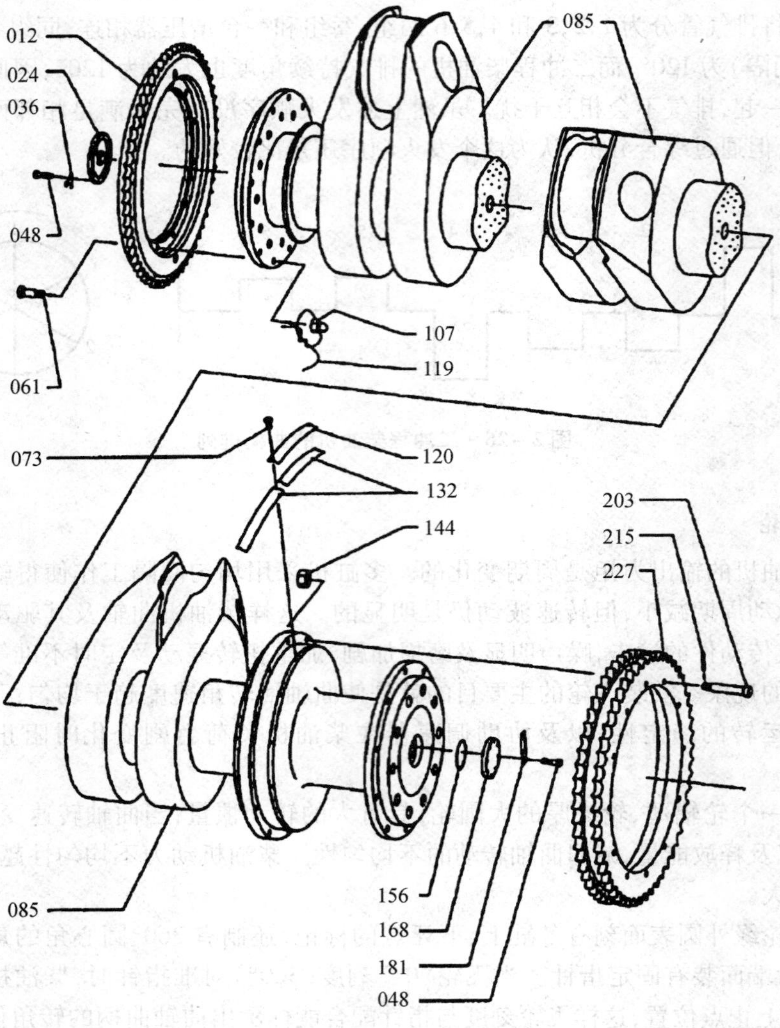

图 2－27　MAN B&W S－MC 柴油机的曲轴

012—链轮;024—法兰;036—锁紧垫片;048—螺栓;061—紧配螺栓;073—螺栓;085—曲轴;107—螺母;119—锁紧钢丝;120—保护板;132—保护板;144—螺母;156—垫圈;168—盖;181—锁紧板;203—紧配螺栓;215—开口销;227—链轮

用于传动凸轮轴的链轮安装在推力环上。

在曲轴的前端可以安装调频轮,扭振减振器和用于传动二次力矩补偿器的链轮装置。

2. 轴向振动减振器

为了平衡大的轴向振动和反作用力,在柴油机曲轴的前端安装有轴向减振器。

减振器包括一个"活塞"和一个壳体置于最前端主轴承之前。"活塞"在前端主轴颈上制成象盘状的整体,壳体固定在最前端主轴承座上。

由于与"活塞"两侧油腔内部相通的组合式限流孔的作用,阻止了曲轴的轴向运动。

主滑油系统的润滑油供给到"活塞"的两侧。

(二)曲轴总成预装的主要工作内容

(1)正时齿轮或链轮安装;

(2)飞轮安装;

(3)平衡重安装等。

二、曲轴总成预装的工艺过程

(一)正时齿轮或链轮的安装

在图 2-27 所示的柴油机曲轴总成中,链轮 012 和 227 是传动链轮。有的柴油机用正时齿轮来传动。下面介绍正时齿轮的安装过程。

(1)将输出端飞轮拆下。

(2)将曲轴齿轮均匀加热(一般的正时齿轮或链轮安装时不需要加热,本机比较特殊),并用内径千分尺测量,注意测量要迅速,要求加热到内孔比原始尺寸大 0.10 ~0.15 mm,然后将曲轴齿轮装到曲轴上,注意齿轮的输出端标记朝外。

(3)先用 4 根工艺螺栓将曲轴齿轮固定,并检查贴合面无间隙,径向方向间隙应均等。

(4)待曲轴齿轮与曲轴完全冷却后,检查两者径向方向四周应无间隙。

(5)如图 2-28 所示,在螺栓的螺纹处涂黏接剂后,装入曲轴齿轮与曲轴的连接孔,装上定距套、螺母,并按规定的力矩拧紧。

(二)飞轮的安装

装好曲轴齿轮以后,即可将拆下的输出端飞轮重新安装好,其安装过程如下:

(1)将飞轮吊装到曲轴飞轮端,注意飞轮上的标记要与曲轴上的标记对准,用工艺螺栓将飞轮与曲轴连接起来;

(2)如图 2-29 所示,按曲轴与铰制螺栓的配对号,将紧配螺栓装入曲轴孔内,按规定的力矩拧紧开槽螺母,穿入开口销并保险;

(3)在其余的螺栓孔内穿入连接螺栓,按规定的力矩拧紧开槽螺母,穿开口销并保险。

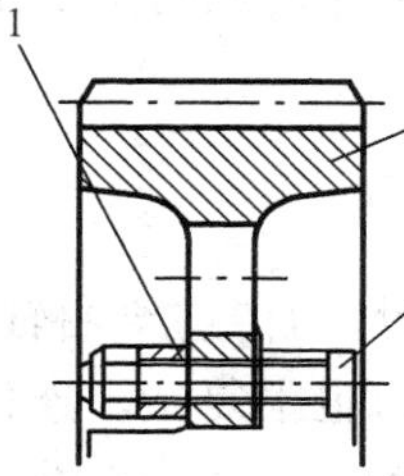

图 2-28 齿轮安装

1—定距套;2—齿轮;3—螺栓

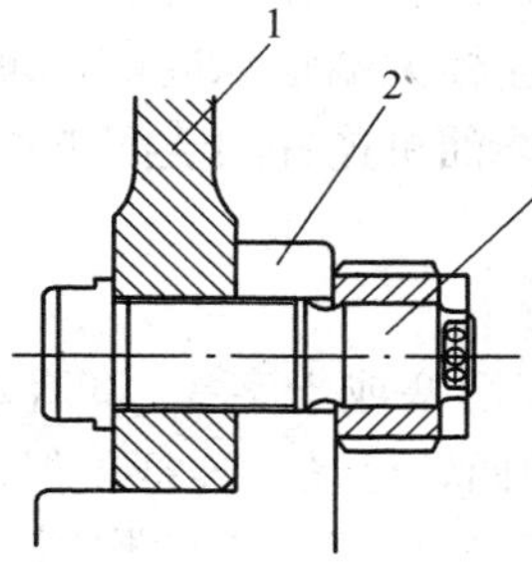

图 2-29 飞轮安装

1—飞轮;2—曲轴;3—紧配螺栓

(三)平衡重的安装

曲轴上装平衡重,主要是为了保证柴油机的平衡性能,平衡重安装过程如下:

(1)将曲轴 1#缸曲臂放在上死点后 54°,从输出端看输出端按正车方向。

(2)吊起平衡重,用工艺螺栓将平衡重与曲轴连接起来,拧紧螺栓与螺母。

(3)检查平衡重内圆与曲轴贴合面应无间隙。

(4)如图2－30所示,按曲轴与铰制螺栓的配对号,在曲轴孔内装入紧配螺栓,按规定的力矩拧紧开槽螺母,穿入开口销并保险。

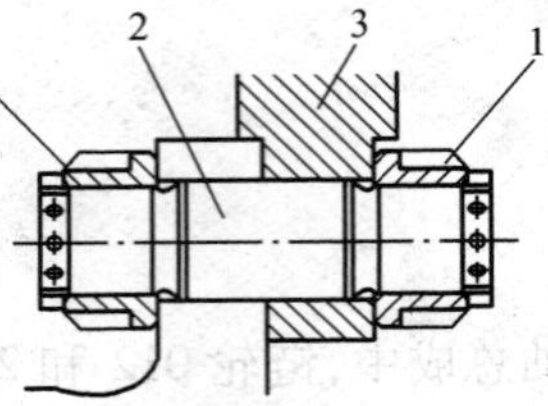

图2－30　平衡重安装

1—开槽螺母;2—紧配螺栓;3—平衡重

模块五　连杆总成的装配

【学习目标】

1. 了解连杆的作用、工作条件、要求和材料;
2. 描述连杆的组成和结构特点;
3. 掌握连杆装配的主要工作内容;
4. 掌握连杆装配工艺过程。

【模块描述】

连杆是柴油机中的主要的运动部件之一,对柴油机的工作起着至关重要的作用。本模块主要介绍连杆的功用、工作条件、要求和材料,熟悉连杆的结构组成和结构特点,掌握连杆大端轴承拆卸、连杆大端轴承间隙的测量与调整,掌握连杆装配的主要工作内容和装配的工艺过程,完成柴油机连杆的装配工作。

【任务分析】

连杆小端安装活塞或十字头,将活塞上的气体力和惯性力传递给曲轴,并将活塞的往复运动变成曲轴的回转运动。连杆不但运动复杂,而且受力也很复杂。连杆承受周期性变化的气体力和活塞、连杆惯性力的作用,并且气体力在燃烧时具有冲击性。在二冲程柴油机中,连杆始终是受压的,但压力的大小是周期性变化的。在四冲程柴油机中,连杆有时受拉,有时受压。连杆小、大端轴承还与活塞销或十字头销、曲柄销产生摩擦和磨损。

连杆可分为筒型活塞式柴油机连杆和十字头式柴油机连杆两大类。连杆由小端、杆身和大端组成。连杆小端采用整体结构,与杆身锻在一起。连杆杆身的截面形状为工字形截面和圆形截面两种。连杆大端有船用大端和车用大端两种,连杆大端常制成剖分式,有平切口、斜切口、阶梯切口。

连杆的主要损伤形式有杆身的裂纹、轴瓦的磨损以及连杆螺栓的裂纹或断裂。安装时应严格按柴油机规范要求进行装配。连杆的主要装配工作有连杆下端轴承孔压瓦检查；十字头轴承孔压瓦检查；十字头组件组装；连杆总成组装等。

【知识准备】

一、作用

1. 连杆是活塞或十字头与曲轴之间的连接件。通过连杆，将活塞的往复直线运动转变为曲轴的回转运动。

2. 通过连杆，把作用在活塞上的气体力和惯性力传给曲轴，使曲轴对外输出功。

连杆的运动复杂，连杆的小端随活塞做往复运动，大端随曲柄销做回转运动。连杆杆身在小端和大端运动的合成下，绕着往复运动的活塞销或十字头销摆动。杆身上任意一点的运动轨迹随其位置而异，都近似呈椭圆。

二、工作条件

1. 在工作时连杆承受由活塞传来的气体压力和活塞连杆组的往复惯性力的作用；

2. 在连杆摆动平面内，受到连杆本身运动惯性力引起的附加弯矩（称连杆力偶）；

3. 连杆大、小端轴承与曲柄销、十字头销（或活塞销）会产生摩擦与磨损。

连杆的受力情况随机型的不同而不同，在二冲程柴油机中，连杆始终是受压的，但压力的大小是周期性变化的。在四冲程柴油机中，连杆有时受拉，有时受压。

三、要求

连杆必须耐疲劳、抗冲击，具有足够的强度和刚度（尤其是抗弯强度）；连杆轴承要工作可靠、寿命长；连杆要质量轻（特别是中高速机）、加工容易、拆装修理方便。

四、材料

在十字头式柴油机中用优质中碳钢。在筒形活塞式柴油机中，可采用优质碳钢，对于中、高速强载筒形活塞式柴油机一般采用合金钢。

五、连杆的结构组成

（一）十字头式柴油机连杆

大型低速十字头式柴油机连杆，其运动速度较低，惯性力较小，为便于加工，杆身通常做成圆形中空截面。

大小端与主杆的连接方式有三种。

（1）大小端与杆身完全分开制造，大端轴承与杆身间有垫片可调整压缩比，如图 2 – 31 所示。

（2）小端轴承座与主杆锻成一体，大端与主杆分开制造，大端轴承与杆身间有垫片可调整压缩比，结构较紧凑，杆长可缩短，适合于较长冲程机型。

（3）大小端轴承座均与杆身锻成一体，连杆最短，适合于超长冲程机型，以降低发动机高度，由于连杆长度缩短，也增大了十字头轴承的摆动角、使轴承的润滑条件得到了改善。但不能用上述方法调整压缩比，一般可在活塞杆与十字头销之间增减垫片来调整压缩比。

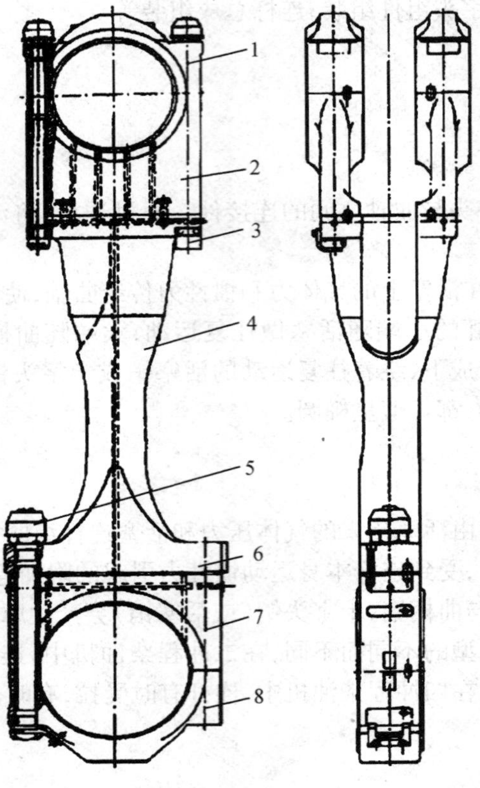

图 2－31　十字头柴油机连杆

1—小端轴承盖；2—小端轴承座；3—小端轴承螺栓；4—杆身；
5—大端轴承螺栓；6—垫片；7—大端轴承座；8—大端轴承盖

十字头式柴油机连杆是由小端、杆身和大端三部分组成。对应于不同类型的十字头，连杆小端也有两种结构，一种是分岔式连杆小端，如图 2－31 所示。它对应于穿过活塞杆的十字头，由于这种十字头轴承工作可靠性降低，现代新型柴油机已基本不用。另一种是全支撑式连杆小端，如图 2－32 所示。由于采用全支撑式结构，连杆小端轴承的承载面积增加，不存在受力不均的问题，使连杆小端轴承的轴承比压下降，受力状况大大改善。十字头柴油机的连杆杆身通常只受压应力的作用，杆身截面可做成圆形或方形，连杆杆身中部设有油孔，用来将滑油从连杆小端轴承送至大端轴承润滑。

连杆大端根据杆身与大端轴承座是否分开，分为车用大端和船用大端。连杆杆身与连杆大端轴承座剖分式的大端结构称为船用大端，船用大端在剖分面处装有压缩比调节垫片，但结构比较复杂；柴油机压缩比的调节一般只在柴油机将长期低负荷运行或老旧柴油机改造时使用. 对于正常使用的柴油机，一般不调节压缩比。杆身与大端轴承座不分开的结构称为车用大端，车用大端结构简单、紧凑，目前在大型船用低速柴油机中得到了广泛的应用。

图 2－32 为 MAN B&W MC 型柴油机连杆的构造。采用车用大端结构。其小端为十字头端，由轴承盖、轴承座、薄壁轴瓦和螺栓等组装而成。大端为曲柄销轴承、由轴承盖、轴承座、薄壁轴

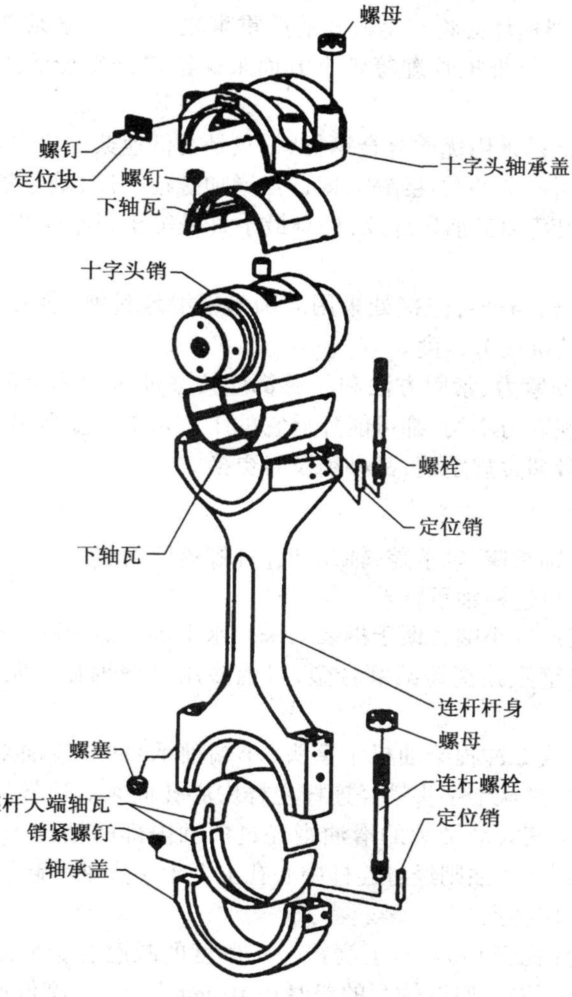

图 2－32　MAN B&W MC 型柴油机连杆的构造

瓦以及螺栓等组装而成。大、小端的螺栓都是紧配螺栓，以保证轴承盖、轴承座和杆身之间正确而紧固地配合。连杆螺栓为柔性螺栓，有较高的疲劳强度，用专用的液压工具上紧。

MAN B&W 公司的 MC 系列柴油机连杆的杆身与连杆大、小端轴承座合为一体，整个连杆结构紧凑，长度很短，这对于现代超长行程柴油机减少整机高度是非常重要的。连杆小端刚性大，十字头销短而粗，采用全支承称刚性十字头轴承。它的承载能力和工作可靠性都明显增加。

(二)连杆螺栓

连杆螺栓是连杆大小端轴承座与轴承盖的重要连接件。二冲程柴油机的连杆螺栓在工作中只受装配预紧力的作用；而四冲程柴油机的连杆螺栓在工作中除受预紧力外，还在排气冲程后期和进气冲程前期受到惯性力的作用，使得连杆螺栓处于交变的拉伸和弯曲载荷的作用下。工作条件最恶劣的时刻发生在换气上止点，柴油机转速越高，螺栓受力越严重，所以大端螺栓在工作中受力最为严重的是高速四冲程柴油机。除此之外，连杆螺栓还受到大端变形所产生的附加弯矩作用。

连杆螺栓一旦断裂损坏必将产生机毁的严重事故。因此、必须在材料选用、结构设计、加工工艺和装配质量以及维护管理等各个方面来保证连杆螺栓的工作可靠性。一般采取如下措施。

(1)连杆螺栓通常是采用优质合金钢材料,只是在低速柴油机中才用优质碳钢材料。

(2)结构上采用耐疲劳的柔性结构,即适当增加螺栓长度,减小螺栓杆部的直径以增加螺栓的柔度;螺纹采用精加工细牙螺纹;杆身最小直径等于或小于螺纹最小直径;螺帽上紧后应有防松装置。

(3)在螺纹、退刀槽与杆身连接处采用大圆角平滑地过渡,表面要仔细磨光,以减少应力集中现象,并提高其抗疲劳强度。

(4)连杆螺栓的预紧力、紧固方法和步骤都应按柴油机说明书的规定进行。预紧力过大过小,或各螺栓的预紧力不均,都可能降低它的工作可靠性。因此,当发现连杆螺栓有损伤、裂纹或残余伸长量超过规定值,都必须及时更换。

(三)连杆轴承

连杆轴承一般由轴承座、轴承盖、轴瓦和连杆螺栓所组成。

1. 十字头式柴油机连杆轴承特点

十字头式柴油机连杆小端为便于拆装均采用水平剖分面,并用螺栓连接,如图 2-31 所示。早期小端轴承内壁直接浇铸减磨合金,目前多用薄壁轴瓦。大端轴承有无轴瓦式、厚壁轴瓦和薄壁轴瓦。

大型低速十字头式二冲程柴油机十字头(小端轴承)的润滑油来自专设的滑油供给系统,大端轴承的润滑油是从十字头销经连杆主杆中心孔而来。这样的好处是曲轴颈上不必钻油孔,也有的老机型其大端轴承的滑油则经过曲轴内部的钻孔来自主轴承,一部分滑油润滑大端轴承,另一部分滑油则经过连杆中心孔上至十字头轴承起润滑作用。

2. 薄壁轴瓦的使用特点

轴瓦都是由瓦背(瓦壳)和在其上浇铸一定厚度的减磨合金所组成。厚壁轴瓦和薄壁轴瓦的区别在于厚度不同。厚壁轴瓦的壁厚在 10 mm 以上,大型低速机的轴瓦壁厚可达 20 ~50 mm,其中合金层厚度为 3 ~6 mm。这种轴瓦在使用时,必须经过拂刮并用垫片调整轴承间隙。由于厚壁轴瓦在浇铸时常出现厚度不均或冷却不匀的情况,易引起疲劳裂纹。

薄壁轴瓦,在壁厚为 3 ~6 mm 时,合金层厚度为 0.5 ~1.0 mm;壁厚为 0.8 ~3.0 mm 时,合金层的厚度为 0.25 ~0.75 mm,这种轴瓦在安装时上、下瓦之间没有调整垫片、也不允许拂刮轴瓦,损坏后应予换新。薄壁瓦与轴承座有一定的过盈量,瓦口不可挫削,否则会造成轴瓦松动。因为薄壁轴瓦尺寸小、重量轻、造价低、互换性好,最突出的优点是耐疲劳强度高,所以新式大型低速机的十字头轴承、大端轴承及部分机型的主轴承均有采用薄壁轴瓦的趋势,但要求轴承座与轴颈有较高的加工精度。

【任务实施】

一、连杆总成装配的主要工作内容

(一)MAN B&W S-MC 柴油机连杆的结构特点

如图 2-33 所示为 MAN B&W S-MC 柴油机连杆,其结构特点如下:

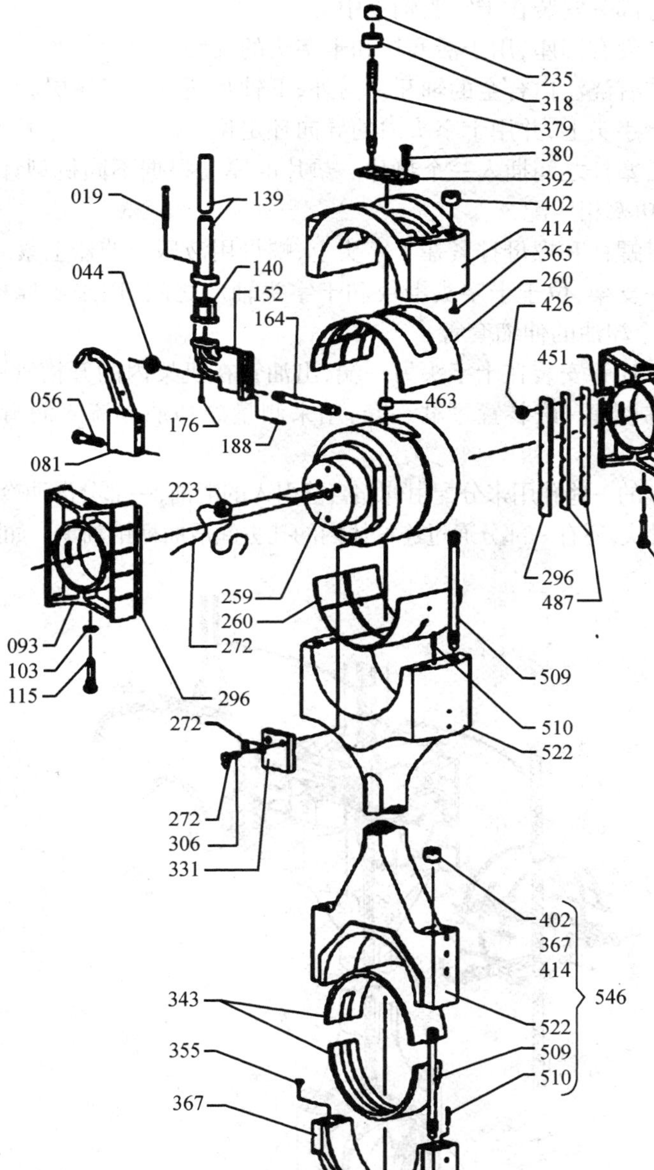

图 2－33　MAN B&W S－MC 柴油机的十字头和连杆

019—螺栓;044—螺母;056—螺栓;081—出口管;093—滑块;103—锁紧垫圈;115—止动螺栓;139—伸缩套管;140—定距管;152—托架;164—螺柱;176—螺塞;188—定位销;223—螺塞;235—螺母;247—板;259—十字头;260—十字头轴瓦总成;272—锁紧钢丝;296—侧板;306—螺栓;318—垫圈;331—推力块;343—曲柄销 轴瓦总成;355—螺钉;367—曲柄销轴承盖;379 螺栓;380—螺栓;392—垫片;402—螺母;414—十字头轴承盖;426—螺母;510—定位销;522—连杆;546—连杆总成

(1)十字头中心部分的两侧设计成轴颈可以让滑块在上面浮动。

(2)十字头的中心部分安装在十字头轴承中。

(3)十字头轴承盖设有凹座,用于活塞杆和十字头的安装。

(4)十字头轴承装有浇注白合金的轴瓦。另外,下轴瓦还有一层涂层。

(5)活塞杆坐在十字头上,并用十字头内的导向环定位。

(6)在十字头和活塞杆之间插入一个垫片。垫片的厚度根据不同机型计算得出以便于与实际柴油机的输出功率相匹配。

(7)活塞杆用四只螺柱和螺母拧紧在十字头上,螺母用液压拉伸器上紧。

(8)十字头装有一支架,位于十字头滑块和十字头轴承之间,用来支撑提供十字头、曲柄销和活塞的滑油和冷却油的伸缩套管。

(9)活塞冷却油出油管安装在十字头另一端,出油管在机架内的开槽管中滑动,活塞冷却油由此被引入一控制装置,该装置每缸一套,用来测量冷却油在流入润滑油柜前的温度和流量。

(10)十字头本体上的一些孔用来分配由伸缩套管引入的滑油,一部分滑油冷却活塞,另一部分润滑十字头轴承和滑块,还有一部分通过连杆体内的孔去润滑曲柄销轴承。如图2-34所示。

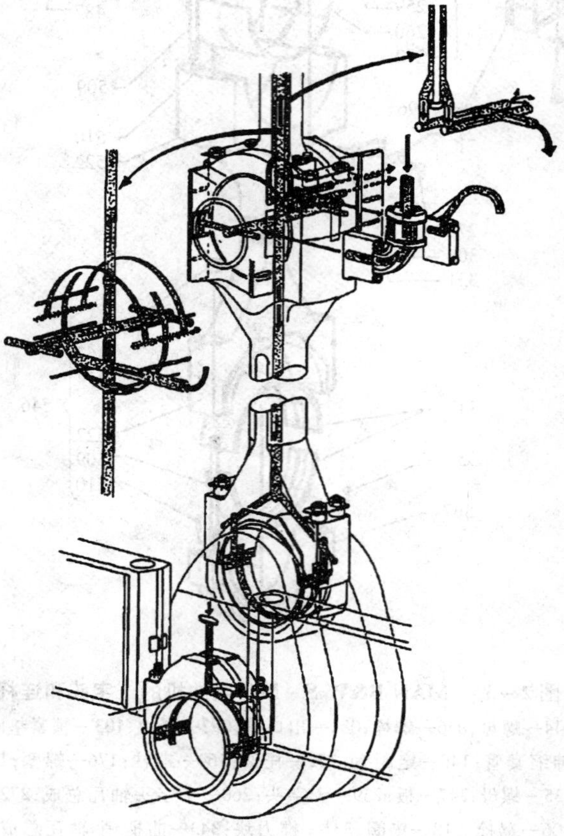

图2-34 MAN B&W S-MC柴油机的十字头、曲柄销和主轴承的润滑冷却油

(11)滑块的两个滑动表面均浇注白合金。

(12)螺栓固于滑块上的侧板防止偏移,螺母用液压拉伸器上。

(13)曲柄销轴承装有浇注了白合金的轴瓦,并用四只螺栓和螺母紧固。螺母用液压拉伸器上紧。

(14)十字头轴瓦和曲柄销轴瓦都是借助于安装在轴承内的螺栓定位的。

此外,轴承的安装用定位销定位。

(二)连杆总成预装的主要工作内容

(1)连杆下端轴承孔压瓦检查;

(2)十字头轴承孔压瓦检查;

(3)十字头组件组装;

(4)连杆总成组装等。

二、连杆总成装配的工艺过程

下面以图 2－33 所示的连杆组件为例介绍连杆总成的预装过程。

(一)连杆下端轴承孔压瓦检查

连杆下端轴承孔是与曲轴的曲柄销连接配合的轴承孔,其孔径大小应符合设计要求,因此在预装时应进行检查。其检查过程如下:

(1)检查连杆下端轴承的上、下半燃油侧的“FUEL PUMP SIDE”标记应齐全。

(2)在连杆下端轴承上敲入圆柱定位销。

(3)用专用的双头螺柱种紧器,在连杆下端轴承上旋入弹性螺柱,旋入时,在旋入的螺纹部分应涂上厌氧胶,旋入力矩应符合规定的要求。

(4)选配轴瓦,保证瓦底平行度≥0.015。

(5)分别在连杆下轴承的轴承座和轴承盖孔中涂上色油,装入轴瓦,旋入内六角螺钉。

(6)将连杆下轴承的轴承盖装上连杆,装上圆螺母,用液压拉伸器泵紧。泵紧分两步进行。

①第一步,预紧至 30 MPa,检查两哈夫面间隙是否为零。

②第二步,泵紧至 90 MPa,检查螺母旋转角(从第一步至第二步的旋转角度)就符合要求,注意泵紧时螺纹和接触面应涂润滑油。

(7)测量并记录下轴承内孔尺寸,包括天地和三弯处的尺寸,并交验。

(8)合格后拆下轴瓦,检查瓦背色油,应分布均匀,接触面积应≥80%,并交验。

(9)将瓦背色油清洗干净,编号保存,待总装时用。

(二)十字头轴承孔压瓦检查

连杆上轴承即为十字头轴承,是连杆与十字头配合的部位,其孔径大小应符合设计要求,因此在预装时应进行检查。其检查过程如下:

(1)清理连杆上端螺孔及弹性螺栓旋入的螺纹部分,并在弹性螺柱旋入的螺纹部分涂上厌氧胶,用专用的双头螺柱种紧器将弹性螺柱旋入螺孔内,旋紧力矩达到规定要求。

(2)装入圆柱定位销。

(3)选配轴瓦,保证瓦底平行度≥0.015。

(4)分别在连杆十字头轴承的轴承座和轴承盖孔中涂上色油,装入轴瓦,旋入内六角螺钉。

(5)将连杆十字头轴承的轴承盖装上连杆,装上圆螺母,用液压拉伸器泵紧。泵紧分两步进行:

①第一步,预紧至 30 MPa,检查两哈夫面间隙是否为零;

②第二步,泵紧至 90 MPa,检查螺母旋转角(从第一步至第二步的旋转角度)就符合要求,注意泵紧时螺纹和接触面应涂润滑油。

(6)测量并记录下轴承内孔尺寸,包括天地和三弯处的尺寸,并交验。

(7)合格后拆下轴瓦,检查瓦背色油,应分布均匀,接触面积应≥80%,并交验。

(8)将瓦背色油清洗干净,编号保存,待总装时用。

(三)十字头组件组装

十字头组件主要由十字头销、滑块、端盖和中间块等组成。在连杆总成预装时,一般首先将十字头组件组装好以后再与连杆组件装配在一起,形成连杆总成。十字头组件的组装过程如下:

1. 十字头销的检查

(1)清理滑块油道及毛刺。

(2)将十字头销置于平台 V 形铁上,以十字头与连杆上轴承配合的外圆为基准,纵向找平,测量活塞杆安装面的与十字头轴线的平行度误差应≤0.02 mm,平面度应≤0.03 mm,并用平板着色以检查该平面,接触面积应≥80%。若达不到要求,则允许拂刮。合格后交验。

2. 滑块中滑块中间体装配

(1)在工艺螺孔的密封螺钉上涂黏接剂,旋入导滑块,并用洋冲冲缝保险。

(2)用螺栓,锁紧板将导滑块与滑块中间体连接起来。并用塞尺检查接合面,不允许有间隙,然后再装螺栓锁紧,拧紧力矩应符合规定要求。

(3)将滑块组件置于平台上,检测滑块内孔与导滑面的平行度误差应≤0.03 mm,配对(同一汽缸)的滑块要求同一侧的导滑面共面度≤0.1 mm,合格后交验。

(4)滑块组件合格后,再将已装好的锁紧板折角保险。

3. 滑块组件与十字头销装配

(1)将十字头销置于 V 形铁上,装上滑块组件、端盖和螺栓,将滑块轴向拉动检查轴向间隙应符合规定并交验。

(2)将滑块往里靠死,使滑块端面紧贴十字头销端面,测量纵向两导板条面间的距离应为符合规定,要求上下允差≤0.05 mm,并测量纵向安装面垂直度应≤0.10 mm/m,滑块工作面的垂直度≤0.05 mm/m。必要时应修正,合格后交验。

(3)调整端盖与滑块缺口的间隙,单边轴向间隙应为符合要求。两边用等厚铜皮塞紧,测量两导滑块的间距应符合规定,并检测两导滑面的垂直度应≤0.05 mm/m,拧紧螺栓并交验。

(4)转机加工,钻铰端盖与十安头销之间的定位销孔,注意要起吊过程和转运过程中,尽量避免接触导滑块。

(5)待组件回到车间后,将零件拆解,对十字头销彻底清洗,所有油道内不许有任何垃圾。清洗干净后,将十字头置于 V 形铁上,十字头销上装弹性螺栓涂厌氧胶然后拧紧,其拧紧力矩应符合规定要求,敲入定位销,然后装上端盖,并将十字头锁紧板折角保险。

(6)在滑块上装垫片、导板条、螺栓、锁紧板,测量导板条间的开挡尺寸应符合要求,合格后将锁紧板折角保险并交验。

(四)连杆总成组装

十字头组件组装完毕后，即可将其与连杆组件进行组装成连杆总成。其装配过程如下：

(1)将连杆上轴承孔清理干净，装入轴瓦，拧紧内六角螺钉。

(2)吊起十字头销，在十字头销外圆中部涂一层色油，放入十字头轴承孔，转动十字头销，检查轴承孔着色情况，在孔底60°角范围内着色均匀，轴向、径向面积均应≥85%。

(3)将十字头轴承上的色油清理干净，轴承孔内加入汽缸油，装入十字头销，注意方向应正确。装上上轴承盖，在螺母螺纹上加少许润滑油后旋紧螺母，用液压拉伸器分两步泵紧：

①第一步，液压拉伸器泵至60 MPa，检查两哈夫面间隙是否为零；

②第二步，液压拉伸器泵至90 MPa，上紧螺母，其旋转角度应符合规定。

(4)用塞尺检测上端轴承间隙，应符合规定要求。

(5)在十字头销的活塞杆连接面上，敲入定位销。在连杆上轴承座的输出端和自由端端面上，用锁紧板和螺栓装上保护挡板，注意不能装错。测量保护挡板与十字头销的轴向间隙应符合规定要求。合格后将锁紧板折角保险。

(6)打上缸号和方向标记。

(7)组件完工后，封住所有油道，妥善保养，待总装时用。

模块六　活塞组件的装配

【学习目标】

1. 了解活塞组件的作用、工作条件、要求和材料；
2. 描述活塞组件的结构组成和结构特点；
3. 掌握活塞组件装配的主要工作内容；
4. 掌握活塞组件装配工艺过程。

【模块描述】

活塞是柴油机燃烧室的关键部件之一。本模块主要介绍活塞组件的功用、工作条件、要求和材料，熟悉活塞组件的结构组成和结构特点，掌握活塞组件装配的主要工作内容和活塞组件装配的工艺过程。掌握活塞组件的拆装程序、检测及装配方法。能相互配合完成相关的拆装、检查、测量和装配工作。

【任务分析】

活塞是柴油机的主要运动部件之一。活塞在高温、高压、高速、润滑不良的条件下工作，直接与高温气体接触，受热严重，散热条件很差。因此，活塞工作温度很高，且温度分布很不均匀；活塞顶部承受气体压力很大，冲击力大，并承受侧推力的作用；活塞在汽缸中以很高的速度往复运动，且速度在不断变化，产生很大的惯性力，使活塞受到很大的附加载荷。活塞会产生变形和磨损,还会产生附加热应力,同时受到燃气的化学腐蚀作用。因此,活塞容易损坏。

活塞可分为筒形活塞和十字头式活塞两大类。十字头柴油机的活塞由活塞头、活塞裙、活塞环、活塞杆和活塞杆填料函、活塞冷却机构等组成。活塞组件的主要损坏形式有活塞外圆表面及环槽的磨损、裂纹,活塞顶部的烧蚀、活塞环的磨损和折断、活塞销的磨损等。对于活塞组件,装配的主要工作有活塞组装、活塞组件压力试验、活塞环搭口间隙检查、活塞杆填料函组装等。

【知识准备】

一、作用

活塞的主要作用如下:

1. 与汽缸、汽缸盖等组成封闭的燃烧室空间;

2. 传递燃气动力;

3. 在筒形活塞式柴油机中,还要承受连杆倾斜时所产生的侧推力,起往复运动的导向作用;

4. 在二冲程柴油机中,还要起到启闭气口的作用。

二、工作条件

活塞所处的工作条件极为恶劣,它受到燃气高温、高压、烧蚀和腐蚀的作用,又是在高速运动、润滑不良以及冷却困难等情况下工作的。

1. 承受燃气压力和往复惯性力所引起的带有冲击性的机械负荷。

2. 活塞顶部直接接触高温燃气,不仅热负荷很高,各部分间有温差热应力,而且还受到燃气的化学侵蚀(低温腐蚀)。

3. 活塞做往复运动,活塞与汽缸润滑状态差,因此摩擦功大,磨损严重。

4. 在中、高速柴油机中,活塞的往复惯性力还会使柴油机振动加剧。

三、要求

针对以上的工作条件,活塞必须满足以下要求:活塞具有强度高、刚性大、密封可靠、散热性好、冷却效果好、摩擦损失小、耐磨损的特点。对中、高速柴油机还要求质量轻(密度小)。

四、材料

活塞所用的材料主要有铸铁(合金铸铁、球墨铸铁)、钢(碳钢、耐热合金钢)和铝合金三种。

1. 铸铁易于浇铸,耐磨性好,机械强度较高,线膨胀系数小,故活塞与汽缸间允许有较小间隙,铸铁的价格也便宜,因此它是制造发动机活塞最基本的材料。

2. 钢的机械强度高,但耐磨性差,成本较高。主要用于大功率中低速柴油机,因为它们的活塞机械负荷和热负荷都很高,单靠铸铁已承担不了这一负荷。因此往往用耐热合金钢作为受热最严重的活塞头部材料。

3. 铝合金的密度小、仅为铸铁的1/3左右。导热系数比铸铁高2倍左右，利于散热。但高温强度差，铝合金的线膨胀系数大，所以活塞与汽缸之间的冷态间隙要求较大，造成冷车启动困难，其耐磨性较差，成本也较高。因此仅用于制造中小型柴油机的活塞，以减少往复惯性力。

五、十字头式活塞的结构组成

活塞可分为二冲程十字头式活塞和四冲程筒形活塞两大类。十字头式柴油机活塞由活塞头、活塞裙、活塞环、活塞杆和活塞冷却机构等组成。筒形柴油机活塞由活塞头、活塞裙、活塞环和活塞销等组成。

(一)活塞本体

活塞主要由活塞头和活塞裙两部分组成。活塞头用螺栓固定在活塞杆的顶部，活塞裙由螺栓固定在活塞头上。由于活塞头部与燃气接触，承受高温和高压，活塞裙部与汽缸套接触，产生摩擦和磨损，为了合理使用材料和方便制造，活塞头和活塞裙分别用耐热合金钢和耐磨铸铁制造。

(二)活塞环

根据活塞环所起的作用不同，活塞环可分为压缩环(气环)和刮油环两种。压缩环主要是用来保证活塞和汽缸之间在相对运动条件下的密封，对于任何柴油机都是必须安装的。刮油环的作用是除去汽缸套表面过多的滑油，仅用于筒形活塞式柴油机。

活塞环的工作条件十分恶劣，第一道活塞环直接受到高温高压燃气的作用，其他环由于燃气经环的搭口、汽缸壁面和环槽处漏泄，也受到燃气不同程度的作用。活塞环在工作中被活塞带动相对于汽缸套做往复运动。由于气体压力、活塞环往复运动的惯性力和汽缸套间产生的擦摩力、活塞横向振动和气口挂碰等作用，使活塞环在环槽中产生十分复杂的运动。其中有轴向运动和轴向振动，径向运动和径向振动，回转运动，扭曲振动等。由于汽缸套壁面失圆、有锥度，活塞环在本身弹力作用下还要产生张合的交变运动。活塞环在高温下工作，润滑条件较差，在环槽中的运动状态又十分复杂，使它与汽缸套、活塞环槽之间产生严重的摩擦和磨损。活塞环因振动、与气口挂碰、弹性张合等作用有可能产生裂纹或折断。柴油机在运行中，还会因燃烧不良、滑油过多将活塞环黏着在环槽里，使活塞环失去密封作用，造成燃烧室窜气，使活塞环损坏。因此要求活塞环应有良好的密封性能，且要耐磨，特别是抗熔着磨损的性能要高；要有适当的弹性，足够的强度和热稳定性。

活塞环的材料要弹性较好，摩擦系数小，耐磨、耐高温；有良好的初期磨合性、储油性和耐酸腐蚀。一般采用合金铸铁(加硼、高硅)、可锻铸铁、球墨铸铁等。为了提高活塞环的工作能力常采用的结构措施和制造工艺有表面镀铬以提高耐磨性；松孔镀铬，以提高表面储油性加快磨合；内表面刻纹以提高弹性；环外表面开设蓄油沟槽；环外表面镀铜以利磨合，喷镀钼以防止黏着磨损等。

压缩环的主要作用是防止汽缸中的气体漏泄和将活塞上的部分热量传给汽缸。压缩环的密封作用是依靠本身的弹性和作用在它上面以及漏到环的内侧的气体压力，使环紧紧贴合到汽缸壁和环槽壁上，如图2-35所示。这样就阻止了气体通过活塞与汽缸壁之间的间隙漏至汽缸下部空间。但由于活塞环在汽缸中要留有搭口间隙，因此正常工作的压缩环也不可能完全阻断燃气的漏泄。再加上活塞环可能出现的失效，为了提高密封效果，一个活塞上要设多道压缩环。但为了减少摩擦损失,压缩环也不能设置过多,通常高速柴油机装 2 ~4 道,低速柴油机装 4 ~6 道。每道环的密封作用可由燃气压力在各道环槽中的变化情况看出。第一道环由于高温高压燃气的直接作用,承受的负荷最大。

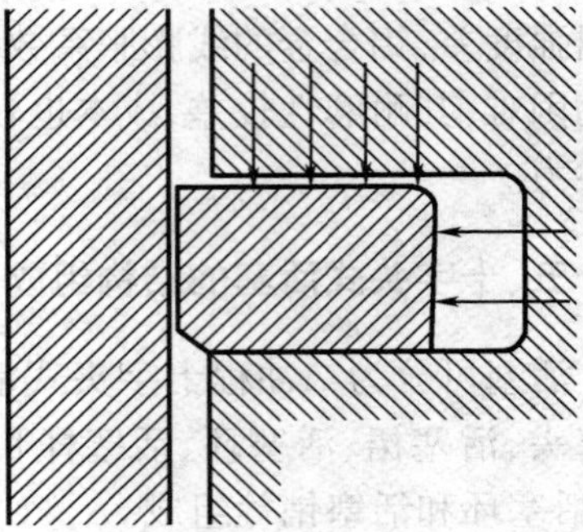

图 2 -35　压缩环的密封作用

压缩环的结构形式是多种多样的,根据其断面形状,可分为矩形环、梯形环、倒角环、扭曲环等。如图 2 -36 所示。矩形环制造简单,应用最广,但温度超过 200 ℃时容易结焦卡死。梯形环、倒角环和扭曲环用在中、高速柴油机中。压缩环的搭口形状有直搭口、斜搭口和重叠搭口,如图 2 -37 所示。直搭口和斜搭口结构简单,加工方便。重叠搭口气密性好,但容易折断。为了减少通过搭口的漏气,安装时活塞环搭口不要摆在上下一条直线上,应该错开并且相邻环的斜搭口方向要彼此相反。

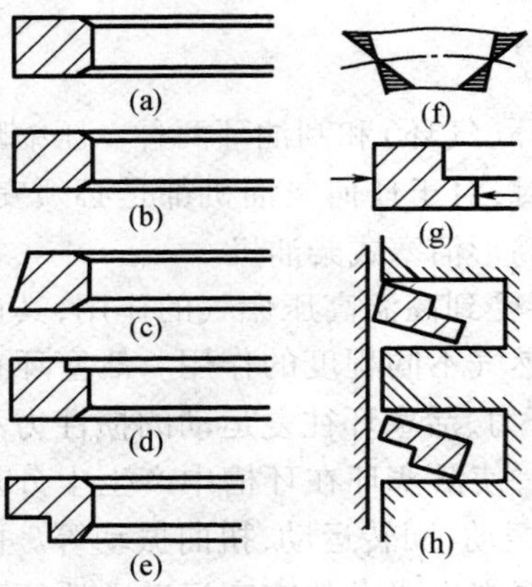

图 2 -36　气环的截面形状

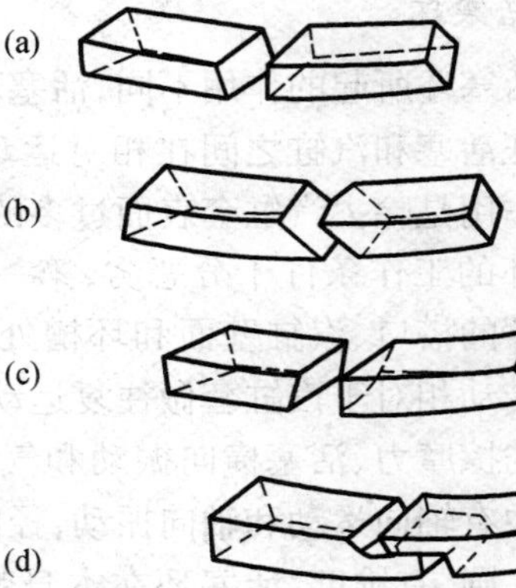

图 2 -37　气环的搭口形式

十字头式柴油机由于汽缸是采用注油润滑的方式,一般只装气环,没有刮油环。

十字头柴油机的气环一般装有 4 ~6 道。但新型的直流扫气柴油机的活塞通常只装有 4 道环,以减小活塞汽缸之间的摩擦。其活塞环组如图 2 -38 所示。在这组活塞环中,第一道环被加高以提高其承载能力,采用重叠搭口,并在环的外侧开设四至六道压力释放槽,以使第一、二道环承受的气体压力和受热更加均匀,第二、三、四道环采用斜搭口。为了提高活塞环的耐磨性,不同活塞环的外表面采用了不同的处理工艺,在第一、四道活塞环与汽缸壁的摩擦表面采用了硬质的金属陶瓷镀层。由于硬质的金属陶瓷镀层的磨合性能较差,为了改善磨合,在其反面镀有薄的铝磨合层,且活塞环的外圆面导有较大的斜角。

(三)承磨环

十字头式活塞的承磨环是专为活塞与汽缸的磨合而设置的。由于十字头柴油机较大,为了保证汽缸的良好磨合,通常在活塞裙比较长的活塞上装有承磨环。通常超短裙活塞可不装承磨环,短裙活塞装 1 ~2 道,长裙活塞装 2 ~4 道。

承磨环并不是一个完整的环,通常由 3 ~4 段组成。其结构如图 2 -39 所示,在活塞裙上

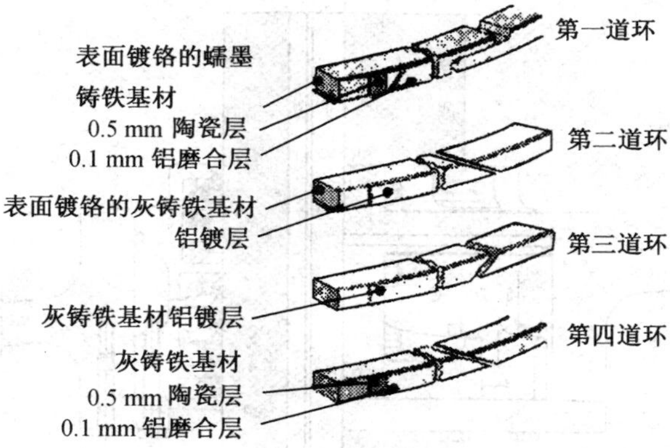

图 2－38　MAN B&W 柴油机新活塞环组

开设燕尾形的环槽，把截面如图 2－39(a)所示的青铜条分成 3～4 段敲进环槽中，然后再加工到工作尺寸，如图 2－39(b)所示。由于承磨环的直径比活塞裙部直径大。在磨合中，先是减磨金属与汽缸磨合，待承磨环逐渐磨平后，磨合过的汽缸再与活塞裙逐渐接触进行磨合。实践证明，如果在裙较长的活塞上不安装承磨环，活塞与汽缸在磨合中就会拉缸。在中、小型筒形活塞的活塞裙上不设承磨环。承磨环在运行中虽已磨平，但不必更换。如果发现缸套有不正常的磨损和擦伤，或当承磨环出现单边严重磨损或碎裂时，在对缸套进行修整的同时应换新承磨环。缸套、活塞换新时承磨环应予换新。从承磨环的磨损情况可分析活塞的对中情况。

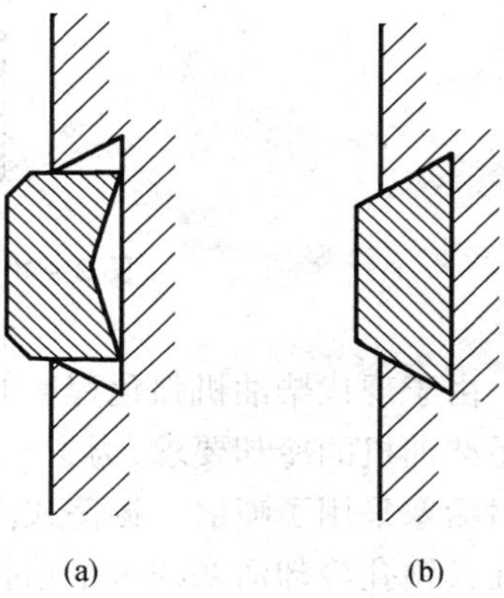

图 2－39　承磨环

(四)活塞杆

活塞杆由锻钢制造，表面经硬化处理。工作中活塞杆承受气体力和惯性力的作用，一般只受压力不受拉力，因而应有足够的抗压强度。又因它的长度与直径的比值较大，所以还要满足压杆稳定性的要求。活塞杆的底部与十字头连接，并由十字头上的凹槽定位。活塞杆是空心的，在活塞杆的顶端固定着滑油管，使活塞杆内部形成内外两个油道，用于活塞冷却滑油的进出。为了适应不同工况，可在活塞杆与十字头之间装配调节垫片以调整柴油机的压缩比。活塞杆用四个螺栓与十字头固紧。

(五)活塞杆填料箱

在十字头式柴油机的汽缸套下部均装设横隔板把汽缸套下部空间(通常为扫气空间)与曲轴箱隔开。此时在活塞杆穿过横隔板处设有活塞杆填料箱。它的作用是防止扫气空气和汽缸漏下来污油、污物漏入曲轴箱，以免加热和污染曲轴箱滑油，腐蚀曲轴与连杆等部件。同时也防止曲轴箱中的滑油溅落到活塞杆上而带到扫气箱中，污染扫气空气。活塞杆填料箱的结构形式虽然繁多，但其基本结构原理大体相同，主要由两组填料环组成，其上组为密封、刮油环；下组为刮油环。图 2－40 所示为 MAN B&W S－MC－C 型柴油机活塞杆填料箱的结构。

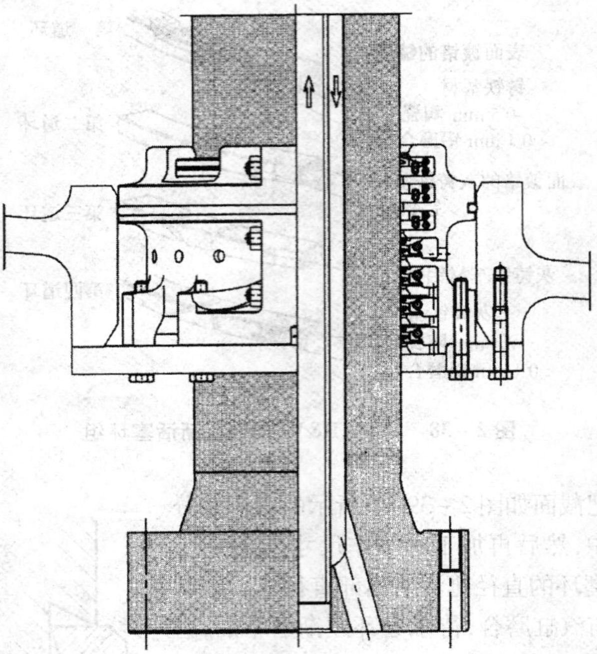

图 2-40　MAN B&W S-MC-C 活塞杆填料箱

由于现代柴油机强化程度的提高使柴油机的热负荷不断提高，只采用振荡冷却已无法满足柴油机的冷却要求，为了充分降低活塞的工作温度，目前世界上最主要的柴油机公司都对活塞采用了喷射—振荡式冷却，MAN B&W 称之为插管喷射冷却技术。瓦锡兰柴油机则在其钻孔冷却活塞的每个钻孔中都配有一个小喷嘴，将冷却油通过喷嘴直接喷射到活塞顶下部，并且在排出冷却腔之前，在冷却腔内振荡，由于喷射和振荡的双重冷却效果，确保了低的活塞表面温度并避免了表面的烧蚀。

【任务实施】

一、活塞组件装配的主要工作内容

（一）MAN B&W S-MC 柴油机活塞的结构特点

柴油机活塞的结构如图 2-41 所示。活塞头的顶部呈下凹形，这有利于燃油和空气混合。活塞头的内部支承体现了薄壁强背的设计原则。在活塞头顶部的环槽用于吊缸时安装起吊工具。该活塞在结构上采用了低置活塞环组，提高活塞顶岸（活塞顶至第一道环的距离）高度，活塞顶岸的加高可以使活塞处于上止点位置时活塞头部直接插入汽缸盖内，柴油机的燃烧过程只发生在汽缸盖和活塞顶组成的空间，这对于柴油机汽缸工作是非常有利的。由于活塞环位置的降低，活塞环处于温度较低的区域，离燃气区较远，使燃烧产物不易进入摩擦面，活塞环工作条件和润滑性能改善，活塞环组的工作性能提高，活塞的磨损大大减轻。活塞顶岸的加高也使汽缸盖与汽缸套的密封面下移，从而保护汽缸盖与汽缸套的密封面不受高温燃气的直接冲击，活塞裙为圆筒状。因十字头式活塞不受侧推力的作用，对于直流扫气柴油机,活塞裙做得较短。其结构特点如下。

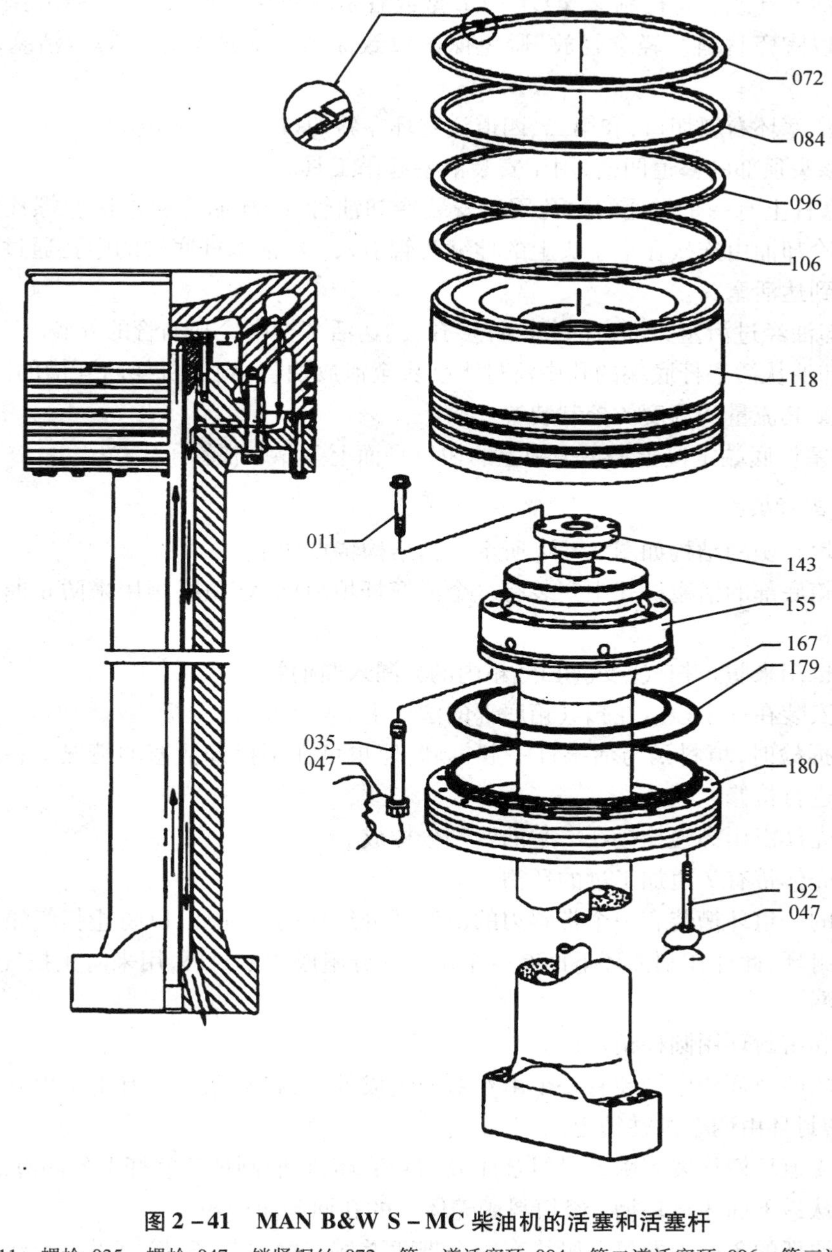

图 2－41　MAN B&W S－MC 柴油机的活塞和活塞杆

011—螺栓;035—螺栓;047—锁紧钢丝;072—第一道活塞环;084—第二道活塞环;096—第三道活塞环;106—第四道活塞环;118—活塞头;143—冷却油管;155—活塞杆;167—O 形密封圈;179—O 形密封圈;180—活塞裙;192—螺栓

(1)活塞由两个主要零件组成,即活塞头和活塞裙。

(2)活塞头用螺栓紧固在活塞杆上端。螺栓用锁紧钢丝锁紧。

(3)活塞裙用法兰螺栓紧固在活塞头上,螺栓用锁紧钢丝锁紧。

(4)活塞头顶部带有防热层。

(5)活塞头有四道用于安装活塞环的镀铬环槽 最上面两道环槽增加了高度。

第一道活塞环或者是控制漏气 GT - CL 型或者是右斜切口形式。GT - CL 型活塞环外表面可以覆以陶瓷材料。轻拿轻放,避免撞击以致涂层开裂或剥落。其他活塞环均有斜切口。

第三道活塞环右斜切口,和第二、四道活塞环左斜切口。

(6)活塞头顶部的一道凹槽,用于安装活塞起吊工具。

(7)活塞杆上有一个贯通的中孔用于安装冷却油管,冷却油管通过法兰螺栓紧固在活塞头顶部。冷却油由连接在十字头上的伸缩套管引入,经活塞杆底端的中孔通过活塞杆中的冷却油管到达活塞头。

(8)冷却油经过活塞头推力部分的许多孔,到达活塞杆中冷却油管的外腔。

(9)冷却油从活塞杆底端的孔中流过十字头至泄放油管,到达机架内开槽的回油羊角,最后经过测量其流量和温度的控制装置。

(10)活塞杆底端定位于十字头销上的切口平面上并靠一根管子定位。

(二)活塞杆填料函

活塞杆填料函的结构如图 2 - 42 所示。其结构特点如下:

在扫气箱底部的活塞杆孔中安装有一个活塞杆填料函,该填料函用来防止曲柄箱内滑油进入扫气箱。

填料函也用来防止扫气空气(扫气箱内的) 漏入曲柄箱。

填料函安装在一个拴接在扫气箱底部的法兰上。

在活塞拆检时,填料函与活塞杆一起拆卸,但也可在不拆卸活塞的情况下在曲柄箱内拆下填料函进行检修。

填料函壳体由用螺栓拴接在一起的两部分构成。

填料函壳体带有 7 道加工过的环槽。

最上面的一道环槽装有一个带斜刃的由四部分组成的刮油环,以防止扫气箱内的油污掉入其他密封环,此外在刮油环下面有一个由 8 部分组成的密封环,用来防止扫气空气沿活塞杆向下泄漏。

刮油环和密封环用圆柱销定位。

接下去的两道环槽中均装有一个由 4 部分组成的密封环,在其下有 1 个由 8 部分组成的密封环,密封环由两个圆柱销定位。

最下面 4 道环槽均装有由 3 段组合而成的刮油环,它们刮掉活塞杆上的润滑油。

润滑油从最下面 3 道环槽, 经填料函壳体上的孔回到曲柄箱。

构成刮油环的 3 段中的每一段均有一个带两道加工槽的基环,槽内压入朝活塞杆方向有刮油缺口的薄环。

通过填料函壳体上的一个孔和一根管子,最上部的刮油环和柴油机外的一个检视漏斗相连。

该漏斗用来检查刮油环和密封环工作是否正常。

漏气表明密封环损坏,各环端部的间隙确保即使在磨损的状况下各环也能压紧在活塞杆上。

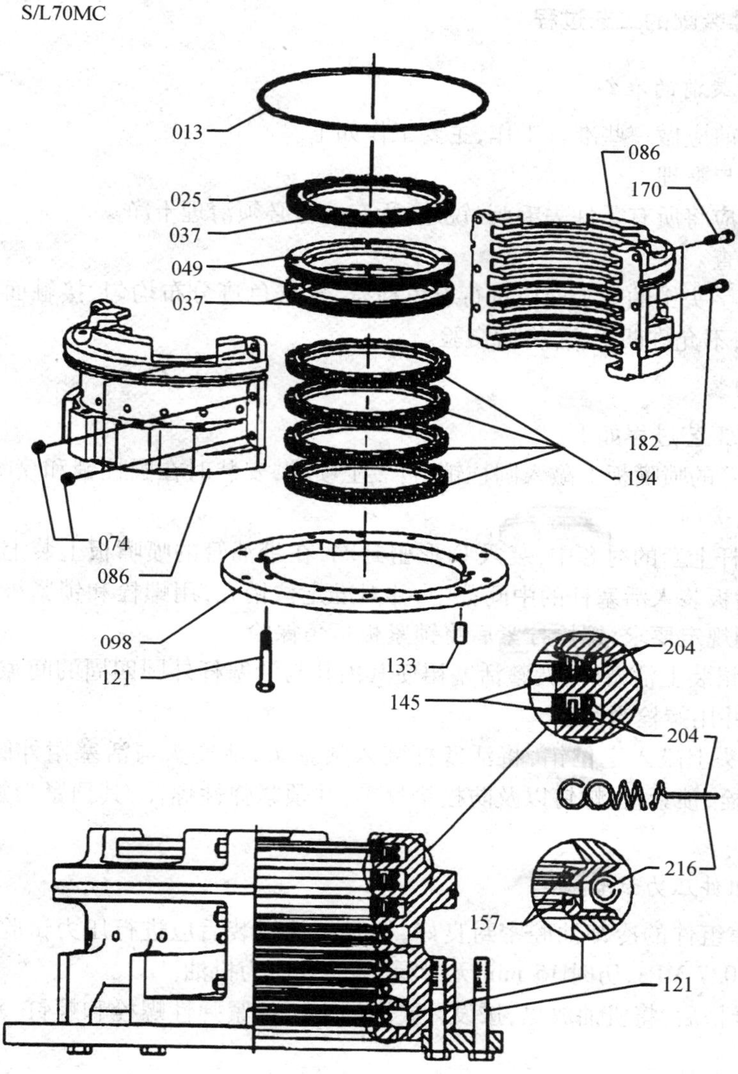

图 2－42　MAN B&W S－MC 柴油机的活塞杆填料函

013—O 形圈；025—顶部刮油环；037—组合密封环；049—顶部密封环；074—螺母；086—填料函壳体；098—法兰；121—螺钉；133—定位销；145—弹性销；157—薄形刮油环；170—螺钉；182—紧配螺栓；194—刮油环；204—用于件号和 049 的弹簧；216—用于件号 194 的弹簧

(三)活塞组件预装的主要工作内容

活塞组件预装的主要工作内容有：

(1)活塞组装；

(2)活塞组件压力试验；

(3)活塞环搭口间隙检查；

(4)活塞杆填料函组装等。

二、活塞组件装配的工艺过程

(一)活塞组装前的准备

在活塞组装前应做一些准备工作,主要工作如下。

1. 零件清洁与整理

活塞组装前应将所有零件去毛刺、锐边,所有油道必须清理干净。

2. 活塞杆检查

活塞杆与十字头销的安装面应进行着色检查,要求色迹分布均匀,接触面积≥80%,平面度≤0.03 mm,不允许凹陷,合格后交验。

(二)活塞组装

活塞组装的工艺过程如下。

(1)在带油管的喷嘴板上敲入圆柱销,再装上喷嘴,安装时在圆柱销和喷嘴的外圆安装面上应涂液态黏接剂。

(2)在活塞杆上套的衬套中,装入O形密封圈,在带油管的喷嘴板上装上密封圈,然后将带油管的喷嘴板装入活塞杆的中间孔中,并对准定位销孔,用螺栓和锁紧板紧固,螺栓的拧紧力矩应达到规定要求,螺栓拧紧后将锁紧板折角保险。

(3)将活塞裙装上活塞杆,调整活塞裙使其内孔与活塞杆外圆四周的间隙基本一致,然后敲入定位销,并用螺栓紧固。

(4)在活塞头上敲入定位销,将活塞杆装入活塞头,活塞头与活塞裙外圆用刀口尺找正,装上弹性螺栓、锁紧板、螺钉以及防松垫片等,并预紧弹性螺栓,其预紧力矩达到工艺规程的要求。

(三)活塞组件压力试验

为保证活塞组件的冷却油腔密封良好,活塞组件组装后应进行压力试验,其试验要求是:试验压力为0.7 MPa,历时15 min无泄漏,试验介质为机油。

压力试验合格后,将机油放尽,按设计要求的力矩拧紧弹性螺栓和螺钉,然后将锁紧板折角保险。

(四)活塞环搭口间隙检查

活塞环的搭口间隙直接影响柴油机的正常运行,所以必须进行检查。其检查过程如下:

(1)检查活塞环平面应有"TOP"标记;

(2)将活塞环放入汽缸套中,测量搭口间隙应符合规定要求,必要时可进行修正;

(3)用透光法检查活塞环与汽缸套圆周的密封情况,要求活塞环的光密度应大于圆周的90%,最大间隙保持在圆周的10%范围内≤0.03 mm;

(4)在活塞环的上平面打上缸号标记,敲痕修平,完工后交验;

(5)用专用的活塞环拆装工具将各活塞环按顺序安装在活塞头上,注意环的"TOP"标记朝上,相邻各环之间错开180°。

(五)活塞杆填料函组装

1. 安装说明

(1)三瓣式刮油环的上平面有"TOP"标记,安装时该平面朝上;

(2)每组刮油环、密封环与两半壳体、两半环应做同一缸号标记。

2. 填料函组装前的试配

(1)用专用的检验工具涂色检查刮油环和密封环内孔密封面,要求着色分布均匀,接触面积≥80%;

(2)涂色检查密封环、刮油环的底平面,要求着色分布均匀,接触面积≥80%;

(3)清理各零件,不得有毛刺,在各刮油环、密封环中的外圆刮油棱边应为锐边;

(4)在各密封环和刮油环上装入弹性销,销高出平面4 mm;

(5)将两半壳体分开,清洁表面,未加工面除砂,去锐边,再将定位销敲入两半壳体中;

(6)分别将合拢的刮油环、密封环插入两半壳体的槽内,检查端面间隙,四周间隙要符合图纸要求,若有卡阻现象则要查明原因并修理。

3. 刮油环和密封环组装后的装配间隙检查

将各种刮油环和密封环分别装入两半壳体中相应的槽内,检查各环的端面间隙应符合图纸规定的要求,注意各道环的间隙要求是不同的。

4. 填料函的组装

(1)在活塞杆上安装填料函的部位涂上润滑油脂,用拉伸弹簧将各道环按相应的顺序安装在活塞杆上;

(2)用连接螺栓、锁紧板装妥填料函两半壳体,并按规定的力矩拧紧螺栓,然后将锁紧板折角保险;

(3)装妥填料函壳体外的O形密封圈。

模块七　凸轮轴总成的装配

【学习目标】

1. 了解凸轮轴的作用、工作条件和材料;
2. 了解凸轮轴的结构形式和结构特点;
3. 掌握凸轮轴装配的主要工作内容;
4. 掌握凸轮轴装配工艺过程。

【模块描述】

凸轮轴是柴油机中重要的传动轴。本模块主要介绍柴油机凸轮轴的功用、类型、工作条件、要求和材料,了解凸轮轴的结构组成和结构特点,掌握柴油机凸轮轴装配的主要内容和凸轮轴的装配工艺过程。能够完成凸轮轴的拆装、检查、测量及装配工作。

【任务分析】

凸轮轴驱动柴油机的喷油泵、进、排气阀、空气分配器等定时设备。还带动调速器及其他附属的传动轮。凸轮在工作过程中,凸轮工作表面上产生摩擦和很高的接触应力,会发生疲劳损坏,产生麻点或金属剥落。凸轮轴有整体式和装配式。装配式凸轮轴是将凸轮和轴分别制造,然后凸轮组装在轴上,以便定时调节。凸轮轴装配的主要工作有凸轮轴画线;

各种凸轮安装;链轮安装;齿轮和止推盘安装等。

【知识准备】

一、作用

凸轮轴的功用是控制柴油机中需要定时的设备,使它们按照一定的工作顺序准确地工作。

二、工作条件和要求

凸轮在顶动滚轮过程中,在工作表面上产生摩擦和很高的接触应力。当接触应力过高时,工作面会发生疲劳损坏,产生麻点或金属剥落。因此,凸轮要有很好的耐磨、耐疲劳性能。

三、材料与工艺

凸轮轴材料一般是碳素钢、合金钢和球墨铸铁。凸轮工作表面应渗碳或表面淬火,以提高硬度。

四、凸轮轴的结构组成

凸轮轴是柴油机中非常重要的传动轴。柴油机进、排气阀的启闭,喷油泵和空气分配器的驱动,都是通过凸轮轴进行的。此外,凸轮轴还带动调速器及其他附件的传动轮。装在凸轮轴上的凸轮是每缸一组,组数与缸数相同。凸轮轴放在凸轮轴箱内,由多个轴承支撑,如图 2-43 所示。

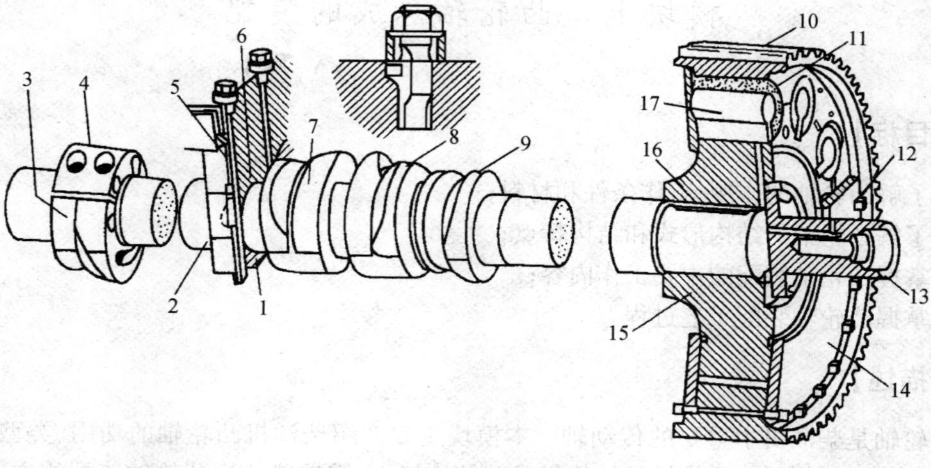

图 2-43　凸轮轴及传动齿轮

1—轴承盖;2—轴;3、4—喷油泵凸轮;5—螺栓;6—轴承座;7—进气凸轮;8—排气凸轮;9—启动凸轮;10—齿圈;11—筒状弹簧;12—螺栓;13—支撑轴;14—环板;15—轮毂;16—键;17—止动栓

凸轮轴的结构有整体式和装配式两大类。整体式用于小型机,装配式用于大型机。整体式凸轮轴的凸轮是与轴锻成或铸成一体的。装配式凸轮轴的凸轮和轴分开制造,然后根据定时的要求将凸轮紧固在轴上,这种凸轮轴上的凸轮是可调的,以便定时调整,并且任何一个凸轮损坏时都可以单独更换。大型柴油机的凸轮轴很长,故都是分成几段组装而成

的。为了使柴油机结构简单,控制进、排气阀和喷油泵的凸轮一般都装在同一根轴上。但近年来,为了更好地控制柴油机的进、排气过程和燃烧过程,满足日益严格的排放法规要求,某些新型柴油机采用了两根凸轮轴的结构。对于电子控制式柴油机,则取消了凸轮轴。

【任务实施】

一、凸轮轴总成预装的主要工作内容

(一)MAN B&W S-MC 柴油机凸轮轴的结构特点

凸轮轴的结构如图 2-44 所示,其结构特点如下。

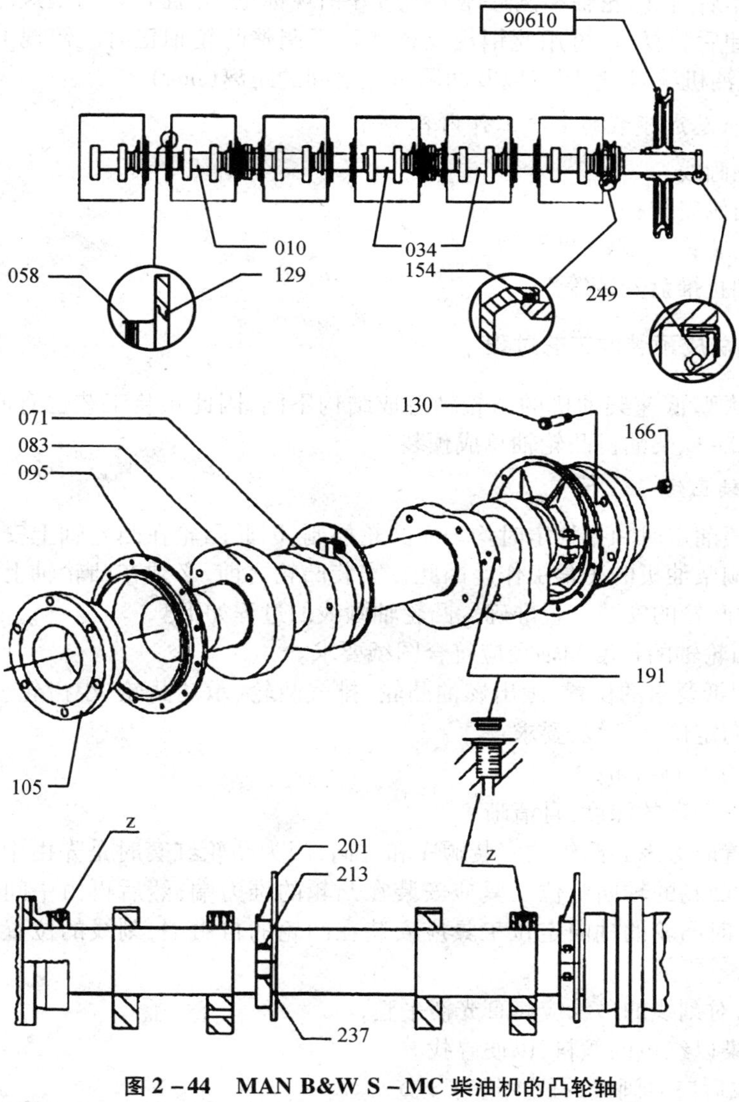

图 2-44　MAN B&W S-MC 柴油机的凸轮轴

010—凸轮轴前部;034—凸轮轴中间部分;058—O 形密封圈;071—排气凸轮;083—燃油凸轮;095—密封法兰;105—联轴器;129—O 形密封圈;130—紧配螺栓;154—O 形密封圈;166—自锁螺母;191—螺塞;201—示功凸轮;213—自锁螺母;237—紧配螺栓;249—密封圈

轴段之间通过法兰联轴器装配在一起用紧配螺栓和螺母连接一个燃油凸轮用来驱动燃油泵轮用来驱动排气阀驱动示功器装置，示功凸轮又由两部分组成，用紧配螺栓连接在一起。

凸轮轴安装在倒挂式轴承上，位于燃油凸轮和排气凸轮之间，轴承为薄壁式，螺母和轴承螺栓用液压拉伸器上紧。

法兰联轴器、燃油凸轮和排气凸轮是加热红套到凸轮轴上的。法兰的拆卸是采用向凸轮轴和法兰之间充入润滑油产生的力来实现的。同时，此方法也可用于因要调整喷油泵提前角而转动燃油凸轮和链条因磨损和伸长而进行张紧时，调整凸轮轴。

凸轮轴随曲轴而转动，当柴油机换向时，各缸喷油泵滚轮导筒上的滚轮相对于各缸燃油凸轮的位置而变动。以根据换向后的旋转方向获得喷油泵喷油正时。

柴油机试车后，在凸轮轴和汽缸体上已做好销规标记，并且必备的销规随机提供，以便能在凸轮轴拆卸后装复时，可用此销规检查和重新调整凸轮轴正时。销规上做如下标记：柴油机型号、柴油机编号、适用点以及两测量点之间的距离(mm)。

(二)凸轮轴总成预装的主要工作内容

(1)凸轮轴画线；

(2)各种凸轮安装；

(3)链轮安装；

(4)齿轮和止推盘安装等。

二、凸轮轴总成预装的工艺过程

由于两种大型低速柴油机的凸轮轴总成结构不同，因此预装工艺也有所区别，下面介绍 B&W S60MC－C 柴油机凸轮轴总成预装。

(一)凸轮轴画线

柴油机的喷油定时和排气定时均匀靠凸轮控制，因此凸轮在凸轮轴上安装的位置是否正确将直接影响柴油机的正常工作。因此在安装凸轮之前，必须在凸轮轴上划出正确的凸轮位置线，以便凸轮的安装位置准确。凸轮轴画线的过程如下。

(1)测量凸轮轴的长度和轴径应符合图纸要求。

(2)按照图纸要求的位置，画出燃油凸轮、排气凸轮、示功凸轮、小齿轮、大链轮和止推盘的轴向和径向定位十字线，要求：

①刻线长均为 15 mm；

②画线具有一定的深度，且清晰；

③画线位置应考虑到凸轮的安装顺序和方向，因为凸轮红套时是先由中间到自由端安装各凸轮，这时凸轮的轴向定位工具应安装在凸轮的推力端；然后再由中间到推力端安装其余的凸轮，这时凸轮的轴向定位工具应安装在凸轮的自由端，刻线的位置应与定位工具的位置相适应；

④画线后，对刻线的边缘应修茸光滑平整；

⑤将刻线染以红色的颜料，以便寻找。

(3)划完线后应对画线的位置进行复查。

(二)燃油凸轮和排气凸轮安装

燃油凸轮和排气凸轮与凸轮轴是过盈配合，安装均采用红套的方法进行，其安装过程如下。

（1）精整并清洁所有待装的零件，所有的螺纹孔用丝锥回攻并去除孔内的杂物。复查凸轮轴外表面、凸轮内孔及外表面状况良好，凸轮上油孔清洁、内螺纹及孔底无缺陷，内孔油槽符合要求。

（2）检查各配合尺寸，确保配合过盈量符合图纸要求。

（3）按画线工艺检查凸轮轴上的画线是否正确。

（4）把凸轮轴中部放在 V 形铁上，使相应的凸轮红套线朝上，并用压板将凸轮轴压牢。

（5）在凸轮上相应位置安装定位工具。

（6）加热燃油凸轮、排气凸轮到 225 ℃，保温约 1 h。

（7）用专用的量棒检查凸轮内孔尺寸达到红套的尺寸要求后，将凸轮迅速套入凸轮轴。红套时应注意以下几个问题：

①燃油凸轮的刻线应与凸轮轴上的刻线对齐；

②排气凸轮的刻线与凸轮轴上的刻线的夹角应符合图纸要求；

③红套凸轮时，从自由端看，要注意燃油凸轮和排气凸轮上的“AHEAD”标记箭头和主机正车方向一致；

④凸轮红套的顺序应合理，如 5S60MC－C 柴油机凸轮红套的顺序是：

1#～3#缸从凸轮轴前端套入，顺序是：3#缸排气凸轮→3#缸燃油凸轮→2#缸排气凸轮→2#缸燃油凸轮→1#缸排气凸轮→1#缸燃油凸轮；

4#～5#缸从凸轮轴后端套入，顺序是：4#缸燃油凸轮→4#缸排气凸轮→5#缸燃油凸轮→5#缸排气凸轮。

（三）小齿轮、大链轮、止推盘安装

如图 2－45 所示，小齿轮、大链轮、止推盘与凸轮轴也是过盈配合，安装方法也采用红套安装。安装过程如下：

1. 检查配合尺寸

检查各配合尺寸，确保配合过盈量符合图纸要求

2. 小齿轮安装

（1）将定距箍按小齿轮的定位尺寸夹持在凸轮轴上；

（2）将小齿轮加热至约 100 ℃，用量棒检查小齿轮内孔尺寸达到要求后，将小齿轮套入凸轮轴，并与定距箍端面贴平；

（3）待小齿轮自然冷却后拆除定距箍。

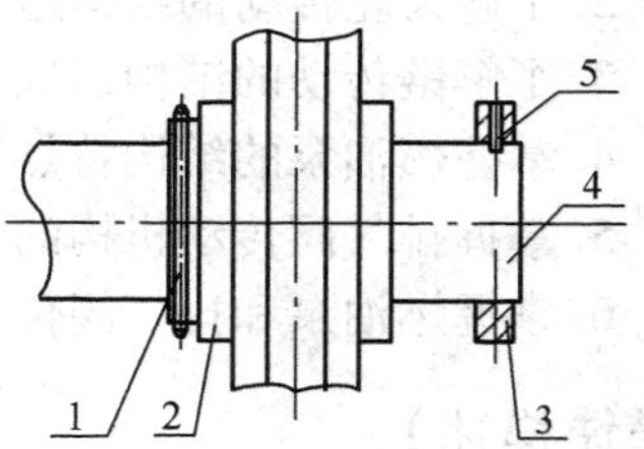

图 2－45　小齿轮、大链轮、止推盘安装

1—小齿轮；2—大链轮；3—止推盘；4—凸轮轴；5—定位销

3. 大链轮安装

（1）将定距箍按大链轮的定位尺寸夹持在凸轮轴上；

（2）将大链轮安放在垫座上，并用气割龙头加热大链轮内孔至约 100 ℃，用量棒检查大链轮内孔尺寸达到要求后，将其套入凸轮轴，并与定距箍端面贴平；

（3）待大链轮自然冷却后拆除定距箍。

4. 止推盘安装

（1）将定距箍按止推盘的定位尺寸夹持在凸轮轴上；

(2)将止推盘加热至约 170 ℃,用量棒检查止推盘内孔尺寸达到要求后,将止推盘套入凸轮轴,并与定距箍端面贴平;

(3)待小齿轮自然冷却后拆除定距箍;

(4)复测止推盘与大链轮的轴向间隙应符合规定的要求;

(5)在止推盘上钻铰 3 个定位销孔,孔的深度应符合图纸要求,配制好定位销后,装妥定位销并用洋冲铆紧。

(四)示功凸轮安装

示功凸轮与凸轮轴也是过盈配合,但示功凸轮是哈夫式的,中间用螺栓连接,安装比较方便。

(1)检查各示功凸轮内孔与凸轮轴外径的配合尺寸,其配合过盈量应符合图纸要求;

(2)按画线工艺检查凸轮轴上的刻线是否正确;

(3)安装示功凸轮,要求示功凸轮顶点刻线对准各缸凸轮轴上的画线;

(4)上紧示功凸轮的自紧螺母。

模块八　燃油泵及排气阀传动机构的装配

【学习目标】

1. 了解凸轮轴传动的类型和要求;
2. 了解齿轮传动的结构组成和特点;
3. 了解链传动的结构组成和特点;
4. 掌握燃油泵的结构特点和传动机构的特点;
5. 掌握排气阀传动机构的特点;
6. 掌握燃油泵和排气阀传动机构装配工艺过程。

【模块描述】

燃油泵和排气阀分别是柴油机供油和换气的重要设备。燃油泵和排气阀传动机构是喷油泵和排气阀工作的传动件,由凸轮来驱动。本模块主要介绍柴油机燃油泵及排气阀传动机构的结构组成和特点,掌握燃油泵及排气阀传动机构装配的主要内容和装配工艺过程。掌握其装配方法及装配中的注意事项,能够完成燃油泵及排气阀传动机构的拆装、检查、测量和装配工作。

【任务分析】

喷油泵能够提供正确的喷油定时、精确的喷油量和较高的喷油压力。排气阀能把废气排出和新气充入汽缸。其喷油和排气定时由凸轮轴上的凸轮安装位置来控制,凸轮轴通过齿轮或链条由曲轴来驱动。凸轮轴传动机构有齿轮传动机构和链条传动机构。燃油泵和排气阀传动机构由滚轮、导承筒、导向柱塞和弹簧组成。燃油泵和排气阀传动机构装配工作主要有:燃油泵滚轮导筒组装;燃油泵泵座组装;排气阀驱动油泵滚轮导筒组装;排气阀传动机构组装;底板上各零件安装;换向机构安装;提升机构安装等。

【知识准备】

凸轮轴是由柴油机的曲轴带动的，两者保持准确的相对位置。按照柴油机工作循环的要求，有凸轮控制的机构每循环必须动作一次。由于四冲程柴油机曲轴回转两周完成一个工作循环，因此其凸轮轴与曲轴的转速比应该是1∶2。同理，二冲程机则应该是1∶1。

曲轴与凸轮轴之间的传动方式与发动机的类型、凸轮轴位置以及附件的传动等因素有关。一般采用齿轮传动或链传动，所以，凸轮轴的传动机构分为齿轮传动机构和链传动机构。四冲程柴油机通常采用齿轮传动。大型低速二冲程柴油机根据凸轮轴的位置有两种传动方式：一种是凸轮轴布置在机架中部，因曲轴与凸轮轴距离较近，采用齿轮传动；一种是凸轮轴布置在汽缸体中部，因曲轴与凸轮轴的距离较远，采用链传动。无论采用何种传动方式，其传动机构必须保持正确的定时关系。此外，还应尽量减小扭振及凸轮轴扭转变形引起的定时偏差。

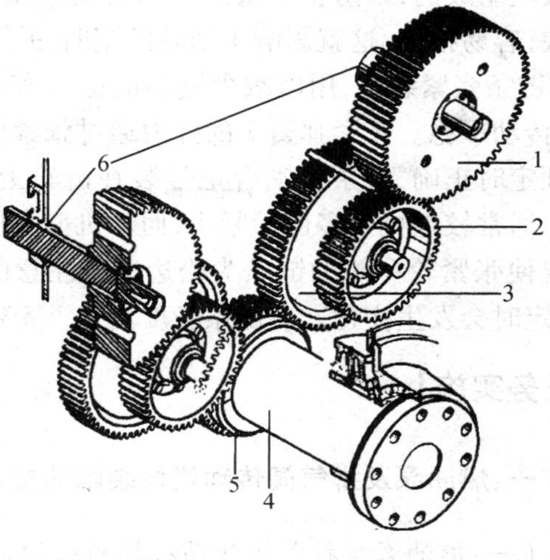

图2－46　凸轮轴齿轮传动机构

1—凸轮轴正时齿轮；2、3—中间齿轮；4—曲轴；5—曲轴正时齿轮；6—凸轮轴

1. 齿轮传动机构

四冲程柴油机采用齿轮传动轮系，称之为定时齿轮。为了减小曲轴扭振的影响，凸轮轴传动机构都安装在飞轮端。定时齿轮包括主动轮、从动轮和二者之间的中间齿轮。图2－46所示为某大型四冲程V形柴油机的凸轮轴齿轮传动机构。曲轴4上的曲轴定时齿轮5，经过中间齿轮3和2传给凸轮轴上的定时齿轮1带动凸轮轴6。经过两级齿轮减速后，定时齿轮1与5的速比为1∶2。三个齿轮互相啮合的轮齿上均有啮合记号以保证配气、喷油定时正确。在拆、装凸轮轴传动机构时必须严格注意装配记号。

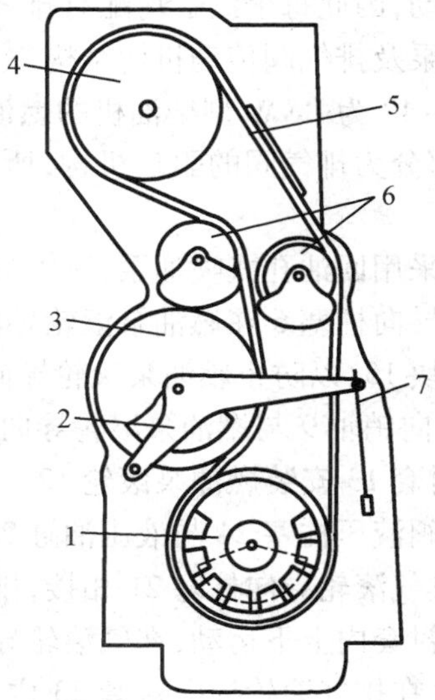

图2－47　凸轮轴链传动机构简图

1—曲轴链轮；2—张紧臂；3—张紧轮；4—凸轮轴链轮；5—链条；6—中间轮；7—张紧弹簧

2. 链传动机构

图2－47所示为凸轮轴链传动机构简图。链传动装置结构简单、紧凑，且在柴油机换向时可以避免齿轮传动中可能产生的齿间间隙累积误差，因而在正、倒车运转时都能得到准确的定时，对于轴线的不平行度与中心距的误差都不敏感。此外，还可以通过链轮、链条驱动往复惯性力矩平衡装置，因而在大型低速柴油机中广泛使用。但链条传动装置的润滑不

如齿轮传动装置,磨损快,容易松弛,需经常检查。

链传动机构由曲轴上的主动链轮1、凸轮轴上的从动链轮4、链条5、中间轮6、链条张紧臂2、张紧轮3、张紧弹簧7等组成。主动链轮1由两个半块组成,用螺栓紧固在曲轴上。从动链轮4为整体式,用键连接安装在凸轮轴上。曲轴与凸轮轴之间采用一级链传动,速比为1:1。链条5选用双排套筒滚子链。导轨(未画出)是由导轨板和装在导轨板上的特种耐油橡胶块组成的,以防止链条的横向抖动和敲击,使之工作平稳。链传动装置由于链条磨损较快,容易松弛,这就影响了凸轮的定时,并引起链条振动。故在链传动装置中设有中间轮6和链条张紧装置,用以减少链条的振动和调节链条的松紧程度,保证链条与链轮啮合良好,传动平稳。张紧弹簧7的弹力通过张紧臂2、张紧轮3,作用到链条5上将它拉紧。为了保证定时正确,链条按啮合记号装在链轮上。张紧轮可位于正车转动时链条的紧边或松边。通常较老机型多位于紧边,而新机型多位于松边。张紧链条时要边盘车边张紧。盘车时要使张紧轮一侧的链条为松边。要注意的是,链条、链轮磨损后,链条会松弛,再度张紧时,定时会发生变化。若链条长度增加1.5%时,需换新。

【任务实施】

一、燃油泵及排气阀传动机构装配的主要工作内容

(一)燃油泵及排气阀传动机构的结构

大型低速柴油机的燃油泵均采用单体泵,但不同的柴油机采用的喷油泵的型式也有所区别。B&W型柴油机采用回油孔式喷油泵,而Sulzer型柴油机则采用回油阀式喷油泵。由于燃油泵的型式不同,其驱动机构的结构也有较大区别。而大型低速柴油机的排气阀均采用液压驱动,因此每个汽缸均配有排气阀液压驱动泵及驱动机构。下面介绍B&W型柴油机的燃油泵及排气阀传动机构结构。

图2-48为B&W型柴油机的燃油泵及排气阀驱动机构,左半部分为燃油泵的驱动机构,右半部分为排气阀的驱动机构,所有各缸的燃油泵及排气阀驱动机构都安装在底座板8上。

由于采用回油孔式喷油泵,所以只有一个燃油泵滚轮导向柱塞6与燃油泵柱塞连接,燃油泵滚轮导向柱塞6在燃油泵滚轮导向衬套7内上下滑动,在燃油泵滚轮导向衬套7内安装有导向块15,以防止燃油泵滚轮导向柱塞6在燃油泵滚轮导向衬套7内转动。换向连杆10通过换向销轴9与燃油泵滚轮导向柱塞6连接,在换向连杆的下边,通过销轴14、浮动垫片11及衬套13安装燃油泵滚轮12。

排气阀液压柱塞24与液压油缸25配合,产生驱动排气阀开启的油压。排气阀液压柱塞24与排气滚轮导向柱塞21相接,排气滚轮导向柱塞21则安装在气滚轮导向衬套23内,并在导向衬套内上下运动,在气滚轮导向衬套23内同样装有导向块20,以防止排气滚轮导向柱塞21在排气滚轮导向衬套23内转动。在排气滚轮导向柱塞21上通过销轴19、浮动垫片18及衬套17安装有排气滚轮16。

1. MAN B&W S-MC柴油机燃油泵的结构组成

燃油泵的结构如图2-49所示,其结构特点如下。

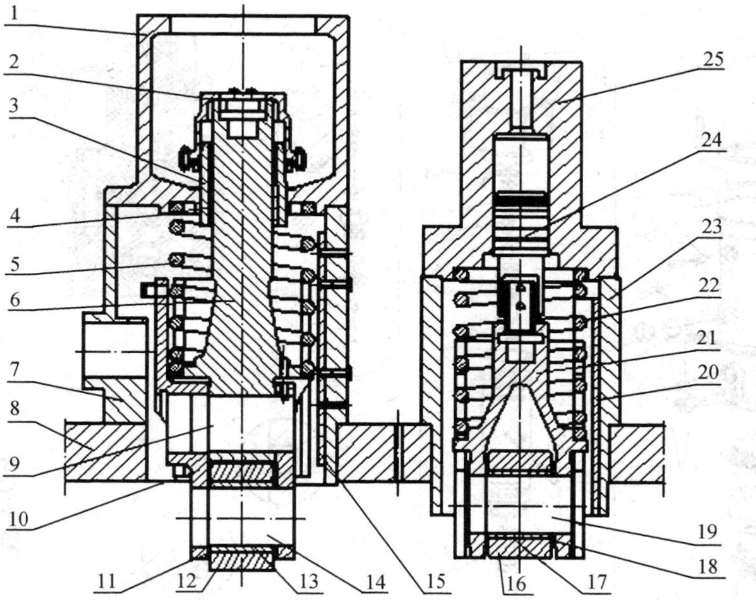

图 2－48　B&W S60MC－C 柴油机燃油泵及排气驱动机构

1—燃油泵座；2—帽盖；3—密封衬套；4—导套；5—弹簧；6—燃油泵滚轮导向柱塞；7—燃油泵滚轮导向衬套；8—底座板；9—换向销轴；10—换向连杆；11—浮动垫片；12—燃油泵滚轮；13—衬套；14—销轴；15—导向块；16—排气滚轮；17—衬套；18—浮动垫片；19—销轴；20—导向块；21—排气滚轮导向柱塞；22—弹簧；23—排气滚轮导向衬套；24—排气液压油泵柱塞；25—排气液压油缸

（1）喷油泵

柴油机每缸装有一个带 VIT（可变喷油正时）的喷油泵。喷油泵安装在各缸凸轮轴段上方的滚轮导向座上。

燃油泵的方形底座上有一个槽用来收集漏出的油，然后经一泄放管泄放。

泵座上有两个用于安装齿条的孔，上齿条通过正时拉杆调节喷油正时，下齿条通过调油拉杆调节燃油泵的喷油量。

泵体的顶部用泵盖封闭，上面有泄油阀。泵盖用螺栓和螺母紧固在喷油泵壳体上。泵体上部用定位销定位，以保证部件的正确位置。

泵盖的下面有一个吸油阀，吸油阀可用于燃油泵套筒的定位。在吸油阀的下部装有一道密封环，以在吸油阀和喷油泵套筒之间形成密封。

燃油通过泵体前面的一个法兰连接孔进入燃油泵。在泵体背面的对应法兰上安装有一个缓冲器，缓冲器是用来吸收柱塞上行至泵油行程终点时，由于回油孔开启形成的回油脉冲压力。

缓冲器由一只内装有弹簧加载式柱塞的筒体组成，当供油腔内多余的燃油被挤出进入油泵套筒周围的进油腔时，缓冲器柱塞受压回复。

在泵体上正对着套筒两回油孔的位置装有两只螺塞。在供油行程终点时，从回油孔喷出的燃油冲刷着两个螺塞。如果发现其冲蚀严重，可予以更换。

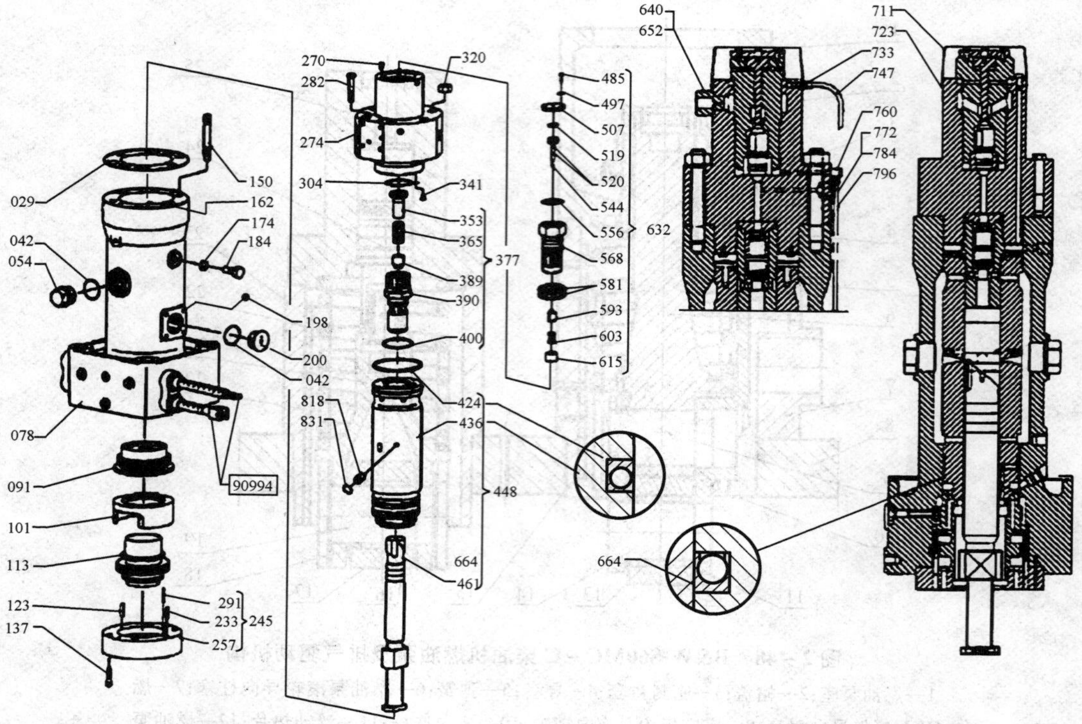

图 2 – 49　MAN B&W S – MC 柴油机的喷油泵

029—垫片；042—垫圈；054—螺塞；078—泵体组件；091—正时导套；101—套；113—调节齿圈；125—定位销；137—螺栓；150—螺柱；162—定位销；174—垫圈；186—定位螺栓；198—螺塞；208—旋塞；221—定位销；233—定位销；245—定位套组件；257—定位套；270—螺栓；282—螺栓；294—泵盖；304—锁紧钢丝；328—螺母；341—螺栓；353—弹簧座；365—弹簧；377—吸油阀组件；389—滑阀；390—吸油阀止推块；400—密封圈；424—密封圈；436—油泵衬套；519—密封圈；520—密封圈；532—泄油阀组件；544—空气活塞；556—垫片；568 泄油阀壳体；581—O 形密封圈；593—滑阀；603—弹簧；615—弹簧座；640—旋塞；652—垫片；664—密封环；711—保护帽；723—螺栓；735—管接头；747—定距管 $L = 950$；760—卡套式管接头；772—螺塞；784—圆环；796—定距管 $L = 670$；18—节流塞；831—挡圈

(2)油泵套筒和正时导套

在油泵套筒的三道环槽内安装有密封环，密封间有一个泄放孔。油泵套筒底端带有螺纹旋入正时导套螺纹中。

正时导套有一个齿圈与泵体底座上的上齿条相配合，齿圈和齿条上标有刻线，以使零件在拆卸后能重新正确定位。齿条与一伺服空汽缸相连，伺服空汽缸由调节轴的位置控制。上齿条的位置决定了油泵套筒相对于柱塞的垂直位置。

用此方法，可通过伺服空汽缸调整燃油喷入汽缸的初始运动。

通过安装于泵体前面的定位螺栓来防止油泵套筒的转动。

(3)油泵柱塞和调油导套

油泵柱塞安装在套筒内，并经精磨以形成油封。柱塞和套筒属偶件，不得单独更换。

柱塞运动时，套筒上的两油孔被关闭和打开。这样，油孔的开闭与受调节齿圈影响的柱塞运动一起调节汽缸的喷油量。

柱塞带有导向块，以在调油导套的铣削成的槽内运动，柱塞底部为一支承凸圆，用插节板固定在滚轮导筒颈口的止推环上。柱塞支承凸圆与滚轮导筒之间的距离约为 0.1 mm，以使柱塞能在滚轮导筒内转动。

调油导套外缘的齿圈与泵体底座上的下齿条相啮合。齿圈和齿条上标有刻线以使零件在拆卸后能重新正确定位。齿条通过加载弹簧与柴油机调油机构连接。这样，万一某个喷油泵柱塞卡死，而其他喷油泵的调节齿圈不至于被卡死。

(4)泄油阀

在喷油泵的泵盖上安装有一个泄油阀。泄油阀有一个与主机控制系统相连的活塞。当停车系统动作，或燃油泄漏报警高压空气进入活塞向下压活塞把油压入燃油阀。只要燃油通过泄油孔回到泵体。

2. MAN B&W S－MC 柴油机燃油泵驱动机构的结构组成

燃油泵驱动机构的结构如图 2－50 所示。其结构特点如下。

装有燃油泵、排气阀驱动机构和示功器传动机构的滚轮导筒座用螺栓固定在各缸汽缸体侧面。由于设计和功能上的原因，燃油泵滚轮导筒完全不同于排气阀滚轮导筒，在每个喷油泵的滚轮导筒中有一个可换向的换向连杆。燃油泵由凸轮轴上的燃油凸轮驱动。该运动通过滚轮导筒传递到燃油泵套筒内的柱塞上，再通过高压油管与汽缸盖上的喷油嘴连接。

在安装在滚轮导筒和燃油泵座之间的两个螺旋弹簧的作用下，滚轮导筒被向下压，滚轮被压在凸轮轴上的燃油凸轮上。燃油泵座通过四只螺柱紧固在凸轮轴箱体上。其中两个螺柱上的螺纹足够长，以便在拆卸零件时松弛。

在滚轮导筒衬套内装有一导向块，防止滚轮导筒转动，并装有密封装置的帽盖，帽盖和套在泵座内的密封衬套一起形成密封腔，以防止燃油进入凸轮轴滑油系统中。

每个滚轮导筒壳体上装有一个手动提升工具，能使滚轮和燃油凸轮脱离接触，提升工具安装在滚轮导筒壳体的侧面。

3. MAN B&W S－MC 柴油机排气阀液压传动机构的结构组成

(1)排气阀液压传动机构

排气阀液压传动机构的结构如图 2－51 所示。其结构特点如下。

排气阀通过液压传动，由凸轮轴上的排气凸轮驱动。

在固定于滚轮导筒和液压缸之间的垂直弹簧的作用下，滚轮导筒始终与排气凸轮保持接触。这样滚轮导筒上的滚轮随凸轮轴上的凸轮运动。

液压缸用四个螺栓紧固在凸轮轴箱体上，其中有两个长螺栓，其长度足以使拆卸液压缸时，滚轮导筒上的弹簧逐步减小弹力。

滚轮导筒上装有一个导向块以防止滚轮导筒周向转动。

液压缸内的活塞坐在滚轮导筒颈部的推力块上，并用插口销紧固在滚轮导筒上。

凸轮轴箱体上的液压缸与排气阀上的液压缸通过高压油管连接在一起。

压力油来源于主润滑系统，通过液压缸上部的一个止回阀进入油缸。

从排气阀液压缸渗泄的油通过连接管泄放到凸轮轴箱体液压缸的底座中，由此油通过一个孔泄放到凸轮轴箱中。

使用一种随机工具，可将滚轮导筒提升至最高位置，使排气阀停止工作，阀杆提升至开启位置。

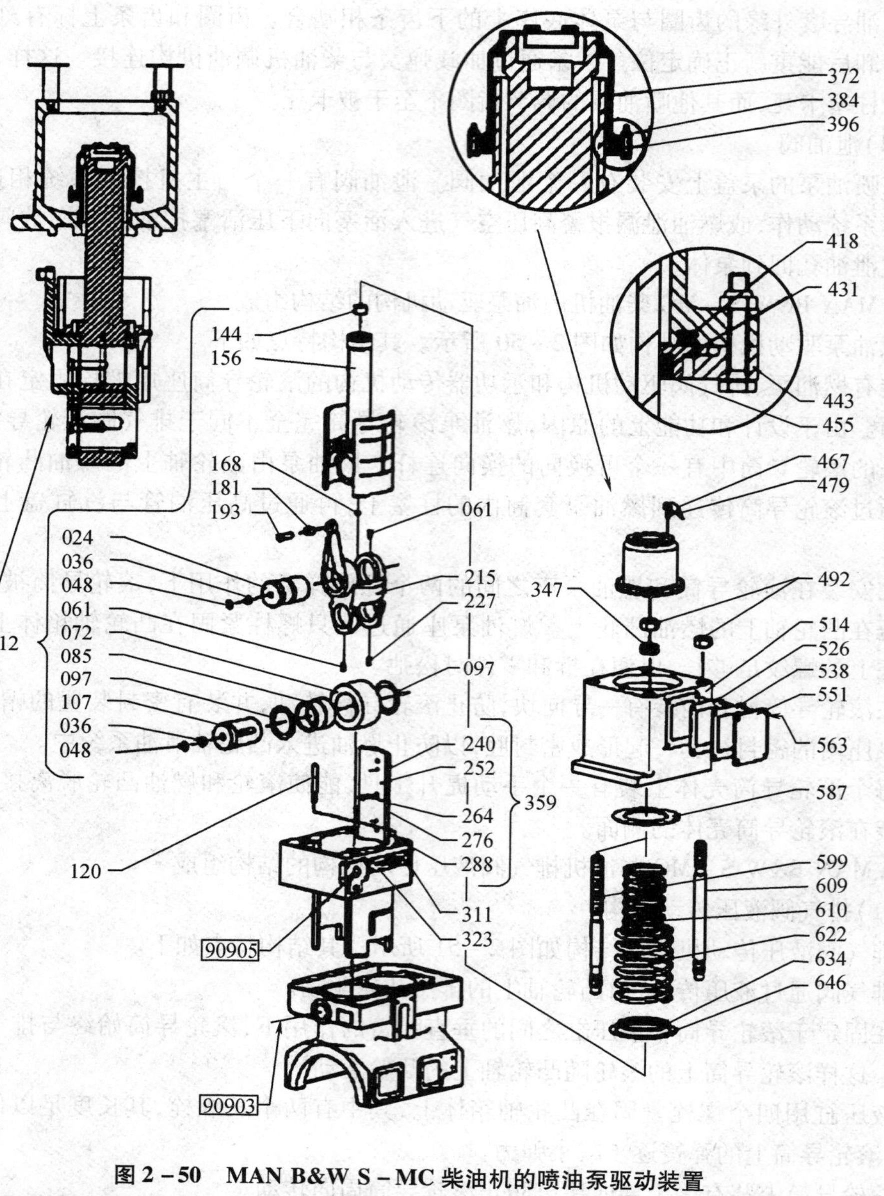

图 2－50　MAN B&W S－MC 柴油机的喷油泵驱动装置

012—燃油泵滚轮导筒组件；024—轴销；036—螺塞；048—挡圈；061—止动螺塞；073—滚轮；085—轴衬；097—圆环；107—滚轮轴销；120—定位销；144—止推环；156—滚轮导筒；168—螺塞；181—衬套；193—销；215—换向连杆；227—销；240—定位销；252—导向块；264—螺栓；276—定位销；288—衬套；311—螺栓；323—铭牌；347—螺母；359—滚轮导筒衬套组件；372—盖；384—螺母；396—螺栓；418—轴向刮油环；431—刮油环；443—法兰；526—垫片；538—垫片；551—盖；563—螺栓；587—圆环；599—螺柱；609—螺柱；610—内弹簧；622—外弹簧；634—圆环；646—圆环

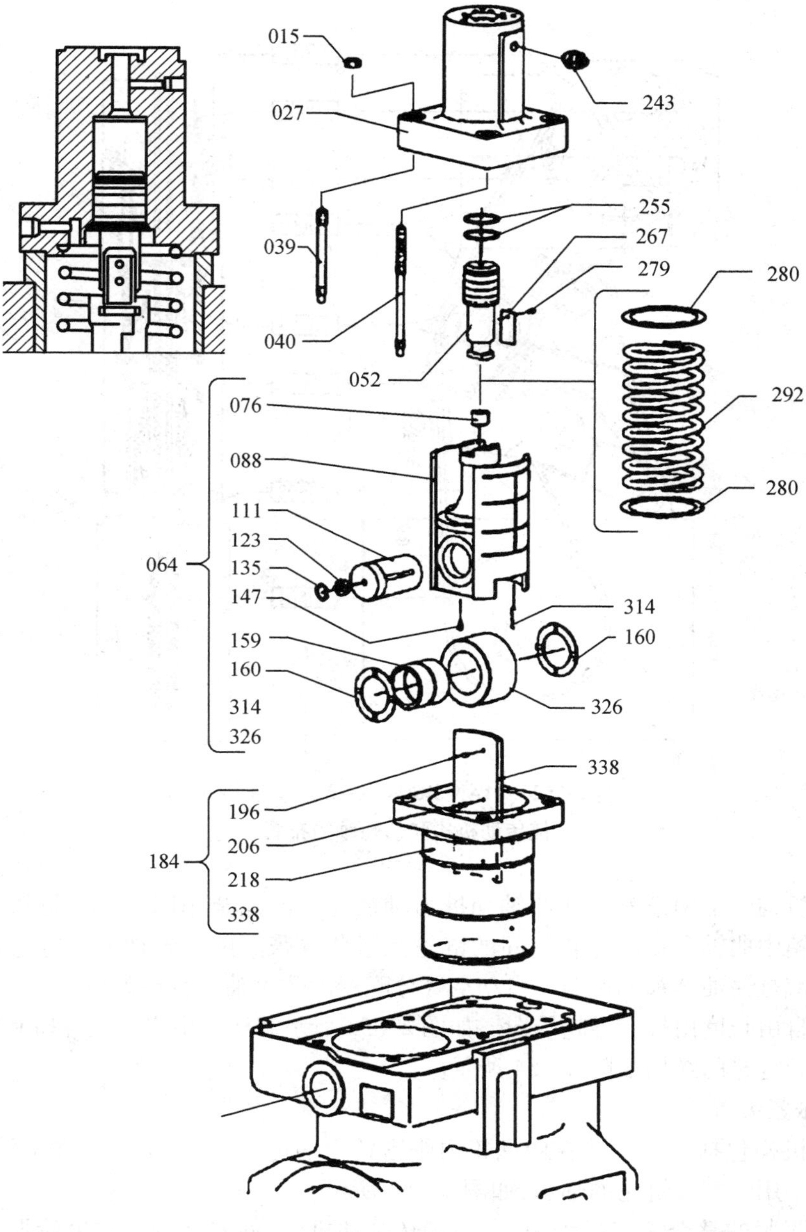

图 2－51　MAN B&W S－MC 柴油机的排气阀驱动机构

015—螺母;027—油缸;039—螺柱;040—螺柱;052—活－塞;064—滚轮导筒组件;076—推力环;088—滚轮导筒;111—滚轮轴销;123—螺塞;135—挡圈;147—螺栓;159—衬套;160—圆环;184—滚轮导套;196—销;206—螺栓;218—衬套;243—止回阀;255—活塞环;267—圆环;279—螺栓;280—圆环;292—弹簧;314—圆柱销;326—滚轮;338—导块

(2)链传动机构

装有燃油凸轮和排气凸轮的凸轮轴是通过曲轴和位于柴油机末端的链传动机构驱动的。如图 2－52 所示。

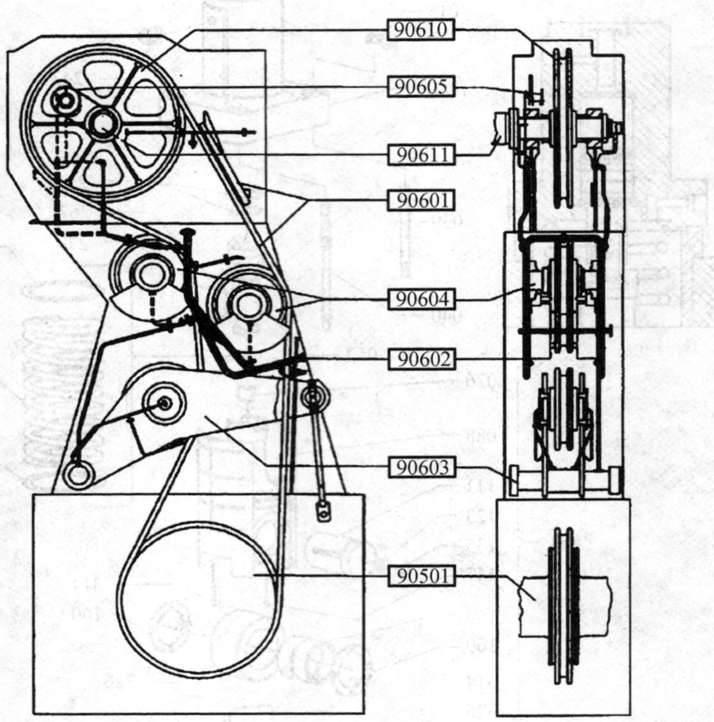

图 2－52　MAN B&W S－MC 柴油机的链传动机构和凸轮轴的布置

链传动机构包括两条安装在曲轴和推力轴链轮上的完全相同的滚柱链条。链条通过安装于链轮箱中曲轴和中间链轮之间的链轮张紧装置张。由凸轮轴上的链轮带动一个小链条来驱动汽缸注油器和调速器。启动空气分配器由凸轮轴的后端驱动。

链条的自由长度由橡胶导轮导向。如图 2－53 所示润滑油由安装在导轨和链轮上的喷管供给。中间链轮的结构如图 2－54 所示。

(3)链张紧装置

链张紧机构包括一个安装在曲柄箱内张紧臂上的链轮,张紧臂安装在轴销上,并且张紧臂上有一个用于安装链轮的轴承,如图 2－55 所示。

在链条张紧的整个工艺过程中,必须盘转柴油机,以使安装链条张紧轮那一侧的链条是松弛的。

链张紧机构是通过安装在链轮张紧臂自由侧的张紧螺栓来操纵的。张紧螺栓沿轴销运动 该轴销在曲柄箱内自由转动。

(二)燃油泵及排气阀传动机构装配的主要工作内容

由于燃油泵均匀为外购件,因此燃油泵及排气阀传动机构预装时可暂不考虑燃油泵的装配。以 B&W 型柴油机为例,燃油泵及排气阀传动机构预装的主要工作内容有:

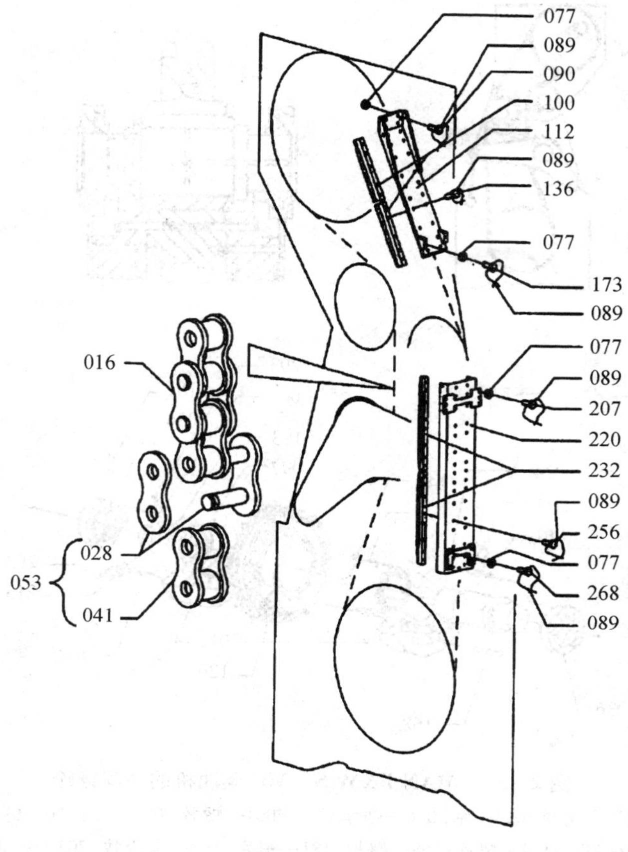

图 2－53　MAN B&W S－MC 柴油机的链传动机构和导轨

016—4 1/2 链条组件；028—外链节；041—内链节；053—链节组件；077—调整垫圈；089—锁紧钢丝；090—螺栓；100—导轨；112—导轨梁；136—螺栓；173—螺栓；207—螺栓；220—导轨梁；232—导轨；256—螺栓；268—螺栓

(1)燃油泵滚轮导筒组装；

(2)燃油泵泵座组装；

(3)排气阀驱动油泵滚轮导筒组装；

(4)排气阀传动机构组装；

(5)底板上各零件安装；

(6)换向机构安装；

(7)提升机构安装等。

二、燃油泵及排气阀传动机构装配的工艺过程

下面以 B&W S60MC－C 柴油机燃油泵及排气驱动机构为例，介绍 B&W 型柴油机的燃油泵及排气驱动机构的预装过程。

(一)燃油泵滚轮导筒组装

如图 2－56 所示，燃油泵滚轮导筒组装主要是将换向连杆、燃油泵滚轮等零件与燃油泵

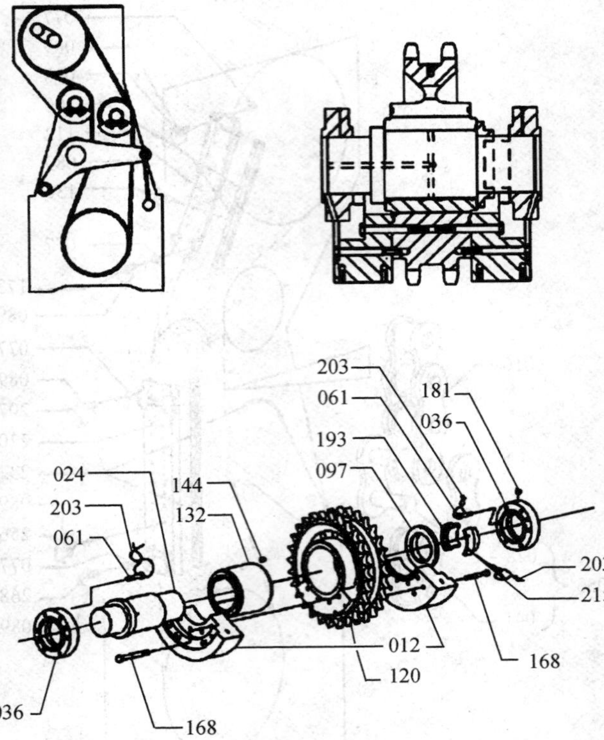

图2－54　MAN B&W S－MC柴油机的中间链轮

012—平衡重；024—轴；036—轴承法兰；061—螺栓；097—环；120—链轮；132—衬套；144—螺栓；168—螺栓；181—螺塞；193—定距块；203—锁紧钢丝；215—螺栓

滚轮导筒组装在一起。其装配过程如下。

1. 清洁零件

精整清洁待装的零件，做好油路的清洁工作，检查油路应清洁畅通，所有螺纹孔用丙酮清洗。

2. 换向连杆控制销的安装

如图2－57所示，在换向连杆3上装有控制换向的控制销1，控制销1上装有衬套2，控制销的安装过程如下：

(1)检查销1外圆与换向连杆3上销孔的配合尺寸，其过盈量应符合图纸要求。检查销1外圆与衬套2内孔的配合尺寸，其配合间隙应符合规定要求；

(2)将销1在液氮中冷却到不沸腾时取出，在套入衬套2后，迅速压入换向连杆3对应的销孔中。

3. 各相关零件配合尺寸的检查

如图2－56所示，换向连杆5与燃油泵滚轮导筒2用换向销轴15连接，燃油泵滚轮13、衬套11和浮动垫片12则用销轴10装在换向连杆5上，装配前，这些零件的配合情况必须进行检查。

(1)检查换向连杆5的内孔与换向销轴15外圆的两处配合尺寸，其配合过盈量应符合图纸要求；

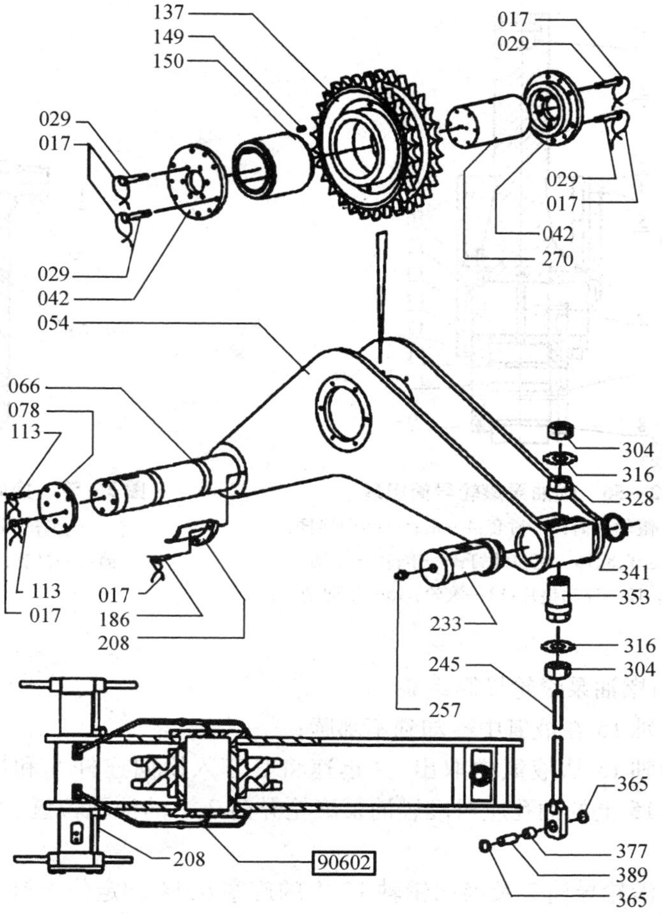

图 2-55　MAN B&W S-MC 柴油机的张紧轮装置

017—锁紧钢丝；029—螺栓；042—法兰轴承；054—支架；066—轴；078—法兰；113—螺栓；137—链轮；149—螺栓；150—轴承衬套；186—螺栓；208—定距块；233—轴；245—张紧螺栓；257—油脂嘴；270—轴；304—螺母；316—锁紧钢丝；328—导向螺母；341—弹性挡圈；353—导向螺母；365—弹性挡圈；377—衬套；389—轴

(2)检查燃油泵滚轮导筒 2 的内孔与换向销轴 15 外圆的配合尺寸，其配合间隙应符合图纸要求；

(3)检查换向连杆 5 的内孔与滚轮销轴 10 外圆的两处配合尺寸，其配合过盈量应符合图纸要求；

(4)检查燃油泵滚轮 13 的内孔与滚轮衬套 11 外圆的配合尺寸，其配合间隙应符合图纸要求；

(5)检查滚轮衬套 11 的内孔与滚轮销轴 10 外圆的配合尺寸，其配合间隙应符合图纸要求；

(6)检查浮动垫片 12、滚轮 13 和滚轮衬套 11 的厚度与换向连杆 5 的开挡宽度尺寸，其配合总间隙应符合规定要求；

(7)检查圆垫块 1 与油泵导筒 2 的配合尺寸，其配合间隙应符合图纸要求。

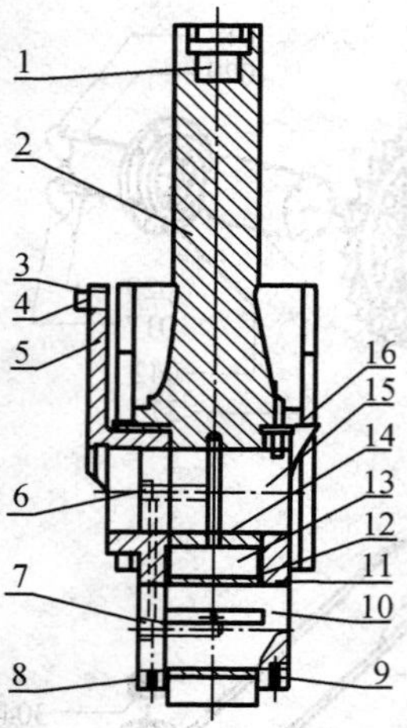

图 2-56 燃油泵滚轮导筒组装

1—圆垫块;2—滚轮导筒;3—衬套;4—销;5—换向连杆;
6,7,14—旋塞;8、16—定位螺钉;9—销;10—销轴;
11—滚轮衬套;12—浮动垫片;13—滚轮; 15—换向销轴;

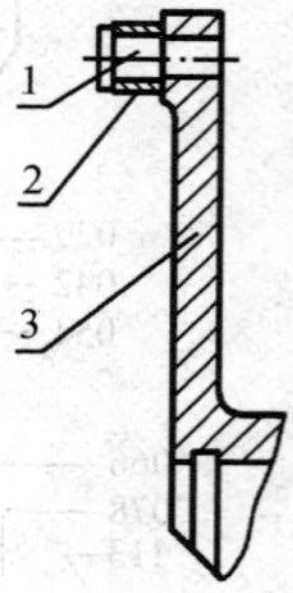

图 2-57 换向连杆控制销的安装

1—销;2—衬套;3—换向连杆

4. 换向连杆与燃油泵滚轮导筒组装

(1)将换向销轴 15 在液氮中冷却到不沸腾;

(2)将换向销轴 15 从液氮中取出,并迅速将其套入换向连杆 5 和燃油泵滚轮导筒 2 中,注意换向销轴 15 上的油孔应对准燃油泵滚轮导筒 2 上的油孔位置,可根据定位螺钉进行定位;

(3)将燃油泵滚轮导筒 2 及换向销轴 15 上的旋塞 6,14 和定位螺钉 16 清洗干净后,在螺纹处涂上密封胶并装妥。

5. 燃油泵滚轮安装

(1)在滚轮衬套 11 的外圆和浮动垫片 12 的两平面上涂润滑油脂后,在滚轮 13 内和两侧放妥后一起放入换向连杆的开挡内。

(2)将销轴 10 在液氮中冷却到不沸腾取出,并将其迅速套入换向连杆 5 和衬套 11 内,注意销轴 10 上的油孔应对准换向连杆 5 上的油孔位置,可根据定位螺钉进行定位。用芯轴检查换向连杆及导筒在正例车位置时与导筒的接触面,其贴合面积应达到 70%。

(3)将销轴 10 及换向连杆 5 上的旋塞 7、定位螺钉 8 和销 9 清洗干净后,在螺纹处涂上密封胶并装妥,并将销 9 用铆冲使之紧固。

(4)检查滚轮转动应轻快灵活。

最后,在圆垫块 1 上涂润滑油脂后安装在滚轮导筒 2 上。

(二)燃油泵座组装

如图 2-58 所示,燃油泵座组装主要是将密封衬套及帽盖等零件装在燃油泵座上。其安装过程如下:

(1)检查燃油泵座与密封衬套及导套的配合尺寸。检查密封衬套 4 的外径与燃油泵座 1 内孔的配合尺寸,其配合过盈量应符合图纸要求;检查密封衬套 4 的内孔与导套 6 外径的配合情况，其配合过盈量应符合图纸要求。

(2)将密封衬套 4 放入液氮冷却到不沸腾后取出，并迅速套入燃油泵座 1 上对应的孔中。

(3)将导套 6 在液氮中冷却到不沸腾后取出，并迅速套入密封衬套 4 上对应的孔中。对导套 6 和密封衬套 4 同钻攻两个止动螺钉的螺纹孔，在止动螺钉 5 的螺纹处涂黏接剂后，将止动螺钉 5 装妥。

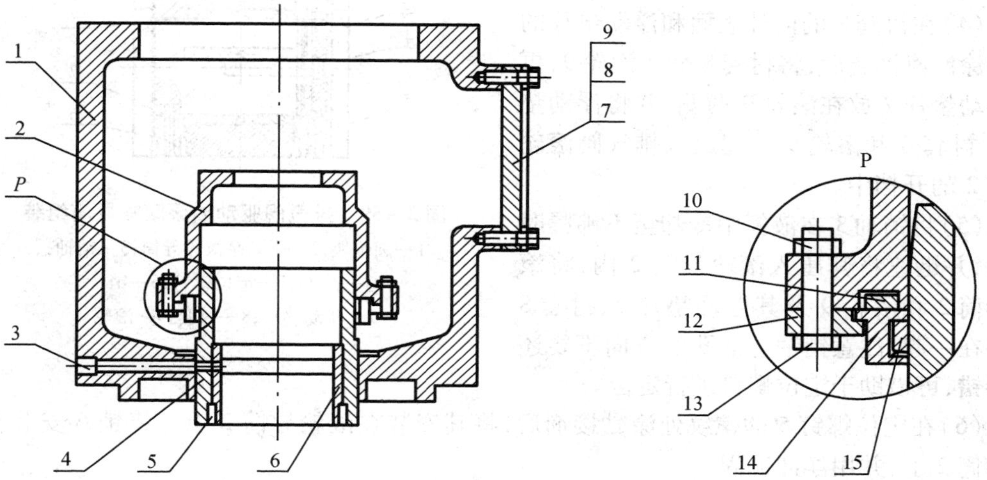

图 2-58　燃油泵座组装

1—燃油泵座；2—帽盖；3—旋塞；4—密封衬套；5—止动螺钉；6—导套；7—观察门盖；8—垫片；9—螺栓；10—螺母；11—轴向刮油环；12—法兰；13—螺栓；14—刮油环托架；15—刮油环

(4)测量导套 6 内孔尺寸应符合规定的要求，否则应进行拂刮。

(5)在密封衬套 4 上套入刮油环托架的连接法兰 12，将刮油环 15 装入刮油环托架 14 并要油中加热到 90 ~ 100 ℃后套入密封衬套 4。

(6)在密封衬套的帽盖 2 上装妥轴向刮油环 11，并将其安装在密封衬套 4 上，最后用螺栓将帽盖 2 与法兰 12 连接在一起。注意螺栓应均匀地依次拧紧，螺栓上紧后，帽盖 2、刮油环托架 14 及其法兰 12 一起应能在密封衬套 4 上移动。

(7)在燃油泵座 1 上装妥旋塞，注意旋塞的螺纹处应涂上黏接剂。

(8)用螺栓 9 将观察门孔盖 7 及其垫圈 8 等装妥。

(三)排气阀驱动油泵滚轮导筒组装

图 2-59 为排气阀驱动油泵滚轮导筒装配示意图，该机构的装配过程如下。

(1)精整并清洁所有待装的零件，做好油路的清洁工作，检查油路应清洁通畅，所有螺纹孔用丙酮清洗。

(2)配合尺寸的检查

①检查气阀滚轮导筒 2 与销轴 3 的配合尺寸，其配合过盈量应符合图纸规定；

②检查滚轮 9 与衬套 8 的配合尺寸，其配合间隙应符合图纸规定；

③检查销轴 3 与衬套 8 的配合尺寸，其配合间隙应符合图纸规定；

④检查浮动垫片7、衬套8和滚轮9的厚度,以及滚轮导筒2的开挡宽度尺寸,其轴向配合的总间隙应符合规定的要求;

⑤检查圆垫块1与排气阀滚轮导筒2的配合尺寸,其配合间隙应符合图纸规定。

(3)在圆垫块1表面涂润滑油脂后安装在排气阀滚轮导筒2上。

(4)在衬套8的内外表面和浮动垫片的两侧涂润滑油脂后,将衬套8套入滚轮9,再将浮动垫片7放在滚轮9两侧,并将浮动垫片7、衬套8和滚轮9一起放入排气阀滚轮导筒2的开挡中。

(5)将销轴3在液氮中冷却至不沸腾时取出,并迅速将其压入滚轮导筒2内,将滚轮导筒2和滚轮9及其浮动垫片7、衬套8连接在一起,注意销轴上油孔的方向不要还不弄错,可借助于定位螺钉进行定位。

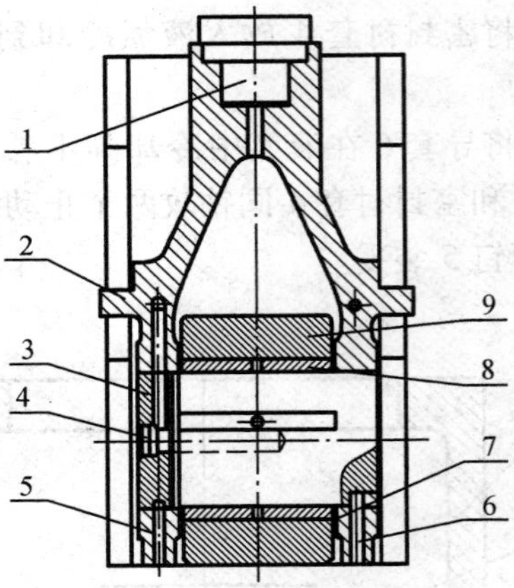

图2-59 排气阀驱动油泵滚轮导筒组装

1—圆垫块;2—驱动泵滚轮导筒;3—销轴;
4—旋塞;5—定位螺钉;6—销;
7—浮动垫片;8—衬套;9—滚轮

(6)在定位螺钉5的螺纹处涂黏接剂后,将其安装在滚轮导筒2上。将销6安装在滚轮导筒2上,并用洋冲铆固。

(7)检查滚轮9转动应轻快灵活。

(四)排气阀传动机构组装

1. 油缸的组装

(1)精整并清洁所有待装的零件,做好油路的清洁工作,检查油路应清洁通畅,所有螺纹孔用丙酮清洗;

(2)在液压缸上装妥止回阀、放泄阀、旋塞及示功机构的角钢等附件,安装时注意在螺纹处涂黏接剂。

2. 活塞组件的组装

(1)用丙酮清洗活塞及活塞环后,将活塞环安装在活塞上,注意活塞环上有“TOP”标记的一面朝上,活塞环在活塞的环槽内应能自由转动。

(2)将活塞组件安装在排气阀导筒顶部的槽内,并用螺栓装妥活塞组件的止动孔板,螺栓的拧紧力矩应达到规定的要求。

(五)底座板上各零件安装

(1)在底座板上种紧燃油及排气机构的螺柱,注意在螺柱的螺纹处应涂黏接剂,并用专用的双头螺柱紧固器拧紧,拧紧力矩应符合规定要求。

(2)在底座板上装妥各旋塞,安装时注意在旋塞的螺纹处应涂黏接剂。

(3)将示功器传动机构安装在底座板上。

(六)换向及提升机构安装

1. 换向机构安装

检查空汽缸活塞的行程应符合规定的要求,将空汽缸法兰加热到200 ℃后套入衬套,然后将换向装置安装在排气阀驱动油泵导套上。

2. 提升机构安装

先将提升机构组装好，然后将提升机构安装在凸轮轴箱上。

模块九　扫气箱、空冷器及排气管的装配

【学习目标】

1. 了解扫气箱的结构组成和特点；
2. 了解空冷器的结构组成和特点；
3. 了解排气管的结构组成和特点；
4. 掌握扫气箱、空冷器和排气管的主要装配工作内容；
5. 掌握扫气箱、空冷器和排气管的装配工艺过程。

【模块描述】

扫气箱、空冷器和排气管是柴油机的附件。本模块主要介绍柴油机扫气箱、空冷器和排气管的结构组成和结构特点，掌握扫气箱、空冷器和排气管装配的主要内容和装配工艺过程。并且掌握扫气箱、空冷器和排气管的装配方法及装配中的注意事项，互相配合完成扫气箱、空冷器和排气管的拆装、检查和装配工作。

【任务分析】

扫气箱和排气管是柴油机进气和排气的容器和通道。空冷器是对扫气空气进行冷却设备。扫气箱和排气管安装要求位置正确、接头密封、内部清洁干净。空冷器安装要求气密和水密性能好。主要装配工作内容有空冷器箱体组装；空冷器和集水器安装；辅助风机安装；扫气箱安装；扫气箱组件吊装；空冷器吊装等。排气口安装；排气管予装定位；膨胀接头安装等。

【任务实施】

一、扫气箱、空冷器及排气管装配的主要工作内容

（一）MAN B&W S－MC 柴油机扫气箱、空冷器和排气管的结构特点

1. 扫气箱

扫气箱的结构如图 2－60 所示。其结构特点如下：

柴油机的扫气空气由位于排气侧的一个或两个增压器供给。

柴油机排出的废气驱动增压器的蜗轮，由废气蜗轮驱动同一轴上的压气叶轮。

压气端通过空气滤器吸入机舱内的空气。空气经增压器压气端压缩后通过空气管进入空冷器进行冷却。

带有膨胀接头的空气管包有绝缘层，绝缘层内覆有消音材料。

空冷器后的滴水分离器把空气中的冷凝水分离掉。

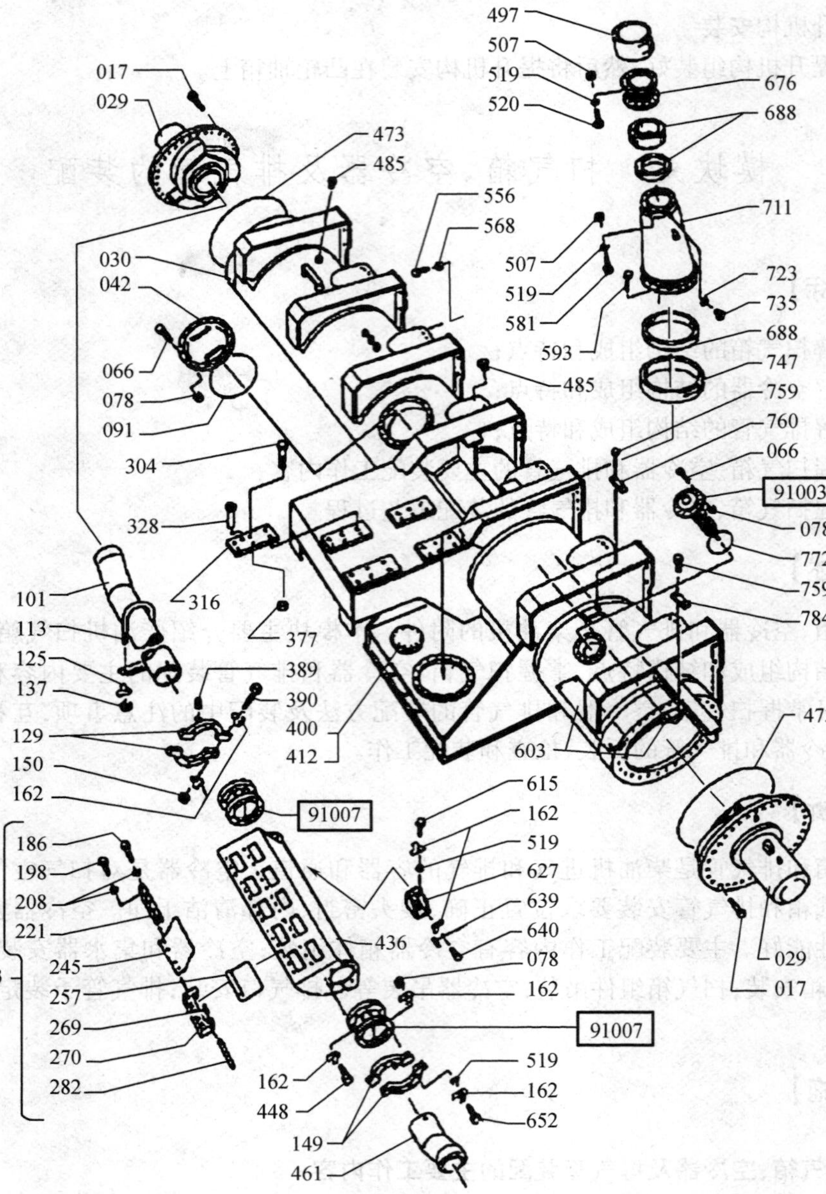

图 2-60　MAN B&W S-MC 柴油机的扫气空气集管

017—螺栓；029—辅助鼓风机；030—扫气空气集管；042—端盖；066—螺栓；078—螺母；091—垫片；101—吸气管；113—管夹；125—锁紧钢丝；137—螺母；149—专用环；150—螺母；162—锁紧钢丝；186—螺栓；198—螺栓；208—弹性垫圈；221—管夹；233—止回阀组件；245—止动板；257—阀瓣；269—弹性销；270—支架；282—轴；304—螺栓；316—垫片；328—定位销；377—螺母；389—定位螺栓；390—螺栓；400—盖；412—螺栓；436—阀箱；507—螺母；519—垫圈；520—螺栓；556—螺栓；568—定距管 $L=60$；581—螺栓；593—螺栓；603—底板；615—螺栓；627—固定件；639—弹性销；640—螺栓；652—螺栓；676—膨胀接头；688—绝热材料；711—空气支管；723—垫片；735—螺塞；747—盖板；759—螺栓；760—锁紧片；772—垫片；784—锁紧钢丝

空气通过安装在扫气空气集管底部的阀体压入扫气空气集管。阀体上安装有一组单向阀（板阀式），单向阀由增压空气打开。

当柴油机活塞位于下止点时，扫气集管内的空气经汽缸上的扫气口流入汽缸。当排气阀开启时，废气被压入一个公用的排气集管，然后废气以均匀稳定的压力驱动增压器的废气蜗轮。

扫气空气集管：扫气空气集管是一个有很大容量的容器。扫气集管用螺栓连接到汽缸体上。空气经过空冷器、滴水分离器和单向阀后被收集到扫气空气集管。扫气空气集管和汽缸体通过圆形开口连接。两个辅助鼓风机安装在扫气空气集管两端。辅助鼓风机的吸气口通过一段吸气管与阀体上的止回阀下部空气连接鼓风机的排气口。

鼓风机的吸气管中安装有一个止回阀。

带辅助鼓风机运行：柴油机启动时，或柴油机低负荷运行时，增压器不能供给足够的空气以保证主机运行。在上述情况下，一个压力开关会自动启动辅助鼓风机。辅助鼓风机运行时，它们通过增压器的空气滤器和压气端从机舱内吸入空气。这能使增压器在柴油机启动和低负荷运转时，保持一个合理的转速。

空气经过空气支管、空冷器、滴水分离器、止回阀和吸气管，进入辅助鼓风机吸气口。空气从辅助鼓风机排出进入扫气空气集管。

安装在排气空气集管内阀体上的单向阀，现在由于部分真空和作用在阀瓣上自身重力的作用而关闭。

如果单向阀未关闭将导致供气不足。

2. 空气冷却器

空冷器的结构如图 2－61 所示。其结构特点如下：

空冷器元件是块状结构，安装在由钢板焊接而成的壳体内；

空冷器壳体装有若干检查盖；

空冷器壳体内的内置式喷淋装置。

分离器：

空气流经叶片时，将扫气空气中的冷凝水分离出来；

被分离出来的冷凝水汇集到空冷器壳体底部，通过泄放系统排出；

在泄放系统中安装有一个高水位报警装置。

排气集管：

排气管的结构如图 2－62 所示。其结构特点如下：

从各个排气阀出来的排气被导引至排气集管。在排气集管内，各排气阀来的脉冲压力被平衡并以常压进入废气蜗轮增压器；

排气集管紧固在挠性支座上。在排气阀和排气集管之间，排气集管和增压器之间安装有膨胀接头；

在排气集管内，在增压器进口处安装有一个保护格栅。

为了迅速安装和拆卸排气集管和排气阀之间的接头，采用锁紧圈连接各部分排气集管和排气管外包覆绝热层。

排气集管可以安装旁通法兰，以用于：

废气蜗轮增压器出现故障时的应急运行；

在部分负荷工况下，改善燃油消耗率；

复合透平系统 TCS。

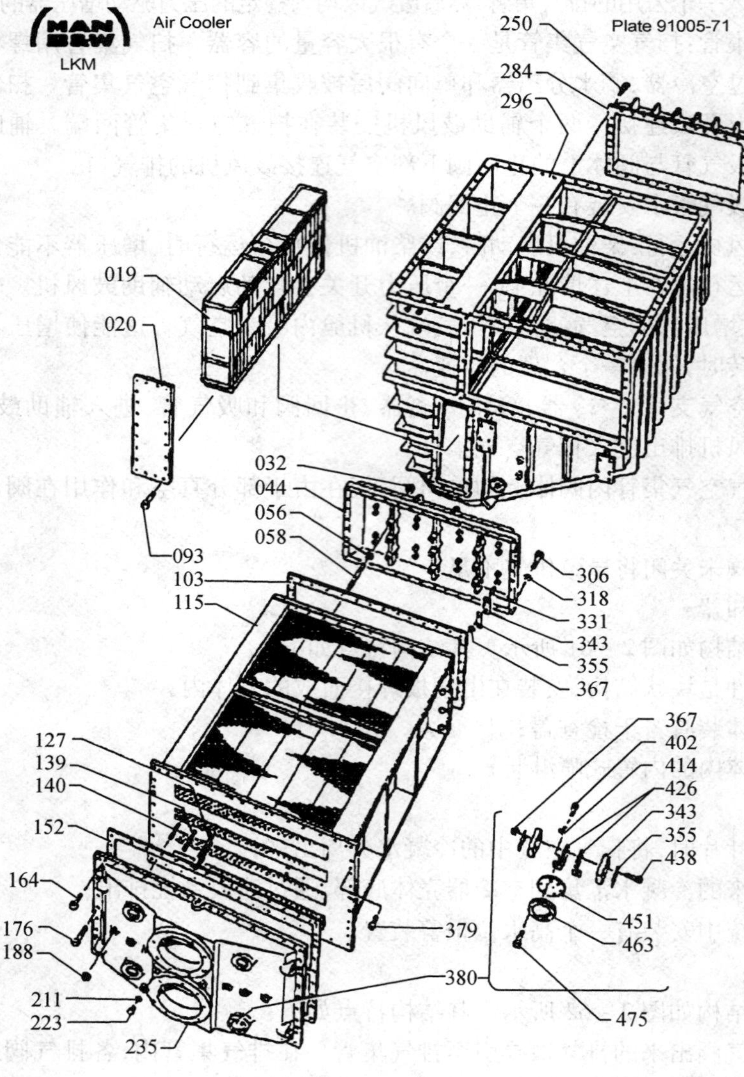

图 2－61　MAN B&W S－MC 柴油机的空冷器

019—滴水分离器；020—盖；032—螺母；044—回流腔；056—垫片；068—螺柱；093—螺栓；103—垫圈；115—空冷器芯子；127—螺柱；139—螺柱；140—螺柱；152—垫圈；164—螺栓；176—螺栓；188—螺母；211—垫圈；223—螺塞；235—端盖；260—螺栓；284—盖；296—空冷器壳体；306—螺栓；318—锁紧垫片；331—螺栓；343—铁块；355—锁紧板；367—螺母；379—螺栓；380—清洗盖组件；402—螺栓；414—锁紧垫片

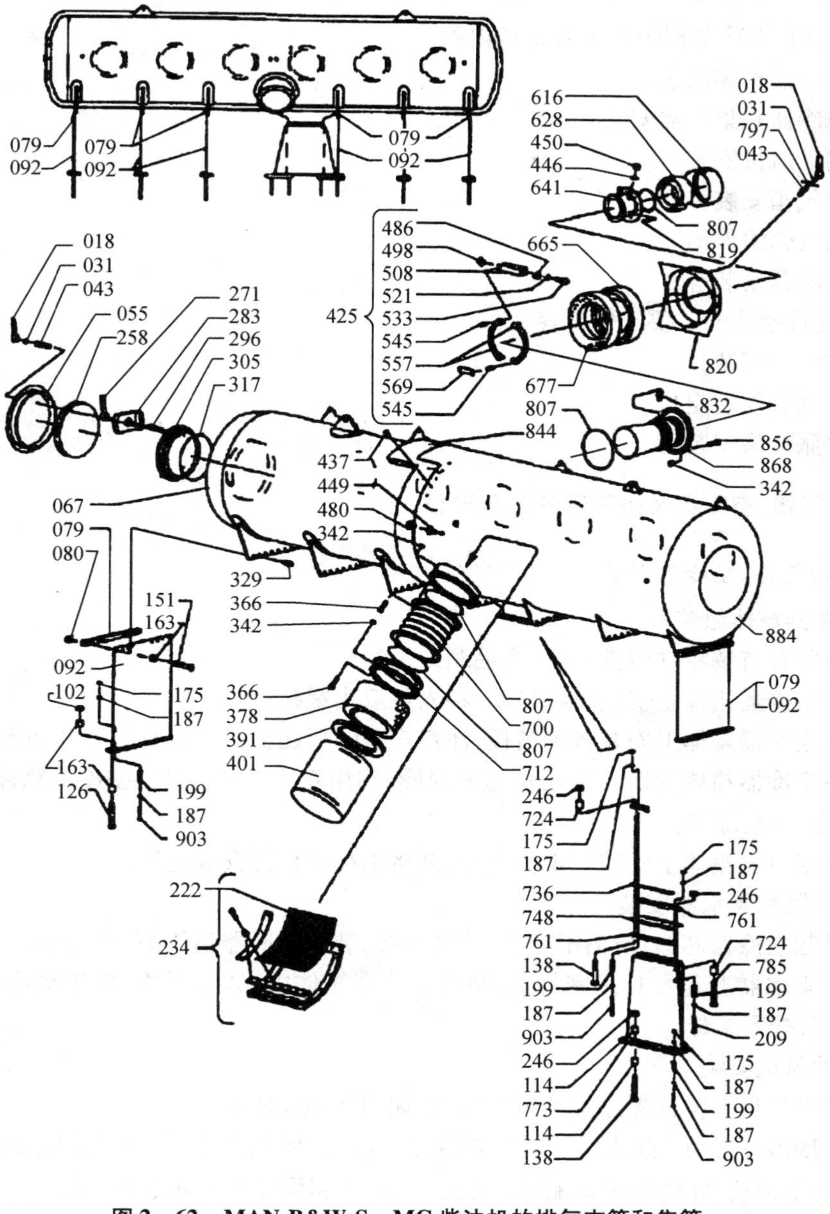

图 2－62　MAN B&W S－MC 柴油机的排气支管和集管

018—蝶形螺母；031—垫片；043—螺柱；055—盖；067—排气集管；079—管夹；080—螺母；092—支架；102—螺母；114—定距管 $L=25$；126—螺栓；138—螺栓；151—螺栓；163—定距管 L＝30；175—螺母；187—垫片；199—弹性销；209—螺栓；222—防护金属网；234—隔板总成；246—螺母；258—隔热材料；271—蝶形螺母；283—管夹；295—螺栓；305—盖；317—垫圈；329—弹性销；342—螺母；366—螺栓；378—隔热材料；391—隔热材料；449—垫片；450—螺塞；486—锁紧钢丝；498—专用螺母；508—锁紧块；521—螺母；533—螺栓；545—销；557—法兰夹具两半；569—连接块；616—隔热包覆层；628—隔热材料；641—排气支管；665—玻璃纤维布；677—隔热材料；700—膨胀接头；712—排气进口管；724—定距管 L＝45；736—垫片；748—弹性板；761—夹具；773—支架；785—螺栓；797—板；807—垫片；819—螺栓；820—隔热板；832—支架；844—隔热材料；856—螺栓；868—膨胀接头；881—隔热盖

（二）扫气箱、空冷器及排气管预装的主要工作内容

1. 扫气箱、空冷器预装的主要工作内容

（1）空冷器箱体组装；

（2）空冷器和集水器安装；

（3）辅助风机安装；

（4）扫气箱安装；

（5）扫气箱组件吊装；

（6）空冷器吊装等。

2. 排气管预装的主要工作内容

（1）排气口安装；

（2）排气管予装定位；

（3）膨胀接头安装等。

二、扫气箱、空冷器及排气管的工艺过程

（一）扫气箱、空冷器预装

1. 空冷器箱体组装

（1）将所有待装零件清洗干净，去毛刺；

（2）在空冷器箱体上安装各种旋塞，种入各双头螺柱；

（3）在空冷器箱体上安装各种盖板，注意安装时要在盖板上涂密封胶并加入垫片；

（4）在空冷器箱体的槽中装入 O 型密封圈，利用双头螺柱将两半空冷器箱体连接起来，装上定距管，拧紧螺母。

（5）在空冷器箱体上安装好走台支架，并将走板和栏杆安装完毕。

2. 空冷器和集水器安装

（1）吊起空冷器芯体，清洁干净后，涂密封胶，装入空冷器箱体中，拧紧螺母；

（2）在集水器上套入 O 形密封圈，装入空冷器箱体中，调整螺栓，使集水器与空冷器一面贴死，然后拧紧螺母。

3. 辅助风机安装

（1）辅助风机与空冷器之间的风门安装，如图 2－63 所示。

①风门组装，将轴 2 插入风门翼片 4 中，然后装上两边的固定块 3，在固定块 3 和轴 2 上现场配钻固定销孔，并将固定销配好后敲入，将轴 2 和固定块 3 固定在一起；

②风门安装，将组装好的风门用螺栓紧固在空冷器箱体上内；

③检查风门翼片 4 与空冷器箱体矩形口应贴合很好，并且风门翼片 4 应转动灵活自如。

（2）辅助风机安装

吊起辅助风机，在风机与空冷器箱体的贴合成涂密封胶，将风机安装在空冷器箱体上，装上定距管，并用螺栓拧紧。

4. 扫气箱安装

（1）清理扫气箱内外，修理各安装平面。

（2）安全阀安装

①将橡胶条用黏接剂制作成密封圈，清理、清洗阀座，用金属黏接剂将密封圈黏在阀

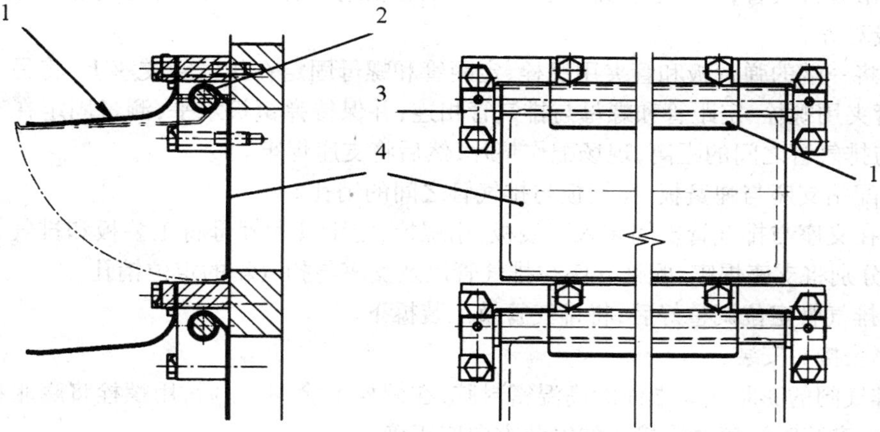

图2-63　风门安装

1—限位板;2—轴;3—固定块;4—风门翼片

痤上;

②将安全阀按图纸组装好后,用专用的试压工装进行压力试验,启阀压力应符合规定要求,开启压力以下不得的泄露;

③将安全阀装到扫气箱上。

(3)在扫气箱上安装各种盖板以及走台支架,并将走板和栏杆安装完毕。

(4)在扫气箱内安装子空间与扫气空间之间的风门,安装方法与辅助风机与空冷器之间的风门安装方法一样。

5. 扫气箱组件吊装

(1)修理扫气箱与汽缸体的贴合面;

(2)扫气箱与缸体试装,检查各螺孔是否能顺利旋入,检查贴合面缝隙,0.05 mm 塞尺应不能插入;

(3)要扫气箱、汽缸体上涂密封剂,将扫气箱与汽缸体合拢,用定距管和螺母按规定的力矩将扫气箱紧固在汽缸体上。

6. 空冷器吊装

(1)修理汽缸体与空冷器的贴合面,清理空冷器内腔;

(2)吊起空冷器箱体与扫气箱合拢,用定距管和螺母按规定的力矩将空冷器紧固在扫气箱上。

(二)排气管预装

1. 气口安装

(1)在排气管与增压器连接的气口前的格栅两侧各放一块垫片,用螺栓、螺母将气口、格栅及垫片安装在排气管上,安装时注意气口的方向应正确,螺纹处应涂 MoS_2;

(2)在各旋塞的螺纹处涂 MoS_2 后,将旋塞安装在排气管上。

2. 排气管预装定位

(1)将排气管工装装在柴油机中间两个汽缸的排气阀上。

(2)将排气管支座吊装到扫气箱上,并用连接螺栓、定距管和螺母将其紧固。

(3)吊起排气管,用螺栓将排气管与定位工装相连,使排气管上的废气进口与对应汽缸的中心线对齐。

(4)将一端的弹簧板和管夹用螺栓、定距管和螺母固定在排气管支座上;将另一端的弹簧板和管夹用螺栓、定距管和螺母与排气管相连,并保持弹簧板水平,测量固定在支座上的弹簧板与排气管之间的距离,现场配作垫片,然后将支座焊牢。

(5)配钻支座与弹簧板、弹簧板与排气管之间的销孔。

(6)在支座与排气管支间装入工装板,用螺栓、定距管和螺母将工装板和排气管连接起来,然后分别将支座焊牢,配钻支座与排气管以及支座与扫气箱的定位销孔。

(7)排气管定位调整好后,将排气管及工装拆下。

3. 膨胀接头安装

将排气阀的膨胀接头端面涂高温密封胶,在螺栓上涂 MoS_2 后,用螺栓将膨胀接头装在排气管上,安装时注意膨胀接头的安装方向应正确。

项目三　柴油机总装

模块一　主机基座(底座)的准备

【学习目标】

1. 掌握主机安装的工作内容;
2. 掌握大型船舶柴油机基座准备的内容和方法;
3. 掌握大型船舶柴油机基座的检验和加工方法。

【工作任务】

1. 现代大型船舶柴油机基座的检验;
2. 基座上主机固定螺孔的定位方法;
3. 现代大型船舶柴油机基座的加工。

【任务分析】

主机是通过垫片或减振器安装在船体基座上的,基座是与船体直接相连的支承座。根据不同的机型,基座一般有两种形式。对于大型低速柴油机,没有单独的基座,机舱双层底是由加厚的钢板焊接而成,主机的机座就落位在此加厚的钢板上,如图 3 - 1 所示。中小型柴油机,通常带有凸出的油底壳,因此在双层底上,还需焊接一个由型钢和钢板焊接起来的金属构件,如图 3 - 2 所示。在面板上,为了减少加工面而焊有固定垫片,固定垫片与柴油机机座之间配有活动垫片,用以调整主机的高度,主机与基座用螺栓固定在一起。

主机安装前,基座的准备包括基座位置及外形的检验、主机紧固螺栓孔与固定垫片位置的确定和基座上平面的加工。

【相关知识】

船舶主机是船舶动力装置的核心,其安装质量的优劣将直接关系到动力装置的正常运行和船舶的航行性能。

大型船舶通常采用大型低速柴油机,大型低速柴油机的总装工作在车间试车台上进行。目前大部分大型柴油机都采用整机装船工艺,机器装配好后进行调整和试验,再吊运到船上安装。也有部分大型柴油机采取先在车间总装试车后,再拆成零部件送到船上进行装配和安装,这是在缺乏起运设备的情况下所采取的措施。

船舶主机的总装,是柴油机制造和修理过程中最后的又十分关键的一项工作。一台柴油机能否可靠地运转,能否具有良好的工作性能和经济性能,很大程度上取决于总装工艺。

船舶主机的类型主要有柴油机、汽轮机和燃气轮机。不同类型的主机,有着不同的结

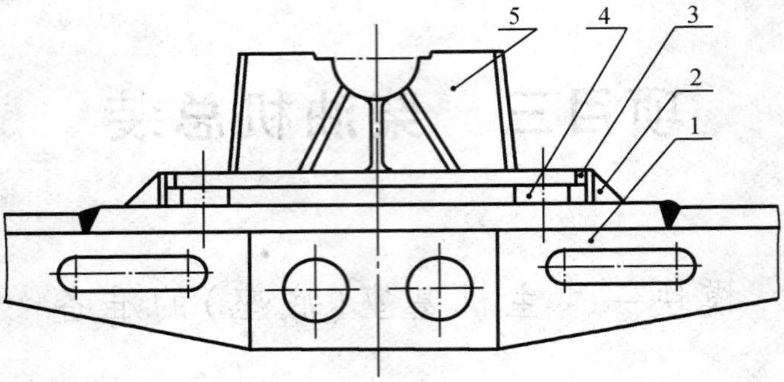

图 3 - 1　大型主机基座结构简图

1—具有加强板的双层底；2—侧向定位活动垫片支座；

3—侧向定位活动垫片；4—活动垫片；5—机座

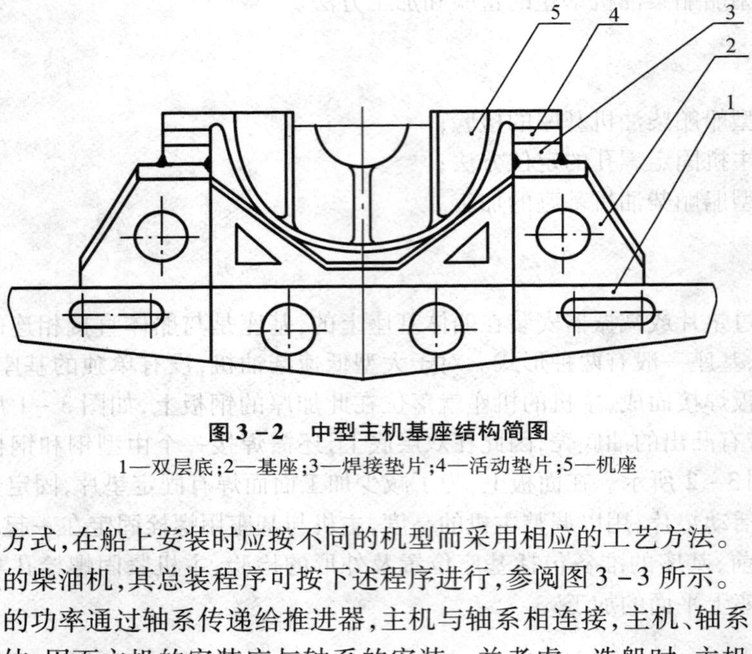

图 3 - 2　中型主机基座结构简图

1—双层底；2—基座；3—焊接垫片；4—活动垫片；5—机座

构特点和工作方式，在船上安装时应按不同的机型而采用相应的工艺方法。

对于新造的柴油机，其总装程序可按下述程序进行，参阅图 3 - 3 所示。

主机发出的功率通过轴系传递给推进器，主机与轴系相连接，主机、轴系和推进器组成一个有机的整体，因而主机的安装应与轴系的安装一并考虑。造船时，主机与轴系的安装顺序无外乎有 3 种：先安轴系再安主机；先安主机再安轴系；主机和轴系同时安装。在船台上先安装轴系，船舶下水后，再以轴系为基准安装主机，这是长期以来一直沿用的一种安装工艺。因为这种方法容易使主机的输出轴回转中心与轴系的回转中心同轴，同时避免了船舶下水后船体变形的影响。这种方法的缺点是生产周期较长。在船台上，以轴系理论中心线为基准，安装主机和轴系，可以先安装主机，然后再根据主机的实际位置确定轴系的位置并进行轴系的安装，也可以主机和轴系同时安装。这种方法，在主机定位后，可以进行管系和各种附属设备的安装，扩大了安装工作面，缩短了生产周期。但是这种方法往往难以避免船舶下水后船体变形带来的影响，而在安装轴系时由于主机已固定，艉轴也已固定，两个固定所产生的偏差必然要由轴系来消化，约束增加，安装难度较大。在工程实践中，究竟采

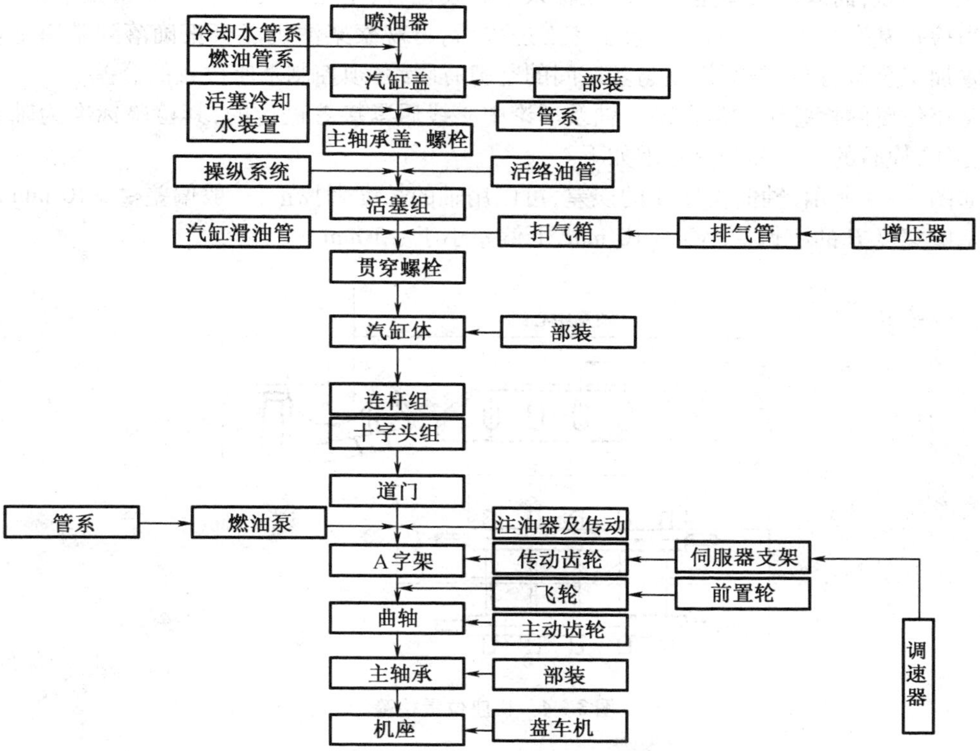

图3-3　总装工艺程序

取哪种安装顺序,要视造船总工艺、工厂的实际条件和工期而定。

主机安装后,必须保证主机与轴系的相对位置正确,并且在运转时保持这种相对位置关系。为了防止其他因素对主机安装质量的影响,在主机安装之前,必须完成下列工作:

(1)主机和轴系通过区域内船舶结构,上层建筑等重大设备调运安装工作基本完成;

(2)机舱至船艉的所有隔舱及双层底舱的试水工作均应结束。

主机安装的工作内容可归纳为如下几个方面:

(1)主机基座(底座)的准备;

(2)主机的定位(校中);

(3)主机的固定;

(4)质量检验。

【任务实施】

一、基座的检验

基座有时是在分段制造时根据船体基准线进行安装的,有时尾部与机舱合龙后,以尾管位置拉线定位装配焊接的,其定位是比较粗糙的。因此,当船体建造到一定程度,在轮机进行外场施工时,必须对基座的位置及外形进行检验,确保柴油机正确地落在基座上。

基座的检验与轴系中心线的测定往往是结合在一起进行工作的。这样做是因为船体装配时有误差,而这些误差是依靠改变轴系中心线位置,用尾管孔留有加工余量来调整的,所以当检查基座时把尾管的加工余量考虑进去后,再观察柴油机能否正确落到基座上。因为尾管加工余量有限,柴油机座与基座间的空隙有限,必须控制基座位置的公差。

基座位置的检验通常是在确定轴系理论中心线后紧接着进行的,其检验标准为轴系理论中心线,检验的项目和公差范围如下。

如图 3-4 所示,轴向位置 A 的误差,可以用轴的长度来找正,一般偏差≤±10 mm。

基座宽度 B 的上偏差小于 +10 mm,下偏差小于 -5 mm。

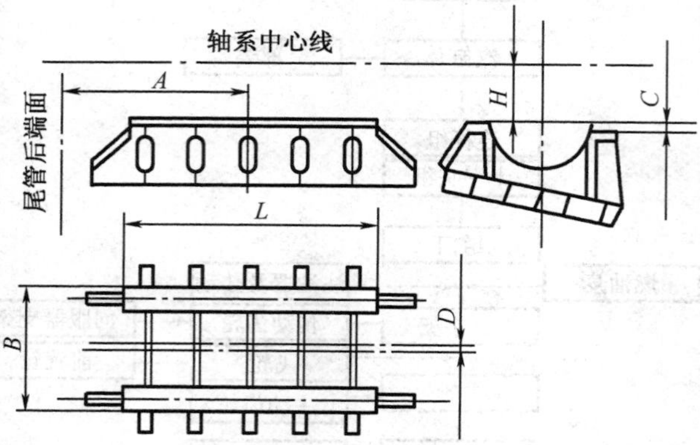

图 3-4　机座位置检验

基座两侧面板高度 C 的偏差小于 3 mm。

基座中心线与轴系中心线投影线之偏移的偏差小于 ±5 mm。

基座支承表面至轴系中心线之高度 H 的偏差可以用垫片厚度来调整,其偏差小于 ±3 mm。

基座总长度 L 的上偏差小于 +10 mm,下偏差小于 -5 mm。

检查上述各尺寸时依据的基准是轴系的理论中心线,为测量方便应将其投影到基座面板上。测出轴向位置 A 的长度后,应当根据该尺寸核对轴系长度和决定轴的下料长度。

主机基座或加强板的左右和高度位置的检验通常有两种检验方法。

拉线法。根据确定轴系理论中心线所拉的钢丝线检验基座的左右位置时,应先在基座上平面画出左右中分线 3,然后用垂直搁在基座面板上的角尺或丁字尺 1 测量钢丝 2 和基座中线的左右偏差 Δ,如图 3-4 所示,要求 Δ 不大于 5 mm。基准高度尺寸即轴系理论中心线距基座面板的高度尺寸可从图 3-5 所示的(有高度刻线的)丁字尺上直接读出。上述测量均须在基座前后两个位置上进行。

光学仪器法。当用光学仪器确定轴系理论中心线时,可按仪器主光轴来检查基座位置。检查基座高度时,如图 3-6 所示,将丁字尺 1 垂直搁在基座面板 2 上,从仪器中读出丁字尺上的刻度(仪器上十字线中心对着丁字尺寸的高度刻线)尺寸,即为轴系理论中心线距基座面板的高度尺寸,基座左右位置的检查同样预先画出基座上平面的左右中分线,将丁字尺上的中垂线对准中分线,读出仪器中十字线与中垂线之距离即为基准左右位置的偏差值。上述测量均须在基座前后两个位置进行。

在检查基准高度尺寸的同时,应计算出安装主机垫片的厚度是否合适。垫片的厚度等于基座面板或固定垫板至轴系理论中心线(考虑钢丝下垂量后)的尺寸减去主机或轴承旋转轴心线至机座支承脚下平面的尺寸,应为 10 ~ 75 mm。钢质垫片厚度不大于 25 mm;铸铁垫片厚度不小于 25 mm;整条硬木垫片厚度不小于 25 mm,且仅允许用在功率≤150 kW 的柴油机上。

经检查的基座位置及尺寸应满足以上公差要求,若发现基座偏差值超高公差范围时,允许将轴系理论中心线在不影响艉轴毂镗削范围内做适当调整。

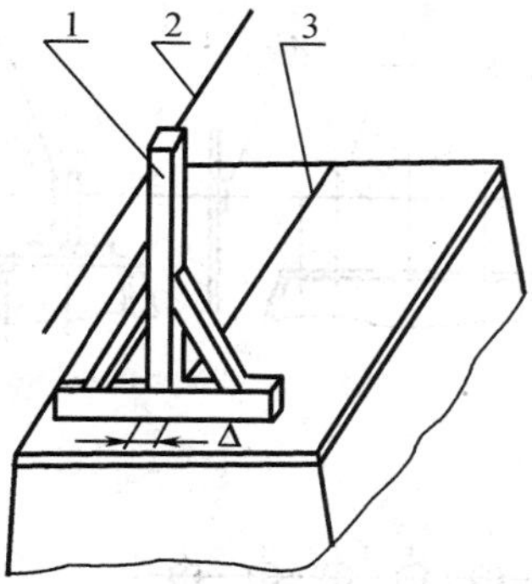

图 3-5　检查基座的左右位置

1—丁字尺;2—钢丝;3—中分线

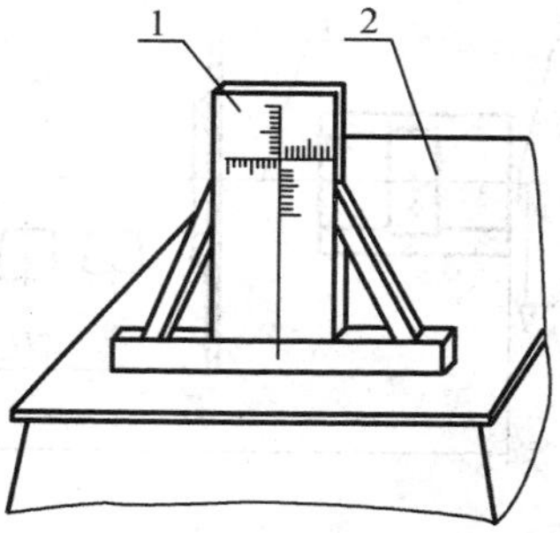

图 3-6　检查基座的高度

1—丁字尺;2—基座面板

二、基座上主机固定螺孔的定位

当检查基座位置合格后,就可以在基座面板上画螺钉孔的位置了;画线时首先要确定主机输出端即最后部底脚螺钉孔(第一螺钉孔)的位置,其他螺钉的位置以此孔为基准量出。第一螺孔轴向位置的具体尺寸从轴系布置中得到,但是不能直接用该尺寸作为画线的依据。因为船舶制造时的误差往往会造成实物与图纸规定尺寸间的差异,且当确定主机第一螺孔位置时尾管后部尚未加工,必须先选定加工后的后端面位置作为测量的起点。如果此时轴没有加工,可以用改变轴的长度来补偿;如果此时轴已加工完毕,则还必须用调整第一螺钉孔的位置来迁就轴的长度。此外,当确定第一螺孔的位置后,其他螺钉孔与第一孔相对位置尺寸,应当依据机座图纸并核对实物确认无误后,按与第一螺栓孔规定的距离尺寸画线和加工。

当画其他螺孔中心线时,螺孔左右分挡的尺寸,从中分线向左右量出,在求出螺孔的纵向中心线后,以螺孔的间距在螺孔的纵向中心线上画线,这样就确定了其他各底脚螺钉孔的中心位置,找到中心后应打样冲坑,螺孔的位置可以用等距法检查其准确性。

基座面板上焊有固定垫片时,应当在螺钉孔的周围,根据固定垫的尺寸画出放置固定垫片的位置,螺栓孔到垫片边缘的距离应当均匀分配。

主机固定螺孔的定位,实际上也是对固定垫片的定位,所以垫片的定位和固定螺孔的定位可同时进行。固定垫片定位后,主机安装时的位置调整就只能局限在垫片的位置范围内,因此固定螺孔或固定垫片的定位必须准确。其定位方法基本上有以下两种。

(一)拉线定位

如图3－7所示,根据轴系理论中心线拉一根钢丝线,在基座左右平面上横向放一根直尺,用角尺准确地将轴系中心线(钢丝线)投影到基座平面上,按主机定位图尺寸,定出主机各缸中心线。然后在基座平面上分别画出左右两排螺孔纵向中心线,沿中心线画出各螺孔的中心位置线,并同时画出各孔初钻孔的孔径圆,打上冲孔以示位置界限。为检查画线的准确性,可按图示 $L_1=L_2$ 来验证,此值可用几何作图法——平分垂直线的画法求得。

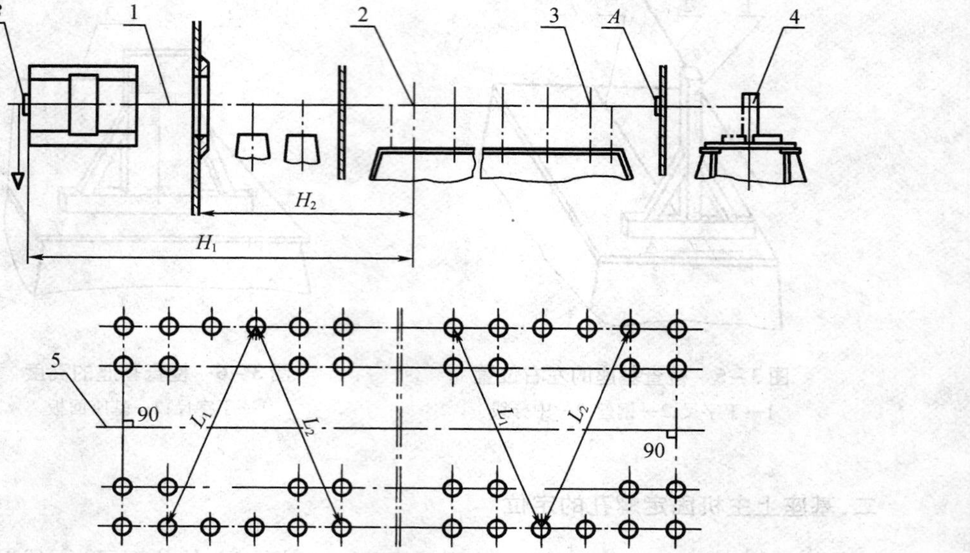

图3－7　拉线法确定螺孔位置线

A—首基点;B—尾基点;H—汽缸中心线至艉轴毂后端面之距离

1—钢丝;2—最末一缸中心;3—第一缸中心;4—角尺;5—轴线投影中心线

如果基座顶面的加工准备工作要在船舶下水后进行,就不可能使用图中船外 B 点来拉钢丝线,因此在下水前,必须在主机后面焊一槽钢,作为拉钢丝线的架子。在定 A 点的时候,在槽钢上也定出理论轴系中心点,船下水后,就以主机最后一个汽缸中心至艉轴前法兰平面的距离 H_2 作为主机的纵向位置,并通过 A 点和槽钢上中心点拉一根钢丝线,此时方可按前述的方法去定主机固定螺孔的位置。

(二)样板法定基座螺孔位置

样板可用木板或薄铁皮(0.5 mm)制作,如图3－8所示。以主机曲轴输出端法兰为基准,将主机机座上的螺孔位置、机座边框线以及飞轮端法兰平面线都复制到样板上,并标上左右前后记号。如有条件将此样板与机座实物核对。

在用样板定螺孔位置时,先按拉线法所述方法拉钢丝线,并画出轴系理论中心线及主机最后一缸的中心位置,使样板上机座中心线与轴系投影中心线及主机汽缸的中心位置重合,最后用夹具夹固样板,核对样板上机座边框是否在基座顶面边沿内(10 mm),然后方可画出主机机座螺孔位置线。同时将固定垫片位置按图3－8所示要求画出。

用样板确定螺孔位置的主要特点是,由于样板是按主机机座底平面实样复制,生产的柴油机则可按图纸制成钻孔样板,所以尺寸正确,不易产生较大误差,但制作样板比较

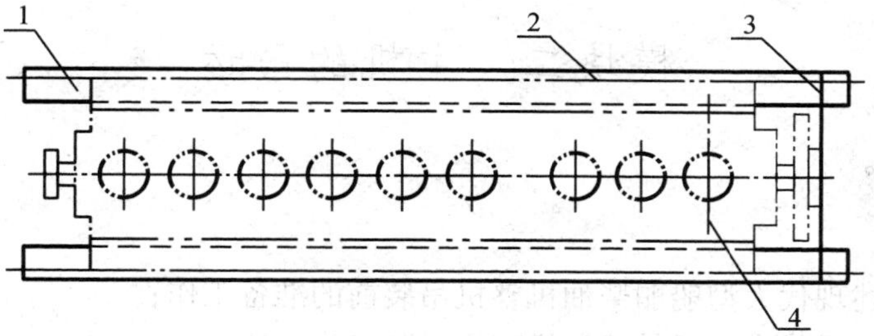

图 3-8　主机座螺孔样板示意图

1—画线样板；2—机座边框线；3—主机飞轮端法兰平面线；4—汽缸中心线

麻烦。

基座平面上的全部螺孔定位后，可将加工成 1∶100 斜度的垫片，按螺孔位置线焊于基座上，焊接时垫片必须保持向外倾斜。大型柴油机的垫片面积大，为了保证垫片焊后具有良好的接触，可在垫片中间位置钻一个或两个 $\phi15$ mm 的小孔，先用电焊焊住，再焊垫片的四周。为消除焊接变形，固定垫片的上平面应用平板研平，沾色均匀。

三、基座的加工

基座加工的主要工作是面板的加工，固定垫的焊接和平面的加工，以及螺栓孔的加工等项工作。

为了减少基座上表面加工工作量，基座面板上焊有固定垫片。在固定垫片焊接前，为了使基座面板与固定垫片贴合紧密，间隙应小于 0.10 mm，在放置固定垫片处的基座面板要进行加工修平。固定垫一般在四周焊牢即可，垫片尺寸较大时，为了增加垫片与面板间的贴合，可采用开孔塞焊的办法增加焊接面。

无固定垫片的基座面板要求表面全部加工，加工后应当进行刮削，用平板检查刮削的质量，一般要求每 25 mm×25 mm 内有 2～3 个油点，且与平板间间隙以 0.05 mm 塞尺不能插入，固定垫一般加工成 1∶100 的斜度向外倾斜，以利于研配活动垫片时将活动垫片推入。

为了使焊在基座上的固定垫片能与基座面板紧密贴合，以保证主机作用力能得到均匀而平稳地传递，必须对基座平面进行加工；按加工设备之不同，有手工操作法和机械加工法两种。

手工操作是用平板（沾以蓝油）在固定垫片的部位上进行对研，然后用风动砂轮机磨削基座平面，使在 25 mm× 25 mm 内着色为 2～3 点的技术要求。

机械加工是采用移动式铣削动力头加工基座平面，加工可达的粗糙度要达到 2.5～3.2 μm，采用机械加工基座平面，不但具有较高的效率，而且可获得更可靠的质量，但需要配备专用的设备。

基座上主机固定螺栓孔加工。

在上述螺孔定位后即可初钻螺孔，除毛螺栓孔可不留余量钻出（间隙在 4 mm 以上）外，精配螺栓孔得留余量 2 mm，以便镗削。对小型主机，也可在垫片匹配后，按机座螺栓孔直接钻铰。

模块二　主机的吊运

【学习目标】

1. 能正确描述现代大型船舶柴油机整机吊装前的准备工作；
2. 能正确描述现代大型船舶柴油机整机吊装定位方法。

【工作任务】

1. 掌握现代大型船舶柴油机整机吊装前的准备工作；
2. 掌握现代大型船舶柴油机整机的纵横拖移方法；
3. 掌握现代大型船舶柴油机整机吊装定位方法。

【任务分析】

大型船舶柴油机完成在车间的台架试验项目后，需要将柴油机从车间试验台整机拖运到舾装码头，或在舾装码头将部件装配成整机，然后用浮吊整机吊装到船上进行找正安装，如图 3－9 所示。主机的吊运方法有整机吊装和解体吊装两种。采用哪种方法主要取决于主机的外形尺寸、质量和起吊设备等因素。中小型主机通常是整机吊装。对大型主机，有条件的船厂也采用整机吊装，这样可以缩短造船周期。但大多数的船厂还是将主机拆散后吊入机舱再定位安装。

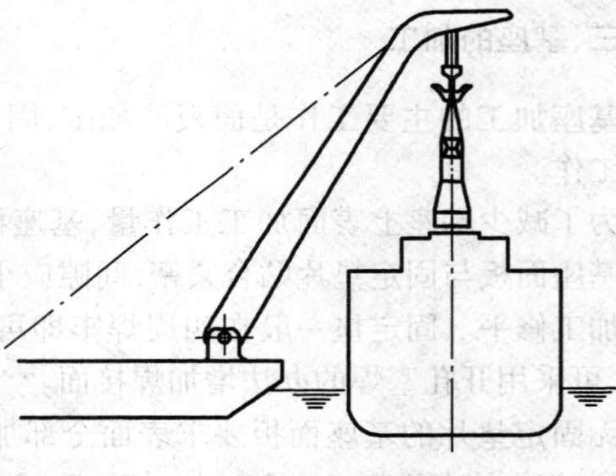

图 3－9　整机吊装示意图

【相关知识】

一、主机的解体

主机在船舶柴油机厂试车交验后，将被分解成若干部分，如油底壳、曲轴、机架、缸体及其他部分，并经船舶柴油机厂按要求进行保养防护后，运输到机装分厂或其他指定场所。

柴油机的解体安装工艺包含如下工作：

(1)按吊运能力将柴油机分解成若干部件，并吊运上船；

(2)机座在船上找正定位；

(3)部件的总装。

大型低速柴油机生产的批量较小，大件的互换性较差，从经济上考虑多为单配，在解体前必须检查柴油机在制造厂试验台上的总装时记录的各重要部位安装测量数据，试验合格证等有关出厂的证件，确认合格，船厂验收后方可着手进行柴油机的分解工作。

解体时应先将柴油机附属设备以及仪表盘等拆下，并分系统挂好标签集中放置，各部件连接处必须打上明显的标记,供复装时对正就位。拆卸时,必须选择适当的工具,以免损坏零件。曲轴和凸轮轴等,必须放置好,以免变形。对于部件间的接触面,拆下后应加以保护,落下时应垫上木质垫。

柴油机解体时,根据厂方吊运能力,部件应尽量大,以减少复装时的工作量。一般解体成扫气箱、增压器及汽缸盖、汽缸体、机架、曲轴及活塞连杆、机座等几个部件。

上船安装的低速重型柴油机,必须具有在制造厂试验台上总装时记录的各重要部位的安装测量数据和主机试验合格证。分解时,各部件连接处必须打上明显标记。

低速重型柴油机部件吊装,有两种工艺方案:一种是待船舶下水后轴系安装结束再进行主机安装,这是一种传统的工艺;另一种是主机在船台上首先定位安装,因而主机、轴系以及船体的某些舾装工程可以同时进行,为缩短整个船舶的建造周期创造有利条件,所以这是比较先进的工艺。

低速重型柴油机部件吊装,按部件分解程序,然后在船上组合成整机,其工艺流程如下:

机座定位→机架(A 型机架)安装→汽缸体安装→贯穿螺栓的安装→活塞装置的安装→缸盖的安装→扫气箱及增压器的安装→各系统、仪表及走台支架的安装等。

二、整机组装前的准备工作

(1)设备开箱检查,应由检查人员、供应人员以及其他有关人员在现场的情况下进行,验证产品合格证书,检查设备的完整性。

(2)中间轴与主机曲轴之间连接处法兰的铰孔预装工作结束。

(3)主机制造厂的服务工程师及其他服务人员应通知到厂,协助船厂进行主机吊装的准备工作。

(4)与主机贯穿螺栓相连接的 8 个主机吊装用吊耳,应由机装分厂准备,并进行拉力试验,每个吊耳的拉力不低于 50 t。其他吊装工具及设施也应确保安全可靠。

(5)主机组装用的两套临时基座和台架以及其他工装由机装分厂自行准备,应保证工装具有足够的强度。

三、主机的车间内组装

(1)主机组装工作应在机装分厂的新高跨内进行。

(2)在车间应将主机组装成两大部分,下部分包括油底壳、曲轴总成、机架等部件,总质量约为 133 t;上部分包括缸体总成、缸盖总成、活塞总成、扫气箱、辅助鼓风机、上部走台支架及中部走台支架等部件,总质量约为 98 t。

(3)主机组装工作应在主机制造厂服务工程师的指导下进行,尤其应重视机座找正、定时齿轮安装及重要连接螺栓的紧固等重要工序;现场应对所有装配数据进行详细的记录。

(4)在车间内分别将主机上述两部分组装好后,用 150 t 盘车将这两部分先后运至 10 万吨船台进行整体组装,运输过程一定要安全可靠,确保主机不受任何损坏。

(5)主机所有的装配数据都应满足主机的装配技术要求。

四、主机船台组装

(1)在船台上将组装好的主机上部分吊至组装好的主机下部分之上,在主机制造厂服务工程师的指导下，对这两部分进行连接组装。

(2)主机的贯穿螺栓紧固拉伸后，应检查和测量曲轴的臂距差并满足主机的要求。

五、主机整体上船

(1)主机整体吊装上船前，应检查主机基座面板是否按要求处理好；主机环氧垫块的内侧挡板是否焊妥；主机基座面板上的螺栓孔是否完成。

(2)主机整体吊起后，应将主机调整到与船台斜度一致。

(3)将主机整体吊入机舱，在吊装过程中一切应严格按操作程序执行，避免发生意外。

六、主机的保养

主机交货后，无论是在车间存放，还是已吊装上船，均应按主机有关要求进行防护，以防止主机在停机期间发生损坏。

【任务实施】

一、整机吊装前的准备

由于低速大型柴油机机体的尺寸和质量都非常大，为确保吊运过程中的安全，使柴油机受力均匀而不产生变形。事先必须做好细致的准备工作，对柴油机的外形尺寸、重心位置、吊运设备能力等进行仔细核算。

(一)质量核算

算出主机起吊时的净重，核算吊臂在所要求的幅度下的起重量(吊臂在不同的幅度下，起重机具有相应的起重量、跨距以及吊钩的起升高度)是否足够大于主机的质量。

(二)外形尺寸核算

机舱口的长与宽必须大于柴油机实际尺寸，其余不得小于0.3 m(每边0.15 m)，若舱口尺寸不够大时，必须扩大到需要尺寸。

(三)吊运能力的核算

根据柴油机实际净重合理选择吊运设备，拖运设备必须具有一定的过载能力。核算时还需要考虑浮吊吊臂角度以及跨距大小对起吊能力带来的影响。在柴油机质量及外形尺寸过大的情况下，允许拆除增压器、柴油机两侧的走台以及部分动力管路。

(四)高度核算

为了使主机吊装到受力均匀且平稳地就位于基座上，应将船体临时压载，使主机基座尽量处于水平位置。根据临时压载水线至机舱口的高度和主机实际高度尺寸，核算浮吊的起吊高度，应满足在不影响起吊的情况下，还需有1 m的活动余量，以便于决定采用相应的挂钩形式和起吊工具。

(五)幅度核算

当主机从船侧(或船尾)吊入机舱时，应根据主机半宽(或半长)以及机舱开口中心至船侧(或船尾)的距离，核算起重机的幅度是否够。

(六)主机重心核算

精确计算主机重心位置，便于在主机拖运过程中控制其最大允许倾斜角，也便于正确选择钢丝套环的受力部位，使吊钩垂直通过主机重心，从而达到吊装时钢丝绳受力均匀，吊装平稳的目的。

（七）钢丝绳的负荷核算

钢丝绳必须采用抗拉强度不低于 16×10^6 Pa，直径不小于 ϕ60 mm 的钢丝绳，总的安全系数不得小于 5.5 ~ 7 倍起吊质量，其长度是根据浮吊最大钩头高，主机高度、吊装工具高度和机舱高度等因素来考虑，在有充分高度余量的情况下，钢丝绳越长越好，角度越小越安全。

（八）起吊工具的准备

起吊工具的设置以使主机在吊运时受力均匀、平稳为原则，一般多数采用箱式横梁结构，如图 3 - 10 所示，它是利用主机的贯穿螺栓作为负荷支撑点，将横梁用特制螺栓与贯穿螺栓头部的剩余螺纹相连接，钢丝绳套挂在横梁的四个销轴上，四个销轴的位置必须根据主机重心位置来选择，使主机贯穿螺栓只受垂直拉力，吊运时的弯曲及扭曲力矩全由吊梁承受，以防止主机变形。

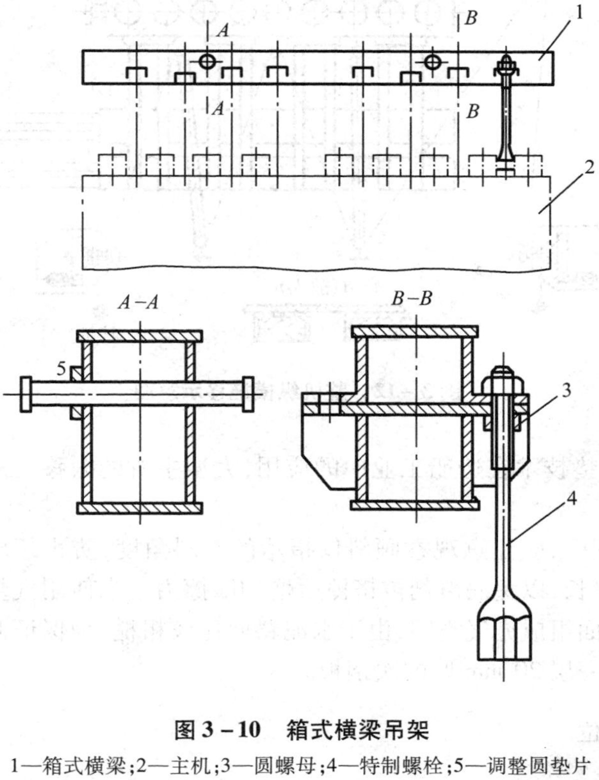

图 3 - 10　箱式横梁吊架

1—箱式横梁；2—主机；3—圆螺母；4—特制螺栓；5—调整圆垫片

二、主机的纵横拖移

当低速大型柴油机是由造机厂拆成部件运到船厂时，可在舾装码头进行组装后，再整机吊装到船上。对于船厂自己制造的大型柴油机，则可把整机从车间直接拖运到码头，这就要求拖运的道路平坦坚实并且有足够的承载能力。

柴油机在试验台上的提升，是采用两侧均布的单体油压千斤顶来顶升的。为此在机座两侧部位安置若干个支顶三角托架，如图 3－11 所示，为使各个千斤顶的升起达到同步，而不使主机产生变形，可以采用集中供油系统来完成。也可以采用每个千斤顶单独手工操作，但必须遵守统一口令，并使每个千斤顶上的压力保持一致。顶起时，各千斤顶旁边同时用临时支撑加以保险。

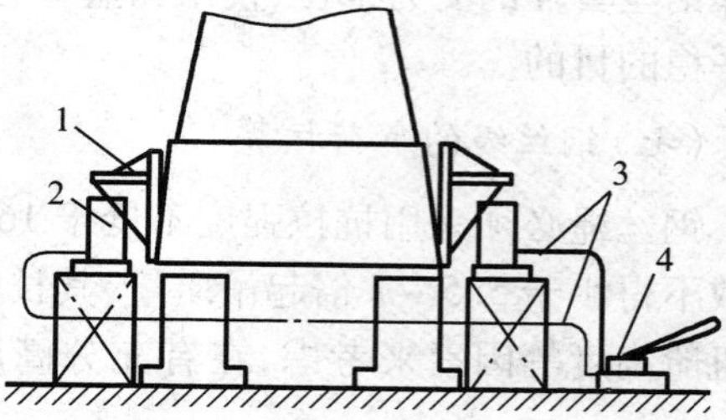

图 3－11　整机顶升示意图

1—三角支撑托架；2—油压千斤顶；3—油管；4—油泵

主机顶起后进行拖移所用的滑道，可采用槽钢内镶嵌硬木，两根槽钢并列组成一条滑道，如图 3－12 所示。滑板与滑道之间涂以润滑脂或涂二硫化钼，以减少摩擦阻力。滑道的承压面积以及绞车的牵引力，按摩擦系数为 0.2～0.3 来估算。

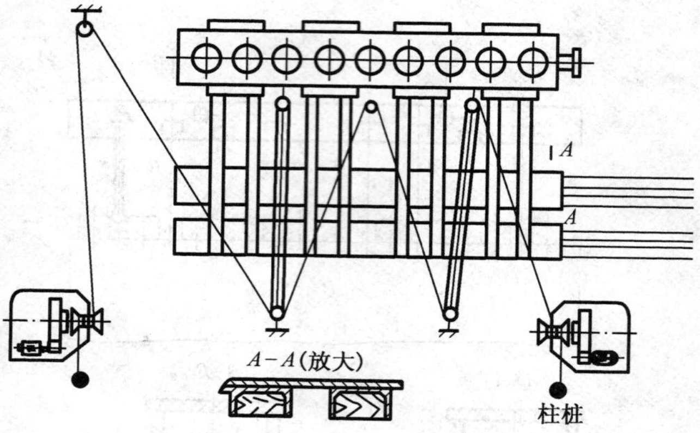

图 3－12　整机纵横拖移示意图

近年来，随着气垫技术在造船工业中的应用，大型主机的搬移也采用了高负荷的气垫起重位移装置。

在整机拖移过程中，应注意观察倾斜仪指示的倾斜角度，防止超出极限倾斜。而拖移途中停留时间不宜过长，以免润滑剂被挤掉后增加摩擦力。当使用气垫起重移位装置搬移主机时，因薄膜与路面组成充气空间，由于水泥路面比较粗糙，为保证此空间内所需的空气压力，路面上可铺设一层 20 mm 厚的次钢板。

三、整机吊装定位

柴油机的吊装工具装妥后，用浮吊缓慢提升，离地面约 100 mm 左右，需稳定 10 min，检查吊装工具和钢索等均无异常现象，再继续吊起。

主机吊至机舱口上空时，为便于吊准入口，在主机四角系以麻绳，用人工帮助转动使其对准舱口，然后将主机徐徐下落；为使主机准确落位，利用机座上的螺栓孔，用四根导滑杆做引导对准基座螺栓孔，使主机平稳又准确地就位于基座的临时木垫上；主机底部用楔形调位工具，两侧用油压千斤顶调整主机高低和左右位置。用法兰装置或光仪找正主机曲轴中心线与轴系中心线重合，测量曲轴臂距差满足技术要求后，进行配垫及紧固螺栓等工作，整机定位才告结束。

模块三　主机的定位

【学习目标】

1. 能正确描述现代大型船舶柴油机轴系法兰定位方法；
2. 能正确描述现代大型船舶柴油机按轴系理论中线校中方法；
3. 能正确描述现代大型船舶柴油机主机的固定操作程序。

【工作任务】

1. 掌握现代大型船舶柴油机根据轴系法兰定位方法；
2. 掌握现代大型船舶柴油机按轴系理论中线校中方法；
3. 掌握现代大型船舶柴油机主机的固定操作程序。

【任务分析】

主机的校中，或称定位，就是按轴系中线调整好主机在机舱中的位置，使安装好的主机轴心线与轴系中线同轴或平行(轴系通过减速器与主柴油机连接)。这是主机安装中最主要的一部分工作。

主机定位的实质，是根据船舶的设计定位尺寸，结合主机的实际外型参数，用画线或其他的方法确定主机在机舱的位置，获得必要的数据，在主机进舱之前把本来在主机进舱后所做的工作提前做好，以使主机进舱后的工作量大为减少，使轴系能提前到主机在机舱定位前就开始安装。

主机定位安装也是一种预装方法，它是在轴系第一道工序照光时，就确定了主机的前后左右位置，然后用画线的方法求出主机底脚螺孔位置，并将底脚螺孔预先钻(割)好，待镗孔工作结束之后，轴系安装就位，只需将主机略加调整、固定，主机定位安装即告结束。

【相关知识】

主机(减速器)的校中方法与轴系安装工作有密切关系，主要有两种方法：在先安装主机(减速器)后安装轴系时，则以轴系理论中线校中；在先安装轴系后安装主机(减速器)时，则以连接法兰上的偏移和曲折进行校中。

对于轴系通过减速器传动的主柴油机和主汽轮机组都从校中减速器开始，然后以减速器为基准校中主柴油机或高、中、低压汽轮机。

主机或减速器坐落在木垫块上以前，按第一中间轴法兰或所画的中线和螺栓轴心线将其位置大致摆对。然后用调位工具调整主机或减速器作前、后、左、右移动，使其左右高度调得一致，相差在 2 mm 以内算合格。当船体没有横倾或横倾在允许范围内，可用连通管水平仪将主机机座左右高度调得一致。在一般情况下，或船的横倾超过规定时是以基座上平面为基准，用钢直尺测量主机机座左右的高度，并调到一致。调整好后拆除木垫块，用斜铁临时垫好。经初校后,即可进行主机的校中工作。

主机用的调位工具一般是调节螺钉,如图 3-13(a)所示。对于中、大型主机因质量较大故多采用楔形千斤顶,如图 3-13(b)所示。

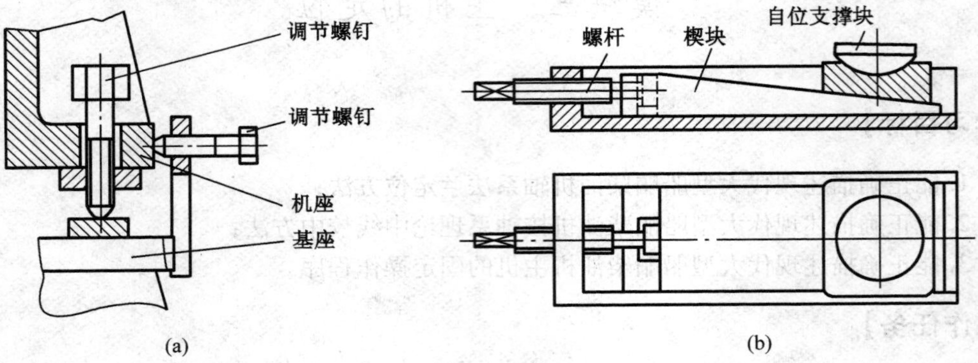

图 3-13　调位工具

(a)调节螺钉;(b)楔形调位工具

【任务实施】

一、根据轴系法兰定位

以安装好的轴系推力轴或第一中间轴的前法兰为基准,用直尺或塞尺或两对指针,根据它与主机输出轴相连法兰上偏移和曲折值来进行校中。允许的偏移和曲折值根据标准或计算决定。具体的校中方法与轴系校中的方法相同,这里不再重复。

二、按轴系理论中线校中

按轴系理论少线校中,适用于主机的定位在轴系校中之前。在生产中,此法没有得到广泛使用,只在某些特定条件下应用。

按轴系理论中线校中,主机首先要根据设计图纸,调准轴向位置,然后可用下述方法之一校中主机。

(一)光学仪器法

在中间轴未安装的情况下,可用光学仪器校中主机。

1. 用两个投射仪使主机定位

主机的对中可用两个投射仪来进行,如图 3-14 所示。将投射仪用夹具分别装在主机的前、后法兰上,如图 3-15 所示。首先调节仪器在法兰上的位置,使投射到规定截面上的十字线中心在曲轴轴线的延长线上,这样两个仪器投射到两个规定截面上的十字线中心,就可代表曲轴轴线的位置。调节仪器位置的方法如下:在供主机定位用的前、后光靶上(有的就在前、后舱壁上)各贴一张白纸,将投射仪投射在白纸上的十字线 1 及其中心 A 划下来,如图 3-16 所示。然后将曲轴转 180°,如仪器十字线中心不在曲轴轴线的延长线上,这时所投射的十字线 2 与十字线 1 肯定不重合,记下十字线 2 的中心 B,连 A,B 并平分得 C

点,用夹具上的调节螺钉 5 和 6 调节仪器位置,使所投射的十字线中心与 C 点重合。再将曲轴转 180°,如这时仪器投射的十字线中心离开了 C 点,用上述方法再进行调节,直至曲轴转 180°,前后仪器投射的十字线中心重合在一点上,该点必然在曲轴轴线的延长线上。用夹具上的螺栓 7 将仪器位置固定下来,然后再转动曲轴,检查仪器位置有无走动。检查无误后,即可根据供主机定位用的前、后发光靶中心(或划在机舱壁上的十字线心)进行主机对中。调整机座位置,使两个投射仪投射的十字线中心与光靶十字线中心重合,或使不重合数值在规定范围内。

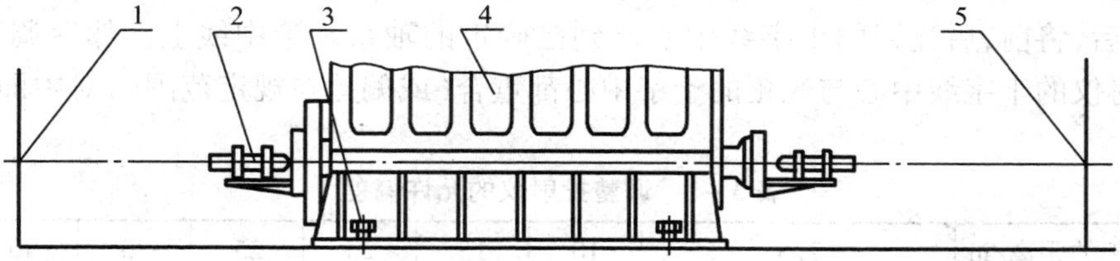

图 3-14　主机用两个投射仪定位示意图

1—后基准点;2—投射仪;3—调节螺钉;4—主机;5—前基准点

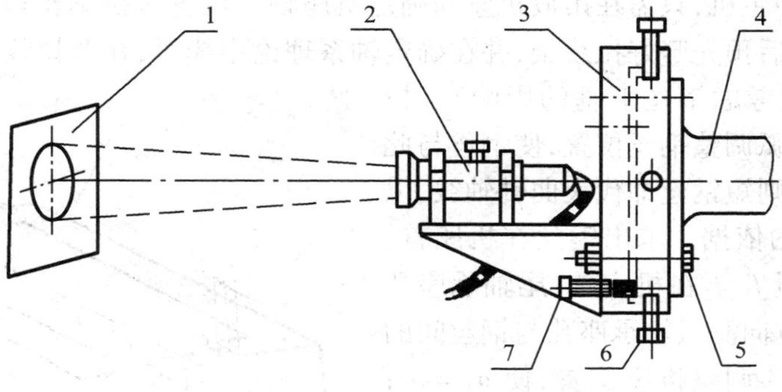

图 3-15　投射仪的安装

1—白纸;2—投射仪;3—夹具;4—曲轴法兰;5、6—调整螺钉;7—固定螺栓

2. 用一个投射仪使主机定位

主机对中亦可用一个投射仪进行。将投射仪装在主机输出法兰上,先调整仪器位置,使其光轴与曲轴轴线重合。调节的方法如下:在供主机定位用的两个基准点位置上分别装设光靶,一般设置在后机舱壁及尾隔舱壁或人字架轴毂孔前端面上。先后调整两光靶十字线中心的位置,使之与仪器投射来的十字线中心重合(调节后一个光靶时将前面一个光靶的靶芯取下,下同),然后将曲轴转 180°。由于此时仪器的光轴一般不与曲轴轴线重合,故曲轴转 180°后仪器投射出来的十字线中心与两个光靶的十字线中心不会重合。分别记下光靶十字线中心

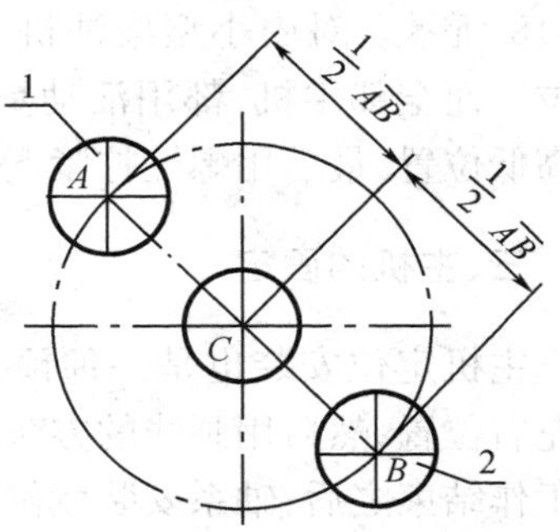

图 3-16　在曲轴轴线延长线上曲轴轴心几何求法

1,2—投射仪投射的十字线

与仪器十字线中心在水平方向和垂直方向上的偏差值，用夹具上的调整螺钉6调节仪器的位置，使仪器十字线中心落在前光靶（距仪器近的那个光靶）上偏差值一半的位置上，再用夹具上的调整螺钉5调节仪器位置，使仪器十字线中心落后于后光靶上偏差值一半的位置上。接着按这时候仪器的光轴，分别调整两个光靶，使两个光靶的十字线中心再与仪器十字线中心重合。然后将曲轴再转180°，若两个光靶的十字线中心与仪器十字线中心仍重合，或偏差不超过表3－1的数值，则认为仪器位置已调对，仪器的光轴可以代表曲轴轴线。若偏离过大，按上述方法继续调节仪器的位置，直至符合规定为止。不难看出，利用一个投射仪定位主机，仪器位置的调整较为麻烦，需要将仪器的光轴调得与曲轴轴线同轴。仪器位置调好后，将前，后光靶的十字线中心调到已确定的轴系理论中线上。然后调节主机位置，使投射仪的十字线中心与光靶的十字中心都重合（或偏差在规定范围），对中即告完成。

表3－1 调整投射仪的允许偏差

仪器与光靶的距离/m	7.5	10	15	20	25	30	40	60
允许误差/mm	不大于光靶刻线粗度	0.5	0.6	0.8	1.0	1.2	1.6	2.2

（二）拉线法

用拉线法对中主机，只需在吊放机座和确定机座轴向位置后拉钢丝短线。为了拉短线须在主机位置前、后预先竖好拉线架，并在确定轴系理论中线时，在两拉线架上画出十字线及检验圆弧线（应考虑钢丝下垂的影响）。拉短线时，按检验圆弧调整钢丝位置，使钢丝与此两检验圆弧同轴，则短钢丝即代表曲轴轴线，以它作为机座对中的依据。求出钢丝在机座首、尾轴承处的下垂量f_1，f_2在机座首、尾轴承座孔处沿垂直和水平方向测量轴承座孔与钢丝间的距离，见图3－17。调整机座位置，使$a_1=b_1$；$a_2=b_2$；$c_1+f_1=a_1$；$c_2+f_2=a_2$即可。

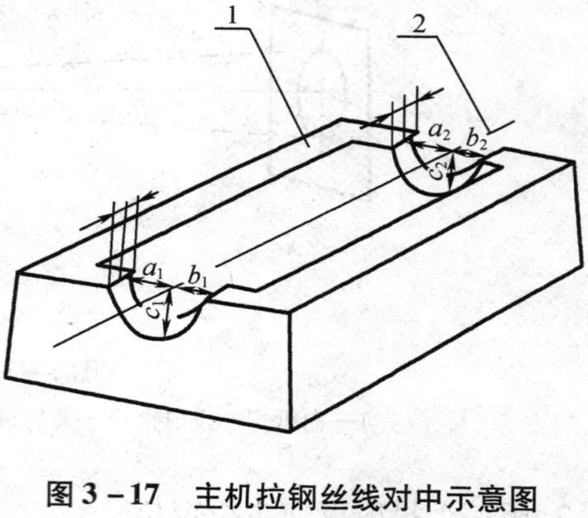

图3－17 主机拉钢丝线对中示意图

1—机座；2—钢丝线

主机校中后，为了使其位置不发生移动对大型柴油机采用侧向和轴向定位块定位，如图3－18所示。对中小型柴油机，则用紧配螺栓定位。而全部主机，都用活动垫片调整主机轴线高低位置，最后用螺栓拧紧。

三、主机的固定

主机定位安装也是一种预装方法，它是在轴系第一道工序照光时，就确定了主机的前后左右位置，然后用画线的方法求出主机底脚螺孔位置，并将底脚螺孔预先钻（割）好，待镗孔工作结束之后，轴系安装就位，只需将主机略加调整、固定，主机定位安装即告结束。

（一）主机的固定操作程序

主机校中好后就可将它通过垫片紧固在基座（或加强板）固定垫板上。配制垫片的目的是为了调整主机位置。因此，它是紧固主机时最重要的工作。配制好的垫片要求其上、

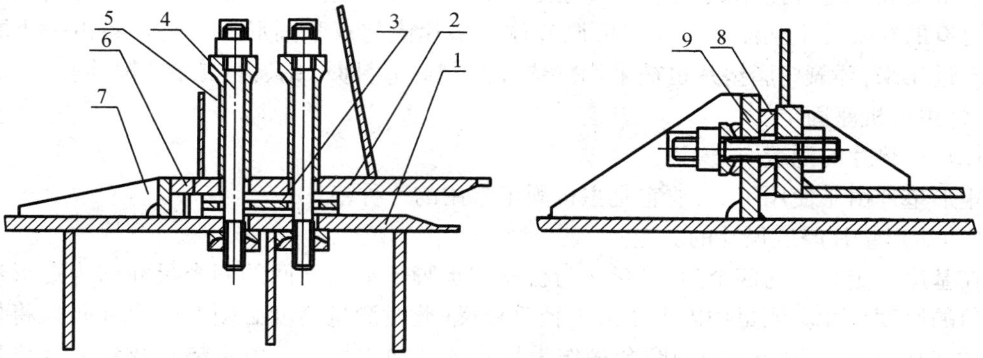

图 3－18　主机侧向和轴向定位块简图

1—基座；2—机座；3—活动垫片；4—紧固螺栓；5—过渡套筒；
6—侧向定位垫块；7—侧向支承；8—轴向定位垫块；9—轴向支承

下平面能与机座和基座（或加强板）固定垫板紧密贴合。检验时，各配合面之间用 0.05 mm 塞尺应插不进。

主机的固定工作开始于垫片匹配质量验收之后，无论垫片是铁质的还是塑料的，其质量都必须合格并同时检验主机曲轴臂距差值，才准固定。其基本操作程序如下：

1. 固定螺栓孔的加工：对于中、小型柴油机，一般都通过机座上的螺孔直接在垫片及基座上钻孔。为防止钻孔时垫片产生移动，应用压板或点焊将垫片强制固定。通常采用低速风钻进行钻孔，对于较大的螺孔（如 ϕ90 孔），大都用低速风钻逐步扩钻，根据风钻能力，最大的可钻到 ϕ70，然后再镗孔到规定尺寸。难以用幢孔方法加工的螺栓孔，可用拉刀由基座下方（双层底内）向上用油压千斤顶顶压，达到所需孔径，但费用较大。

2. 螺孔加工后，对其上下端平面必须沉眼坑。

3. 对精密配合的螺栓按镗削后的（小通常用铰刀铰孔）孔径按 D/gc 配合做精磨匹配。对于使用减振器垫片的柴油机，其基座上的固定螺栓孔都可在主机座拉线定位后钻孔；对于使用灌浇塑料浆的主机，其基座上松配螺孔可按机庄定位拉线时钻出，精配螺孔在机座安装就位后才进行铰削或镗削加工。

4. 按主机固定螺栓分布图安装精密配合的螺栓和非精密螺栓。

5. 按设计要求施紧各个固定螺栓，并旋紧其防松螺母。

6. 作出主机曲轴对推力轴（独立式）对中记录，或带推力轴的主机与其相邻中间轴法兰对中的记录。

7. 匹配机座的旁侧，推垫片。各旁侧推垫片都是楔形的，其接触面之间应插不进 0.05 mm 的塞尺，并用固定板将旁侧推垫片固定，以防松脱。旁侧楔形垫片的固定方法有两种。

（1）在楔形垫片与侧推架接触面交界处，加装定位螺钉。

（2）将楔形垫片直接与压板焊固，，然后再将压板与侧推架的顶面焊成一体。现今多采用后一种固定方式，因其施工方便，并且可靠。

（二）主机垫片及其配置

目前，在主机安装特别是在大型主机安装中用得最多的仍是矩形垫片，有的在中、小型主柴油机安装中还可使用其他垫片。为可靠起见，在所用垫片总数中有 20% 仍用矩形垫片。也有的在安装主柴油机时采用可调节球面垫片或与双联圆形斜面垫片各占一半联合使用。近年来，环氧树脂垫片也被采用。垫片配制好后，即可钻、铰（或镗）螺栓孔、配制螺栓等，将主机机座固定。

1. 矩形垫片的配置

矩形垫片由于使用可靠，故它是主机固定常用的一种垫片。

(1) 矩形垫片厚度尺寸的测定

在基座固定垫板的四个角上，量出与机座支承脚下平面之间的四个尺寸即为矩形垫片四个角的厚度尺寸。测量用内卡钳或内径千分尺（此时测量高度必须大于 25 mm），将量得的尺寸加 0.10 ~ 0.20 mm 的刮磨余量作为垫片的精加工尺寸。由于垫片数量多且垫片四个角的厚度尺寸一般是不相等的，应将它们编号，准确记录相应的数据，以免弄错。固定垫板与支撑脚下平面的间距也可采用专用的测量工具进行测量，如图 3 – 19 所示。把四个量柱 1 压至最低位置，拧紧紧固螺钉 3，把工具放到固定垫片上，四边大致对准后分别旋松紧固螺钉。量柱借弹簧 2 的弹力向上弹出，顶着机座支撑脚下平面。这时再拧紧紧固螺钉，将量柱的高度固定下来。抽出工具后，用外径千分尺测量四个量柱的高度，如相对的两个量柱高度之和相等，说明四个量柱的顶点在同一平面上，四个量柱的高度尺寸就是垫片四个角的高度尺寸。否则说明测量有误差，应重新测量。这种测量方法，不但测量迅速、准确，而且还可以利用专用夹具直接加工垫片，如图 3 – 20 所示，加工精度更能得到提高，以减轻研配垫片的工作量。

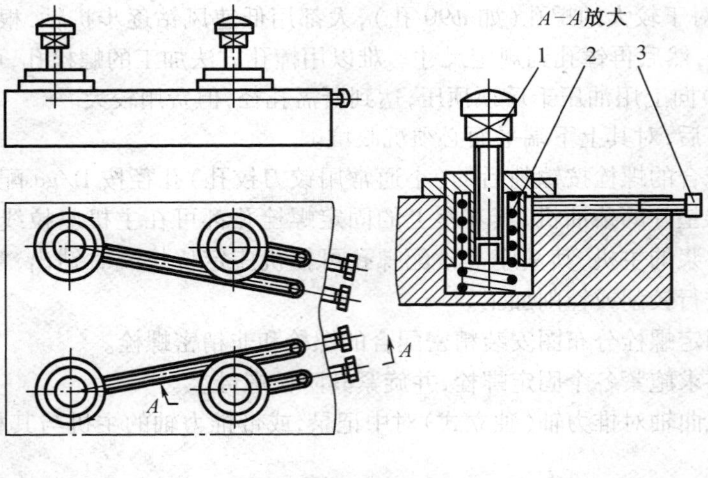

图 3 – 19　测量垫片厚度的专用工具

1—量标；2—弹簧；3—紧固螺钉

(2) 垫片的刮配

垫片在测量厚度尺寸以后，通常在车间先进行加工，留有余量，再到船上现场刮配。刮配垫片主要是刮磨它的上平面，使其与机座支撑脚下平面紧密贴合，垫片的下平面已经过精加工，固定垫板之上平面也以小平板为准刮磨合格，故这两个平面一般无需再刮磨。由于垫片有刮磨余量，可以将其推入机座与固定垫板之间（薄的一边朝里）时，头几次试放肯定是不能到位的。经刮磨到位后，用色油检查时每 25 mm × 25 mm 应有 2 ~ 3 个油点，并且

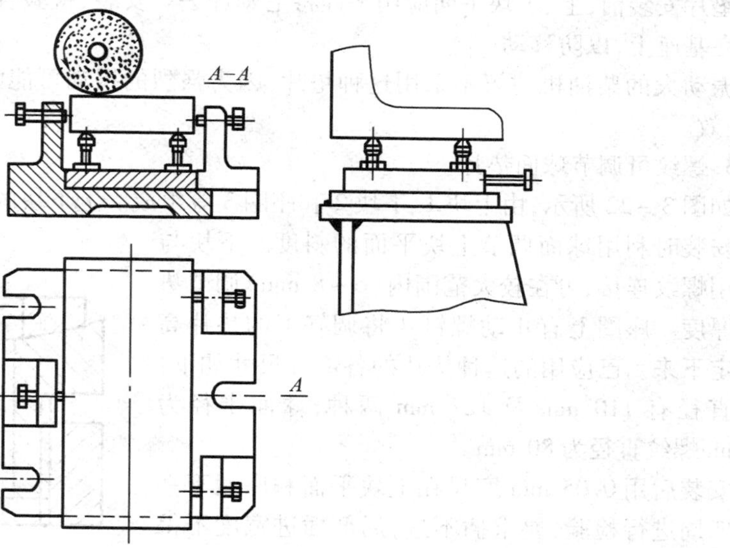

图 3-20　加工垫片专用工具

接触面四周用 0.05 mm 塞尺插不进，局部（少于两处）允许插进，但插进深度不得超过 30 mm，宽度不得超过 30～50 mm，刮磨才算合格。

刮磨主机矩形垫片的劳动强度大，工时消耗多。目前有些船厂已取消刮磨工序，根据精确测量的尺寸数据，将垫片用磨削或精车（精刨）准确地加工出来，然后直接拿去安装，不做接触点分布检查，只用塞尺在四周检查，要求同上。

2. 双联圆形斜面垫片

这种垫片由上、下两块组成，如图 3-21 所示。其结合面为斜面，斜度一般做成 1:20。整片直径一般为 80～150 mm，上块直径比下块小 10～20 mm。安装时相对转动上块与下块，可调整垫片下平面的斜度，以适应机座支撑脚下平面对基座上平面的倾斜。将上、下块轴心线作适当的相对移动（以上下块的边缘相重为限），可少量调整垫片的总厚度。

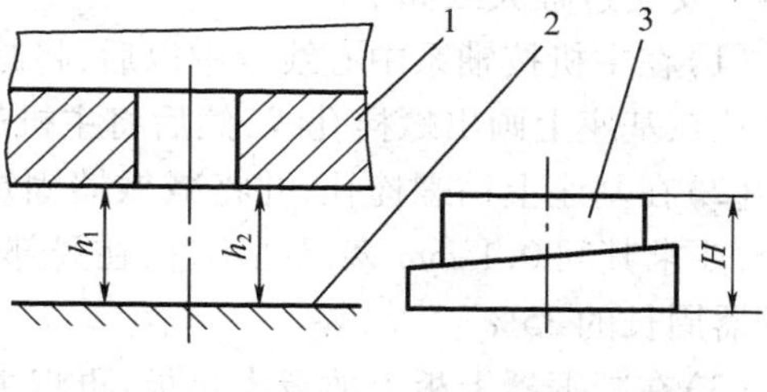

图 3-21　尺寸 H 的测量位置示意图

1—机座支撑脚；2—基座；3—双联圆形斜面垫片

垫片是预先做好的，仅上块的上平面留加工余量，待测出螺孔处机座支撑脚下平面与基座上平面的距离 H 后，准确加工上块厚度，即可进行安装。尺寸打在螺孔圆周上对称的两点（一般取机座纵向的两点）上测量，如图 3-20 所示，其平均值（$\frac{h_1+h_2}{2}$）就等于 H。

安装垫片时，凭摇动上块时手的感觉以决定上块与机座支撑脚下平面的空隙位置，或用塞尺测上块与机座支撑脚的空隙位置决定上下块相对转动的方向，最后要求达到垫片上、下平面与支撑脚和基座面贴合，用 0.05 mm 塞尺沿圆周接合面插不进，局部允许插进 30 mm，插进的范围不能超过 30 mm。

垫片安装前，上、下块平面应用平锉将毛刺锉去。安装、检验合格后，用点焊将上、下块固定在基座上，以防移动。

振动大的柴油机建议不采用这种垫片，因为强烈的振动可能将点焊撕裂，而使垫片移动、失效。

3. 螺纹可调节球面垫片

如图 3－22 所示，由上块 1、下块 2 和座圈 3 等组成。上下块的结合面是球面，安装时利用球面调节上块平面的斜度。下块与座圈用螺纹连接，可在较大范围内（6～8 mm）调节垫片的厚度。座圈上有止动螺钉 4 将调好了的垫片高度固定下来。已应用的这种垫片的各部分尺寸如下：上块直径有 110 mm 及 127 mm 两种，球面半径为 250 mm螺纹直径为 80 mm。

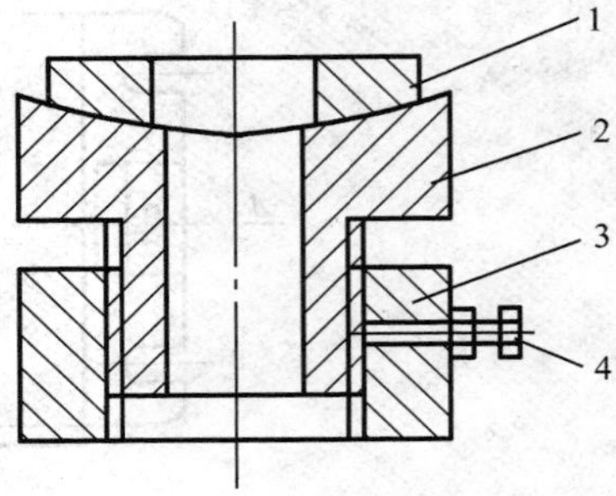

图 3－22　螺纹可调节球面垫片

安装后用 0.05 mm 塞尺在上块平面和座圈下平面的四周进行检验，要求插不进，局部插进宽度不得超过 30 mm。

这种垫片却是预先制造的，安装时只需按高度范围选用，使安装垫片的时间大为缩短。由于球面及螺纹配合的要求较高，制造较为麻烦，所以应用不广。

4. 橡皮减振器垫

一些高速主柴油机的船舶，为了减少船体的振动和吸收主机发出的噪音，往往将主机安装在橡皮减振器上，如图 3－23 所示。减振器的下板 3 利用螺栓 5 固定在基座 4 上；减振器的上板 1 支撑着主柴油机，其机座 6 用紧固螺栓 7 与减振器的上板 1 相连接。主机在减振器上安装过程大致如下。

（1）在主机按轴系中心线校中以后，将减振器临时固定在机座上，并按减振器下板上的螺栓孔在基座上画出螺栓孔线，然后将主机吊开（此时从机座下取下减振器）。

（2）在基座上钻螺栓孔，并将减振器固定在基座上。减振器下板与基座支撑面应紧密贴合，要求其间 0.1 mm 塞尺插不进，在局部地方允许有 0.2 mm 的间隙，但其总长不应超过减振器周长的 35%。

（3）在减振器上板上放置木垫板，再将主机安置在此木垫板上，用主机调位工具支撑主机，然后拿开木垫板进行主机的校中工作。

（4）量取机座支撑脚下平面与减振器上板的间距，根据测量的尺寸配制矩形垫片（考虑减振器弹性变形的数值）。在装垫片时，为了便于安装，利用顶压螺栓将主机从减振器上略为升高一点，将垫片安放在规定的地方，其后就将主机下降到垫片上并用螺栓将其紧固在减振器上。检查机座支撑脚下平面与垫片以及垫片与减振器上板的贴合程度。其要求同上。

5. 环氧树脂垫块

矩形金属垫片，在可靠性上是无可置疑的，但研磨垫片费时且劳动强度大，因此近年来在某些船厂，采用了树脂垫片，加快了主机的安装速度，这是一项较为先进的工艺。图 3－24 和图 3－25 所示是两种树脂垫片的灌注形式。

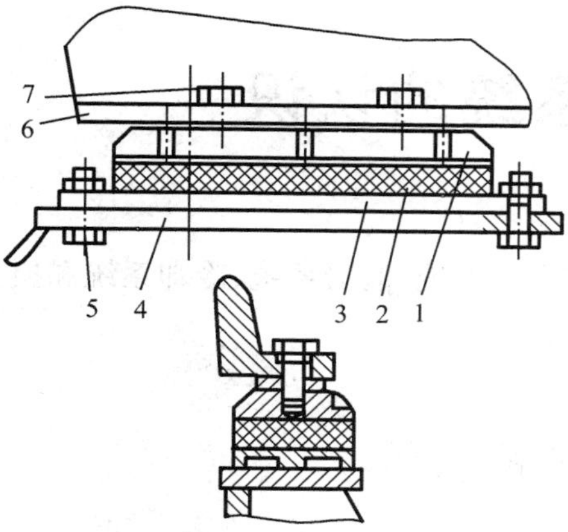

图 3 – 23　151 型双板式减振器在船上的安装

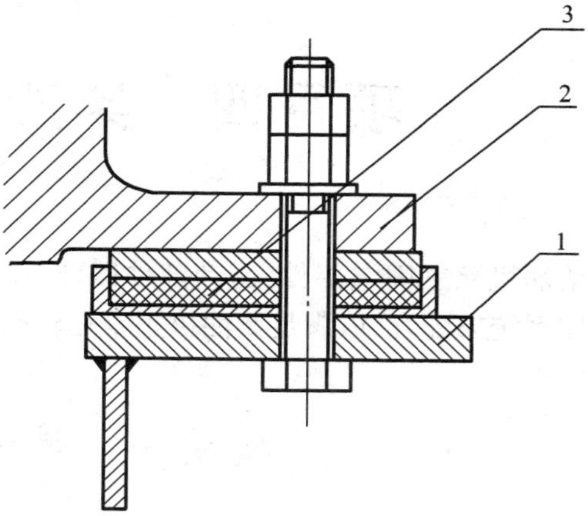

图 3 – 24　中型机树脂垫片

1—基座;2—机座;3—树脂垫片

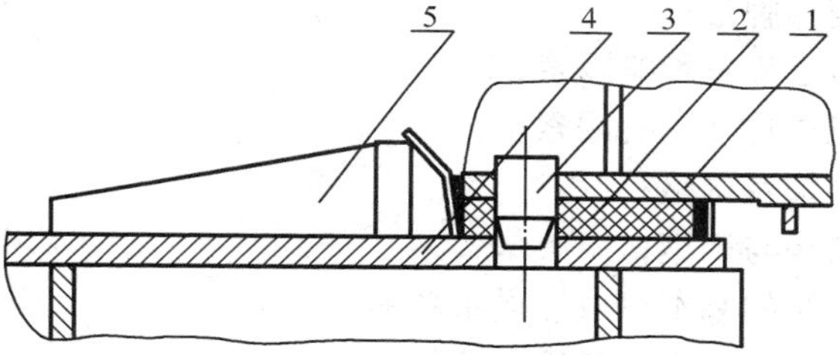

图 3 – 25　大型机树脂垫片

1—机座;2—树脂垫片;3—销;4—基座;5—侧向定位支撑

树脂垫片所使用的稀释剂、固化剂等都还有待进一步研究试验。目前所见到的商品，如美国 PR610—TCP,不仅可使用在中小型机上,也可使用在大型主机上。

必须指出的是树脂垫片,仅代用部分金属矩形垫片。即在一台主机中,仍然还有部分金属垫片。以图 3 – 23 为例,主机紧配螺栓在飞轮端,仍用金属矩形垫片,而自由端没有紧配螺栓,用树脂垫片。

项目四　柴油机系统的认识

柴油机除了固定部件、运动部件以外,还需要有燃油系统、润滑系统、冷却系统和换气与增压系统来配合,以满足柴油机正常运转的要求。

模块一　燃油系统的认识

【学习目标】

1. 了解燃油的性能指标;
2. 了解燃油的分类和牌号;
3. 了解燃油的喷射过程及影响因素;
4. 了解燃油的燃烧过程及影响因素;
5. 掌握喷油泵的结构及调整;
6. 掌握喷油器的结构与调整;
7. 掌握船舶燃油系统的基本组成和设备功能;
8. 掌握燃油的净化手段及供给系统。

【模块描述】

燃油系统是柴油机重要的动力系统之一。本模块主要介绍燃油品质的相关指标,国内及国际上燃油的牌号,低质燃油的特点等相关知识;了解燃油喷射过程各阶段的特点及影响因素,可燃混合气的形成方法,不同类型的燃烧室结构形式及其特点;掌握船舶燃油系统的组成,燃油的加装、测量、计算,燃油的驳运、净化和供给,以及柴油机燃油系统的操作、注意事项及管理要点。

【任务分析】

燃油系统的作用是把符合使用要求的燃油畅通无阻地输送到喷油泵入口处。船用重油通常采用沉淀、分离和过滤等净化处理措施。燃油的供给系统主要由燃油供给泵、燃油循环泵、燃油混合桶、雾化加热器和燃油自清洗滤器等组成。对燃油系统的管理主要有燃油加热温度的选择;燃油的净化处理;系统放气;轻重油转换等内容。确保柴油机燃油系统中各设备正常运转,系统正常使用。

【知识准备】

柴油机的燃烧质量直接影响其动力性、经济性、可靠性、排放特性以及启动性能等。因而对柴油机燃烧过程的要求主要有完全、及时、平稳和空气利用率高。燃油喷射系统的功用就是按上述要求，在压缩行程末期将燃油喷入汽缸，经过雾化、蒸发、扩散与空气混合成可燃混合气，并发火燃烧。

一、燃油

（一）燃油的理化性能指标

船用柴油机所使用的燃油主要有轻柴油、重柴油和船用燃料油（重油）。燃油种类不同，其质量也不同。燃油的质量是以其理化性能指标来衡量的。这些性能指标大致可分成三类：影响燃油燃烧性能的有十六烷值、柴油指数、馏程、热值和黏度等；影响燃烧产物的有硫分、灰分、沥青分、残炭值、钒和钠的含量等；影响燃油管理工作的有闪点、密度、凝点、倾点、浊点、水分和机械杂质、黏度等。其中影响燃油燃烧性能的指标是选用燃油时的主要依据。

1. 十六烷值

十六烷值是表示燃油自燃性能的指标，十六烷值越高，燃油自燃性能就越好。

对燃油的十六烷值应有适当的要求。十六烷值过高，不仅燃油费用高，而且燃烧时容易高温裂化而生成游离碳，使柴油机排气冒黑烟，经济性能下降。十六烷值过低，柴油的自燃性差，会引起燃烧粗暴，甚至在启动或低速运转时难以发火。通常，高速柴油机使用的燃油十六烷值在 40 ~ 60 之间；中低速柴油机在 40 ~ 50 之间。对于燃用重油的大型低速柴油机，只要其十六烷值不低于 25，即可保证正常工作。

2. 热值

1 kg 燃油完全燃烧时放出的热量称为燃油的热值或发热值，单位用 kJ/kg（千焦/千克）表示。不计入燃烧产物中水蒸气的汽化潜热的热值称为低热值，用 H_u 表示。我国规定，重柴油的基准低热值 $H_u = 42\ 000$ kJ/kg；轻柴油的基准低热值 $H_u = 42\ 700$ kJ/kg；国际标准化组织（ISO）规定的标准为 $H_u = 42\ 707$ kJ/kg。

3. 黏度

黏度是液体内分子摩擦的量度，是燃油最重要的特性之一。燃油的黏度与其流动性、雾化、燃烧质量和润滑性能有很大关系。燃油的黏度过大，雾化效果差、燃烧不完全，排气冒黑烟；燃油的黏度过小，会使得喷油系统中的精密偶件润滑不良，漏油量增大，使供油量减少而降低柴油机的功率。所以，燃油的黏度必须适宜。

液体的黏度值有绝对黏度和相对黏度（条件黏度）两种表示法。前者表示内摩擦系数的绝对值，后者是在一定条件下测得的相对值，并因测定仪器而异。

绝对黏度有动力黏度和运动黏度；相对黏度有恩氏黏度、赛氏黏度和雷氏黏度。

采用不同的测量方法，黏度的单位也不同。

我国使用运动黏度和恩氏黏度，英、美等国则使用恩氏黏度。ISO 组织规定以 50 ℃时的运动黏度值作为燃油的黏度值。

压力和温度对燃油的黏度有很大的影响。燃油的黏度随压力的增大而增加，随温度的升高而降低。燃油的黏度随温度而变化的特性称黏温特性。

4. 硫分

燃油中所含硫的质量百分数叫硫分。燃油中含硫对燃油系统的设备有腐蚀作用，对大气形成污染。

5. 钒、钠含量

燃油中所含钒、钠等金属的质量含量一般用百万分之几来表示。燃油中的钒和钠是非常有害的成分。钒与钠燃烧后生成低熔点的化合物,当排气阀和缸壁温度过高而超过这些化合物的熔点时,它们就会熔化附着在金属表面上,与金属表面发生氧化还原反应而腐蚀金属。由于这种腐蚀只发生在高温条件下,故称为高温腐蚀。因此,为了控制此种腐蚀,应限制排气阀和燃烧室部件表面的最高温度。

6. 机械杂质和水分

燃油中所含不溶于汽油或苯的固体颗粒或沉淀物的质量百分数称为机械杂质。机械杂质会加剧喷油设备偶件的磨损,引起喷油器喷孔堵塞、滤器堵塞等。

燃油中的水分以容积百分数表示。燃油中的水分主要来自在储运中进入的,以及使用中管道漏泄进入的水分等。燃油中的水分能降低燃油的低热值,破坏正常发火,甚至导致柴油机停车。如含有海水将会造成腐蚀,加剧缸套磨损。因此应限制燃油中的水分。

在船舶上可以使用燃油净化措施降低燃油的机械杂质和水分。

7. 闪点

燃油在规定条件下加热,其蒸气与空气的混合气在同火焰接触时能发生闪火时的最低温度称闪点。根据测试仪器的不同,分为开口闪点和闭口闪点,闭口闪点低于开口闪点。闪点是衡量燃油挥发成分产生爆炸或火灾危险性的指标。按国内外船舶建造规范规定,船舶使用的燃油闪点(闭口)不得低于 60 ℃。从防爆、防火的观点出发,在低于燃油闪点 17 ℃ 的环境温度下倾倒燃油或敞开容器才比较安全。

8. 凝点、倾点和浊点

凝点、倾点与浊点都是说明燃油低温流动性和泵送性的重要指标。

燃油在试验条件下冷却至液面不移动时的最高温度称为凝点。燃油的凝点取决于它的成分和组成结构。

燃油尚能够保持流动的最低温度称倾点。

燃油开始变混浊时的温度称为浊点。

通常,燃油的浊点高于凝点 5 ~ 10 ℃;倾点高于凝点 3 ~ 5 ℃。燃油的温度低于浊点时将使滤器堵塞,供油中断。燃油温度低于凝点时,将无法泵送。从使用观点,浊点是比凝点更重要的指标。燃油的使用温度至少应高于浊点 3 ~ 5 ℃。

9. 密度与相对密度

燃油的密度是指燃油在 20 ℃(国外为 15.6 ℃)时单位体积的质量。在 20 ℃时的密度称为标准密度,记作 ρ_{20}。

燃油在 20 ℃(国外为 15.6 ℃)时的密度与 4 ℃(国外为 15.6 ℃)时水的密度的比值称为相对密度,以符号 d_4^{20} 表示,它与其他温度下的相对密度关系如下:

$$d_4^{20} = d_4^t + 0.000\,672(t - 20)$$

式中 d_4^t——温度为 t 时的相对密度;

t——测定燃油相对密度时的温度,℃。

燃油的密度与它的化学成分和馏分组成有关。烷烃的密度最小,环烷烃稍大,芳香烃较大,含硫、氧、氮的胶质和沥青质密度最大。燃油的密度随馏分温度的增高而增大。

燃油的密度随温度而变化,通常,应按温度的变化对密度进行修正。燃油密度的温度修正公式如下

$$\rho_t = \rho_{20} - r(t-20)$$

式中　ρ_t——油在温度 t 时的密度，g/cm^3；

r——燃油密度温度修正系数，$g/(cm^3 \cdot ℃)$，见表 4-1。

表 4-1　燃油密度温度修正系数

$\rho_{20}/(g/cm^3)$	$r/(g/(cm^3 \cdot ℃))$	$\rho_{20}/(g/cm^3)$	$r/(g/(cm^3 \cdot ℃))$
0.806 4 ~ 0.829 1	0.000 71	0.970 4 ~ 0.938 2	0.000 59
0.829 2 ~ 0.853 3	0.000 68	0.938 3 ~ 0.972 9	0.000 56
0.853 4 ~ 0.879 2	0.000 65	0.973 0 ~ 1.013 1	0.000 53
0.879 3 ~ 0.970 3	0.000 62		

（二）燃油的牌号和选用

1. 国产燃油的规格与选用

我国的船用柴油机燃油分为轻柴油、重柴油、内燃机燃料油和渣油四类。

（1）轻柴油。轻柴油以其凝固点作为牌号，分为 10 号、0 号、-10 号、-20 号和 -35 号 5 个牌号。轻柴油在船舶上用作高速柴油主机、高速柴油发电机组、应急设备柴油机和救生艇柴油机等使用的燃油。选用轻柴油应根据当地环境温度而定，一般最低环境温度应高出凝点温度 5 ℃以上。

（2）重柴油。重柴油按凝固点，分为 10 号、20 号和 30 号等 3 个牌号。重柴油主要用于中低速柴油机、发电柴油机以及中小型高速柴油机。

（3）内燃机燃料油。内燃机燃料油是以直馏残渣油与重柴油调和而成的一种掺混油，供船舶低速柴油机使用。内燃机燃料油以 37.8 ℃时的雷氏一号黏度值区分其牌号。国外这类油统称中间燃料油。

（4）渣油。渣油是由减压渣油与二次加工残渣油调和而成的燃料油，原为锅炉燃料，现用于国内沿海船舶作为大型低速柴油机与中速柴油机掺烧的重质燃油，以 80 ℃时的运动黏度值（mm^2/s）作牌号，如 250 号燃料油。

2. 国外燃油的规格与选用

国外船用燃油基本上分为轻柴油、船用柴油、中间燃料油和船用燃料油四类。

（1）轻柴油（Marine Gas Oil，简称 MGO），常用于救生艇柴油机和应急发电柴油机。

（2）船用柴油（Marine Diesel Oil，简称 MDO），常用作发电柴油机和船舶主柴油机机动航行时的燃油。

（3）中间燃料油（Intermediate Fuel oil，简称 IFO），是渣油与柴油调和而成的混合油，可用于各类大功率中速机和低速柴油机。

（4）船用燃料油（Marine Fuel Oil，简称 MFO），也叫 C 级锅炉油。一般其黏度在50 ℃时为 380cSt 以上，主要用于蒸汽锅炉，也可用于新型大功率中速柴油机和大型低速柴油机。

二、燃油的喷射

在柴油机中，液体燃油是不能直接燃烧的，燃油必须在压缩行程末期通过喷油设备喷入汽缸，经雾化、蒸发与高温空气混合形成可燃混合气，才能发火燃烧。可燃混合气的形成质量是影响燃油燃烧的重要因素，它受到燃油喷射、空气涡流和缸内热工状态的影响。

（一）燃油喷射系统概述

1. 对燃油喷射系统的要求

燃油喷射系统的作用是在一定的时刻以极高压力将燃油喷射到汽缸中并使之雾化，在汽缸内部形成可燃混合气。即在活塞接近上止点时，燃油喷射系统将燃油在极短的时间内以高压喷入汽缸，实现燃油与空气的混合和燃烧。为了保证柴油机在动力性、经济性、排放和噪声等方面达到优良性能，对其喷射系统有如下要求。

（1）定时喷射

即喷油时刻和喷油时间要正确，在柴油机运转工况范围内，尽可能保持最佳的喷油定时、喷油持续时间和喷油规律，而且能对喷油定时进行总调（整机调节）和单调（单缸调节），以保证良好的燃烧并取得优良的综合性能。

（2）定量喷射

即喷油量能进行调节，能精确调节每循环喷入汽缸的燃油量，且喷油量能随柴油机的负荷变化而变化（总调）；在柴油机负荷不变时，各循环之间的喷油量应当均匀；对于多缸柴油机而言，各缸的喷油量应当相等。

（3）定质喷射

即喷射雾化质量要好，能产生足够高的喷油压力，以保证燃油良好的雾化性能，且燃油油束与柴油机燃烧室和气流运动相匹配，保证油气混合均匀。还应有适宜的喷油规律以满足燃烧过程的要求。

此外，还要求喷射系统工作稳定、可靠、无泄漏、便于管理等。

2. 柱塞泵式燃油喷射系统的基本组成和工作原理

典型的燃油喷射系统主要由喷油泵、喷油器和连接它们的管路组成。如图 4－1 所示，为典型的柱塞泵式燃油喷射系统的简图。

喷油压力由喷油泵提供，燃油的雾化则通过喷油器来实现。柴油机工作时，柱塞 3 由喷油泵凸轮 1（又称燃油凸轮）经滚轮 2 驱动。凸轮 1 固定在凸轮轴上，并通过曲轴带动凸轮轴转动。凸轮按一定时刻顶动滚轮，从而保证了喷射定时要求。柱塞 3 上行其上端面封闭油孔 A 时，泵腔中的燃油受到压缩；当油压升高到克服出油阀弹簧 5 的弹力和高压油管中的残余压力时，出油阀 4 开启，压力油进入出油阀空间 B，此为供油始点。高压燃油沿高压油管 6 传递至喷油器 8 的空间 C，当其油压大于喷油器弹簧 7 的预紧力时，针阀 9 向上抬起，高压燃油经喷油孔 10 喷入汽缸。当柱塞 3 下部的斜槽边缘开启油孔 A 时，泵腔高压燃油经斜槽回油至进油空间，出油阀相继落座，此为供油终点。此后当空间 C 的油压低于弹簧 7 预紧力时，针阀落座，喷油结束。柱塞下行时泵腔内为充油过程。

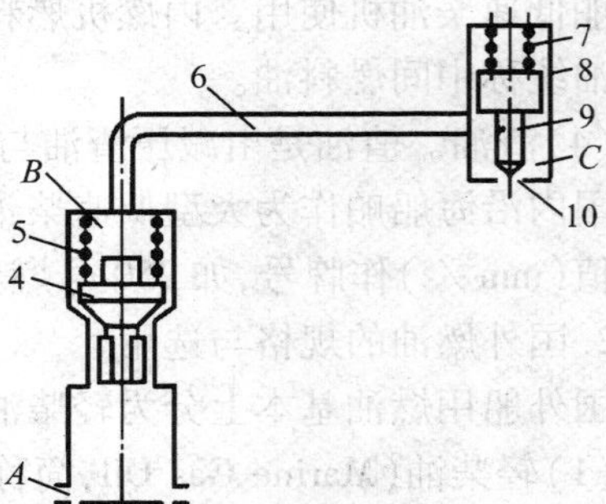

图 4－1　燃油喷射系统

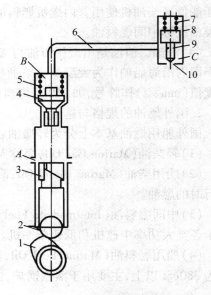

1—凸轮；2—滚轮；3—柱塞；4—排出阀；5—弹簧；6—高压油管；7—喷油器弹簧；8—喷油器；9—针阀；10—喷油孔

在上述泵—管—嘴系统中，由于高压油管的存在，使喷油系统在柴油机上的布置比较方便灵活，因此，迄今仍在各种柴油机上得到广泛的应用。但是，也由于高压油管的存在，降低了喷射系统高压部分的液力刚性，难以实现高压喷射与理想的喷油规律，使这种传统喷射系统的应用前景受到了一定的限制。

3. MAN B&W ME 电控柴油机喷射系统

为了满足环境保护的要求，控制排放与噪声，目前正在大力发展各种高压、电控燃油喷射系统，其中电控共轨喷射系统代表着柴油机未来燃油喷射系统的发展方向。

作为世界上最大品牌的大型低速二冲程柴油机开发商，MAN B&W 公司从 1993 年开始研究电子控制式柴油机，在不断地研究和完善软硬件的基础上，2003 年，MAN B&W 公司以其最成功的 MC 系列柴油机为原型机，开发出全电子控制式的 ME 系列柴油机。目前，可以提供从 50 ~ 108 cm 各种缸径 15 种型号的 ME 柴油机。

与传统的 MC 系列柴油机相比，ME 系列柴油机取消了原来的许多机械控制设备，如凸轮轴、链轮传动机构、VIT、VEC 等，而代之以新的电子控制设备，这里主要包括以下内容。

(1)液压动力供给单元(Hydraulic Power Supply，HPS)

ME 柴油机的液压动力供给系统如图 4 – 2 下半部分所示，由自动冲洗精滤器、电动液压泵和机带液压泵组成。主要是用来提供足够的动力用于驱动燃油喷射、排气阀的启闭及汽缸润滑。在柴油机启动前，用电动液压泵供给系统 17.5 MPa 的液压油用来启动主机；在柴油机启动之后，则由机带的轴向柱塞泵向系统供给压力为 20 MPa 的驱动油。当柴油机转速达到 15% MCR 时，两台电液压泵会自动停止。液压动力供给单元位于柴油机的机座上方。

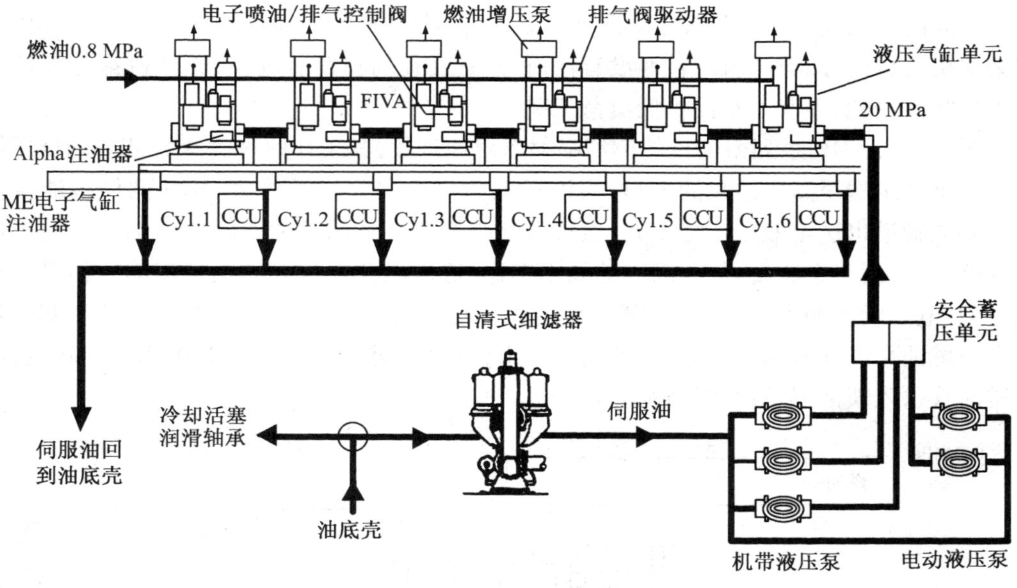

图 4 – 2　MAN B&W ME 系列柴油机燃油及气阀控制液压系统

(2)液压汽缸单元(Hydraulic Cylinder Units，HCU)

液压汽缸单元每缸一个，用于控制各缸的燃油喷射和排气阀的启闭。如图 4 – 2 上半部分和图4－3所示，在液压汽缸单元中有两个非常重要的电子控制阀，一个是电子燃油喷射控制阀(ELFI)，采用比例控制；另一个电子排气控制阀(ELVA)，采用双位控制。二者分别用来控制燃油泵和排气阀执行器。目前新型电控柴油机的燃油喷射与排气阀启闭由一个电磁阀来完成。

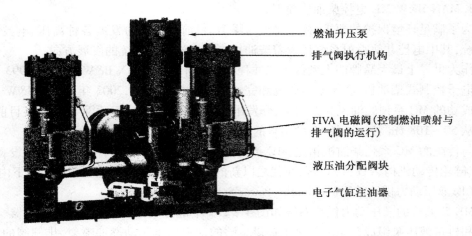

图4－3　ME型柴油机汽缸液压驱动单元(HCU)

(3)燃油喷射系统

由于ME系列柴油机的燃油喷射系统取消了凸轮轴，利用电磁控制燃油的喷射正时、喷油量、喷油压力和喷油速率。通过不同的喷油模式，可以在许多不同的喷油模式下工作。通过不同的喷油模式，可以实现降低油耗、减少排放等效果，同时，柴油机的喷油雾化效果和柴油机的负荷，即柴油机的转速没有任何关系，在任何负荷状况下，柴油机都能保证最好的雾化状况，能明显改善柴油机低负荷工况。

图4－4是ME系列柴油机的燃油喷射系统原理图，其工作原理为0.8 MPa的低压燃油由低压燃油泵送至高压油泵的入口，由液压动力供给单元提供的20 MPa的伺服液压油经双壁供油管道也送至液压汽缸单元，通过电磁阀控制各缸的喷油正时和喷油量。在不进行燃油喷射时，由于电磁阀封闭，高压油泵不工作，低压燃油在油泵处循环流动。如果达到喷油时刻，电磁阀被触发，20 MPa的液压油进入高压油泵的下方，由于油泵下方的活塞面积远远大于燃油泵的柱塞面积，在液压油的作用下，可以使燃油产生60～100 MPa的高压，通过高压油管送入喷油器，进行喷射和雾化。

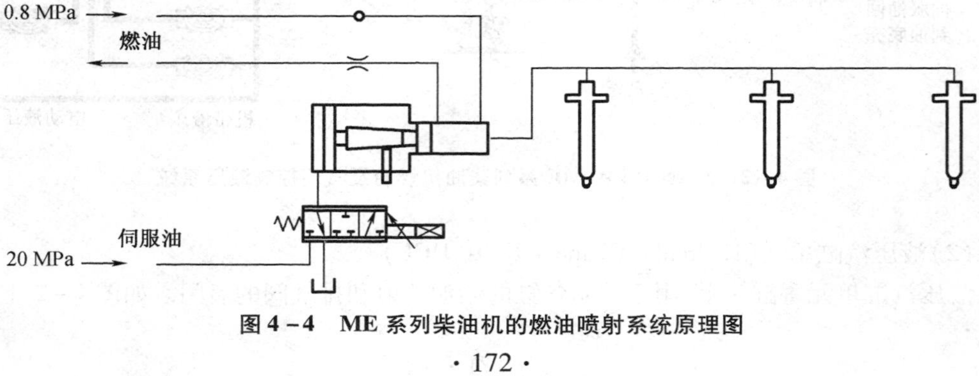

图4－4　ME系列柴油机的燃油喷射系统原理图

电控喷射系统就是通过电子控制系统实现对燃油喷射始点、喷射压力、喷油持续时间的有效控制，以达到优化燃烧过程，降低燃油消耗率和降低柴油机排放，改善柴油机的启动、换向、加速和降低稳定转速等性能。它的核心系统是一个微处理器，柴油机的转速和转角作为输入信号，手控或温度和压力等作为附加输入信号；输出信号用以自动修正喷射正时，以实现在变工况、变使用条件下的最佳运转。电控喷射系统的主要特点如下：

①优化燃烧过程

电控喷射系统在调节喷油正时的同时，也改变喷射压力，并使喷射压力在高负荷时比传统喷射系统显著降低，在低负荷时则显著升高。同时也可以改变燃油喷射规律，控制喷射过程不同阶段的喷油量，使燃油有效地雾化和燃烧，有相对理想的放热规律，使燃油消耗率降低。

②适用多种燃油

采用电控喷射后，通过控制装置输出一个简单信号，可根据燃油的品质给出相对理想的喷油始点和喷射压力特性，使它们燃烧时都有较好的放热规律，以利于降低油耗和减轻磨损。

③适应不同环境温度

用电子控制喷射始点，可通过提高爆发压力来修正环境温度的不利影响，使船舶柴油机适应不同环境温度的能力明显提高。

④转速微调化

控制装置把电子信号直接传输到电液驱动喷油器中，使转速调节迅速而准确。电控喷射可以使柴油机的最低稳定转速降至标定转速的 1/6 左右。相应的最低运转转速随之降低，改善了船舶的操纵性能。

⑤操纵灵敏化

该装置可以控制汽缸启动阀和喷油器的动作，启动、停车、正车、倒车等均由操纵机构的位置来确定，可取消传统的机械式启动和换向机构。用操纵杆将设定转速和转向输入柴油机，各种动作指令脉冲一触发，实际的运转程序便可自动进行。

(二)燃油的喷射过程

燃油的喷射过程的作用就是将燃油在一定的时刻以很高的压力喷入汽缸并使其良好的雾化，这是一个复杂的物理过程。在喷射过程中，从喷油泵出油阀到喷油器针阀这一高压系统内所进行的物理过程，受燃油的可压缩性、高压油管的弹性、系统的节流以及燃油运动的惯性等因素影响。这些影响因素使燃油在喷射过程中产生时间延迟和压力波动，进而影响燃油的喷射质量。

1. 喷射过程的三个阶段

图 4－5 所示为喷射过程曲线，图中(a)，(b)，(c)分别表示喷油泵出口压力 p_p 随曲轴转角 φ 的变化规律 $p_p=f(\varphi)$、曲线喷油器进口压力 p_n 随曲轴转角 φ 的变化规律 $p_n=f(\varphi)$ 曲线和针阀升程 h 随曲轴转角 φ 的变化规律 $h=f(\varphi)$ 曲线。按照这些曲线的特征可把喷射过程划分为三个阶段。

(1)喷射延迟阶段

从喷油泵几何供油始点 O_p 到喷油器喷油始点 O_u 为止。由于燃油的可压缩性(压力变化 1 MPa，燃油容积变化 1/1820～1/1610)、高压油管的弹性以及高压系统的节流等原因，使喷油器针阀抬起瞬间的喷油始点 O_u 滞后于喷油泵的供油始点 O_p，即所谓的喷射延迟阶段。由此，存在着供油提前角 φ_p（在压缩行程中喷油泵开始供油的瞬时到活塞上止点的曲轴转角）和喷油提前角 φ_n，（在压缩行程中喷油器开始喷油的瞬时到活塞上止点的曲轴转角）两个提前角。从使用上能够进行检查和调整的是供油提前角，但对柴油机燃烧过程有直接影响的是喷油提前角。实际使用过程中，人们习惯上把两者统称为喷油提前角。

显然，高压油管越长，内径越大、柴油机转速越高、针阀启阀压力越高，则喷射延迟阶段越长。喷射延迟阶段过长，将会导致后燃严重，排温升高，柴油机的热效率降低，所以此阶段应尽可能短些。

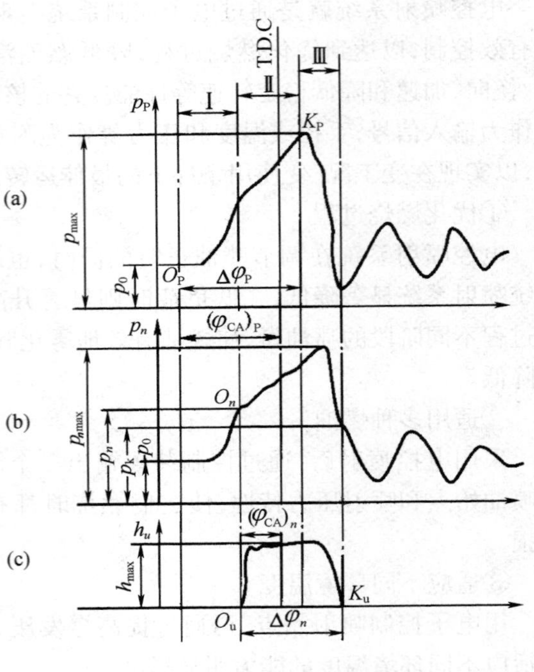

图 4-5　喷射过程示意图

（2）主要喷射阶段

从喷油器喷油始点 O_u 到喷油泵供油终点 K_p 为止。由于此阶段内瞬时供油量大于喷油量，所以喷油压力继续升高，燃油是在不断升高的高压下喷入汽缸，循环喷油量的大部分在此阶段内喷入汽缸。通常称针阀开启时的燃油压力 p_n 为喷油器的启阀压力。这一阶段的长短主要取决于柴油机负荷，负荷越大，本阶段越长。

（3）尾喷阶段（滴漏阶段）

从喷油泵柱塞斜槽打开回油孔瞬间的供油终点 K_p 到喷油器针阀落座的喷油终点 K_u 为燃油的尾喷阶段。在这一阶段中，喷油泵虽已停止供油，但喷油器仍在燃油压力不断迅速下降的情况下喷入汽缸.直到压力从最高喷油压力一直下降到针阀落座压力 P_k。此阶段喷入汽缸的燃油雾化不良，甚至产生滴漏现象，造成燃烧不良、喷孔结炭等后果。影响尾喷阶段的主要因素与喷射延迟阶段相同，即喷射延迟阶段越长则尾喷阶段越长。因此尾喷阶段应越短越好。

三、可燃混合气的形成

（一）可燃混合气的形成方法

在柴油机中燃油必须在压缩行程末期用喷油设备喷入汽缸，经过雾化、蒸发，与空气混合形成可燃混合气，一旦条件合适，即自行发火燃烧。

可燃混合气是气态燃油与空气组成的混合气。柴油机可燃混合气形成方式从原理上分，有空间雾化混合和油膜蒸发混合两种。

1. 空间雾化混合

空间雾化混合是将燃油喷向燃烧室空间形成油雾，与空气形成比较均匀的混合气。因此，要求喷射的油束几何形状必须与燃烧室形状相适应，不允许燃油喷射到燃烧室的壁面上，否则会冒黑烟和结炭。为了使燃油分布均匀，应采用高压喷射使之雾化，要求喷射的油束几何形状与燃烧室形状相吻合，并利用燃烧室中的空气涡流促进混合。

2. 油膜蒸发混合

油膜蒸发混合是将大部分燃油均匀地喷射在燃烧室的壁面上（如活塞顶部表面），形成油膜后，经过受热蒸发以及强烈的空气涡流作用形成比较均匀的可燃混合气。在这一混合气形成方式中起主要作用的因素是燃烧室壁面的温度、强烈的空气涡流和油膜的厚度。

实际上，可燃混合气形成的方式很难有严格的区分界限，不可能是绝对的空间雾化混合，也不会完全是油膜蒸发混合。

（二）影响可燃混合气形成的主要因素

1. 燃油喷射雾化的质量

燃油喷射时，喷油器中的高压燃油在很大的压差（10～60 MPa）作用下，以高速（100～300 m/s）喷入汽缸。由于燃油流经喷孔时的扰动作用以及缸内压缩空气的阻力作用，使喷出的油流分裂成由细小油粒组成的圆锥形油束（或称喷柱），如图 4－6 所示。这些油粒（直径约 2～50 μm）在燃烧室中进一步分散和细化成细微的油滴。这一过程称为燃油的雾化。燃料的雾化效果一般用雾化细度（油粒的平均直径）和雾化均匀度（油粒中各种油粒直径的百分数 X_0）表示。此外还用油束射程 L（油束在燃烧室中的贯穿距离）和油束锥角 β（油束外缘的扩散角）表示油束的几何形状。

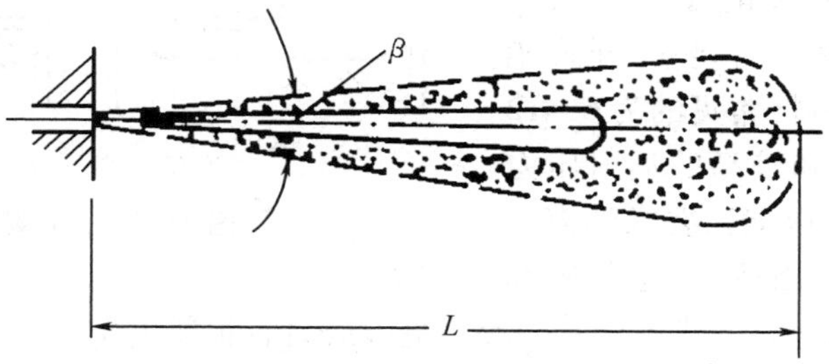

图 4－6　油束的形状

2. 汽缸状态

汽缸内压缩终点汽缸内的空气温度与压缩压力。

3. 燃烧室内空气涡流状态

柴油机汽缸内空气绕汽缸轴线有规则地流动称为空气涡流。空气的涡流有利于混合气的形成。在柴油机中空气涡流的形成方式主要有以下几种。

（1）进气涡流

利用进气过程中空气所具有的动能形成绕汽缸中心线旋转的运动称为进气涡流。如在四冲程柴油机上采用进气门导气屏、切向进气道和螺旋进气道等，在二冲程柴油机上则采用具有切向倾角的进气口等形成进气涡流。

（2）挤压涡流

在压缩过程期间，当活塞接近上止点时，活塞顶部外围环行空间中的空气被挤入活塞顶部的凹坑内，由此产生的涡流就是挤压涡流，简称挤流。当活塞下行时，活塞顶部凹坑内的气体又向外流到活塞顶部外围的环行空间，这种流动又称为逆挤压涡流，简称逆挤流。

(3)压缩涡流

在压缩过程中,空气从主燃烧室经通道流入涡流室,在涡流室内形成强烈的有规律的运动,称为压缩涡流。为此,燃烧室必须分为主、副(涡流室)两室。

(4)燃烧涡流

利用在预燃室中部分燃油燃烧产生的能量,使预燃室中的混合气高速喷入主燃烧室形成空气的强烈涡动称为燃烧涡流。为此,燃烧室必须分为主、副(预燃室)两室。

(三)燃烧室

柴油机的燃烧室的类型和结构对可燃混合气的形成及燃烧过程影响很大。根据可燃混合气的形成及燃烧室结构特点,柴油机燃烧室可分为直接喷射式和分隔式两大类。

(1)直接喷射式燃烧室

直喷式燃烧室可以根据活塞顶部凹坑的深浅分为开式燃烧室和半开式燃烧室两大类。

①开式燃烧室

开式燃烧室是由汽缸盖底面、活塞顶面及汽缸壁面形成的统一空间,如图4-7所示。

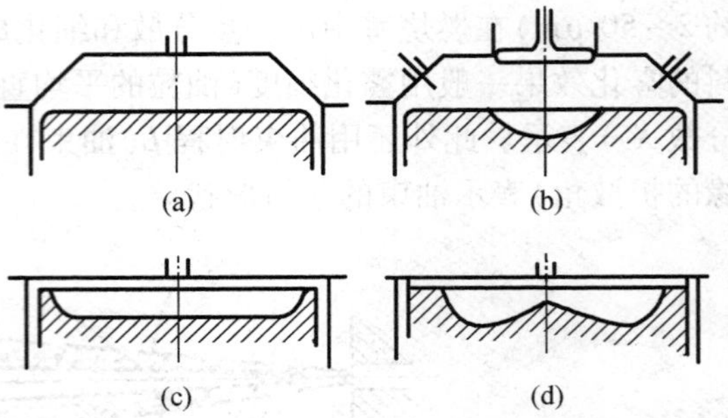

图4-7 开式燃烧室

开式燃烧室中混合气的形成为空间雾化混合方式,因此对雾化质量,也就是对燃油喷射系统有很高的要求,开式燃烧室采用较多喷孔数目(常见的为6~12孔)的多孔式喷油器和较高的喷射压力(启阀压力达20 MPa以上),要求油束几何形状与燃烧室形状相适应,避免燃油喷射到燃烧室的壁面上。开式燃烧室一般不组织或只有很弱的空气涡流运动,在混合气形成中空气扰动所起的作用相对较小。

开式燃烧室具有结构紧凑,形状简单,相对散热面小和良好的启动性和经济性。其缺点是燃烧室部件热负荷和机械负荷较高,工作较粗暴,过量空气系数α(约1.5~2.2)较大,排气中的有害成分NO_x炭烟等较多。

开式燃烧室在大、中型柴油机及船用低速柴油机中得到了广泛的使用。

②半开式燃烧室

半开式燃烧室是由活塞顶面以上的余隙容积和活塞顶部或汽缸盖底部的凹坑容积两部分组成,两者以较大的通道相连,如图4-8所示。

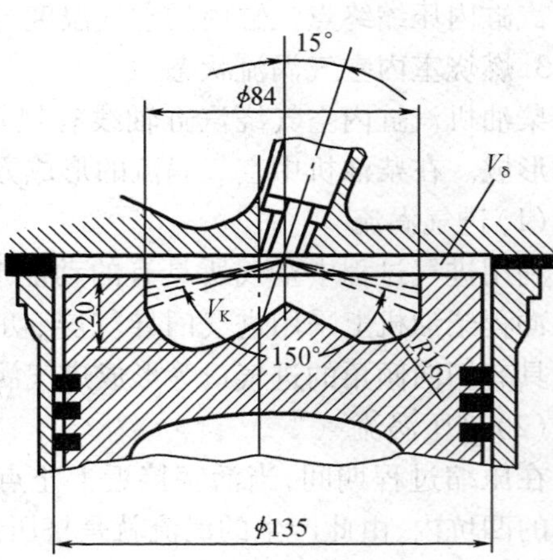

图4-8 典型半开式燃烧室

半开式燃烧室中的混合气形成依靠燃油的喷雾和空气涡动两方面的共同作用。它对喷射系统有较高的要求,采用多孔式喷油器,常见的喷孔数目为4~6孔,并有较高的喷射压力。半开式燃烧室中的空气利用率有所提高,在过量空气系数约为1.3~1.5时,可以实现完善的燃烧。半开式燃烧室中的球形油膜蒸发燃烧室

(图4-9(c)),主要以油膜蒸发方式形成可燃混合气。具有工作柔和,燃烧噪声小且经济性也好等优点。但冷启动比较困难,变工况性能较差,特别在低速、低负荷工况下,因壁面温度低,空气涡流弱,油膜蒸发比较困难,燃烧性能变差。

半开式燃烧室具有经济性好、微粒排放量低的突出优点,多用在小型高速柴油机中。

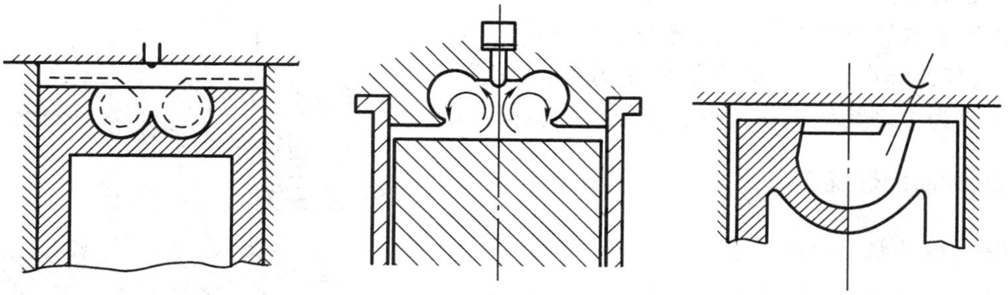

(a)　(b)　(c)

图4-9　半开式燃烧室

(2)分隔式燃烧室

分隔式燃烧室的结构特点是除位于活塞顶部空间的主燃烧室外,还有位于缸盖内的副燃烧室,两者之间有通道相连,燃油直接喷入副燃烧室中。

①涡流室式燃烧室

涡流室式燃烧室的柴油机的主燃烧室系压缩室,副燃烧室即涡流室。混合气形成过程中,压缩涡流起主要作用,如图4-10所示。在压缩过程中,空气从主燃烧室经通道流入涡流室,在涡流室内形成强烈的有组织的压缩涡流。燃油喷入涡流室着火燃烧后,涡流室内的压力和温度迅速升高,燃气和空气一起经通道高速流入主燃烧室内,以加速燃油与空气的混合与燃烧。

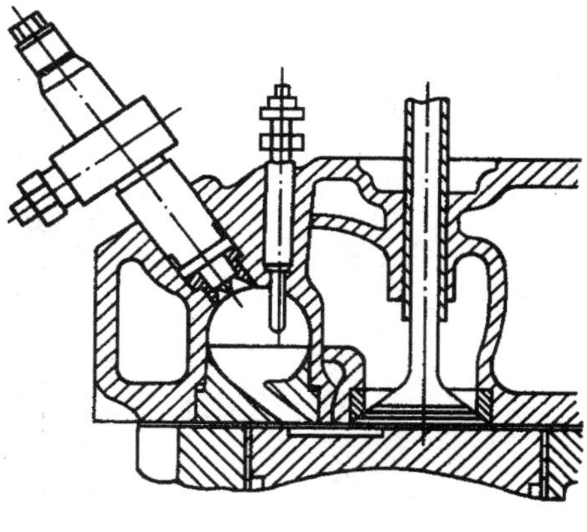

图4-10　涡流室式燃烧室

涡流室式燃烧室主要依靠强烈的空气涡流来保证较好的混合气质量,空气利用率较高,最小的过量空气系数 α 可达1.2左右。由于空气运动的强度随转速提高而增大,保证了在高速下也有较好的性能。这种燃烧室对喷射系统的要求低,可以采用单孔喷油器和较低的喷油压力(启阀压力约为12~15 MPa),使喷射系统的制造要求降低,工作可靠性和使用寿命提高。

这种燃烧室有工作平稳、有害气体排放少、对燃油及其雾化不敏感等优点。但因热损失、节流损失和流动损失较大,存在启动困难、油耗增加的缺点。为改善启动性能,需装设电热塞和保温块,以提高燃烧室的热状态。

②预燃室式燃烧室

预燃室式燃烧室也是由主、副燃烧室组成,副燃烧室即布置在缸盖内的预燃室,如图4-11所示。预燃室与主燃烧之间通道的截面积较小,所以在压缩行程中,汽缸内部分空气流入预燃室内形成强烈的无组织紊流。空气紊流使一部分燃油雾化混合、着火燃烧后，部分燃烧的浓混合气高速喷入主燃烧室内，并在主燃烧室内形成工质的运动，即燃烧涡流，促使其余部分的燃油在主燃烧室迅速与空气混合燃烧。

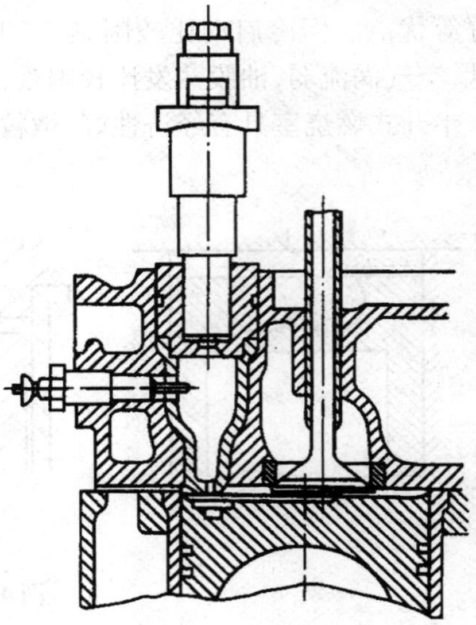

图 4－11　预燃室式燃烧室

预燃室式燃烧室与涡流式燃烧室同属分隔式燃烧室，其差异在于前者以燃烧涡流为主，后者以压缩涡流为主。其他工作特点和优缺点均相仿。

四、燃油的燃烧

（一）柴油机的燃烧过程

在柴油机中可燃混合气首先在混合气浓度适当（$\alpha\approx1$）和温度适当的地方形成火焰中心。这种火焰中心可能会有多个。火焰的传播引燃缸内的混合气形成燃烧过程。由于柴油机以扩散燃烧为主，混合气边混合边燃烧，使柴油机的燃烧出现等容燃烧和等压燃烧过程。在 $p-\varphi$ 和 $T-\varphi$ 曲线上，根据汽缸内压力的变化，柴油机的燃烧过程可分为四个阶段，如图 4－12 所示。

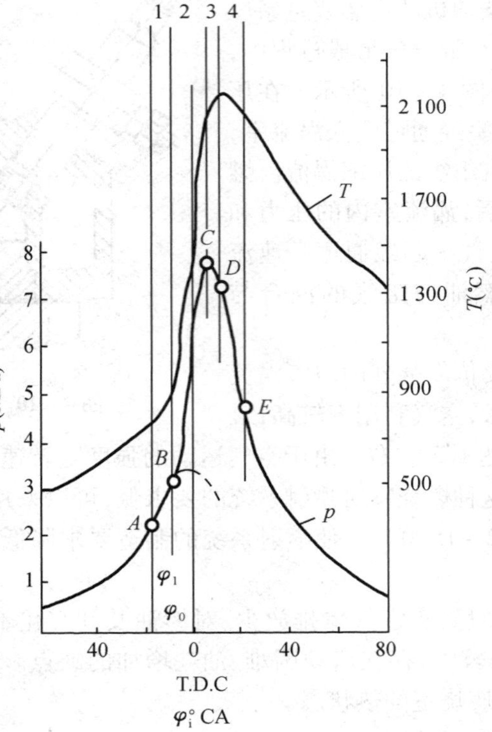

图 4－12　燃烧过程 $p-\varphi$ 和 $T-\varphi$ 曲线

1. 滞燃阶段(A—B)

燃油从 A 点喷入汽缸后,要经过形成可燃混合气及焰前氧化反应等一系列的理、化准备,直至 B 点燃油才开始发火,汽缸内压力急剧上升离开纯压缩线。因此,从 A 点到 B 点称为燃烧过程的滞燃期。

滞燃期的长短可用滞燃角 φ_i(℃A)表示,也可用滞燃时间 τ_i 度量,即

$$\tau_i = \varphi_i/(6n)$$

式中,n 为柴油机转速,r/min。

一般柴油机 $\tau_i = 0.001 \sim 0.005$ s。

值得注意的是滞燃期内的喷油量(称为滞燃量 Δ_i)所形成的可燃混合气数量决定了后续速燃期燃烧的急剧程度。τ_i 越长,Δ_i 越多,一旦发火燃烧,压力就会突然增高,使柴油机工作粗暴,严重时会造成敲缸和机件的损坏。

τ_i 被视为柴油机运转的重要参数.一般要求越短越好。但 τ_i 过短,燃油喷柱刚离开喷油器就立刻燃烧,使油气和火焰过分集中喷孔附近,进而造成混合气不均匀而无法实现完全燃烧。严重时造成燃油分子在高温下热裂生成炭烟,致使柴油机发不出应有的功率。理想的 τ_i 应是至少允许燃油喷柱在混合气发火前,有穿过燃烧室空间到达(或接近)燃烧室壁面的时间。

2. 速燃阶段(B—C)

速燃期是从汽缸内燃油发火燃烧起到缸内出现最大压力为止的阶段(图中 B—C)。在速燃期中,滞燃期喷入缸内的燃油和速燃期喷入的部分燃油几乎同时燃烧,而且活塞在上止点附近,燃烧近乎在等容状态下进行。因此,缸内气体压力急剧上升,最高压力 p_z 一般应出现在上止点后 10 ℃A ~ 15 ℃A 之间。

一般用单位曲轴转角的平均压力增长量 $\Delta p/\Delta\varphi$ 表示速燃期的压力升高的急剧程度,称为平均压力增长率。平均压增长率决定了燃烧过程的柔和性。$\Delta p/\Delta\varphi$ 过高会使柴油机工作粗暴,燃烧噪音大,同时运动件承受较大的冲击载荷,影响其工作的可靠性和使用寿命。因此,一般柴油机的 $\Delta p/\Delta\varphi$ 不宜超过 0.4 MPa/℃A。

过长的滞燃期会使缸内积油过多,一旦燃烧会产生的过高的 $\Delta p/\Delta\varphi$,是引起柴油机工作粗暴的主要原因。所以,柴油机工作是否柔和平稳与滞燃期的长短有着密切关系。

3. 缓燃阶段(C—D)

缓燃期是从缸内出现最高压力到出现最高温度为止的阶段(图中 C—D)。一般喷射过程在缓燃期都已结束,随着燃烧过程的进行,空气逐渐减少而燃烧产物不断增多,燃烧渐趋缓慢,放热率逐渐降低。缓燃期终了时,释放出的大量热量(约占循环总放热量的 70% ~ 80%),使缸内温度上升,最高温度 t_z 值在 1 700 ~ 2 000 ℃之间,一般出现在上止点后 20 ℃A ~ 35 ℃A 之间。由于这一阶段的燃烧是在汽缸容积不断增大的情况下进行的,缸内压力不仅不会上升反而缓慢下降,近乎等压状态。随着燃烧产物的增多,燃烧条件的恶化,燃烧更趋缓慢。缓燃期的长短取决于柴油机负荷的大小。

4. 后燃阶段(D—E)

后燃是燃烧过程在膨胀过程中的继续。后燃期开始于最高温度点,但终点难以确定,随柴油机负荷和燃烧过程进行的情况而异,一般在上止点后 80 ℃A ~ 100 ℃A。后燃期因汽缸内温度开始下降,工质压力随着活塞下行而迅速降低,致使燃油燃烧的热效率较低。后燃期所释放的热量不能被有效地利用,反而使排气温度及冷却水温度增高,使柴油机经

济性下降。因此,后燃期越短越好。

(二)影响燃烧过程的主要因素

1. 燃油的品质

燃油的物理化学性能,如自燃性、蒸发性和流动性等对可燃混合气的形成和燃烧均有很大影响。其中十六烷值对燃烧过程的影响最大。十六烷值高,自燃性好,滞燃期短,可以使柴油机工作柔和一些;反之十六烷值低,自燃性差,滞燃期长,燃烧过程粗暴(即燃烧敲缸)。

2. 缸内工质状态

工质状态主要指压缩终点的空气温度、压力和扰动。其中压缩终点的温度对燃烧过程的影响最大。压缩终点的温度越高,滞燃期越短,柴油机工作越平稳。

3. 喷油提前角

喷油提前角是从喷油开始时刻至活塞到达压缩上止点所对应的曲柄转角。喷油提前角过大,缸内气体的压缩压力和温度都不够高,燃油不易发火,致使滞燃期长,柴油机工作粗暴。喷油提前角过小,则由于活塞下行缸内温度和压力开始下降,也使滞燃期增长,并使燃烧过程后移,后燃期增长,柴油机的功率和有效热效率均下降。为了保证发动机具有良好的性能,必须选择柴油机的最佳喷油提前角。最佳喷油提前角是指柴油机在转速和供油量一定的条件下,能获得最大功率及最小燃油消耗率的喷油提前角。

4. 雾化质量

燃油雾化质量好将使滞燃期缩短,柴油机工作平稳,且容易使燃油完全燃烧。

5. 转速与负荷

发动机的转速提高,加强了缸内气体的扰动,同时喷油压力也相应提高,使燃油的雾化和与空气的混合得到改善,因而缩短了滞燃期,有利于燃烧。但是,随转速的增高,滞燃期所对应的曲柄转角(滞燃角 φ_i)增大了,从而使速燃期的压力和压力增长率增大,不利于燃烧。同时由于滞燃角 φ_i 的增大,燃烧过程后延,从而使后燃加长。

随柴油机负荷的增加,燃烧室的温度将大幅度上升,这有利于混合气的形成,使滞燃期缩短,发动机工作柔和。但当负荷过高时,α 值过小,使得燃烧不良,后燃期加长,废气中出现碳烟,排气温度升高,经济性下降,对发动机的寿命也有一定影响。

6. 喷油规律

单位泵轴转角喷入汽缸的燃油量(即喷油速率 $\Delta q/\Delta\varphi$)随泵轴转角 φ 而变化的关系称为喷油规律。合理的喷油规律是初期喷油量要少,以减少滞燃量 Δ_i,使柴油机工作柔和;中期的喷油量要大,保证大部分燃油在上止点附近及时、迅速地燃烧放热;后期的喷油量也要少且断油迅速,以尽量缩短后燃期。

影响喷油规律的主要因素有喷油凸轮的有效工作段的几何形状、高压油管尺寸及柴油机的负荷和转速等。

【任务实施】

一、喷油设备工作分析

柴油机的喷射系统有机械式和电控式两种类型。船舶柴油机目前使用的喷射系统大多属于机械式喷射系统,其主要组成有喷油泵和喷油器。

(一)喷油泵

喷油泵为柱塞泵,是柴油机喷射系统的核心部件,其功用是产生燃油喷射高压,并按照柴油机的工况及各缸的工作次序,定时、定量地向喷油器提供高压燃油。

喷油泵必须将燃油压力提高到 10 ~ 20 MPa,甚至更高,以保证油束能穿透压缩空气满足雾化要求。供油定时由喷油泵凸轮轴上凸轮的安装位置及凸轮轴与曲轴的传动相位来确定。喷油泵通过调整柱塞运动的有效行程来调节每循环供油量的多少。

喷油泵的主要类型有回油孔调节式、回油阀调节式、分配式喷油泵及泵 - 喷油器等。

1. 回油孔调节式喷油泵

(1)回油孔调节式喷油泵的工作原理

喷油泵的各种功用都是由柱塞偶件直接完成的。柱塞偶件由柱塞 11 和套筒 10 组成,如图 4 - 13 所示。柱塞套筒上有两个油孔,一个是进油孔 2,另一个是回油孔 14,都与喷油泵体上的低压储油室相通。柱塞头部的圆柱形表面上铣有相通的直槽、环槽和斜槽(即泄油槽)。斜槽部分位于套筒的回油孔侧。柱塞可在喷油凸轮与柱塞弹簧 5 作用下在套筒内上下往复运动,又可由油量调节机构控制,相对于套筒转动。

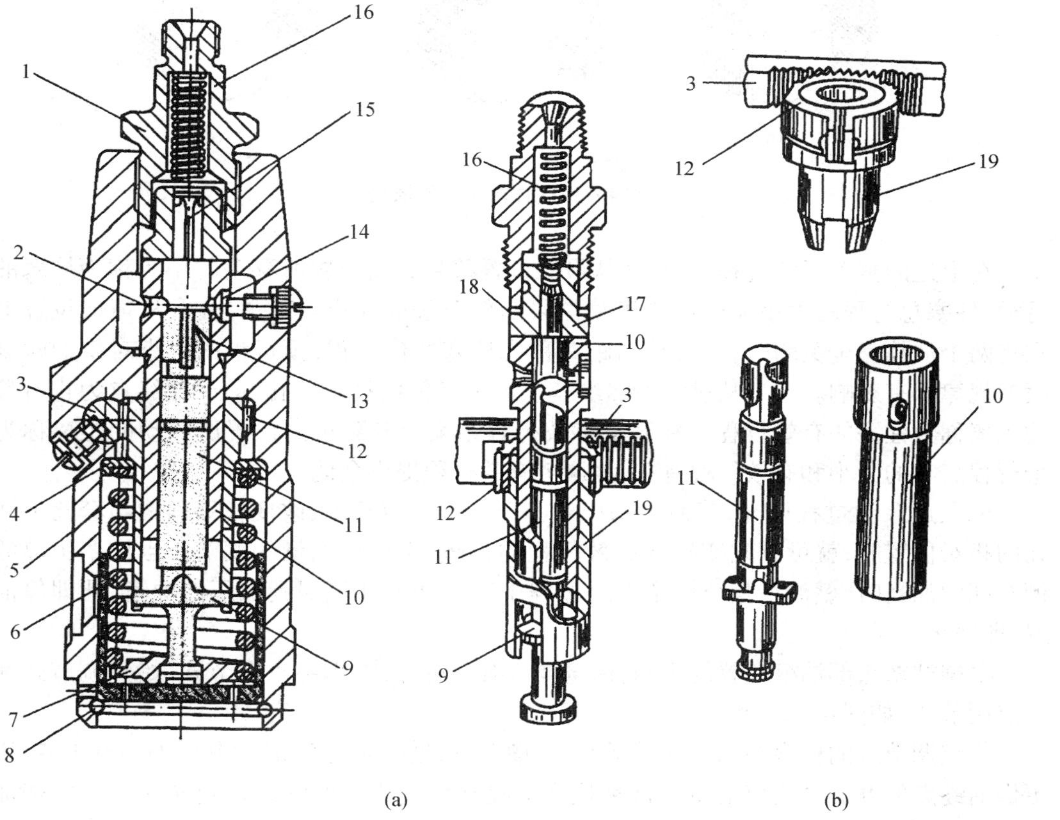

图 4 - 13　回油孔调节式喷油泵

1—出油管接头;2—进油孔;3—调节齿条;4—弹簧上座;5—柱塞弹簧;6—导筒;7—弹簧下座;8—卡簧;9—柱塞凸耳;10—套筒;11—柱塞;12—调节齿圈;13—螺旋槽;14—回油孔;15—出油阀;16—出油阀弹簧;17—出油阀座;18—垫圈;19—传动套

当柱塞位于凸轮基圆时位置最低，此时套筒上的进、回油孔开启，燃油从低压储油室进入泵腔，如图 4－14(a)所示。当柱塞由凸轮顶动上行时，会有一部分燃油被柱塞从油孔挤回到低压储油室，直到柱塞的上端面将两个油孔完全封闭时，燃油开始受到压缩，此即为供油始点（亦称几何供油始点），如图 4－14(b)所示。泵腔内的高压燃油将出油阀打开，经高压油管向喷油器供油。当柱塞继续上行，柱塞的斜槽打开回油孔时，使柱塞的上方与低压油腔相通，高压燃油便通过柱塞直槽、斜槽与回油孔，流回到低压储油室。此即供油终点，如图4－14(c)所示。此后柱塞继续上行，直至与凸轮顶对应的最高位置为止，燃油一直流回到低压储油室。柱塞下行时泵腔经进，回油孔充油。

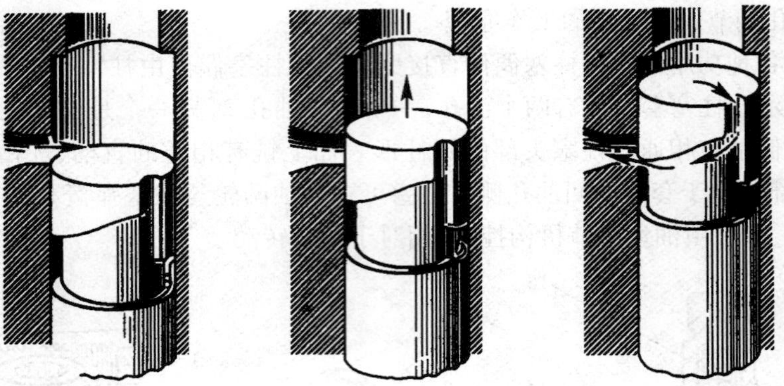

(a)　　(b)　　(c)

图 4－14　柱塞泵工作原理

在上述的整个泵油过程中，柱塞从最低位置移到最高位置所移动的距离称为柱塞的总行程，柱塞总行程的大小完全取决于喷油泵凸轮升程的大小。其中，柱塞从最低位置上行到将两个油孔完全关闭时，所移动的距离称为柱塞的预行程，预行程的大小对供油时刻和喷油规律都有影响。柱塞从供油始点继续上行至其斜槽打开油孔，即供油终点为止所移动的距离称为柱塞的有效行程。柱塞从有效行程结束上升到最高位置所移动的距离称为剩余行程。它的大小和有效行程有关，为调节有效行程提供余地。

由上述泵油过程可知，若使柱塞相对套筒转动一定角度，改变柱塞斜槽与套筒上回油孔的相对位置时，就可以改变柱塞有效行程的长短，实现供油量的调节。当柱塞头部的直槽对准回油孔时，燃油在整个柱塞上行过程中都经回油孔流回到低压储油室，此即停油位置，即停车位置。

根据柱塞头部油槽布置的不同，油量调节有三种方式，即终点调节式、始点调节式和始终点调节式，如图 4－15 所示。

终点调节式的柱塞头部端面是平面，斜槽在下，见图 4－15(a)。其供油始点不变，用变更供油终点的办法来改变油量。这种柱塞的喷油泵适用于经常以恒定转速工作的柴油机上，如发电用的柴油机。

始点调节式的柱塞头部是斜槽在上，见图 4－15(b)。其供油终点不变而供油始点可变化。这种形式的柱塞可使供油量、转速和供油提前角在各种工况下都能较好的相互适应，适于转速经常变化的船舶主机。

始终点调节式的柱塞头部是上、下都有斜槽，见图 4－15(c)。其供油始点和供油终点

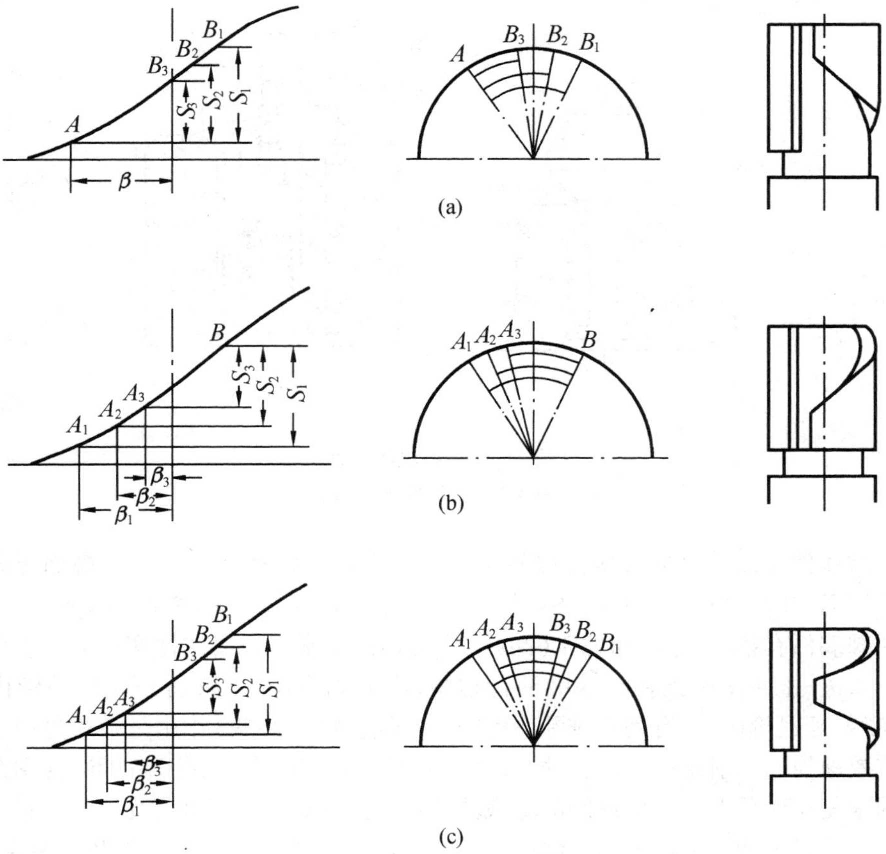

图 4－15　三种油量调节方式及柱塞头部结构

都随供油量的变化而改变。这种柱塞，可使汽缸的最高压力出现适时，柴油机工作柔和，尤其适于负荷和转速都经常大幅度变化的高增压船舶主机。

（2）单体式喷油泵的结构

回油孔调节式喷油泵分为单体式和组合式两种，两者的基本结构相同。单体式喷油泵的结构如图 4－13 所示。

①柱塞偶件

柱塞偶件是由柱塞 11 和柱塞套筒 10 组成的一对精密偶件，它们是采用优质合金钢制造，并通过精密的加工和选配、研磨，不能互换。其间隙控制在 0.002～0.004 mm 的范围内，以保证燃油产生高压并使柱塞得到必要的润滑。柱塞套筒上的两个油孔，左侧的圆形孔为进油孔 2，右侧的回油孔 14 的外表面为长孔。套筒用定位螺钉在长孔处锁止，以防转动。柱塞套筒依靠其外表面上端的凸肩在泵体孔内轴向定位，并由排油阀座和出油管接头压紧。柱塞头部上铣有直槽、环槽和斜槽（即泄油槽）。柱塞的下部结构随油量调节机构的不同而异。一种柱塞的下部为凸耳（或称横销）和安装弹簧座的凸缘，用于齿条式油量调节机构上；另一种柱塞的尾部是调节臂，与调节叉配合进行油量调节。

②出油阀偶件

出油阀偶件是喷油泵中另一对重要的偶件。它由阀座和出油阀组成,如图 4 - 16 所示。

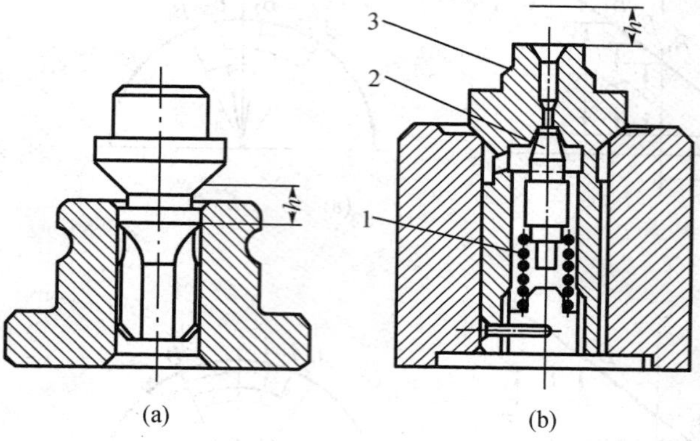

图 4 - 16　出油阀偶件

1—卸载弹簧;2—卸载阀;3—出油阀

出油阀偶件是通过出油管接头以规定力矩紧密贴合在柱塞套筒的上端面上。在出油管接头下端面与阀座肩部之间有一铜制高压密封垫圈,以防止高压燃油的泄漏。

出油阀偶件有蓄压、止回和减压(卸载)作用。蓄压作用是指在柱塞供油行程中使供油压力逐渐累进;止回作用指在柱塞吸油行程中,出油阀自动落座,防止高压油管内燃油倒流,缩短喷射延迟阶段,也有利于排除系统中的空气;减压(卸载)作用是指通过出油阀卸载容积可有效地控制喷射结束后高压油管内的剩余压力,有助于消除因高压油管剩余压力过高引起的重复喷射现象。按出油阀的卸载方式可分为等容卸载式和等压卸载式两种。

等容卸载式出油阀偶件的构造如图 4 - 16(a)所示。出油阀上部的圆锥面是密封锥面,阀的尾部加工有切槽,形成十字形的断面以便燃油通过,同时又为出油阀的运动导向。出油阀中部的圆柱面称为减压环带,它与座孔内壁构成密封面。减压环带与锥形密封面之间形成了一个减压容积 $\pi d^2 h/4$(h 为出油阀卸载行程,d 为阀座孔径)。其卸载过程是,当供油终了时,在出油阀弹簧的作用下出油阀下移,减压环带首先把高压油管与油泵泵腔隔断,出油阀再下行 h 才能落座,使得高压油管内容积增大一个减压容积,使管中燃油压力迅速降低到剩余压力值(约为喷油压力的 1/10 左右)。

等容卸载式出油阀结构简单,应用广泛,不足之处是高压油管中的剩余压力随柴油机工况而变化。尤其当低负荷运转时容易因卸载过度,而引起空泡和穴蚀。

等压卸载式出油阀偶件的构造如图 4 - 16(b)所示。在出油阀内设有一个由卸载弹簧 1 控制的锥形卸载阀 2,当供油终了出油阀关闭后,如高压油管中油压高于卸载阀开启压力(卸载弹簧预紧力),卸载阀开启,燃油便流回油泵泵腔,直到同卸载阀关闭压力相等时为止。

③油量调节机构

油量调节机构有两种,一种是齿条式油量调节机构,另一种是拨叉式油量调节机构。

齿条式油量调节机构,如图 4 - 17(a)所示。柱塞下端的凸耳嵌入传动套的切槽中。传动套松套在柱塞套筒的外侧,在传动套上部有一个调节齿圈,与齿条相啮合。当移动齿条

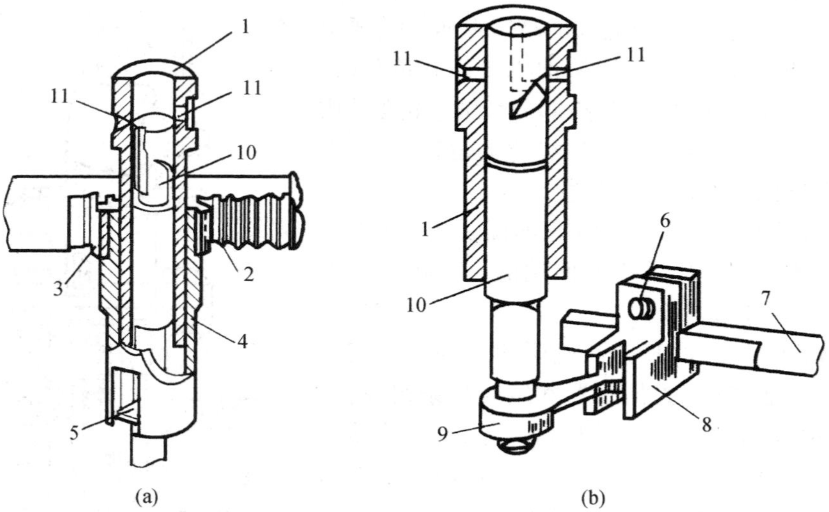

图 4 –17　油量调节机构

(a)齿条 – 齿圈式;(b)拨叉式

1—套筒;2—齿条;3—齿圈;4—传动套;5—柱塞凸块;6—锁紧螺钉;

7—拉杆;8—拨叉;9—柱塞转臂;10—柱塞;11—油孔

时,可带动调节齿圈和柱塞转动来调节供油量。安装时要确保齿圈与齿杆按标记对正啮合,否则会造成各缸供油量不均匀。

拨叉式油量调节机构是由拉杆带动拨叉转动柱塞上的调节臂,使柱塞相对于柱塞套筒转动,来调节供油量的,如图 4 – 17(b)所示。拨叉通过锁紧螺钉准确地固定在拉杆的一定位置上,保证各缸供油量的一致。

④喷油泵传动机构

喷油泵传动机构由凸轮轴、凸轮、顶头等组成,如图 4 – 18 所示。

喷油泵的凸轮轴是由曲轴传动的,二者之间保持一定的相位关系和传动比。

顶头的功用是变凸轮的旋转运动为自身的直线往复运动,推动柱塞上行供油。此外,顶头的高度还会影响供油提前角的准确性,为此顶头上设有调节螺钉 5 以调节其高度。

(3)MAN B&W S – MC – C 柴油机的喷油泵结构

图 4 – 19 所示为 S – MC – C 型柴油机不带 VIT 机构的喷油泵,此泵属回油孔式高压油泵,油泵的基本结构与普通高压油泵相同,不同的是该油泵无出油阀,喷油泵上部为吸油阀和应急停车阀的组合阀。当柱塞下行时,燃油通过该阀的进油口进入低压腔,然后通过吸油阀进入泵腔,若吸油阀上部的空气刺破阀通入压缩空气,使吸油阀开启,油泵高、低压腔相通,则可放掉高压油泵高压腔中的燃油,使发动机紧急停车。在高压油泵上设有进回油孔,在使用和停车状态下,都可以使高压燃油在喷油泵中循环,柴油机停车和机动航行时都不需要换油。

2. 可变喷油定时机构

为了适应柴油机工况变化对供油定时的要求,在当代新型船用二冲程柴油机的喷油泵上均配备了可变喷油定时机构(VIT 机构)。

VIT机构受柴油机调速器输出轴的控制,在调节喷油泵供油量的同时,自动地按最高爆发压力的要求调节喷油泵的供油提前角,当柴油机在部分负荷时,能提高其最高爆发压力,以提高部分负荷(多为常用负荷)的经济性。当柴油机在高负荷下运转时,又能控制最高爆发压力不超过标定值。

VIT机构随喷油泵不同而有不同类型,这里以MAN B&W MC/MCE柴油机所使用的VIT机构为例介绍其结构和工作原理。

MAN B&W MC/MCE柴油机所使用的VIT机构主要由位置传感器、位置伺服器和定时齿条组成,如图4－20所示。该机型使用回油孔终点调节式喷油泵,喷油泵调节机构有两根齿条,一根在油泵下部为油量调节齿条,另一根在油泵上部为定时调节齿条,并都由调速器输出轴控制。当调速器输出调节动作时,在拉动油量调节齿条调节供油量的同时,通过杆件改变位置传感器控制空气输出气压(该控制空气由气源单独供应),该输出控制空气使位置伺服器(每缸一个)中的活塞动作,从而拉动定时调节齿条动作。定时齿条与油泵下部的齿套螺母外部啮合,齿套螺母内有梯形螺纹与喷油泵套筒下部的梯形螺纹啮合。所以在定时齿条移动的同时,通过齿套螺母使喷油泵套筒上升或下降,从而改变了供油定时。

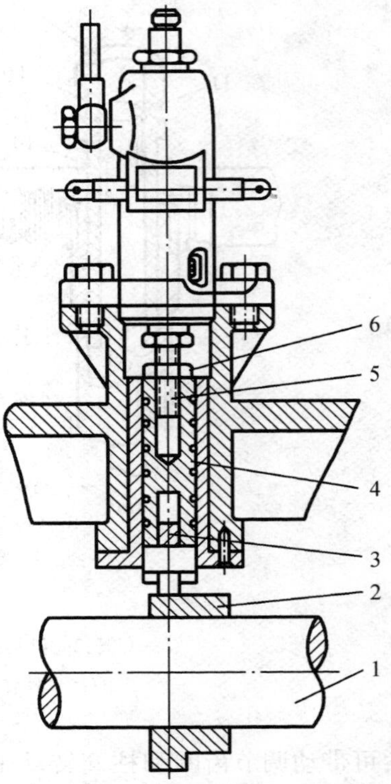

图4－18　传动机构

1—凸轮轴;2—凸轮;3—滚轮;4—顶头;5—调节螺钉;6—锁紧螺母

这种机构的调节特性如图4－20所示。在柴油机50% P_b(标定功率)以下时,喷油提前角θ最小,VIT机构不起作用;当负荷由50%增至78% P_b时,θ相应增大;在78% P_b时,最大爆发压力p_z达最大值$p_{z\max}$(标定值),此时的θ亦达最大值;当负荷由78%增至100% P_b时,为保持最大爆发压力$p_{z\max}$不变,θ逐渐变小;至100% P_b时,θ恢复至标定值。

(二)喷油器

喷油器的功用是与喷油泵共同建立燃油的喷射压力,并将燃油以雾状喷入燃烧室内,以便与空气混合形成可燃混合气。

对喷油器的要求主要有保证良好的雾化质量和合适的油束形状;此外喷油开始和结束要迅速,不发生滴漏和二次喷射等异常喷射现象。

现代柴油机广泛使用闭式喷油器是液压启阀式喷油器。

1. 闭式喷油器的结构和工作原理

闭式喷油器的结构如图4－21所示。针阀6与针阀体5为一对精密偶件,配合间隙约为0.002～0.004 mm。弹簧2的预紧力经顶杆3作用在针阀顶端,将针阀下部的密封锥面压紧在针阀体的阀座上,切断通向喷孔的油路。针阀中下部的承压锥面位于针阀体的压力室A中。

喷油泵不供油时,针阀体的压力室经喷油器体内油道、进油接头7与高压油管相通。当喷油泵的柱塞上行至供油始点开始供油时,燃油进入压力室,作用在针阀承压锥面上的燃

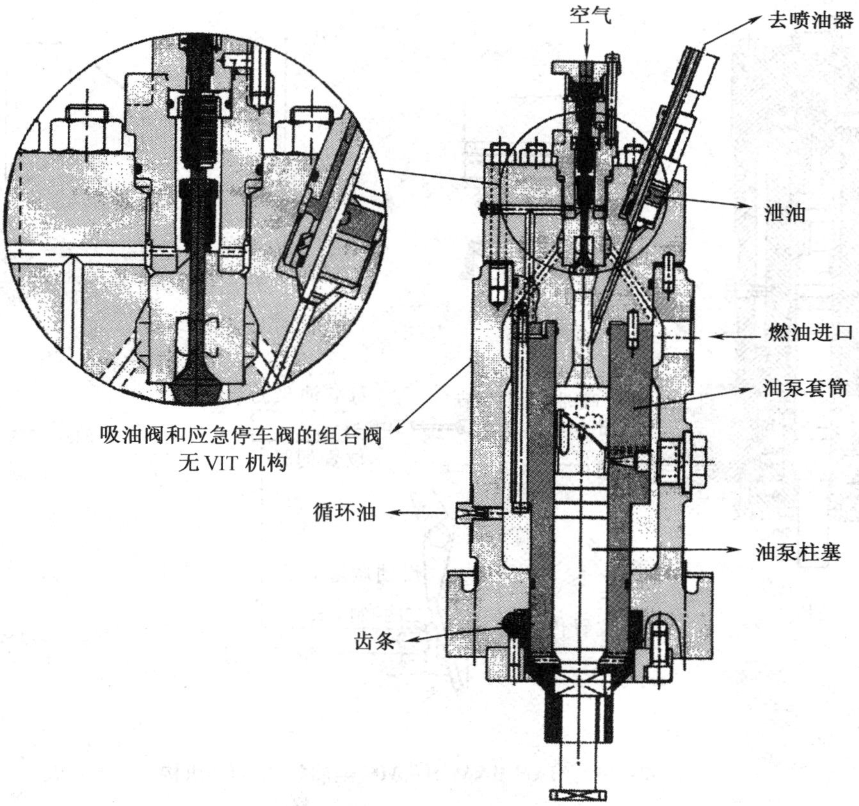

图 4 – 19 MAN B&W S – MC – C 柴油机的喷油泵结构

油压力迅速上升,一旦燃油压力超过调压弹簧的预紧力,针阀开始离座上移(即喷油始点),开启喷油孔,高压燃油喷入汽缸雾化。当喷油泵的柱塞上行至供油终点,开始回油时,作用在针阀承压锥面上的压力急剧下降,针阀在调压弹簧的作用下迅速落座(即喷油终点),关闭喷孔,喷油结束。此时,针阀把油路与燃烧室隔开,所以被称为闭式喷油器。

通过上述分析可知,喷油器的喷油始点实际上是滞后于喷油泵的供油始点的。若以曲柄转角计,则喷油器的喷油提前角略小于喷油泵的供油提前角。出现喷油延迟的原因是燃油的可压缩性、高压油管的弹性和高压油路的节流等造成的。同理,喷油器的喷油终点实际上也是滞后于喷油泵的供油终点的。在这个滞后阶段中,由于喷射压力急剧下降,燃油雾化不良,甚至会有滴漏现象发生。因此,应力求喷油器断油迅速,将滞后的不良后果减到最低程度。此外,只有当燃油压力足够高时,才能使针阀开启。这个使针阀开启的最低燃油压力称为启阀压力。燃油压力是可以通过转动调节螺钉 10,改变弹簧 2 的预紧力进行调节的。

2. 喷油嘴类型

各种喷油器的差异,主要在喷油嘴的结构上。喷油嘴是指喷油器下端具有喷孔并伸入燃烧室内的零件。喷油嘴类型较多,如图 4 – 22 所示。

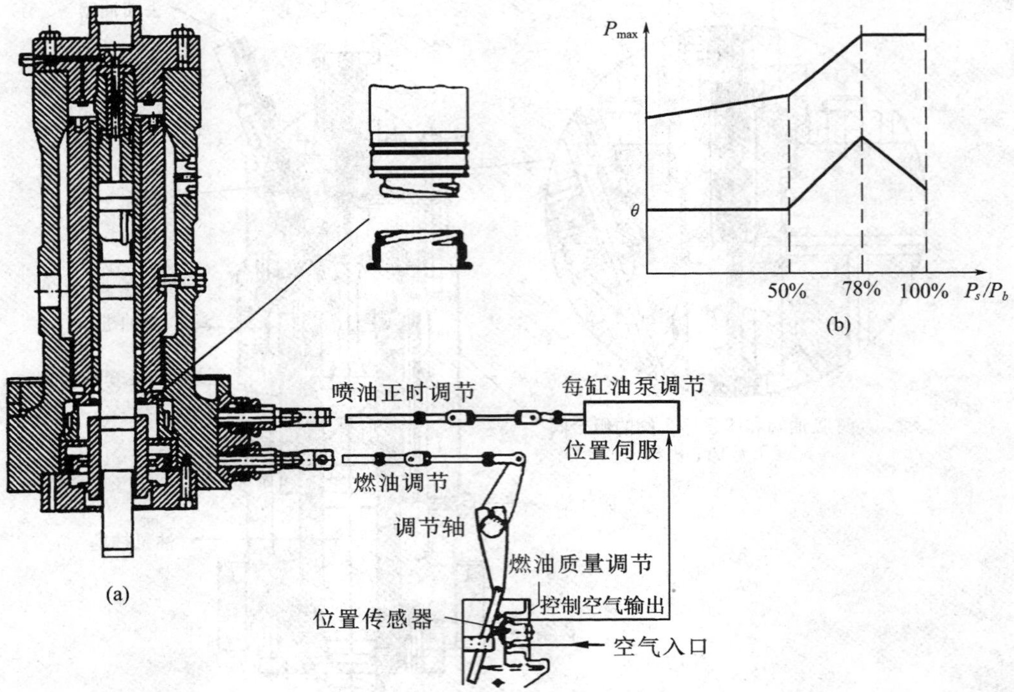

图 4 - 20　MAN B&W S - MC 柴油机的 VIT 机构

(1)单孔式喷油嘴

单孔式喷油嘴只有一个喷孔,见图 4 - 22(a)。孔内座面与针阀的密封锥角为 50°~60°。燃油雾化锥角通常在 5°~15°之间。这种喷油嘴由于孔径大不易堵塞,喷出的油束穿透力强,雾化油粒较大,多用于使用分隔式燃烧室的小型柴油机上。但在有些大型柴油机上,在一个汽缸盖上装有 3~4 个单孔式喷油器,每个喷油器的喷孔都与其轴线成一定角度,使油束充满整个燃烧室空间。

(2)多孔式喷油嘴

多孔式喷油嘴的喷孔数目为 4~12 个,孔径为 0.15~1.0 mm,见图 4 - 22(b)。雾化油粒匀细,分布均匀。因孔径较小喷孔易堵塞,适用于直接喷射式燃烧室。

(3)轴针式喷油嘴

轴针式喷油嘴在针阀下端有一个轴针,插在喷孔中,见图 4 - 22(c)。轴针有圆柱形和锥形两种,喷出的油束成空心柱状或空心锥状。这种喷油嘴不易产生积炭堵塞,常用于使用分隔式燃烧室的小型柴油机上。

对于强化程度较高的中、低速柴油机,大都采用冷却式喷油嘴,即在针阀体内设置冷却通道进行强制冷却,这种冷却方式也称为内部冷却,如图 4 - 23 所示。冷却液常采用淡水或柴油。淡水冷却效果好,但需要设立一个单独的喷油器冷却系统。使用燃油冷却无需专门的密封,冷却系统较为简单。

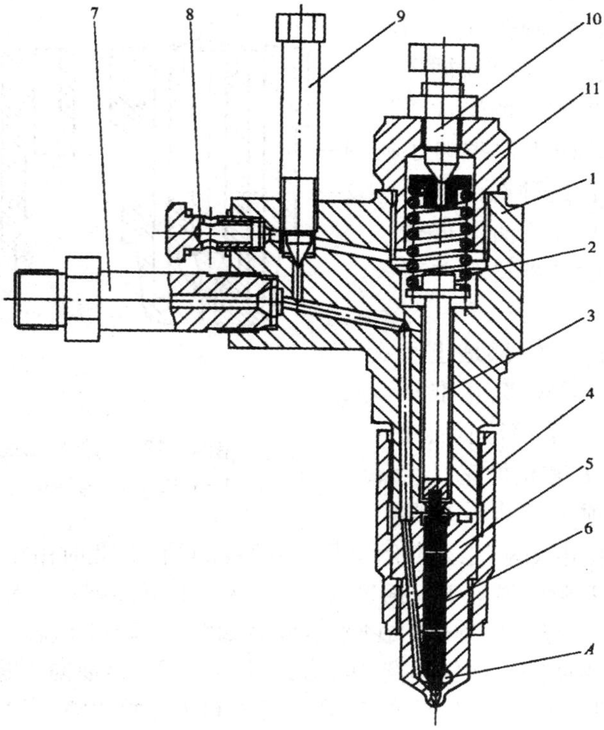

图 4－21　喷油器结构

1—本体;2—针阀弹簧;3—顶杆;4—锁紧螺母;5—针阀体;6—针阀;7—进油接头;8—回油接头;9—放气螺钉;10—调节螺钉;11—调压螺母

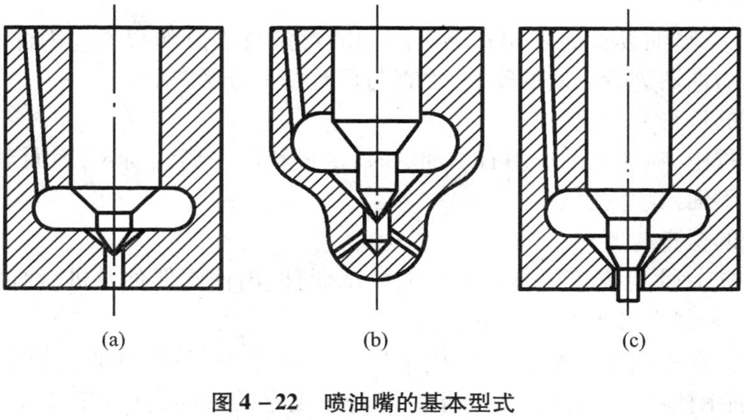

图 4－22　喷油嘴的基本型式

(a)单孔式;(b)多孔式;(c)轴针式

3. MAN B&W S－MC－C 柴油机的喷油器结构

图 4－24 所示是 MAN B&W 柴油机使用的一种非冷却多孔式喷油器。这种喷油器的特点是可以使燃油系统中的燃油经喷油泵进入喷油器本体内循环冷却,最后排至混油柜。当该缸喷射期间,高压的燃油首先使燃油循环回路中断,然后高压燃油进入针阀的油腔内,待

达到起阀压力时针阀开启进行喷油。供油结束,油压降低,针阀落座。当油压降低至某规定值,上述燃油循环回路重新接通,喷油器本体的燃油循环重新恢复。这种结构不但省略了单独的冷却系统,而且这种燃油循环在柴油机备车期间可对喷油器进行预热,在运转期间对喷油器冷却并兼有驱气作用。

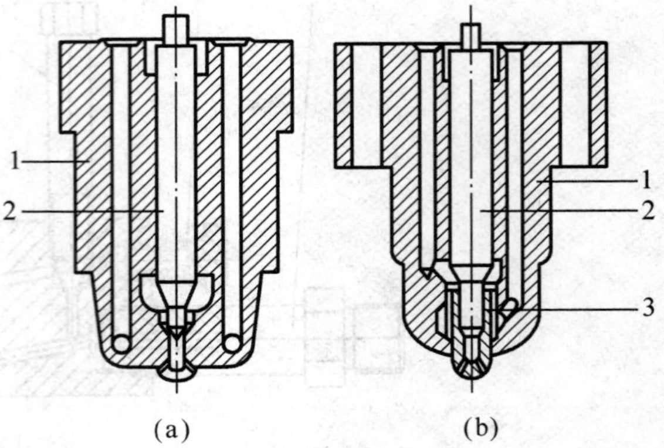

图 4-23　内部冷却式喷油嘴

1—针阀体;2—针阀;3—冷却水套

喷油器内有两个阀,上部是止回阀,由止回阀体 *D*、止回阀 *E*、止推座 *F* 和压力弹簧 *G* 组成。下部是喷油针阀、由针阀体 *A*、针阀 *B* 和止推座 *C* 组成。燃油由喷油器顶部进入。当柴油机不喷射时,燃油由电动输油泵供给,如图 4-24(a)所示,此时由于燃油压力较低,止回阀关闭,即其止回阀 *E* 封闭燃油下行通道,在止推座 *F* 的下部有一个旁通孔 *H* 开启,燃油经此旁通孔在喷油器体内循环后排出。在喷油期间,如图 4-24(b),燃油由高压喷油泵供给,油压大于 1 MPa 时,止回阀被油压抬起 D_1,旁通孔 *H* 关闭,燃油向下进入下部针阀的油腔内。在燃油压力达到起阀压力时. 针阀 *B* 被油压抬起 D_2,燃油喷入汽缸,见图 4-24(c)。喷油器起阀压力由弹簧的安装预紧力和有关零件尺寸预先确定,使用中不能进行调节。如需调节则应解体喷油器并换用专用弹簧垫片。

喷油器针阀的下部压力室采用小压力室结构,压力室的容积只有原来的 15%,可以有效地减少有害气体排放和提高经济性。

(三)喷油设备的检查与调整

在柴油机中,喷油设备的工作状况对燃油的燃烧过程影响很大。因此对喷油设备,尤其对喷油泵和喷油器进行正确的安装、检查与调整是十分必要的。

1. 喷油泵的检查与调整

在喷射过程中,喷油泵的作用有供油定时、定量和产生燃油高压,因而对喷油泵的检查与调整主要是下面两项内容。

①密封性的检查与要求

喷油泵的密封性检查主要是对其中的柱塞偶件、出油阀偶件及进、回油阀等精密偶件的检查。通常,密封性检查的顺序如下:

综合检查。在喷油泵的高压油管接头处安装压力表,手动泵油至规定的压力值时停止,并按住泵油手柄不动,观察压力表指针。若在规定的时间内(一般不小于 30 秒),压力表读数保持不降,则认为密封性良好。否则,应按以下顺序继续进行。

②出油阀密封性检查

操作过程同上,不同的是停止泵油后放松泵油手柄,使柱塞自然下行。此时,若压力表读数基本不变,则认为出油阀密封性良好。否则,出油阀应予换新或取出出油阀再重复第一项检查。若取出出油阀后压力下降很快则说明柱塞漏油。

2. 供油定时的检查和调整

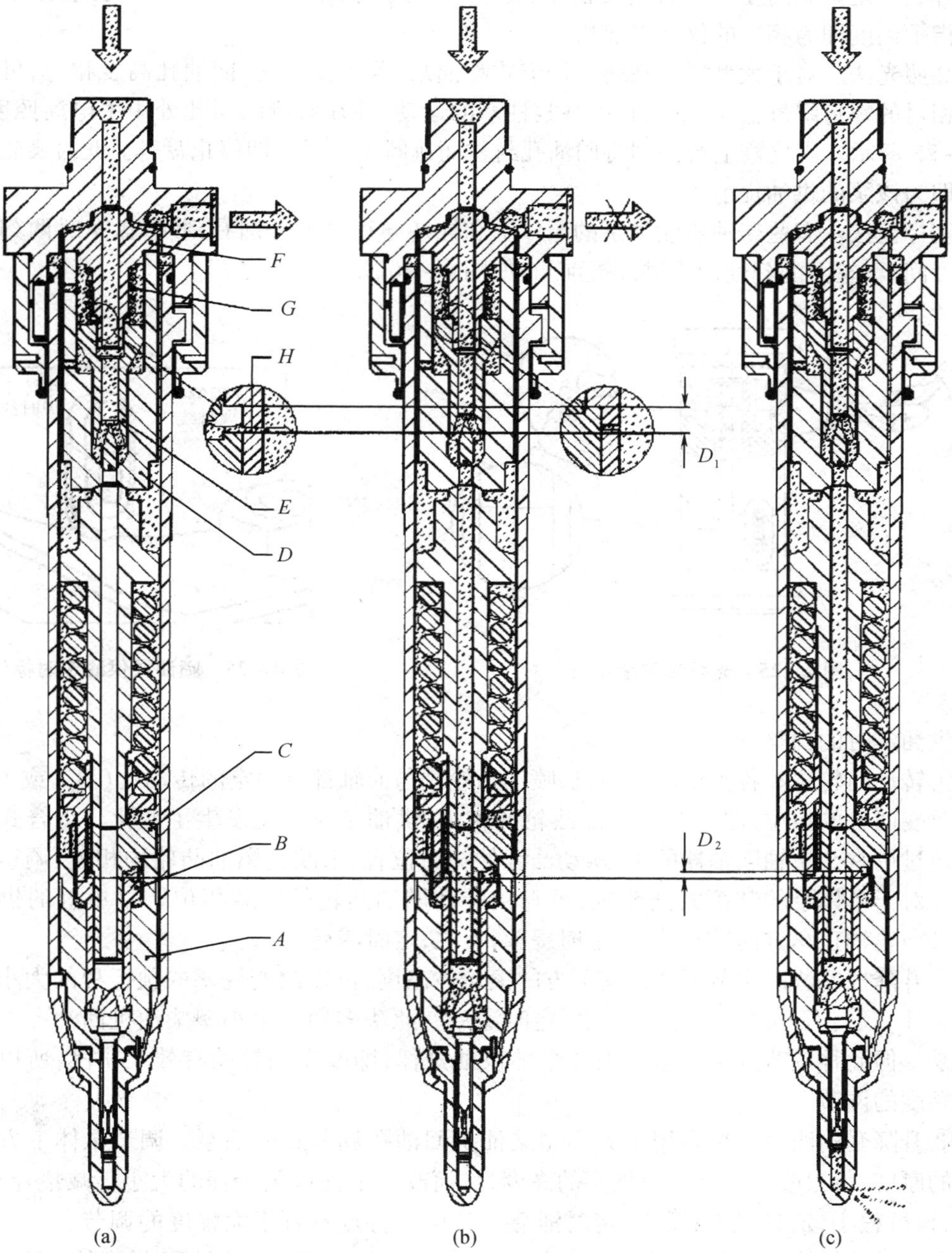

图 4－24　MAN B&W S－MC－C 柴油机的喷油器结构

A—针阀体；B—针阀；C—止推座；D—止回阀体；E—止回阀；
F—止推座；G—压力弹簧；H—旁通孔

供油定时的检查方法因机型而异，常用的检查方法主要有以下几种。

①冒油法。首先将柴油机盘车至喷油泵供油始点前附近，拆下喷油泵上的高压油管并接上用于观察的玻璃管接头。再将供油手柄置于标定供油位置，手动柱塞泵油使玻璃管内

燃油升到一定可见高度。然后缓慢盘车，待玻璃管内燃油液面刚一上升的时刻，曲轴飞轮上的指示刻度即为相应的供油提前角。

②照光法。对于大型回油孔终点调节式喷油泵，若套筒上进、回油孔高度相等，可拆下与之相对的螺钉缓慢盘车，从油孔中观察柱塞的运动，并在对侧的螺孔处用手电筒照明，如图4－25所示。当柱塞上行到刚将回油孔封住而遮断光线时立即停止盘车。此时飞轮上的刻度即为该泵的供油提前角。

③标记法。有些柴油机喷油泵的泵体上和柱塞导程筒上分别有刻线，盘车时两刻线对齐的瞬间，飞轮上的刻度即为供油提前角，如图4－26所示。

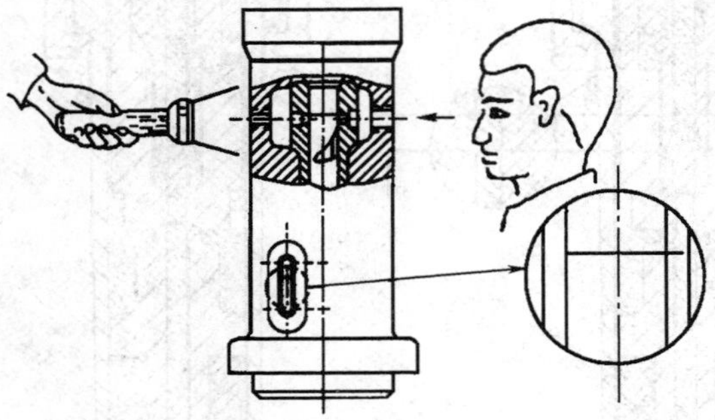

图4－25　光照法测量定时

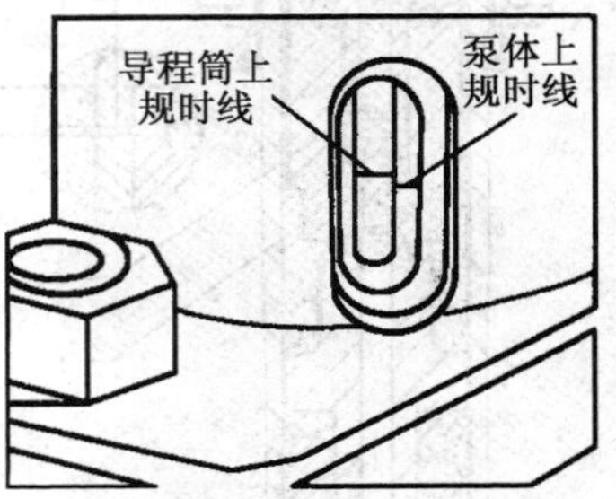

图4－26　喷油泵供油定时标记

供油定时的调整方法有：

①转动凸轮法。各类型的柴油机，喷油凸轮轴与曲轴都有固定的传动比（1∶1或1∶2），只要改变两轴的相位，即改变了燃油凸轮的相位，供油定时也就发生了变化。组合式喷油泵可通过调整凸轮轴联轴器的主、从动凸缘的相对位置，来改变燃油凸轮的相位，调整供油定时。对于单体泵的装配式凸轮轴，可直接转动燃油凸轮的安装相位调整单缸的供油定时。沿凸轮轴正车方向转动凸轮，定时提前；反之，定时滞后。

②升降柱塞法。调节喷油柱塞下方的滚轮体高度，可以改变柱塞的预行程的大小。调高滚轮体，预行程小，定时提前；反之，定时滞后。此法多用于中小型柴油机回油孔调节式喷油泵。但此种调节方法会影响喷油泵的供油规律，即改变凸轮的有效工作段，所以不宜于大幅度的调节。

③升降套筒法。此法多用于大中型柴油机回油孔调节式喷油泵。调节泵体下方调节垫片的厚度，可以改变套筒相对柱塞的高度，从而改变了柱塞预行程的大小。减垫片，套筒降低，预行程小，定时提前；反之，定时滞后。其调节特点不宜于大幅度的调节。另一种是在套筒下部设螺旋套，用定时齿条拉动使套筒升降，此即为MAN BW MC机型的VIT机构。

（3）供油量的检查与调整

在多缸柴油机中，当油门手柄置于某固定位置时（通常为标定油门），应使各缸供油量均等，以保证各缸负荷均匀。按我国有关规定，在全负荷时各缸供油量的不均匀性应小于3%。因此，供油量的检查与调整包括停油位置（零油位）和供油均匀性两方面。

①停油位置的检查与调整

停油位置或“0”位的检查是，当油门手柄处在停车位置时，各缸喷油泵的供油量应为零，以保证可靠停车。

回油孔式喷油泵的油量调节齿条上有刻度，表示供油量多少。当齿条在小于刻度“2”时，就应保证供油量为零。如齿条刻度不符合要求时，可通过齿条与油量调节杆连接处的调节螺钉调节。

②供油均匀性的检查与调整

燃油手柄置于标定油门位置，各缸的供油量均匀性相等并符合说明书要求。对于单体泵燃油手柄置于标定油门位置时，可通过量杯法（测量每个泵相同转数的供油量）、单缸断油降速法（每缸断油后的柴油机速度降相等）和测量运行参数（各缸最大爆发压力和各缸排气温度的一致性）等方法间接检查供油均匀性。而组合式喷油泵则在专用实验台上对各缸供油量进行直接测定，以检查供油均匀性。

如单体泵的供油不均匀过大，可调节供油齿条和供油拉杆的连接位置进行调整。而组合式喷油泵则需调节传动套和其上的调节齿套的相对位置来进行调整。

（四）喷油器的检查与调整

喷油器的检查与调整是在喷油器试验台上进行，主要内容有启阀压力、雾化质量和针阀偶件的密封性。

1. 启阀压力的检查与调整

检查时，将喷油器与高压油管接好，如图 4－27 所示。首先要排除油路中的空气，然后手动泵油并观察开始喷油时的启阀压力。如观察值与规定值不符，则旋动调节螺钉，直到合格为止。

2. 密封性检查

喷油器的密封性检查包括针阀与针阀体柱面和针阀与阀座两处密封性检查。检查时，泵油油压控制在略低于启阀压力，停止泵油后观察油压降落快慢。通常要求在 10 s 内压力降要小于 7 MPa。若压力下降过快，说明针阀与针阀体柱面间隙大，密封不良。同时，亦可检查针阀与阀座处密封性，即在停止泵油时，若喷孔处只有轻微潮湿而无燃油滴漏，为密封良好。

3. 雾化质量检查

在手动泵油时，应仔细观察喷柱的形状、数目、油滴细度和分布情况，察看在启阀之前和喷射之后喷孔处有无燃油滴漏。良好的雾化质量应是喷柱符合要求，喷孔无滴漏，整个喷射过程伴有清脆的“吱吱”声。

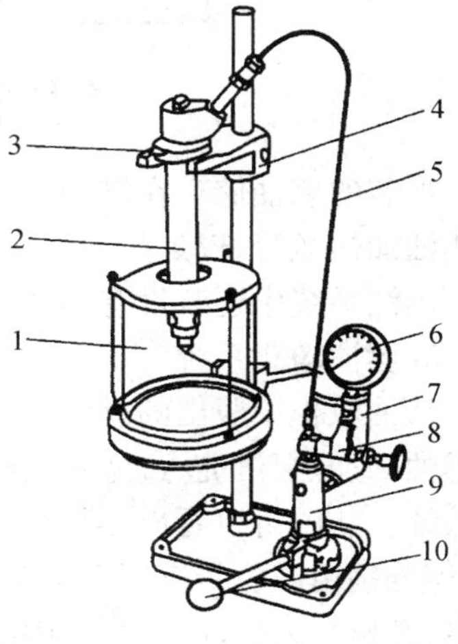

图 4－27　喷油器试验装置

1—玻璃罩；2—喷油器；3—支承环；4—支架；5—高压油管；6—压力表；7—盛油容器；8—截止阀；9—手动泵；10—手柄

二、燃油系统

（一）作用和组成

燃油系统是柴油机重要的动力系统之一，其作用是把符合使用要求的燃油畅通无阻地输送到喷油泵入口。该系统通常由五个基本环节组成，即加装和测量、储存、驳运、净化处理、供给。

1. 燃油的加装、储存和驳运系统

图4-28为船舶燃油的加装、储存和驳运系统示意图。燃油的加装是通过船上甲板两舷装设的燃油注入孔进行的。这样,从两舷加油孔均可将轻、重燃油直接注入油舱。注入管应有防止超压设施,如安全阀作为防止超压设备,则该阀的溢油应排至溢油舱或其他安全处所。注入接头必须高出甲板平面,并加盖板密封,以防风浪天甲板上浪时海水灌入油舱。燃油的测量可以通过各燃油舱柜的测量孔进行,若燃油舱柜装有测深仪表的话,也可以通过测深仪表测量。测出液位高度后,对照舱容表并经过船舶吃水差修正,可查得燃油的体积。各油舱柜有透气管通至上甲板,加装燃油时须将透气孔开启,以便驱气。

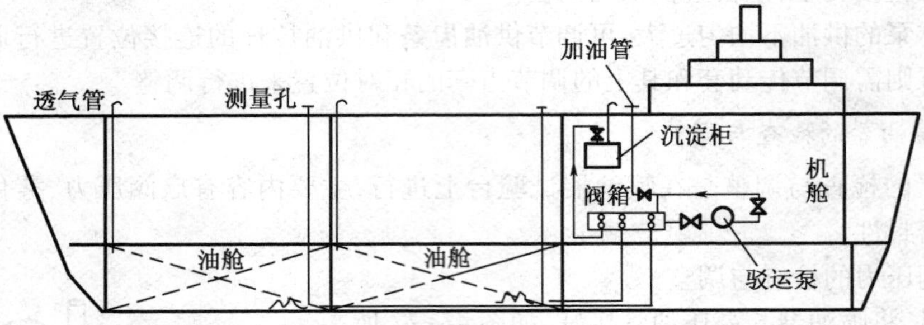

图4-28　燃油的加装、储存和驳运系统示意图

加装的燃油储存在燃油舱柜中,如燃油深舱、双层底等。对于重油舱,一般还装设蒸汽或热油加热盘管,以加热重油,保持其流动性,便于驳油。

燃油系统中还装设有调驳阀箱和驳运泵,用于各油舱柜间驳油。

2. 燃油净化系统

从油舱柜中驳出的燃油在进机使用前必须经过净化系统净化处理。燃油净化系统包括燃油的加热、沉淀、过滤和离心分离。图4-29示出了目前大多数船舶使用的重质燃油净化系统。从图可以看出,通过调驳阀箱1,燃油从油舱被驳运泵泵入沉淀油柜5,驳运泵的启、停分别由液位传感器3与3′控制,当沉淀柜中的液位降到3′对应的高度时,系统启动驳运泵,开始泵入燃油,沉淀柜中的液位开始上升,当液位上升到3对应的高度时,系统停止驳运泵的工作,每次补油量为沉淀柜在液位传感器3与3′之间对应的油量。自动调节蒸汽流量的加温系统加速油的沉淀分离并且可使沉淀油柜提供给供油泵7的油温变化幅度很小。供油泵后设气动恒压阀9和流量控制阀9′,以确保平稳地向分油机输送燃油,有利于提高净化质量。燃油进入分油机前,通过分油机加热器加温,加热温度由温度控制器10控制,使进入分油机的燃油温度尽量保持恒定。系统设有两台分油机、两台供油泵和两台加热器,相互之间互为备用,提高了系统的可靠性。分油机能分别按并联和串联工作,提高了系统的适应性。分油机的净油注入日油柜15,日用油柜设溢流管14,溢流管出口被引入到燃油沉淀柜。在船舶正常航行的情况下,分油机的分油量将比消耗量大,溢流管吸入口从日用柜的上部延伸到日用油柜低部,可使日用油柜低部温度较低、杂质和水禽量较多的燃油引回沉淀柜,既实现循环分离提高分离效果,又使分油机起停次数减少,延长分油机使用寿命。沉淀柜和日用柜分别设有水位传感器6、16,以提醒及时放残。

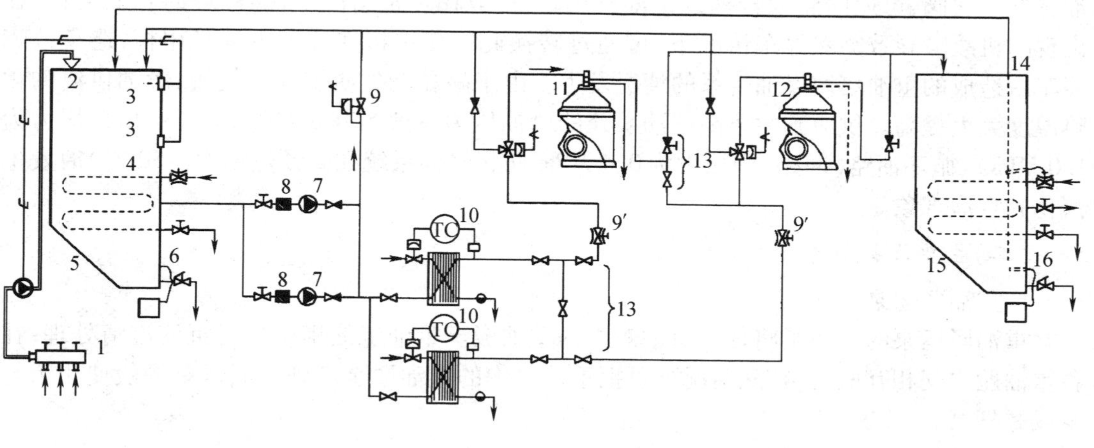

图 4－29　重质燃油净化系统

1—调驳阀箱;2—沉淀油柜燃油进口;3—高位报警;3′—低位报警;4—温度传感器;5—沉淀油柜;6、16—水位传感器;7—供油泵;8—滤器;9—气动恒压阀;9′—流量调节器;10—温度控制器;11、12—分油机;13—连接管;14—日用柜溢流管;15—日用油柜

3. 柴油机燃油供给系统

图 4－30 所示是现代船舶普遍采用的燃油供给系统,下面就以此系统简述其工作过程和功能实现。

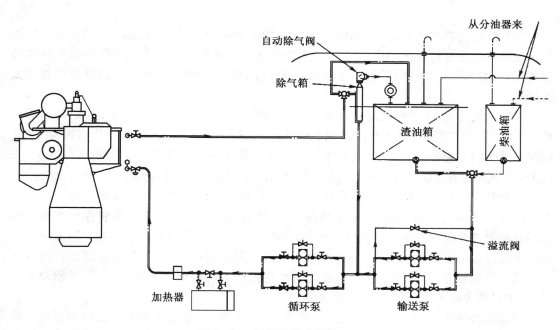

图 4－30　加压式燃油供给系统

在轻重油日用柜中净化后的燃油经过轻重油转换三通阀供给到燃油供给泵的进口,经过燃油供给泵的加压作用,压力可达 0.8～1.0 MPa,其供给压力可通过压力调节阀调整。燃油循环泵的输出在经过燃油雾化加热器和燃油自清滤器后供给主机,主机的回油通过回

油选择三通阀，可返回到混合桶或重油日用柜，一般在正常情况下，燃油返回到混合桶，在出现主机故障导致突然停车情况下，可通过转换此阀使主机回油到重油日用柜，避免故障停车后造成的重油堵塞燃油管系的情况发生。由于高黏度劣质燃油的使用，燃油供给的预热温度大大提高。供应到主要高压油泵处的燃油压力一般为0.8 MPa(循环泵出口压力为1.0 MPa)、循环油路(回路)中压力为0.4 MPa，防止燃油系统在高预热温度(150 ℃)时发生汽化和空泡现象。

(二)主要设备与作用

1.重油驳运泵

重油驳运泵的作用是将任一重油舱中的重油驳至重油沉淀柜中进行沉淀澄清处理；在各重油舱之间相互驳运；特殊情况下可把重油舱中的重油驳至舷外。驳运泵一般使用齿轮泵或螺杆泵。

2.重油的净化处理设备

重油的净化通常采用沉淀、滤清和分离等净化处理措施。

沉淀需在专设的沉淀柜(沉淀柜应设置两个)中进行，按有关规定至少沉淀12 h。为提高净化效果，沉淀柜中的重油应预热至50～60 ℃，并可酌情加入泥渣分散剂和疏水剂，以使油中悬浮杂质易于沉淀。沉淀柜应定期放水排污。

滤清由系统中的多个粗、细滤器来完成。越来越多的船舶燃油供给系统中使用自清洗滤器。

净化处理的核心环节是离心分离，其主要设备是离心分油机。

3.燃油单元

现代造船都将燃油供给系统中的主要设备集成为一个模块，形成一个燃油单元。燃油单元包括从轻重油转换阀到主机的燃油系统设备。燃油单元一般由某一厂家成套提供并整体安装，节约工时，节省空间，但也会由于结构过于紧凑而使得管理人员的检修变得不太方便。

从轻重油三通阀来的燃油流进燃油供给泵。燃油供给泵为双泵设计，正常工作期间，一台工作，一台备用，当工作泵出现故障，备用泵能自动投入工作。其进口阀为截止阀，出口阀为截止止回阀，一般常开。燃油供给泵出口接两路，一路进入流量计的入口，供给主机燃油；另一路经一个压力调节阀返回重油日用柜或供给泵进口，其返回量随主机负荷不同而不同。

流量计出口与混合油柜相通，从混合油柜开始构成一个燃油供给循环的起点。混合油柜的燃油经燃油循环泵、燃油雾化加热器、黏度计到高压油泵侧燃油总管供主机燃烧。同时过量的燃油又经溢流阀流回混合油柜，溢流阀的另一路与重油日用柜相连。溢流阀正常情况下使过量的燃油流回混合油柜，当其与重油日用柜相通后，能使燃油管路的存油直接回到重油日用柜，应急停车情况下经常进行此项操作。燃油循环泵有两台，其进出口阀常开，其出口阀为截上止回阀，可避免燃油倒流。

燃油循环泵的出口与燃油雾化加热器相连，一般情况，雾化加热器进出口截止阀均常开。雾化加热器是一个保证燃油良好喷射和雾化的重要预热设备，按有关规定应采用饱和蒸汽作加热源，有些船舶也用电加热作为辅助加热措施。预热蒸汽压力不应超过0.68 MPa(相当于饱和蒸汽温度175 ℃)，以防重油中的焦炭析出沉淀在加热器中。根据良好雾化的要求、重油进入喷油泵时其黏度应降低到12～25 mm^2/s 范围内。在根据此雾化黏度确定雾化加热器的预热温度时，还应再提高10～15 ℃，以补偿喷油压力及散热时黏度的影响。为避免加热后迅速积垢,预热温度不得超过 150 ℃。

从雾化加热器流出的燃油进入燃油自清洗滤器。自清洗滤器冲洗出的脏油排入燃油渣油柜。自清洗滤器的进出口截止阀一般常开,旁通截止阀常闭。

从燃油自清洗滤器流出的燃油进入燃油黏度控制系统。燃油黏度发讯器测量燃油黏度的变化,并通过某种调节机构(如气动薄膜调节阀)调节蒸汽阀的开度或控制电加热器的触点,保证燃油黏度与设定的雾化黏度相符。黏度计进出口及旁通管路上的截止阀一般常开。

从黏度计流出的燃油全部进入高压油泵侧的燃油总管供主机使用。过量的燃油经溢流阀到混合油柜。

(三)燃油系统的维护管理

1. 燃油的加装、测量和储存

加装燃油是一项十分重要的工作,作业时应特别细心。根据船上存油的牌号和数量,考虑下一航次的运输任务,由轮机长提出加油数量和规格,经与船长商定后,提出加油申请,电告公司主管部门。公司批复后,和船舶代理联系具体加油事宜。

加油前应掌握各油舱确实的存油品种和数量,尽量并舱,使新旧油分舱存放。主管轮机员应制订加油计划并交轮机长审定,加油的种类、数量和预装油舱确定后,再与大副商定,确保船舶的平衡。重要的是主管轮机员应检查装油管系,正确开关阀门(一舷加油时应关闭另一舷加油站的阀门,确保各分舱阀门全部打开,管线畅通),堵好甲板出水孔,准备溢油应急设备和材料(吸油毡、木屑、溢油分散剂、盛油桶和灭火器等),悬挂"禁止烟火"牌,对可能发生渗漏的地方重点检查并准备接油桶,在冬天或寒冷地区加油时应对预装油舱进行加温等。

正式开泵加油前,主管轮机员应检查供油方的供油质量和数量,记取流量计读数,用验水膏检查油中含水情况。供油和受油双方规定好联系信号,以船方为主,双方均应切实执行。同时与供油方确定好供油速度,在开始加装和接近结束时均应放慢供油速度。

加油中,在油气可能扩散到的区域应禁止吸烟和明火作业。泵开动后,立即倾听油流声响和透气管的出气情况,确认油已进入预定的舱位。装油人员要坚守岗位,严格执行操作规程,掌握装油进度,在开始加装和接近满舱时均应勤于测量,防止跑、冒、滴、漏,各舱加至 85% 总容量即可。

加油结束后,应关好有关阀门。拆除输油软管时,应事先用盲板将管口封好或采取其他有效措施,防止管内存油倒流入海。重新测量各舱柜存油数量,并核对供方实际加油数量,索取油样并当场封好,以备发现问题时有据可查。

除加装燃油时需测量油舱外,每航次开始和结束都要实测油舱燃油存量,并予以记录。测量时要注意船舶前后吃水差,并且对重质燃料油一般选择测量空当高度,然后对照舱容表进行计算。

在燃油的储存中应注意,不同牌号的同一油品以及不同加油港加装的同一牌号燃油不混舱,必要时需进行试验。当两种不同的油混兑使用时,最大的问题是它们的不相容性,当混兑后发生不相容情况时、往往会发生化学反应,大量沥青质、淤渣析出。造成堵塞和柴油机燃烧不良、大量冒黑烟,严重时会引起柴油机运行困难。

2. 燃油加热温度的选择

对燃油(尤其是重油)进行行加热是一项十分重要的工作。海船上大多用蒸汽加热,为确保安全规定使用饱和蒸汽。加热温度随使用黏度要求而异,一般采用分段加热法。燃油舱中加热是为了便于驳运,因此应确保油管出口附近燃油不发生凝固为原则,将油舱加热至15～20 ℃,出口附近为35～40 ℃即可。在沉淀柜中,要加热到50～70 ℃(要比闪点低一定温度)以提高沉淀效果。为了提高分离效果,分油温度不能太低,也不能太高,对于重油、最高温度不准超过98 ℃。在日用油柜中,重油温度应保持在70～80 ℃。为使喷入汽缸中的燃油中有合适的温度以确保燃烧完善,对喷油泵前的燃油加热十分重要。对中低速柴油机而言。雾化加热器的加热温度应使重油黏度降至12～25 mm^2/s。考虑到压力增高会使黏度增大,以及经管路到喷油器有温度降。加热温度应再提高10～15 ℃,一般加热到100～150 ℃。

以上各处的加热温度可以通过蒸汽量来调节。

3. 确保燃油清洁

主要是在营运中认真掌握好沉淀、分离、过滤等净化环节。定期对沉淀柜和日用油柜进行排污放水,保证油柜清洁,定期清洗燃油滤器。特别是风浪天,要增加放残和燃油滤器的清洗次数。可根据燃油流经滤器前后的压力差来判断滤器的工作情况:若压差增大超过正常值,表明滤器已变脏堵塞,需立即清洗;若无压差或压力差变小,则表明滤网破损或滤芯装配不对,需立即拆卸检查。

4. 系统放气

燃油系统中容易积气,积气往往聚集在系统的高处。系统有气后供油压力波动,甚至无法供油而停车。油柜上都有透气管,燃油供给系统又是封闭系统,在正常运转中一般不会有空气进入燃油供给系统。系统中的气大部分是清洗滤器和维修管路时进入,也可能在停机过程中,由喷油泵偶件间隙进入。因此,清洗完滤器和管路后应注意充油驱气。

5. 换油时的正确操作

当船舶需要较长时间的停泊或燃油管系中某些设备需要拆卸时,应在柴油机停车前改用轻柴油,以便把管系和设备中的重油冲净。此外,当柴油机处于机动操纵状态时,为使柴油机具有良好的机动性能(特别是启动性能),最好也使用轻柴油,而船舶正常航行后应使用重油,以提高经济性。这种在柴油机运行中进行的轻、重油转换操作称为换油。换油操作的基本原则是防止油温突变,以避免喷油泵柱塞卡紧或咬死。由重油换为轻油时,首先关闭燃油雾化加热器的加热阀,关掉黏度计,随后切断燃料油,同时接通柴油。在集油柜中使原来的燃料油和新注入的柴油逐步混合稀释。因为稀释黏度比油温下降得快,所以不需再加温。最后燃油管道、低压燃油输送泵、燃油雾化加热器、回油管充满柴油,以供下次启动。由轻油换为重油时,首先,必须将燃料油日用柜加热至使用状态,同时略为开启燃油雾化加热器使柴油温度上升至40 ℃以上,随后再切断柴油,接通燃料油。要在消耗完系统内柴油的时间内逐步将燃油温度加热至燃料油雾化要求的温度。

近年来推出的中、低速船舶柴油机,在燃油系统中都采用了能够使燃油经过喷油泵、喷油器循环流动的设计。在正常使用时,厂家要求使用重油这一种单一燃料,除非柴油机预计停车较长时间,否则不必换用轻油。

模块二　滑油系统的认识

【学习目标】

1. 了解润滑的作用；
2. 了解润滑的分类；
3. 了解滑油的性能指标、质量等级和常见的添加剂；
4. 掌握船舶润滑系统的组成和设备；
5. 掌握汽缸润滑的方式；
6. 掌握曲轴箱油强制润滑系统及净化系统。

【模块描述】

滑油系统是柴油机的重要系统，良好的润滑能够使运动部件减少磨损，确保柴油机正常运转。本模块主要介绍润滑的作用，润滑的类型、滑油的性能指标、质量等级和滑油添加剂。掌握船舶滑油系统的组成和主要设备特点，掌握曲轴箱油强制润滑系统、曲轴箱油净化系统和汽缸润滑系统的管理要点。

【任务分析】

柴油机滑油系统是供给柴油机各运动部件的润滑和冷却所需的润滑油。通常由曲柄箱强制润滑、曲柄箱油分离净化和汽缸油润滑等系统组成。滑油系统中的主要设备由滑油泵、过滤器、滑油冷却器等，满足柴油机运动机件的润滑需要。对润滑系统的管理主要有正确选择滑油；确保滑油的工作压力；确保滑油的工作温度；保证正常的工作油位；定期清洗滑油滤器和冷却器、滑油系统的管理要点等。

【知识准备】

一、润滑与润滑油

(一)润滑的作用

柴油机的润滑油根据使用要求有不同品种和规格，如汽缸油、曲轴箱油、汽轮机油、齿轮箱油、液压油以及各种润滑脂等。基础油的组成与黏度以及所含添加剂的类型与浓度基本上决定了润滑油的使用性能。

在柴油机中润滑有以下作用。

1. 减磨

在相对运动表面保持一层油膜以减小摩擦和磨损。这是润滑的主要作用。

2. 冷却

带走运动表面因摩擦而产生的热量以及外界传来的热量，保证工作表面的适当温度。

3. 清洁

冲洗运动表面的污物和金属磨粒以保持工作表面清洁。

4. 密封

润滑油产生的油膜同时可起到密封作用。如活塞与汽缸套间的油膜除起到润滑作用外,还有助于密封燃烧室空间。

5. 防腐蚀

形成的油膜覆盖在金属表面使空气不能与金属表面接触,防止金属锈蚀。

6. 减振降噪

润滑油形成的油膜起到缓冲作用,避免两表面直接接触,减小振动与噪声。

7. 传递动力

如推力轴承中推力环与推力块之间的动力油压。

(二)润滑的分类

柴油机润滑中,按表面的润滑情况可分为液体润滑、边界润滑和混合润滑。干摩擦是润滑中的极端情况。

1. 边界润滑

两运动表面被具有分层结构和润滑性能的薄膜所分开,薄膜厚度通常在 0.1 μm 以下,称为边界膜。边界润滑中其界面的润滑性能主要取决于薄膜的性质,其摩擦系数只取决于摩擦表面的性质和边界膜的结构形式,而与滑油的黏度无关。相对于干摩擦来说,边界润滑的摩擦系数较低,能有效减少零件磨损,大幅度提高表面的承载能力。

润滑边界膜可由滑油中的极性分子吸附在零件表面形成(吸附膜),或由滑油添加剂中的某些元素,如硫、磷、氯等与摩擦表面的化学反应所形成(反应膜)。当润滑剂分子靠表面力偶极子之间的相互作用力吸附在摩擦表面上,就是物理吸附。当润滑剂的极性分子靠化学键吸附在金属表面上时,产生化学吸附膜。在滑油中加入油性添加剂可提高形成吸附膜的能力,加入极压添加剂可提高形成反应膜的能力。

2. 液体润滑

两运动表面被一定厚度(通常 1.5 ~ 2 μm 以上)的滑油液膜完全隔开,由液膜的压力平衡外载荷。运动表面间不发生直接接触,摩擦只发生在液膜界内的滑油膜内,使表面间的干摩擦变成为液体摩擦。其润滑性能完全取决于液膜流体的黏度而与两表面的材料无关。摩擦阻力小、磨损少,可显著延长零件使用寿命,是一种理想的润滑状态。

3. 混合润滑

摩擦表面上同时存在着液体润滑和边界润滑称半液体润滑或同时存在着干摩擦和边界润滑称半干摩擦,都叫混合润滑。在柴油机中多指前者,如汽缸润滑即属此类情况。

(三)润滑油的性能指标

润滑油可以在柴油机中两相对运动的表面形成润滑油膜,以降低摩擦,减少磨损。润滑油的性能指标主要有黏度、黏度指数、闪点、凝点、残炭、灰分、酸值(总酸值与强酸值)、腐蚀性、抗氧化安定性、热氧化安定性、总碱值、抗乳化度、机械杂质和水分等。它们均按国家规定的试验方法测定,总体上反映了润滑油的品质。这些指标中部分与燃油的指标相同,滑油特有的一些指标介绍如下。

1. 黏度和黏度指数(VI)

黏度是润滑油最重要的指标,在很大程度上决定着摩擦表面间楔形油膜的形成,国外广泛采用按滑油的黏度来分类的 SAE 分类法,将内燃机用滑油按黏度分成 10 个等级,见表 4-2。ISO

将滑油按 40 ℃时的运动黏度 cSt(mm^2/s)的数值分成 18 个等级,如表 4－3 所示。

表 4－2　润滑油的 SAE 分类法

SAE 黏度等级	最大黏度/(MPa·s)(相应温度/℃)	边界泵出温度/℃	100 ℃时黏度/(mm^2/s)	
			最小	最大
0W	3 250(－30)	－35	3.8	—
5W	3 500(－25)	－30	3.8	—
10W	3 500(－20)	－25	4.1	—
15W	3 500(－15)	－20	5.6	—
20W	4 500(－10)	－15	5.6	—
25W	6 000(－5)	－10	9.3	—
20	—	—	5.6	小于 9.3
30	—	—	9.3	小于 12.5
40	—	—	12.5	小于 16.3
50	—	—	16.3	小于 21.9

润滑油的黏度随温度的升高而降低,这种性能称滑油的粘温特性。船舶在不同季节不同纬度航行时,柴油机在冷车启动和正常运转时,滑油工作温度不同,其黏度也不同,这对润滑影响极大。故仅以测定温度下的黏度来判断滑油品质是不够的,还必须注意黏度随温度的变化规律。若滑油的黏度随温度的变化小,则它就能在较大的温度范围内满足使用要求,其粘温特性就好。

表 4－3　ISO 黏度分类表

黏度等级	中点黏度/(mm^2/s)	黏度/(mm^2/s)		黏度等级	中点黏度/(mm^2/s)	黏度/(mm^2/s)	
		最小	最大			最小	最大
ISO－VG2	2.2	1.98	2.42	ISO－VG68	68	61.2	74.8
ISO－VG3	3.2	2.88	3.52	ISO－VG100	100	90.0	110
ISO－VG5	4.6	4.14	5.06	ISO－VG150	150	135	165
ISO－VG7	6.8	6.12	7.48	ISO－VG220	220	198	242
ISO－VG10	10	9.00	11.0	ISO－VG320	320	288	352
ISO－VG15	15	13.5	16.5	ISO－VG400	460	414	506
ISO－VG22	22	19.8	24.2	ISO－VG680	680	612	748
ISO－VG32	32	28.8	35.2	ISO－VG1000	1 000	900	1 100
ISO－VG46	46	41.4	50.6	ISO－VG1500	1 500	1 350	1 650

表中黏度是以 40 ℃的黏度值。

国外常用黏度指数(VI)来表示滑油的粘温特性。它是通过与两种标准油相比较得出的。

黏度指数的物理意义表明，黏度指数越大，则温度变化时其黏度变化越小。通常黏度指数大于80者称高黏度指数，小于35者为低黏度指数，介于35～80之间者称中间黏度指数。最好的石蜡油黏度指数可达124，加入增粘剂后则可达200以上。

我国曾用黏度比来评定粘温特性。它是该滑油在50 ℃和100 ℃时的运动黏度的比值。黏度比越小，表示滑油在规定温度范围内黏度变化越小，质量好，若已知滑油的黏度比，可由曲线法求出相应的黏度指数。

2. 酸值和水溶性酸或碱

滑油中的酸可分为有机酸和无机酸。新鲜滑油中的有机酸来源一是原存于石油中的在精制时未全部去除；二是加入了呈酸性的抗氧化、抗腐蚀添加剂。使用中滑油的有机酸主要来自于自身氧化而产生的有机酸。当有机酸含量小时，对金属无多大腐蚀作用，反而能增加滑油的油性以保持较好的边界润滑性能；当其含量较多时，就会对一些轴承材料（有色金属及其合金，特别是铅）产生腐蚀。

无机酸指硫酸，对金属有强烈腐蚀作用，滑油中一般不允许有硫酸存在。新鲜滑油中可能含有的硫酸是精制过程中经酸洗与中和后残留下来的，使用中滑油由于含硫燃油的燃烧产物漏入曲轴箱而可能出现硫酸。

我国用“酸值”表示滑油中的有机酸含量，用“水溶性酸或碱”表示无机酸或强碱的有无。“酸值”用中和1g滑油中的酸所需要的氢氧化钾毫克数来表示，单位为mgKOH/g。“水溶性酸”指能溶于水的无机酸（强酸）及低分子有机酸，这类酸对所有金属几乎都有腐蚀作用。

“水溶性碱”指在油品加工时碱洗剩余物或储存中污染而生成的，它对铝有腐蚀作用。“水溶性酸或碱”只说明油品呈酸性或碱性，仅用于定性检查。

国外用总酸值（TAN）表示有机酸和无机酸的总和，用强酸值（SAN）单独表示无机酸的含量，单位为mgKOH/g。

3. 总碱值

总碱值（TBN）表示润滑油碱性的高低。其单位与酸值相同，也为mgKOH/g，但意义不同。总碱值表示1 g滑油中所含碱性物质相当于氢氧化钾的毫克数。天然矿物油本身无碱性，加入碱性添加剂后才呈现碱性。使用过程中由于添加剂的损耗，故总碱值将逐渐降低。

（四）润滑油添加剂

凡是能改善和提高石油产品的质量和给予新的性质，以满足使用及储存性能的要求而添加于润滑油的少量物质称为润滑油添加剂。

随着柴油机强化程度的提高和劣质燃油的使用，润滑油的工作条件越来越差，直链纯矿物油已不能满足柴油机的润滑需要。随着化学工业的发展，多种添加剂被加入到纯矿物油（基础油）中，形成由基油和添加剂组成的新型油品。添加剂主要作用是：

（1）减少零部件上有害沉积物的形成和聚积；

（2）使润滑剂的氧化和热分解延缓，延长滑油使用寿命；

（3）防止设备及部件受到锈蚀；

（4）减少零部件的摩擦和磨损，延长设备及零部件的使用寿命；

（5）中和酸性物质，减少其对设备的腐蚀；

（6）改变润滑油的物理性质，如提高其黏度指数，改善粘温性能；降低滑油倾点，改善低温使用性能；减少泡沫形成等。

按其使用性能，常用的润滑油添加剂大体分以下几类。

1. 清净分散剂(清净浮游添加剂)

防止高温时生成漆膜的添加剂称清净性添加剂;防止低温时生成油泥沉淀物的添加剂称分散剂。在我国统称为清净分散剂。其作用一是洗涤作用,使沉积在部件上的碳烟颗粒和沥青树脂状物呈分散悬浮状态,降低积炭和油泥,保持部件清洁和防止系统堵塞;二是中和酸性物质,这种添加剂为碱性,既可控制润滑油因氧化而形成的有机酸,又可中和进入曲轴箱的燃烧产物形成的无机酸,起抑制锈蚀的作用。它是汽缸油的重要添加剂。

2. 油性剂、极压剂(抗磨剂)

油性剂和极压剂都能在边界润滑条件下起减磨作用,但作用机理不同。油性剂是带有极性基团的活性物质,它能定向地吸附在金属表面上形成不易破坏的边界吸附薄膜,以降低磨损,常用油性剂有硫化鲸鱼油、硫化棉籽油等。

极压剂能在高温和高负荷下分解产生活性化合物,在金属表面生成低熔点化合物,形成反应薄膜,有减小摩擦、防止擦伤、降低磨损、提高油膜承载能力等作用。其主要组成为含氯、硫、磷的有机化合物,如硫氯化石蜡、磷酸酶等。

3. 黏度指数改进剂和增粘剂

此类添加剂用于提高基础油的黏度,并改善其粘温特性,提高黏度指数。加入此类添加剂的润滑油称稠化机油。对于户外使用的柴油机(如救生艇用)冬季启动温度仅 -30 ℃,而正常运转后汽缸温度可达 200 ℃。稠化机油在低温时可使黏度增加不多,而在高温时变稠,以满足柴油机冬夏两季运行的不同需要。增粘剂不仅起改进润滑剂的流体力学特性的作用,还可改进润滑剂的吸附能力。

4. 防锈添加剂和抗腐蚀剂

防锈剂的作用是依靠其自身具有的极性,吸附在金属和油的界面上形成保护层,防止水与金属接触生锈。抗腐蚀剂保护有色金属如轴承合金表面,使其不受油氧化和燃气产生的腐蚀,并能中和这些酸。

5. 消泡剂

消泡剂用来降低泡沫的表面张力,抑制泡沫的发生并使形成的气泡破裂和消失,以防止形成稳定的泡沫,如二甲基硅油等。

6. 降凝剂(降倾点剂)

降凝剂并不改变石蜡析出的温度,只改变石蜡结构。它吸附在油中石蜡结晶表面上,使之仅能生成微小结晶,防止其形成结晶网,从而改变低温流动性,降低油品的凝点。

(五)润滑油的质量等级

国外曾根据滑油的性能特点和工作状态将滑油分成若干质量等级。较为通用的是美国 SAE,ASTM PI 三方联合公布的一种质量分类方法,称为 API 分类法。这种分类方法按油品质量和适用机型特点把滑油分为 CA,CB,CC 和 CD 四个质量等级。

CA:轻载荷柴油机润滑油。采用优质燃料并在温和到中等程度条件下运转的柴油机使用,在非增压和优质燃料条件下具有抗轴承腐蚀和防止高温生成沉淀物(漆膜、积炭)的性能。

CB:一般负载的柴油机润滑油。用于温和到中等条件下运转的柴油机。在非增压和使用含硫燃油时，具有抗轴承腐蚀和防高温下形成沉淀物的性能。常用于十字头式柴油机曲柄箱润滑。

CC:中等负载柴油机润滑油。用于中等到苛刻条件下工作的高增压柴油机。具有防高温形成沉积物和防锈防腐蚀的性能。

CD:重载荷柴油机润滑油。用于增压、高速、高功率并要求能非常有效地抑制磨损和防止形成沉积物的柴油机。在使用各种质量燃油的增压柴油机中具有抗轴承腐蚀和防高温形成沉积物的性能。常用于筒形活塞式柴油机的曲柄箱润滑。

API 分类对柴油机滑油规定了严格的发动机试验方法和标准,滑油必须通过规定的评定项目并合格后,才算符合某一级别。目前,API 分类法已得到国际上广泛的承认和采用。

随着高增压柴油机的发展,使用 CD 级油已不能满足要求。近年来又研制出比 CD 级更高的油品,如 CE,CF,CG,CH,CI,CJ 等润滑油。

【任务实施】

一、汽缸润滑

(一)汽缸润滑的工作条件

汽缸润滑的特殊性首先在于高的工作温度。通常缸套上部表面的温度约在 180~220 ℃,缸套下部表面约为 90~120 ℃,活塞环槽表面温度约在 100~200 ℃之间。高温将降低汽缸油的黏度、加快氧化变质并使缸壁上的部分油膜蒸发。并且,活塞运动速度在行程中部最大,在上、下止点处为零。因此只有在活塞行程中部才有可能实现液体动压润滑。在上止点附近汽缸中的温度与压力均最高,活塞环对缸壁的径向压力最大,对汽缸润滑极为不利,只能达到边界润滑条件。

柴油机使用劣质燃油对缸套带来了低温腐蚀、颗粒磨损、结炭增多、活塞环胶着和气口堵塞等故障,主要是由于劣质油的高硫分、高灰分、高残炭值和沥青值引起。活塞顶与环带部分变形也使汽缸润滑的难度增加。

由于上述特点,在缸套上部很难形成连续完整油膜,通常多为边界润滑。缸套上部磨损也最严重。

(二)汽缸润滑方式

汽缸润滑一般可分为飞溅润滑和汽缸注油润滑两种方式。

1. 飞溅润滑

汽缸靠从连杆大端甩出并飞溅到缸壁上的滑油来润滑,不需专门的润滑装置。所用油品即为曲轴箱内的润滑油,且循环使用,飞溅的油量不可控制;在活塞裙上需装设刮油环。此种润滑方式仅适用于中、小型筒形活塞式柴油机。

2. 汽缸注油润滑

汽缸润滑使用专用的润滑系统及设备(汽缸注油器、注油接头),把专用汽缸油经注油孔注入汽缸壁表面。其注油量可控,注出的汽缸油不予回收,国外称“一次过润滑”(Once-through)。这种方式可选择不同质量的汽缸油以满足汽缸内润滑的不同要求,保证可靠的汽缸润滑。目前十字头式柴油机均应用此种方式。在某些中速筒形活塞式柴油机中,除采用飞溅润滑外,亦使用汽缸注油润滑作为辅助措施。

汽缸润滑的主要作用有减少摩擦损失,防止汽缸套及活塞的过度磨损;带走燃烧残留物和金属磨粒等杂质;帮助密封燃烧室空间;在金属表面形成油膜,防止燃气与金属接触,以避免腐蚀;减轻振动噪声。

（三）汽缸油及其选用

1. 对汽缸油的要求

（1）润滑性。汽缸油必须在活塞与汽缸壁之间形成适当厚度的油膜，并良好地湿润金属。且汽缸润滑处于边界润滑条件，故应具有良好的油性。

（2）黏度及黏度指数。应在较高温度下应有适当的黏度，并能迅速分布到整个工作面，而在启动时黏度又不致太高。故要求汽缸油应有适当的黏度（通常在 100 ℃时为 14 ~ 20cSt）和较高的黏度指数 75 ~ 95。

（3）清净分散性。应能抑制在活塞和活塞环上形成漆膜和沉积物；具有良好的蔓延扩散性；具有能使炭渣变成微小颗粒悬浮在油中的能力。

（4）中和性能。应能中和燃用劣质高硫燃料时生成的硫酸。要求汽缸油具有一定的碱性（TBN 为 40 ~ 100 mgkOH/g）。

（5）抗氧化性。应在汽缸内高温下有良好的抗氧化性，防止生成积炭沉积物，使活塞环区及气口处沉积物减至最少，且缸壁上的油膜得以保持。

（6）其他。汽缸油燃烧后生成的灰分应尽可能少，且不属于硬颗粒的磨料物质，还应具有良好的密封性和储存稳定性等。

近代的汽缸油都是以优质矿物润滑油作为基础油，加入各种效能的添加剂而制成。各种添加剂中以碱性添加剂占有最重要的地位。20 世纪 50 年代的碱性添加剂多为水溶性，此类添加剂制成的汽缸油属乳化汽缸油。之后发展了一种虽不溶于油但能以极细颗粒分散到基油中的添加剂，制成所谓分散型汽缸油。近代使用的碱性添加剂均属于油溶性，因具有良好的储存稳定性而广泛应用。

2. 汽缸油的种类

根据机型和运转状态的不同要求，有如下几种汽缸油。

（1）SAE50 黏度等级，此类汽缸油使用广泛，总碱值可覆盖 10 ~ 100。总碱值根据所用燃油的硫分来选用，如表 4 - 4 所示。

表 4 - 4　部分柴油机制造厂推荐的汽缸油总碱值选用范围

B&W	燃油含硫量	<0.8%	1% ~2%	2% ~3%	>3%	
	汽缸油总碱值（TBN）	5 ~ 7	10 ~ 40	40 ~ 70	70	
Sulzer	燃油含硫量	<0.5%	0.5% ~1.0%	1.0% ~1.5%	1.5% ~2.5%	>2.5%
	汽缸油总碱值（TBN）	5	5 ~ 10	10 ~ 20	20 ~ 40	40 ~ 75

（2）SAE40 黏度等级，总碱值为 40。

（3）黏度等级大于 50，总碱值有 70，85，100，用于长冲程高负荷柴油机。

（4）不含添加剂的 SAE50 高黏度汽缸油，用于新发动机及换新缸套磨合使用。

3. 汽缸油的选择

一般应根据所用燃油的硫分来选择汽缸油的总碱值。根据经验，使用高硫分（S > 2.5%）的燃油，汽缸油的 TBN 应为 65 ~ 70；S < 2.5% 者，TBN 约为 40；使用船用柴油时，TBN 约为 10 ~ 14。一些柴油机制造厂曾根据燃油的硫分，推荐出理论上的汽缸油总碱值，

但在实践中却不易执行。主要原因在于远洋船舶在世界不同港口加装燃油,在加装燃油时习惯上均以黏度等级为准,而相同黏度等级的燃油硫分随产地不同又有较大差别,对这种差别船方事先无法获知。目前一般石油公司都出售高、中、低几种不同总碱值的汽缸油以供选择。为此一般推荐按表4-5选配。

表4-5 燃油含硫量与汽缸油总碱值的一般匹配关系

燃油含硫量	0.5%	0.5%~1.0%	1%~1.5%	1.5%~2.5%	2.5%以上
汽缸油总碱值(TBN)	5	5~10	10~20	20~40	40~75

使用中要经常检查汽缸油的碱性是否足够。检查方法有两种。

(1)直观判断

若汽缸油碱性过低,则在各注油点之间的缸套表面上会出现漆状沉淀物,对于铸铁缸套,其表面将被腐蚀发暗;对镀铬缸套,被腐蚀的地方会出现白斑(硫酸铬)。

因为在一般情况下,注进汽缸的滑油,由于活塞的往复运动,油滴容易迅速分布到注油孔上、下部的狭窄表面上,而沿圆周方向的扩散速度较低。因此若汽缸油碱性较低,则在各注油点之间的缸套表面上易发生腐蚀。若汽缸油碱性太高,缸内可能出现由过量碱性添加剂形成的大量灰白色沉淀物(一般为含钙盐类)。

(2)化学分析判断

取汽缸中刮下的残油油样(从活塞杆填料函取样)进行化学分析,可避免吊缸检查。若残油仍呈碱性(TBN值大于10),则表明汽缸壁油膜中有足够的碱性储备。

4.注油孔位置和注油定时

(1)汽缸注油孔的位置和数量,汽缸注油孔的数量与油孔两侧八字形布油槽的形状对润滑有很大影响。正常情况下汽缸注油孔(8~12个,视缸径大小而定)沿汽缸套圆周均布。若油孔数太多易引起各注油孔注油不稳定。注油孔的位置因机型而异。通常,近代大型二冲程柴油机注油孔多设在缸套中上部(高位注油孔),而四冲程柴油机的注油孔则多分布在汽缸套的下部。

(2)汽缸注油定时一般来说,应选择在活塞上行使注油点位于第一、二道活塞环之间时向缸内注油。但注油器通常难以做到准确地定时向汽缸注油。试验表明,只有当汽缸中的气体压力低于注油管中的油压时,汽缸油才注入汽缸中。在短活塞柴油机曲轴一转之中,这种机会一般只有两次:一次是活塞上行到上止点附近,活塞的下边沿打开缸壁上的注油孔;另一次是活塞下行到下止点附近,汽缸内正在扫气时。而在长活塞柴油机曲轴一转之中,这种机会只有一次,即当汽缸内正在扫气时。目前一般的汽缸注油器,其注油定时尚不能精确调节控制,而只能是随机的。注油次数则随不同机型而异,通常约2~40个活塞行程注油一次。

5.注油率

(1)最佳注油率

最佳注油率应适当,若汽缸套内壁表面湿润、干净,首环半干半湿,其余环湿润,活塞在环槽内活动灵活,环外圆表面光亮,倒角尚在,则表示汽缸注油率适中。

注油量过多,不但浪费,而且会使活塞顶、环槽、气口和排气阀处的沉淀物增多,引起活塞环和排气阀黏着并使气口和气阀通道因积炭堵塞而变窄。同时多余的汽缸油还沉积在活塞下部空间、扫气箱和定压排气管中，导致扫气箱着火。

注油率太小，则难以形成完整的油膜。致使活塞环与缸套的磨损加剧，漏气增多，而漏泄的燃气又会破坏缸壁上的油膜，甚至会引发咬缸。因而存在一个最佳的注油率。

由于气体的流动形式和活塞裙长度不同，直流扫气柴油机的汽缸油分布特性与弯流扫气柴油机不同，一般来说弯流扫气式柴油机的注油率比直流扫气式的要多。其原因在于弯流扫气式柴油机内空气和废气在汽缸内的流动比较混乱，会将部分滑油带入扫气箱或排气管（弯流扫气式常在排气口处加设注油点）。柴油机长期在低负荷下运行时，应适当减小注油量，避免扫气箱和排气管中油垢和烟灰过多。

有关厂家均有各自机型最佳注油率的推荐值，如表 4－6 所示。不同类型的柴油机，最佳注油率在不同工况下各不相同。最适宜的注油率应该根据推荐的注油率并应综合考虑活塞环状态、缸套磨损率的大小以及柴油机部件的拆检周期来确定。其大致范围为直流扫气柴油机 0.54～1.0 g/(kW·h)，弯流扫气柴油机 1.0～1.36 g/(kW·h)。

表 4－6　汽缸注油率的推荐值表

制造厂	机型	汽缸注油率/(g/(kW·h)	
		制造厂推荐值	实际使用经验值
SUIZER	RD	0.95	
	RND	1.22	1.0～1.36
	RTA	0.8	1.0～1.36
B&W	VT2BF	0.54	0.54～0.68
	KEF	0.68	0.80～0.95
MAN	KZ	0.80	1.09～1.90
	KSZ	1.09	1.09～1.90
MAN－B&W	MC/MCE	0.8	
三菱 UEC	85/160c	0.55～0.80	1.09～1.77
沪东	43/82	0.68	0.68～1.09

注油率通常按柴油机标定功率确定，运行中，汽缸注油率应随负荷的降低而减少。若汽缸注油器属负荷调节式，如标定工况的注油率为，则当负荷为 90% 标定值时，其汽缸注油率为 90%。

当柴油机处于连续低负荷运转的特殊情况下，注油率绝对不能低于其标定注油率的 40%。

（2）磨合期的汽缸注油润滑

磨合期间为加速磨合，常采用无添加剂的精炼润滑油，其牌号应与所用燃油含硫量相匹配。因为该滑油具有较强的承载能力且不阻碍硫分对工作表面的腐蚀（适当的腐蚀有利于磨合）。应当注意，在任何情况下均不应使用高碱性的汽缸油，否则会使磨合期加长且无法控制剧烈的磨损和擦伤。并且在磨合期的各个不同阶段还应适时换用不同碱值的汽缸油。

磨合期的注油率尚无统一的标准，比较普遍的做法是增加注油率20% ~100 %，随着负荷的提高逐渐减少过量滑油。通常认为磨合期使用硫分大于1%的燃油对磨合有利。各造机厂家对此的具体做法不同，图4－31所示为一种注油率的调整规范。图4－32所示为汽缸套磨损量随行程变化的规律。

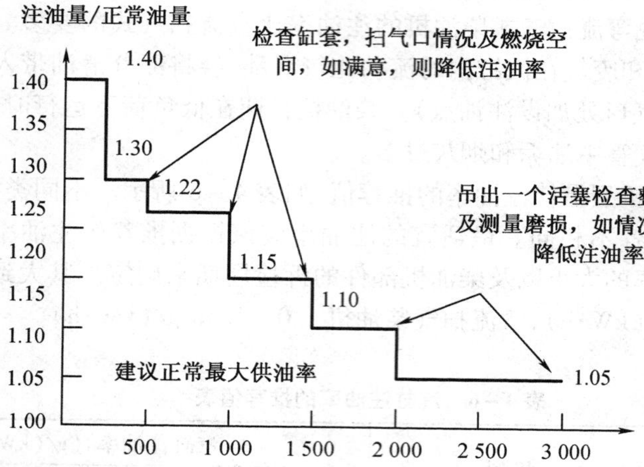

图4－31　磨合期汽缸注油率调整

(四)汽缸注油装置

汽缸注油的主要装置包括注油器和注油接头。

汽缸注油器由多个柱塞式油泵单元组成，其驱动方式有机械式和液压式两种。机械式由自轮轴或其他运动部件带动，结构简单可靠，使用广泛。液压式使用少。

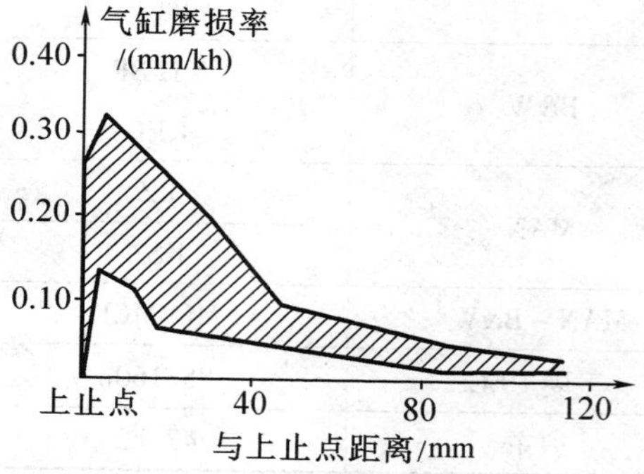

图4－32　汽缸套磨损量随行程变化的规律

注油器注油量的调节方式有手工调节和自动调节两种。近代大型二冲程柴油机多用自动调节式。自动调节式又有随转速调节(注油量与转速成正比)及随负荷调节两种方式。由于后者可改善“随转速调节”在低负荷运转时注油量过大的弊病，因而新机型多采用随负荷调节方式。

1. HJ型汽缸注油器

图4－33所示为随转速调节的HJ型汽缸注油器。注油器每缸设置一个。每个注油器由若干油泵单元组成，各油泵单元分别将滑油供给各缸的注油点。滑油储存在储油箱15中，油泵柱塞8由凸轮轴13上的凸轮驱动，凸轮轴13则由驱动轴11经一对齿轮带动。驱动轴11的转速为柴油机曲轴转速的一半，即曲轴每转两转，各油泵单元分别向各注油点供油一次。柱塞8动作时，滑油由泵体下部的吸入阀7吸入，经排出阀6排人玻璃管4，然后经止回阀1送至注油点。玻璃管内有一浮动钢球，可随滑油的不同流量而升至不同的高度，根据钢球的高度，即可监测注油器的工作。若各钢球均位于同一高度，则表明各注油点的

注油量相同。

油泵单元的供油量由柱塞 8 的行程来确定，各柱塞的行程既可以通过转动偏心轴 14 同时变更，又可以通过调节螺钉 3 单独变更。当注油器停用一段较长时间后，可能有空气漏入油泵单元中，松开放气螺钉 5 即可将空气放出。

2. 汽缸注油接头

汽缸注油润滑有脉动式和蓄压式两种。

在脉动式注油方式中，注油器中柱塞泵的柱塞在加压行程中向汽缸注油器接头压送滑油。为保证活塞上行通过注袖点时能定时供油，柱塞与活塞的运动是相对应的。而实际上滑油仅当缸内压力低于注油器出口管内压力时，注油接头处的止回阀才开启向汽缸内注油。

在蓄压式注油方式中，柱塞泵出口的油进入各注油接头处的蓄压器内，在该压力与汽缸内压力差作用下自动注入汽缸。

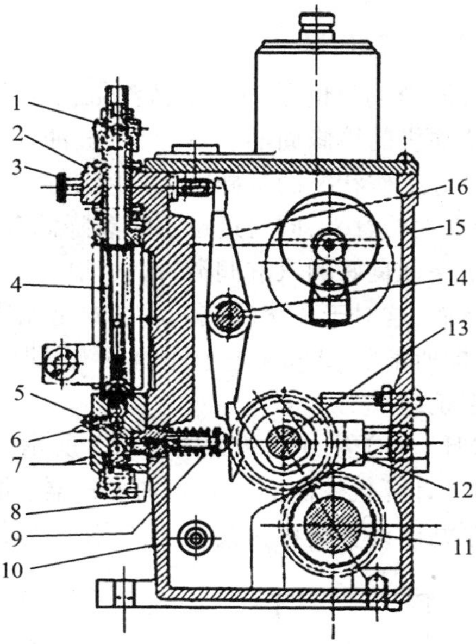

图 4－33　HJ 型汽缸注油器

1—止回阀；2—锁紧螺钉；3—调节螺钉；4—玻璃管；5—放气螺钉；6—排出阀；7—吸入阀；8—柱塞；9—弹簧；10—电加热器；11—驱动轴；12—轴承；13—凸轮轴；14—偏心轴；15—储油箱；16—摇臂

注油接头穿过汽缸冷却水空间安装在汽缸套各个注油孔内，图 4－34 所示为蓄压式注油接头。

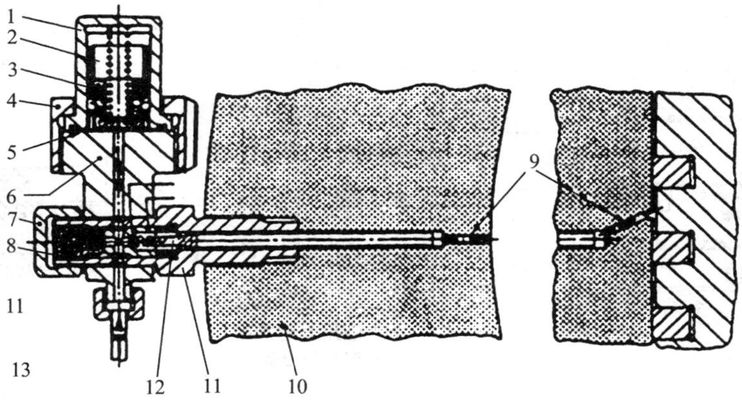

图 4－34　蓄压式注油接头

1—储油器缸套；2—弹簧；3—活塞；4—螺帽；5—膜盒；6—座；7—螺帽；8—缓冲螺栓；9—注油管；10—主机缸套；11—接头；12—顶销；13—止回阀；14—止回阀座

蓄压器储存汽缸油并使注油接头内维持一个恒定压力。注油器每次排油量很小，仅使系统内压力升高 0.15～0.20 MPa。止回阀防止缸内燃气倒冲入注油接头。当缸内压力低于蓄压器内压力时，止回阀开启，汽缸油在蓄压器与汽缸内压力差作用下自动注入汽缸。

(五)电子注油器

汽缸润滑的目的是为了维持汽缸活塞良好的工作状况,减轻缸套活塞的磨损,尽可能地延长柴油机的检修周期。然而,汽缸油在船舶营运成本中也占了相当的比重,在保持汽缸活塞良好工作状况的基础上,减少汽缸油的注油量和汽缸注油率,对于降低船舶营运成本,有着重大的意义,同时这也意味着降低有害气体排放。

为了保证良好的汽缸润滑,汽缸油应当在恰当的时刻注入活塞环带以获得最佳的润滑效果。然而,这对于传统的汽缸注油器是无法实现的,MAN B&W 公司开发的新一代电子注油系统,即所谓的"Alpha 电子注油系统"即可达到这一要求。

1. 系统组成

ALPHA 电子注油系统如图 4-35 所示。它由汽缸油柜、泵站、控制板、注油器、注油器控制单元(计算机控制面板)、负荷变送器、曲轴角度检测系统、测速装置和人工控制面板等组成。泵站出口管路称为共轨,所以又称为共轨式 ALPHA 汽缸油系统。

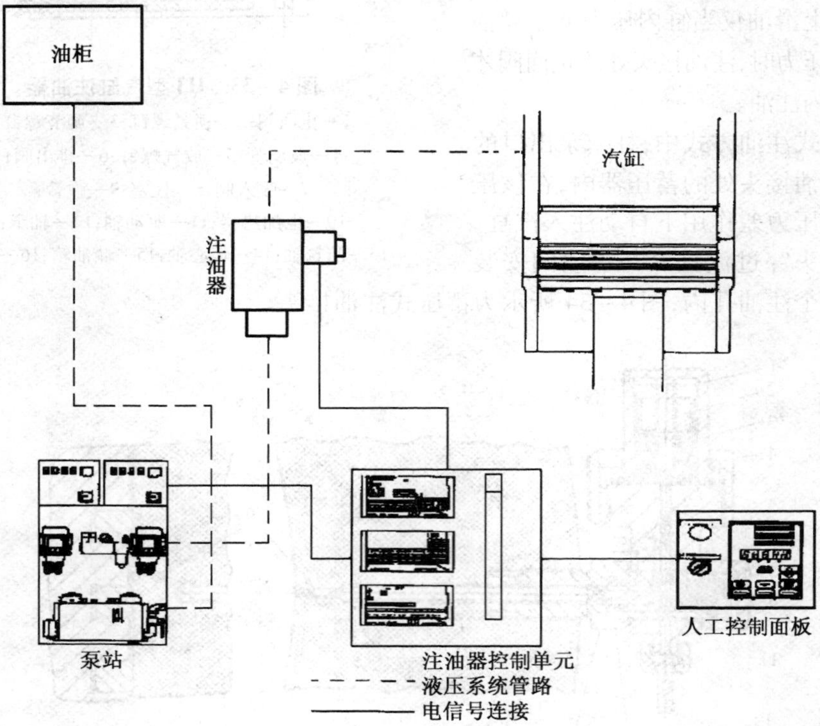

图 4-35 ALPHA 电子汽缸注油系统

2. 主要部件

(1)泵站单元

如图 4-36 所示,泵站由 2 个独立的工作泵、加热盘管、滤器和吸入管组成,增压油泵将汽缸油升压到 4 ~ 5 MPa。

(2)注油器单元(Lubricator units)

对于 MAN B&W MC 系列缸径在 700 ~ 980 mm 的柴油机,每个缸设置两个注油器如图 4 - 37 所示,而低于 700 mm 缸径的柴油机设置一个注油器,每个注油器的进油处有个充氮气的储压器,压力为 2.5 ~ 3.0 MPa,在出口处也有个充氮气的储压器,压力为 0.15 MPa。每个注油器根据柴油机的型号分布 3 ~ 6 个位置注油枪、反馈传感器和电磁阀。

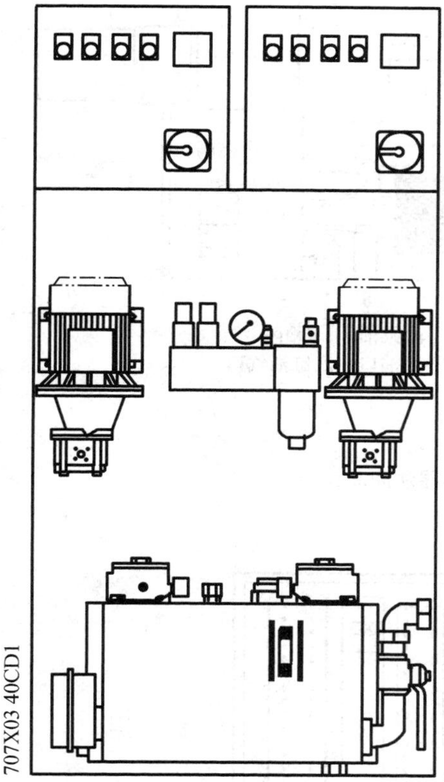

图 4 - 36　泵站单元

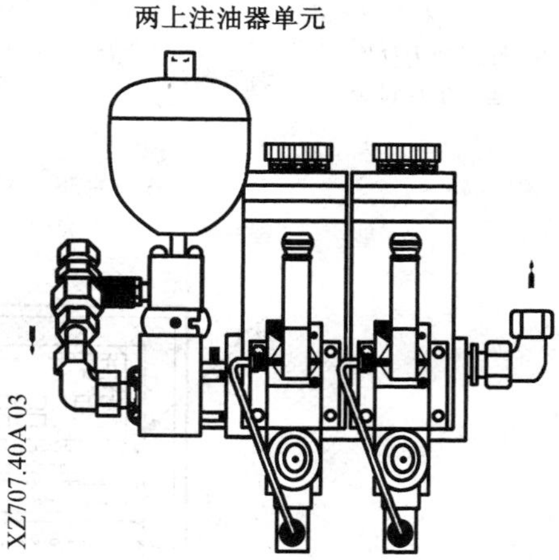

图 4 - 37　注油单元

ALPHA 电子注油器的工作原理如图 4 - 38 所示,在接到注油信号时,电磁阀受控、AP 连通,由电动油泵提供的 4 ~ 5 MPa 高压油作用到执行活塞上,通过执行活塞推动注油器内每个小的柱塞泵向各个注油点注油,每个注油点的注油量是相当均匀的,并且能够提供最佳的安全余量保证每个注油器接头不发生堵塞。当注油信号结束时,电磁阀 AT 连通,执行活塞下面的油压被释放,注油过程结束。注油量是通过调整注油行程的长度来调节的,注油行程可以通过调节螺钉进行调整,还有一个定距垫圈用来对注油器的行程进行基本设定。

ALPHA 电子注油器一般每 4 转向汽缸内注油一次,根据柴油机的工作情况,也可以每 5 ~ 6 转注油一次,精确的定时保证了全部汽缸油都能在需要时直接注到活塞环带,因而可以大大降低汽缸油的消耗量。

(3)注油器控制单元(ALCU)

如图 4 - 39 所示,控制面板分为三大单元,主控制单元(MCU)、转换开关单元(SBU)和备用控制单元(BCU),为了工作的可靠性,主控制单元(MCU)和备用控制单元(BCU)的电源分两路供给。

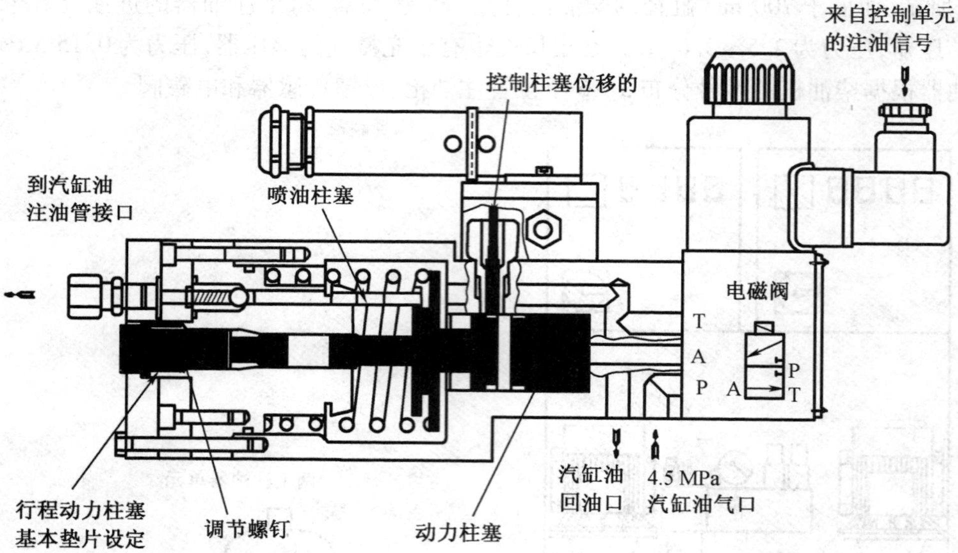

图 4－38　ALPHA 注油器注油单元

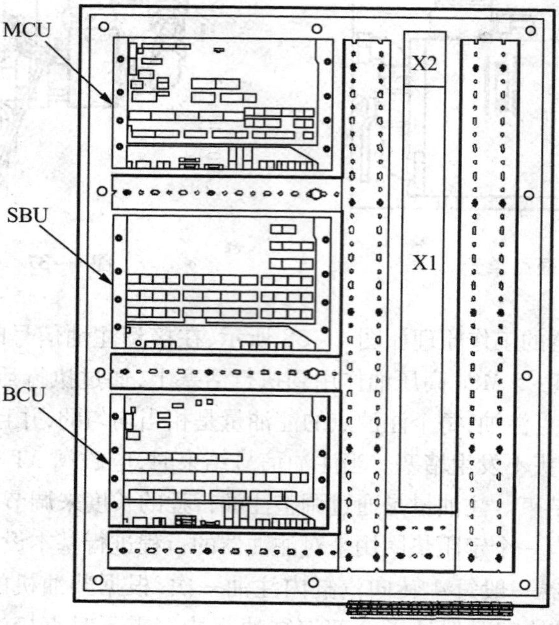

图 4－39　注油器控制单元

(4)负荷变送器

负荷变送器如图 4 –40 所示,负荷变送器与燃油支架相连,把柴油机的油门刻度的百分比连续不断地传送到主控制单元(MCU)。

(5)触发系统(曲轴编码器)

图 4 –41(a)是各缸曲轴角度编码器,它安装在柴油机的自由端,并与安装在飞轮端的备有触发器和测速装置一起连接到主控制单元(MCU)和备用控制单元(BCU)上。备用触发系统由两个传感器组成,安装在飞轮旁的一个盒子里内,如图 4 –41(b)所示。

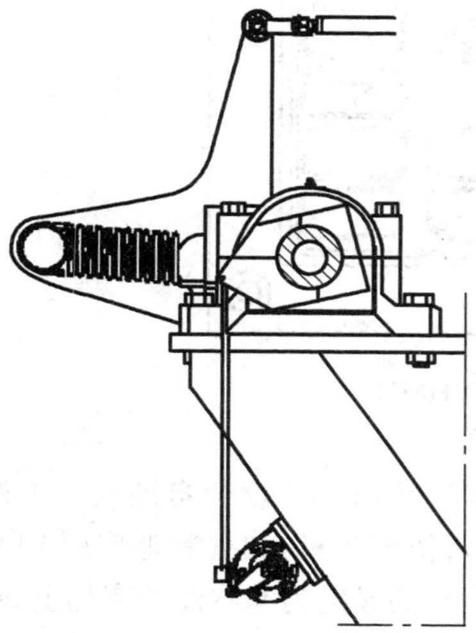

图 4 –40　负荷变送

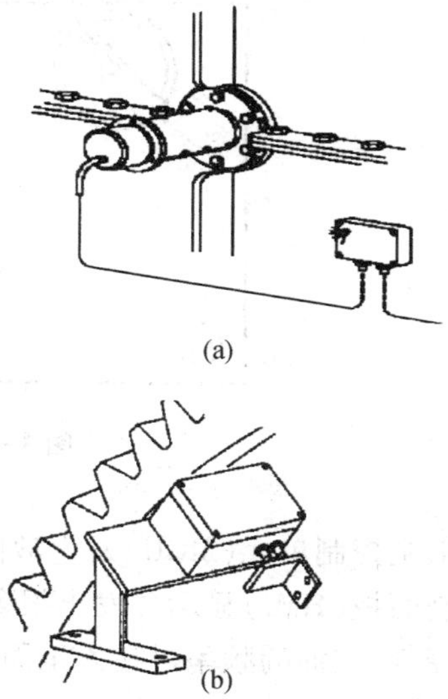

(a)

(b)

图 4 –41　触发系统

(6)测速装置

在飞轮端安装两套测速装置,供传送柴油机的转速信号。

(7)人工控制面板(HMI)

图 4 –42 所示,人工控制面板可以单独调整汽缸油注油器并显示出各种数据和报警,手动启动油泵和汽缸油预润滑等操作。

3. 系统工作原理

油泵站把汽缸油增压到 4 ~5 MPa 后输送到汽缸油的共轨系统,主控制单元(MCU)控制电磁阀以合适的启闭时刻进行注油,每个注油器的情况通过反馈信号发光二极管显示。注油定时是依据曲轴角度编码器的两个信号控制,一个以第一缸上止点的信号为准,另一个是曲轴位置传感器信号(曲轴转角),ALPHA 注油系统的正时通常是在压缩行程、第一道活塞环上升至对准注油孔时开始向活塞环注油的。注油器的每次喷油量是恒量控制,注油率是通过改变注油频率来实现的。喷射频率是根据负荷和速度来计算的,与主机的平均有效压力成正比,但采用功率模式或转速模式也可以。最大持续功率时的基本注油率的计算按注油次数/每转、注油器行程计算确定。人工控制面板(HMI)可以独立调整单缸的汽缸油喷油率在 60% ~120% 之间(其默认值 100%)。系统正常情况下是由主控制单元(MCU)控制工作,如果系统检测到故障,在集控室发出报警,具体的报警内容可在人工控制面板(HMI)上显示出来。

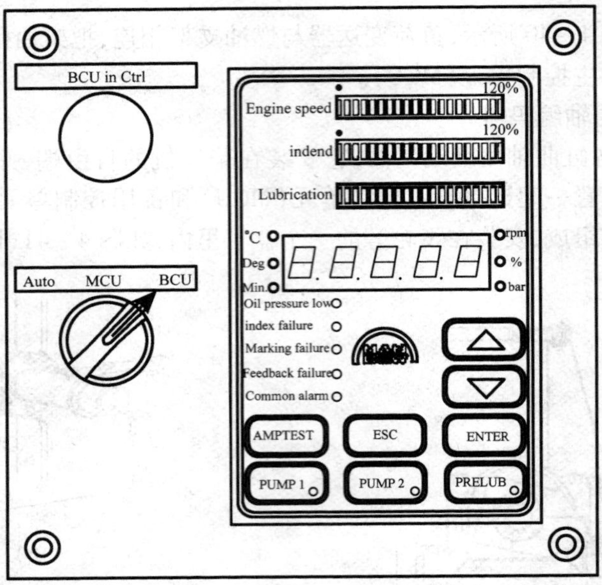

图4-42 人工控制面板(HMI)

如果主控制单元(MCU)发生故障,那么备用控制单元(BCU)就会自动投入工作,并在人工控制面板(HMI)显示并发出报警,备用控制单元可依据随机正时(粗略定时)和转速方式进行控制,注油的频率可在人工面板上进行调整,通常的设定为基本注油率加上50%。

当主控制单元和备用控制单元都发生故障,那么系统将发出自动减速信号到柴油机的安全系统。系统工作参数:共轨系统汽缸油压力在汽缸油温度正常时压力为4.0~5.0 MPa;当温度正常值为30~60 ℃时。压力的最低报警值是3.5 MPa;当温度最大值为70 ℃时,最高报警压力为6.0 MPa。

4. 工作模式

ALPHA汽缸油注油系统有三种控制模式:主控单元模式(MCU)、备控单元模式(BCU)及应急模式。

(1)主控单元(MCU)模式工作

该单元基于"准确的定时"和"主机平均有效压力",控制位于注油单元上的注油电磁阀,向相应的各缸供油,在正常情况下都以该模式工作。

主机备车时首先将图4-42所示的人工控制面板HMI上的控制开关放在"AUTO"位置。ALPHA汽缸油注油系统被设置为启动辅助风机时即自动启动预润滑,因此,在备车时只要辅助风机运转,油泵就会自动启动,注油器向汽缸注入一些汽缸油预润滑,若主机随后没有启动,泵站就会自动停止。

当主机启动运转时,油泵又会自动启动。如果柴油机三次启动失败,那么油泵也将自动停止工作。主机停车达到一段(预设的)时间后,油泵自动停止运转。

(2)备控单元(BCU)模式工作

备份控制单元BCU基于"粗略的定时(随机定时)"和"转速RPM"模式,通常设定为基本注油率加50%。若主控单元MCU的监测严重失效,备份控制单元BCU就会自动投入工作(此时工作状态必须是在“自动”档),这时操作面板上 HMI 的“BCU in Ctrl”灯就会亮,ALPHA 汽缸油注油系统会自动切换到备控单元模式工作,并发出相关的提示警报。

备控单元模式是利用装在主机飞轮上的传感器采集的转速信号及 BCU 模式的预先设定值,运算处理各种数据后,向各缸汽缸油注油器发出注油指令。这时曲轴编码器不起作用,ALPHA 汽缸油注油器只能在粗略定时的工况下工作。

(3)应急模式工作

在所有的外界触发传感器(编码器、转速采样传感器 1 和 2)都损坏,或 MCU,BCU 同时损坏,船上又无法修理的情况下,主机可以在应急模式下运行。应急控制模式是以预置固定频率作用于主机,采用主机在 60 r/min 时的汽缸油喷射频率。按应急模式运行时,汽缸油注油器工作在无时序工况。无论主机是在运转还是停止,汽缸油注油器都按 MCU 主板上的设定,每秒发射一个脉冲信号,始终分别向各汽缸注入汽缸油。当采用应急控制模式时,需对 MCU 工作电路做一些调整。

三、曲柄箱润滑

曲轴箱油又叫柴油机油或系统油。通常,曲轴箱油润滑主要指对柴油机曲轴箱内各轴承的润滑,在筒形活塞式柴油机中它还兼做汽缸润滑油(飞溅润滑)和活塞冷却液,在某些柴油机中它还用作液压控制油。这种润滑方式的最大特点是润滑油循环使用,因而它在使用中将逐渐污染变质。

(一)曲轴箱油

柴油机曲轴箱油按使用条件不同有十字头式和筒形活塞式柴油机曲轴箱油两种。

1. 十字头式柴油机曲轴箱油

因为在十字头式柴油机中的曲轴箱与汽缸是隔开的,所以曲轴箱油的工作条件比较缓和。其正常消耗率约为 0.1 ~0.3 g/(kW·h)。它主要用来润滑各轴承和导板等,在某些柴油机中还用来冷却活塞或兼作操纵机构液压控制油使用。对这种油的要求如下:

(1)黏度和黏温性能

曲轴箱油必须具有适宜的黏度,以保证油膜的建立。由于船用柴油机经常在变工况下工作,环境温度变化也较大,所以要求它能在较宽的温度范围内可靠地工作,即具有较好的黏温特性。根据使用经验,这种油的黏度应采用 100 ℃时为 11 ~ 14 mm^2/s(相当于 SAE30)、黏度指数约 80 ~95 为宜。

(2)抗腐蚀性能

抗腐蚀性能对轴瓦有重要意义。抗腐蚀差,可能引起轴承合金腐蚀或铅锡和铅烟等镀层剥落。曲轴箱油必须加有抗氧抗腐添加剂。

(3)清净分散性

油品能使炭粒或各种颗粒油泥等分散成微小粒子并悬浮在油中以便滤掉的特性,称之为滑油的清净分散性。

(4)抗氧化安定性

曲轴箱油应具有在较高温度下抗氧化性能(冷却活塞),轴承润滑用曲轴箱油与空气接触机会多易氧化变质,要求抗氧化安定性好。通常,应控制油温不超过 82 ℃,以控制氧化速度。

(5)其他

如抗乳化性能、抗泡沫性能、闪点等。

2. 筒形活塞式柴油机曲轴箱油

这种曲轴箱油还要兼做汽缸润滑油使用,故其工作条件较十字头式柴油机曲轴箱油恶劣。其正常消耗率约为1.07 ~ 1.6 g/(kW·h)。它除应满足对十字头式柴油机曲轴箱油的全部要求外,尚应满足以下要求。

(1)高温工作时的清净性。在高温下能保证各种沉淀物不黏附在机件上而应悬浮在油中。

(2)热氧化安定性好。

(3)足够的碱性。要求能中和劣质燃油燃烧后生成的硫酸。一般要求TBN = 22 mg KOH/g ~ 34 mg KOH/g。

(4)黏度要求高。根据不同使用条件应分别具有相当于SAE20,SAE30,SAE40等级的滑油。

综上所述,十字头式柴油机和筒形活塞式柴油机,曲轴箱油由于工作条件不同,因而要求的质量等级也不相同。

(二)曲轴箱油的变质与检验

1. 曲轴箱油变质的原因

曲轴箱油在循环使用中其性质不可避免地会发生变化。当它变化到不能满足使用要求时需进行处理与更换。在正常使用条件下,滑油变质速度较慢,如管理不当、操作失误或长期工作不良,滑油变质速度就会加快。

滑油变质原因虽然很多,但主要有外来物混入和滑油本身氧化两类。

(1)外来物混入

混入的外来物主要有淡水和海水、灰尘,各种金属磨料和焊渣等硬质颗粒,油漆、石棉和棉纱等软质杂质,燃油和汽缸中的燃烧产物等。海、淡水混入会使滑油乳化,破坏其润滑性能,腐蚀金属表面,加速部件磨损,同时还能加速滑油的氧化,使滑油过早变质。

燃油漏入会降低滑油的黏度和闪点。一方面使滑油难以形成油膜,另一方面使曲轴箱内存积大量油气,易引起曲轴箱爆炸。

燃烧产物漏入滑油将使滑油的酸值和炭渣增加,燃烧产物中的硫酸与滑油反应生成含硫和氧的固体沉淀物,加速滑油的变质。这一现象在筒形活塞式柴油机中尤为明显。

(2)本身氧化

滑油在使用条件下与空气接触将逐渐氧化而生成漆膜、树脂和有机酸等不溶于油的沉淀物。此时滑油的颜色变深,总酸值增加,黏度和密度增加。滑油的氧化速度随温度的提高而增大。在正常使用温度(不超过65 ℃)下,氧化并不明显。但若由于工作不正常,如燃气大量漏入或轴承过热等,而使滑油温度升高,则滑油的氧化速度将大幅度提高。此外,铁锈和涂漆渗入滑油会起到催化作用而加速滑油氧化。

2. 使用中滑油的检验

为了能及时掌握滑油变质规律以便相应采取有效的措施,需对曲轴箱油进行定期检验,通常有以下几种方法。

(1)经验法

根据轮机管理人员的使用经验,通过对曲轴箱油的直观检查,如摸(黏性)、嗅(气味)、看(颜色),以及检查滑油分油机中的沉积油泥,观察溅在曲轴箱壁面上的滑油颜色、活塞冷却腔内的积炭等,可大致定性判断滑油的变质情况。

(2)油渍试验法

这种方法把待检滑油滴在特殊试纸上,待该油滴干燥后,根据其扩散状况和颜色的变化与提供的标准图像(或新油的扩散和颜色)比较,可大致判断滑油的变质情况。如油渍中心黑点较小,颜色较浅,四周黄色油渍较大,则表明滑油仍可使用;如黑色较大,且黑褐色均匀无颗粒,则表示滑油已变质。

(3)化验法

化验法可对滑油进行定量分析。根据使用要求可以进行实验室化验。

实验室化验应由轮机管理人员在船舶上取出油样,送交陆地实验室(通常为油品供应商)进行定量化验分析,轮机人员可根据化验分析单进行综合分析并决定处理措施。通常,化验分析单上已有对滑油的分析结论及相应的处理措施。

目前,化验项目及各指标允许限值还没有统一标准,一般多由各油公司拟定。化验项目和允许各指标变化限值大致为:

(1)黏度

使用中的滑油黏度可能降低(混入柴油)或增高(混入重油或自身氧化)。一般认为,滑油黏度变化不得超过初始值的25%或20%。

(2)总酸值

滑油自身氧化和燃烧产物中的酸性产物漏入均使总酸值增高。总酸值的变化速度比其绝对值更为重要,因为它可以说明滑油是否有迅速恶化以及产生沉淀物和变黑的倾向。总酸值有一个缓变时期,缓变后期总酸值可能增加很快。通常,若总酸值变化迅速增高,则此值不允许超过2.5 mg KOH/g。若总酸值变化缓慢,则可允许高达4 mg KOH/g。但若出现强酸值,则只允许总酸值达到2.5 mg KOH/g。

(3)强酸值

燃烧产物中的酸性物质漏入将造成强酸值增加。正常使用的滑油不允许出现强酸值。如出现强酸值,应引起足够重视,立即查明原因,采取有效措施(如水洗等)。

(4)总碱值

滑油在使用中,随着碱性添加剂的消耗,总碱值逐渐减小。不允许总碱值为零或出现强酸值。

(5)水分

滑油中的水分系由冷却系统漏泄引起的。当水分超过0.5%时,应查明原因,同时用滑油分油机予以处理。

(6)盐分

海水漏入滑油会出现盐分,盐分具有腐蚀作用。应查明原因,采取处理措施。水洗法可排除盐分,但应考虑滑油中的添加剂是否溶于水。

(7)沉积不溶物

滑油中的沉积不溶物包括燃烧产物、磨屑、铁锈和氧化物等。这些污染物会使滑油黏度增加并生成泥渣。使用纯矿物滑油并具有连续分离净化设备的十字头式柴油机,沉积不溶物一般不超过0.5%,若超过1%说明滑油污染严重。使用添加剂滑油的筒形活塞式柴油机,其滑油的沉积不溶物允许高达3%,因为此种滑油具有悬浮携带固体微粒的能力。沉积不溶物中的氧化物溶于苯而不溶于正庚烷，因而分别用正庚烷和苯测量沉积不溶物的数量，其差值即为氧化物质量。一般沉积物多指正庚烷不溶物。

(8)闪点

燃油漏入将降低滑油闪点。一般，当闪点降低 40 ℃或更多时，应查明原因。

在分析以上化验指标时，应综合分析各指标的变化，不应只强调某一指标的变化。

四、润滑系统

(一)滑油系统的组成和作用

柴油机的润滑系统通常有曲轴箱强制润滑系统、汽缸润滑系统和涡轮增压器润滑系统。另外，为了保证曲轴箱油的净化，还需要有曲轴箱油分离净化系统。柴油机润滑系统的作用是为了保证供给柴油机动力装置各运动部件的润滑和冷却所需的润滑油。

1. 曲轴箱油强制润滑系统

曲轴箱油强制润滑系统组成形式依柴油机结构不同分为湿油底壳式和干油底壳式滑油系统。

(1)湿油底壳式滑油系统

湿油底壳式滑油系统滑油存放在柴油机油底壳中，柴油机正常运转时，由其所带的滑油泵抽吸油底壳滑油，经滑油冷却器送至各润滑部位，润滑后流回油底壳，构成独立的润滑系统。此种滑油系统的特点是结构简单，柴油机带滑油泵，管路依附于机体上，油底壳存油量少。但该系统的缺点是油底壳中的滑油将经常受到燃烧室泄漏的高温燃气的污染，容易变质，故滑油的使用寿命短。这种系统经常用于小型柴油机动力装置。

(2)干油底壳式滑油系统

干油底壳式滑油系统，滑油存放于单独设置的滑油循环舱(柜)中。有以下两种形式。

①单泵系统。滑油循环舱(柜)设置于柴油机油底壳之下，滑油泵自其内吸油，经滑油冷却器冷却后送至各润滑部件，润滑后借助重力流回柴油机底部，最后流回滑油循环舱(柜)中。

②双泵系统。该系统有两台滑油泵，其一台具有单泵系统中的吸油和泵送功能；另一台则专门用于抽吸柴油机油底壳中的滑油，将油泵至循环舱(柜)中。该系统的循环舱(柜)与管路布置不受柴油机位置限制，滑油不存于油底壳中，改善了滑油工作条件，延长了使用寿命，但需增加一台滑油泵。

在柴油机滑油系统中以单泵干底壳式滑油系统居多，其特点是储油量大，滑油沉淀与净化处理方便，冷却充分和滑油使用寿命长。但其所占位置较大，管路较为复杂。此种系统适用于大中型柴油机。图 4 – 43 所示即为 MAN B&W S60MC 型低速机润滑系统。

这是一种典型的干式润滑系统。滑油泵自循环油柜吸油，经滑油冷却器和滤器后，由进口 R 供向各轴承，由进口 U 供向十字头轴承和活塞(冷却油)，由升压泵升压后经 Y 口供给凸轮轴和排气阀传动器。润滑和冷却完的滑油汇集到柴油机油底壳，由油底壳流回滑油循环柜。滑油冷却器出口有恒温阀，按照要求调节滑油温度。当选用的增压器用主机滑油润滑时，润滑油由进口 AA 供向增压器，经出口 AB 泄回循环柜。

2. 曲柄箱油净化系统

曲轴箱油净化系统在柴油机运转中可连续对滑油循环柜中的曲轴箱油进行分离净化处理，排除曲轴箱油使用中混入的各种杂质和氧化沉淀物。采用离心分离的滑油分油机是

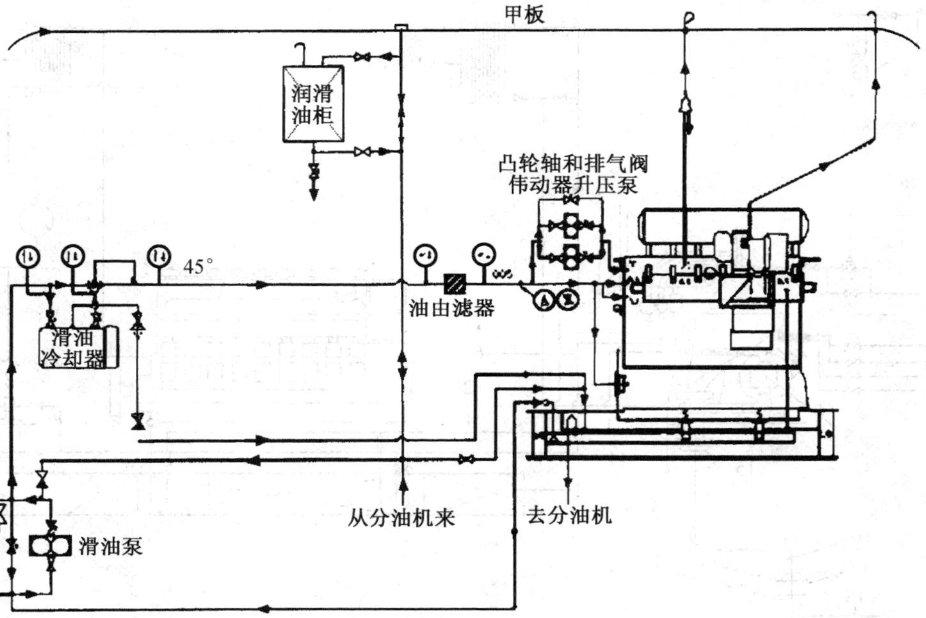

图 4－43　MAN B&W S60MC 型柴油机的滑油系统

曲轴箱油分油净化系统中最重要的设备。对直链纯矿物曲轴箱油，其净化速率能保证在一天内净化油量为循环柜储油量的 2～3 倍，对清净型曲轴箱油应为 2～5 倍为宜。

除上述净化措施外，尚可在停港期间把全部滑油泵至滑油处理柜中，再视情况进行有关处理，如预热、沉淀、放水、放残、投放添加剂等。处理完毕后再用分油机送回循环柜。如需进行水洗法处理，则在滑油分油机入口处加入相当于 1% ～2% 滑油量的淡水进行净化。水洗法不仅可洗掉无机酸，而且还能浸湿小颗粒杂质使之便于分离。因某些滑油添加剂也溶于水、故对滑油水洗时，应征得供油厂商的同意。

对中、小型柴油机的曲轴箱油，因其油量有限，一般采用全部滑油换新法而不设专门的滑油净化系统。

图 4－44 系某大型柴油机曲轴箱油的强制润滑和净化系统。这是一种典型的干式润滑系统。主滑油泵 7 自循环油柜吸油，将压力为 0.4 MPa 的滑油送至主轴承和推力轴承等处。各轴承润滑回油经油底壳流入循环油柜。滑油分油机经污油吸入管 2 从滑油循环柜中吸入曲轴箱油，经加热器预热后送至分油机进行净化处理，净油重新返回循环柜。滑油中分离出的水分和污渣分别由 14 和 15 排出，污渣可由污油泵排出。

3. 涡轮增压器润滑系统

由于工作条件不同，增压器一般使用透平油润滑。增压器润滑系统通常有三种方式：

(1) 自身封闭式润滑（不需另设润滑系统）；

(2) 重力—强制混合循环润滑系统，如图 4－45 所示；

(3) 也有某些机型（主机或发电副机），增压器润滑系统与柴油机曲轴箱共用一个曲轴箱油润滑系统。

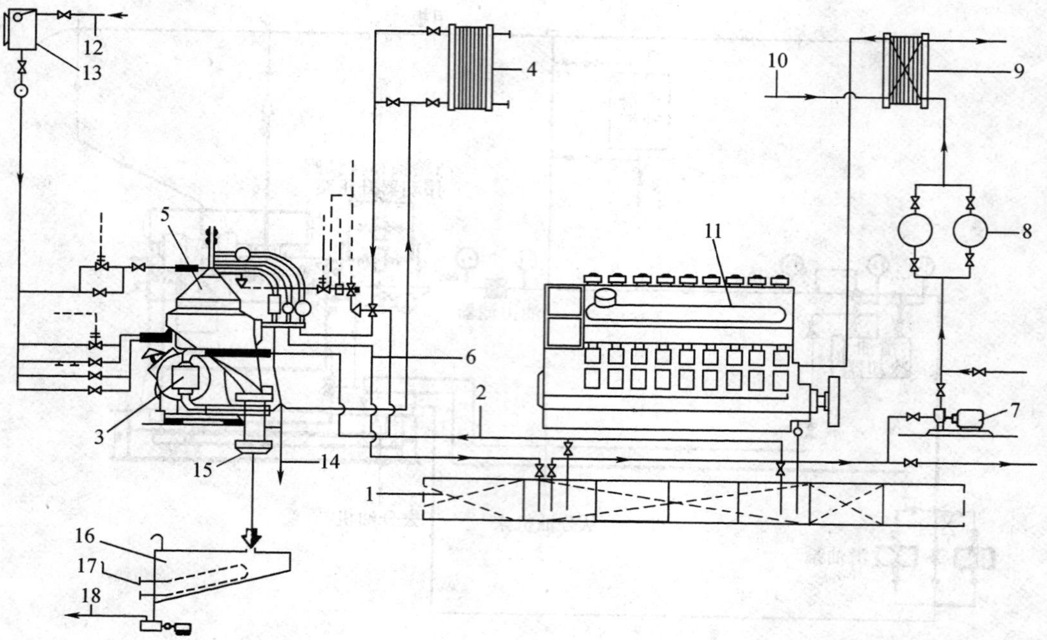

图 4-44　曲柄箱滑油净化系统

1—滑油循环柜；2—污油吸入管；3—泵；4—加热器；5—分油机；6—净油；7—滑油泵；8—滤器；9—冷却器；10—冷却水出口；11—柴油机；12—冷水；13—工作水箱；14—水出口；15—污油出口；16—污油箱；17—加热管；18—污油泵出口

（二）润滑系统的主要设备

1. 滑油泵

滑油泵常设有两台，其中一台备用。为保证滑油压力稳定和流动均匀，常采用螺杆式油泵。在泵的吸入端管上一般装有真空表，真空度不超过 33.3 kPa。泵的排出管上装有安全阀和调节压力流量的旁通阀。

2. 滤器

滑油泵的进口端和出口端分别设有粗、细滤器，滤器一般为双联式。装在进口端的一般为粗滤器（有时还用磁性粗滤器），装在泵出口端的为细滤器，其前后装有压力表。

3. 滑油冷却器

滑油冷却器通常采用板式或管壳式热交换器。

目前，船用柴油机上使用的滑油冷却器和淡水冷却器多采用管壳式热交换器，如图 4-46 所示。

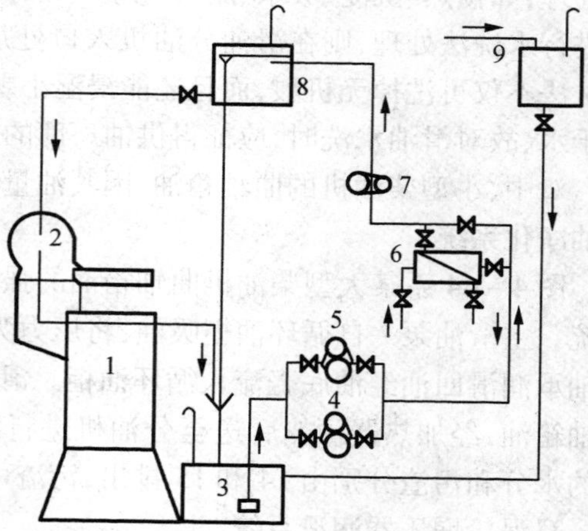

图 4-45　涡轮增压器的重力—强制混合润滑系统

1—柴油机；2—涡轮增压器；3—循环油柜；4、5—透平油泵；6—冷却器；7—双联滤器；8—重力油柜；9—透平油储存柜在这种冷却器中，一般是冷却液在管内流动而被冷却的流体在管外壳内流动。管壳式换热的传热管有圆形管、椭圆形管、扁形管等多种截面形状，一般采用耐腐蚀性能较好的铜管。对于用海水做冷却介质的热交换器，在海水进口处须装有更换方便的锌块或锌棒。管壳式热交换器结构坚固、易于制造、适应性强、换热容量大、压力损失小、密封性比较好等优点，一直被广泛采用。

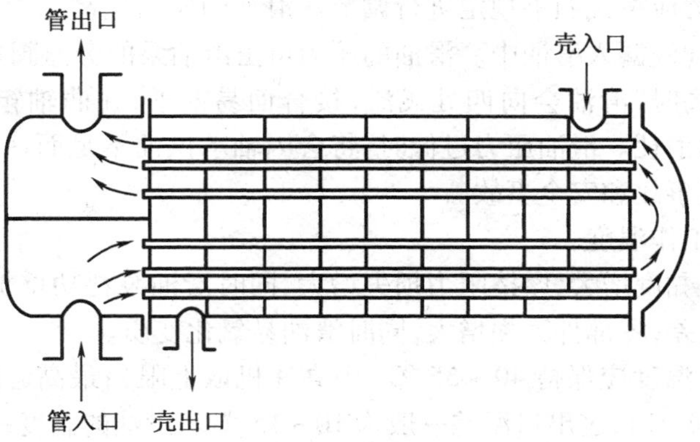

图 4－46　管壳式热交换器示意图

板式换热器是 20 世纪 60 年代初期开始安装到船舶上的，它主要由架座和板组件组成，如图 4－47 所示。海船上使用的钛板式热交换器表面能防止海水的侵蚀、换热系数高、结构紧凑、质量轻、体积小、易于清除污垢和维修，通过改变板片数目可方便增减热传导面积，初投资费用较高，密封垫片损坏时容易泄漏。

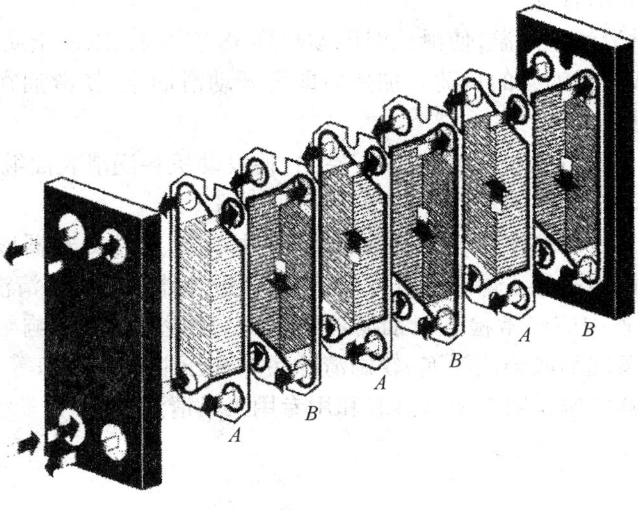

图 4－47　板式热交换器流动原理图

(三)润滑系统的维护管理

1. 正确选用滑油

根据要求合理地选用润滑油,并把质量合格的润滑油输送到各需润滑的部件,保证其正常运转。

2. 确保滑油的工作压力

滑油的工作压力应按说明书规定进行调节。滑油的压力应高于海水和淡水压力,以防止冷却器泄漏时冷却液漏入滑油中。滑油的压力可由滑油泵的旁通阀来调节。

滑油的压力过高时,滑油会向四处飞溅,接合面易漏油,在曲轴箱中容易受热氧化变质,也增加了滑油的消耗。滑油压力过低时,将会因轴承供油不足而使机件磨损增强,严重时,会发生重大机损事故和安全事故。

3. 确保滑油的工作温度

滑油温度过低,黏度增大,摩擦阻力损失增大,同时滑油泵耗功增加;滑油温度过高,黏度降低、润滑性能变差,零部件磨损增大,同时滑油易氧化变质。

通常,滑油进口温度应保持 40 ~ 55 ℃(中高速机取上限);最高温度不允许超过 65 ℃(中高速机为 70 ~ 90 ℃);进出口温差一般为 10 ~ 15 ℃。滑油的温度一般可通过滑油冷却器的旁通阀来调节。

4. 保证正常的工作油位

经常检查循环柜油位,保证正常油位。油位过低,滑油温度将会升高,容易使滑油在曲轴箱中挥发。另外,在单位时间滑油的循环次数过多,油中杂质无法在循环油柜中充分沉淀,均加速滑油氧化变质,严重时将有断油危险。油位过高,将可能造成溢油危险。

运转中油位突然降低,可能是油底壳或管系泄漏引起;油位突然升高,则可能是冷却系统中的水漏入所致。

5. 备车和停车时的管理

(1)备车时应对滑油柜加温,使滑油温度预热到 38 ℃左右,以便杂质分离和防止油泥沉淀在管壁上,并可减轻滑油泵的负荷。加热后即可开动滑油泵,使滑油在系统中循环,防止柴油机启动时干摩擦。

(2)停车后,应继续让系统运转 20 min 左右,使发动机各润滑表面继续得到冷却。

6. 定期检查和清洗滑油滤器和冷却器

检查滑油冷却器的冷却水管,防止其被海水腐蚀烂穿,清洗冷却器以提高其冷却效果。通常管壳式冷却器使用三氯乙烯溶液进行清洗;板式冷却器则用人工清洗。

在日常巡回检查中应经常检查滑油滤器的进出口压差,以防影响柴油机的正常运转。清洗滤器时可采用清洗剂或柴油浸泡、软刷清除污垢和压缩空气吹净等,切勿损伤其零件。对于自动反冲洗滤器应按说明书要求拆装和用专用工具清洗。

模块三　冷却系统的认识

【学习目标】

1. 了解冷却的作用和方式；
2. 了解船舶上常见的冷却介质及其特点；
3. 掌握船舶冷却系统的组成和设备；
4. 掌握冷却系统维护管理和注意事项。

【模块描述】

柴油机冷却系统是确保柴油机正常、连续工作的重要系统。本模块主要介绍冷却的作用、冷却的方式，了解船舶上常见的冷却介质，掌握船舶冷却系统的组成和类型、冷却系统的主要设备，掌握对冷却系统的操作管理和注意事项等要点。

【任务分析】

在柴油机中，燃油燃烧放出的热量约为30%要经过汽缸、汽缸盖和活塞等部件散向外界。冷却系统确保足够而连续的冷却介质流量、适当的冷却温度。冷却介质有淡水、海水、滑油三种。冷却系统采用闭式淡水和开式海水系统。在现代化船舶中，大多采用中央冷却系统。对冷却系统的管理有确保淡水的压力；调整淡水温度；调节冷却水流量；暖机；冷却水化验投药等要点。

【知识准备】

在柴油机中燃油燃烧放出的热量约有30% ~33%要经过汽缸、汽缸盖和活塞等部件散向外界。为了能散出这些热量，需有足够数量的冷却介质强制连续流经受热件，通过冷却保证受热部件的工作温度稳定。因此在多数柴油机中均设置冷却系统，保证足够而连续的冷却介质流量以及适当的冷却介质温度。

一、冷却的作用与方式

从能量利用观点来看，柴油机的冷却是一项应予避免的能量损失，但从保证柴油机正常工作来考虑它又是必需的。

柴油机冷却有以下作用：

(1)保持受热部件的工作温度不超过材料所允许的限值，保证在高温状态下受热部件的强度；

(2)保证受热件内外壁面有适当的温差，减少受热件的热应力；

(3)冷却还可以保证运动件如活塞与缸套之间的适当间隙和缸壁工作面上滑油膜的正常工作状态。

冷却的这些作用通过冷却系统来实现。管理中应兼顾柴油机冷却的两个相反要求，既不使柴油机因过分冷却而过冷，也不使柴油机因缺乏冷却而过热。

近代从尽量减少冷却损失,以充分利用燃烧能量出发,国内外正在进行绝热发动机和低排热发动机的研究,并相应地发展了一批耐高温的受热部件材料,如陶瓷材料等。

目前,柴油机的冷却方式分强制液体冷却和风冷两种,绝大多数柴油机使用前者。

二、冷却介质

在柴油机强制液体冷却系统中的冷却介质通常有淡水、海水、滑油和柴油等四种。淡水的水质稳定,传热效果好,并可采用水处理解决其腐蚀和结垢的缺陷,它是目前使用最广的一种理想冷却介质。柴油机对水质要求一般为不含杂质的淡水或蒸馏水。若为淡水要求其总硬度不超过10(德国度)、pH值为6.5~8、氯化物含量不超过50×10^{-6}。

当用蒸馏水或离子交换器产生的完全脱离子水作为冷却淡水时,必须特别注意对淡水进行水处理,并定期化验,确保水处理剂的浓度达到规定范围。否则由浓度不够而产生的腐蚀比使用一般硬水还严重(因无一般硬水所形成的石灰薄膜沉淀物保护)。

海水的水质难以控制且其腐蚀和结垢问题比较突出。为减少腐蚀和结垢,限制海水的出口温度不宜超过45 ℃,因而目前很少使用海水直接对柴油机进行冷却。

滑油的比热小,传热效果较差,高温状态下易在冷却腔内产生结焦,但它不存在因漏泄而污染曲轴箱油的危险,因而适于作为活塞冷却介质。

柴油多用作喷油器的冷却介质。

当代新型超长行程柴油机的活塞冷却,大多用曲轴箱油作为冷却介质。

【任务实施】

一、冷却系统的组成与设备

柴油机冷却系统一般是淡水强制冷却柴油机,采用闭式循环;然后用海水强制冷却淡水和其他载热流体(如滑油、增压空气等),海水系统属开式系统。两者组成的冷却系统称闭式冷却系统。

(一)闭式淡水冷却系统

由于受热件工作条件不同,所要求的冷却液温度、压力和基本组成也各不相同。因而各受热件的冷却系统通常由几个单独的系统组成。一般分为汽缸套和汽缸盖、活塞、喷油器三个淡水冷却系统。

在缸套水冷却系统中,淡水流动路线可以有方案,如图4-48所示。

两者的区别在于淡水泵供应的淡水在(a)方案中先进主机,然后再去淡水冷却器;(b)方案中则先去淡水冷却器,然后再去主机。一般来说,淡水泵供应的淡水应先进主机,这可以防止缸套穴蚀和冷却水的汽化,但由于目前冷却水压力较高,两者实际区别不大。

图4-49所示为MAN B&W MC系列柴油机缸套冷却水系统。缸套冷却水泵出口的淡水由缸套水进口总管进入各缸套下部,沿缸套→汽缸盖→增压器路线进行冷却。各缸出水管汇总后,一路经造水机和淡水冷却器冷却,重新进入缸套冷却水泵进口;另一路进入淡水膨胀水箱。在淡水膨胀水箱和缸套冷却水泵之间设有平衡管用于给系统补水并保持淡水泵吸入压头。

系统中有温度传感器检测冷却水出口温度的变化,并通过热力控制阀控制其进口温度。通常,缸套冷却水泵设有两台,皆为离心泵。缸套冷却水系统中均设高置膨胀水箱。

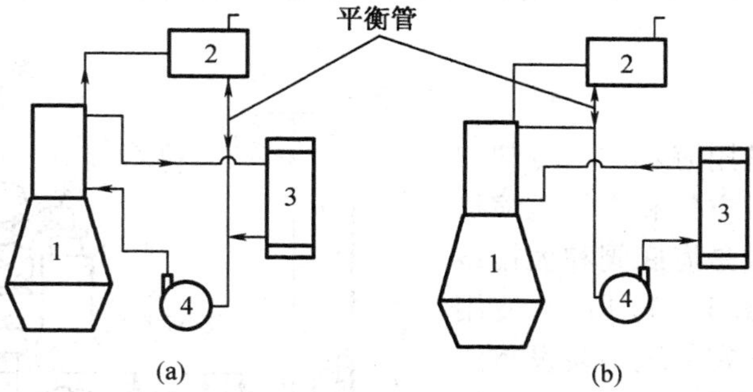

图 4－48　冷却系统布置方案

1—柴油机；2—膨胀水柜；3—冷却器；4—淡水泵

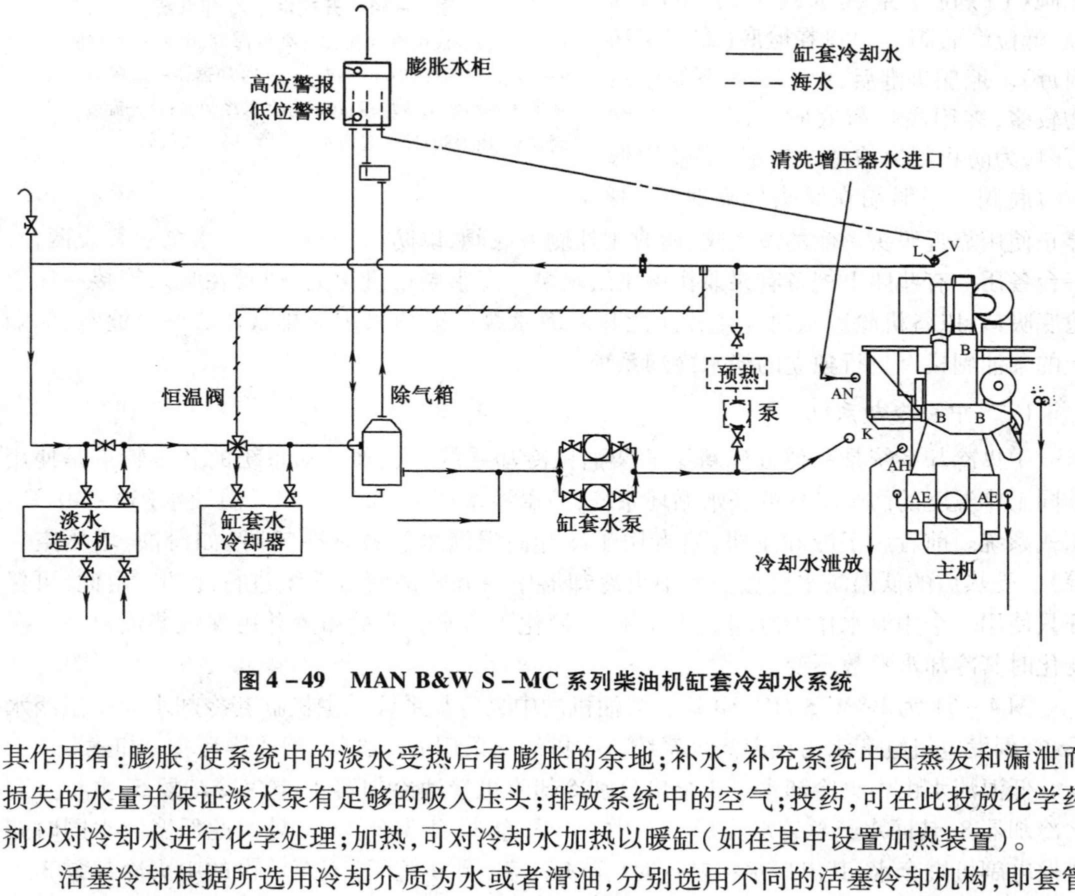

图 4－49　MAN B&W S－MC 系列柴油机缸套冷却水系统

其作用有：膨胀，使系统中的淡水受热后有膨胀的余地；补水，补充系统中因蒸发和漏泄而损失的水量并保证淡水泵有足够的吸入压头；排放系统中的空气；投药，可在此投放化学药剂以对冷却水进行化学处理；加热，可对冷却水加热以暖缸（如在其中设置加热装置）。

活塞冷却根据所选用冷却介质为水或者滑油，分别选用不同的活塞冷却机构，即套管式或铰链式。水冷活塞由于存在油水交叉污染的问题目前已较少使用，现代新型柴油机通常利用套管式或铰链式输送机构同时用于十字头润滑和活塞冷却的高压滑油送入十字头，回流的滑油由主滑油冷却器进行冷却。

喷油器冷却系统的组成和原理与缸套冷却系统基本相同，冷却剂可用淡水或柴油。目前大中型柴油机普遍采用燃油经喷油器循环的措施,利用燃油冷却喷油器,不设专门的冷却系统。

(二)开式海水系统

开式海水系统是用海水作为冷却剂冷却淡水、滑油、增压空气和空气压缩机等。系统的基本组成是海底阀和大排量海水泵。其系统如图 4-50 所示,使用过的海水排至舷外。在系统中装设感温元件 6 和自动温度调节阀 11,使部分使用过的海水回流至海水泵进口,保证进冷却器的海水温度不低于 25 ℃。

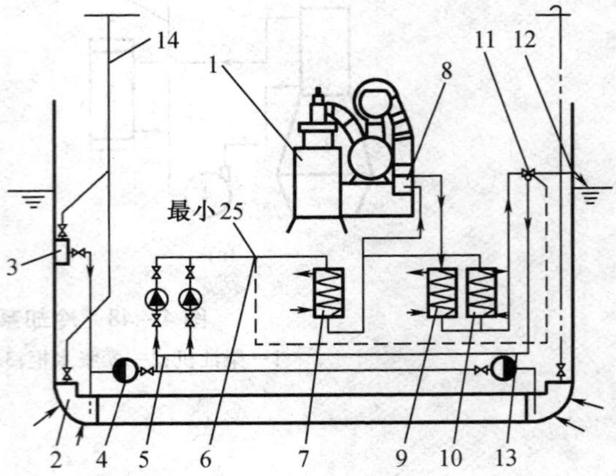

图 4-50　开式海水冷却系统

1—主机;2—低位海底阀;3—高位海底阀;4—海水滤器;5—海水泵;6—感温元件;7—滑油冷却器;8—增压空气冷却器;9—活塞水冷却器;10—缸套水冷却器;11—温度调节阀;12—出海阀;13—温海水回行管;14—通气管

一般设两个以上海底阀,分高位和低位,分设在船舶的两侧舷旁。高位海底阀(门)位于空载水线下约 300 mm 处,低位海底阀(门)设在舱底(靠双层底附近)。船舶进港后,由于水面下泥沙污物较多,多用高位海底阀。而在海上航行时,为防止因风浪造成空吸,多使用低位海底阀。当船舶在码头停靠时,一般停止使用靠近码头一侧的海底阀,而改用外侧海底阀,以防污物阻塞。海水泵一般设两台,一台备用。有些船上把备有泵兼作备用淡水泵。海水泵排量很大,通常在吸入管接一应急舱底吸口,以备机舱进水时应急排水之用。海水泵一般均采用大排量离心泵。通常,船舶上的柴油副机有自行独立的淡水冷却系统。

(三)中央冷却系统

中央冷却系统是一种近代新型的柴油机冷却系统。这种冷却系统的基本特点是使用不同工作温度的两个单独的淡水循环系统;高温淡水(80~85 ℃)和低温淡水(30~40 ℃)闭式系统。前者用于冷却主机,后者用于冷却高温淡水和各种冷却器(如滑油、增压空气等)。受热后的低温淡水再在一个中央冷却器中由开式的海水系统进行冷却。由此,可保证只使用一个用海水作为冷却液的冷却器,简化了海水管系的布置并可保证柴油机在工况变化时其冷却水参数不变。

图 4-51 为 B&W S MC/MCE 型柴油机的中央冷却系统。主机缸套冷却水为高温淡水系统,副发电机缸套水为低温淡水系统。主机活塞采用滑油冷却,喷油器为非冷却式。

低温淡水由中央冷却水泵 3 泵出分别冷却主机滑油冷却器 4、空气冷却器 5、主机缸套水冷却器 8,其回水经总管汇集后流至中央冷却泵 3(共 3 台)入口处。此低温淡水同时兼作发电副机缸套水,其出口水在航行时(阀 *A* 开启,阀 *B* 关闭)流至单设的中央冷却泵 3 入口处。在停泊期间(阀 *A* 关闭,阀 *B* 开启),发电副机缸套冷却水可用于主机暖机。受热后的低温淡水可在中央冷却器 2 中由主海水泵 1 泵来的海水进行冷却。在系统中还装有多个温度传感器及相应的热力控制阀,可根据水温变化来调节旁通水量。

中央冷却系统较前述传统的冷却水系统有以下明显优点:

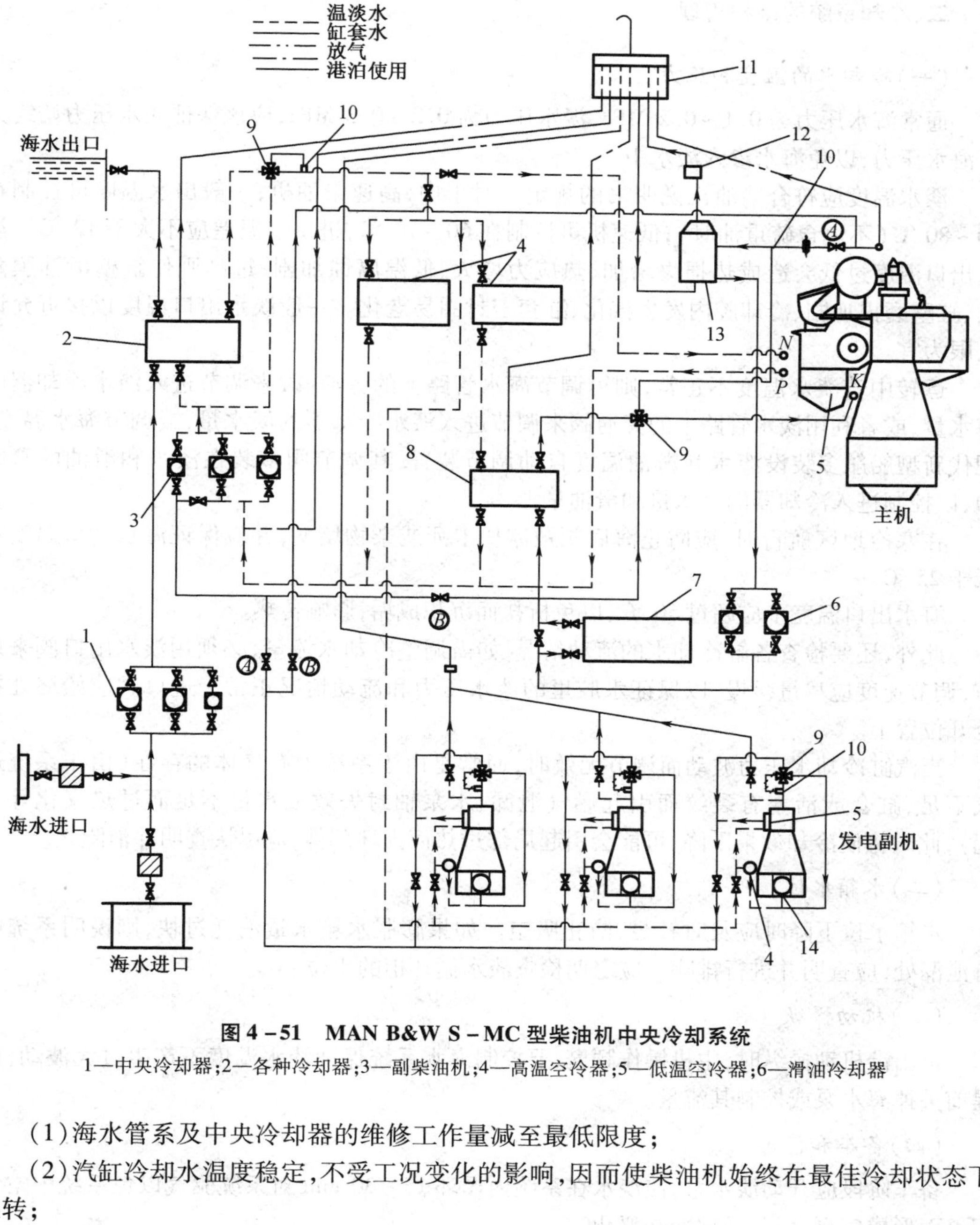

图 4-51　MAN B&W S-MC 型柴油机中央冷却系统

1—中央冷却器；2—各种冷却器；3—副柴油机；4—高温空冷器；5—低温空冷器；6—滑油冷却器

(1)海水管系及中央冷却器的维修工作量减至最低限度；

(2)汽缸冷却水温度稳定，不受工况变化的影响，因而使柴油机始终在最佳冷却状态下运转；

(3)淡水循环可多年保持清洁，维修工作量极少。

中央冷却系统同时也存在以下缺点：增加了中央冷却器及其辅助设备与管系，因而投资费用较高；由于附加管系的阻力损失，使泵送耗功出有所增加。

在建造的现代化船舶中，大多采用中央冷却系统。

二、冷却系统的维护管理

（一）冷却水的温度和压力

通常海水压力为0.1～0.2 MPa，淡水压力为0.2～0.3 MPa，应该保证淡水压力始终大于海水压力，以免海水渗入淡水中。

淡水温度应符合柴油机说明书的规定。对于中、高速柴油机，一般出水温度可控制在70～80 ℃（不烧含硫重油时）；低速机可控制在60～70 ℃，进出水温差应不大于12 ℃。淡水出口温度过低会造成热损失增加、热应力增大、低温腐蚀加剧；过高则使缸壁滑油膜蒸发、缸壁磨损加剧、冷却腔内发生汽化、缸套密封圈易老化。一般淡水出口温度以接近允许上限为宜。

运转中若淡水温度不正常，则可调节海水管路上的旁通阀，来调节进入淡水冷却器的海水量，或者利用淡水管路上的旁通阀来调节进入淡水冷却器的淡水量，或调节海水温度。现代新型船舶多装设淡水和滑油温度自动调节装置，其调节阀多装在淡水和滑油的管路中，以控制进入冷却器的淡水量和滑油量。

在寒冷地区航行时，应防止海底阀被冰块卡死或杂物堵塞，并应保证海水进口温度不低于25 ℃。

海水出口温度不应超过50 ℃，以免析盐而沉积成垢，影响传热。

此外，还要检查各缸冷却水的流动情况，如需调整冷却水流量，必须用淡水出口阀来调节，调节速度应尽量缓慢，以保证水腔里的淡水压力和流动情况正常。进口阀应始终处在全开位置上。

当汽缸冷却水压力波动而调节无效时，通常是由于系统中有气体的存在（由于系统透气不足、缸套或活塞有裂纹而引起燃气泄漏、水泵轴封失效或水量不足而过热气化等引起），此时将使冷却效果下降，可能会引起局部过热而损坏部件，应尽快查明并消除之。

（二）水箱水位

水箱水位下降时应及时补足，防止吸空。如果膨胀水箱水量消耗过快，则说明系统中有泄漏处，应查明并进行排除。应定期检查淡水循环柜的水位。

（三）机动操纵

进出港机动操纵时，主机操作频繁，要控制海水系统保证淡水温度不产生过大波动，应提前关掉海水泵或控制其流量。

（四）备车和停车

备车阶段应开动淡水泵，使淡水在系统内循环15～30 min对系统驱气以免系统中空气积聚而形成气囊，引起局部冷却恶化。

在寒冷地区，还应加高温淡水进行暖缸，应使水温达到40 ℃左右，以改善汽缸的热状态、易于启动、使滑油均匀布散，减轻启动时的磨损和热应力，还可减少启动空气的消耗量。

停车后应让冷却水系统继续循环20～30 min，冷却水的流量则应关小，使汽缸温度缓慢降低，以减少热应力，并防止残留在汽缸壁上的油膜蒸发或结炭。

（五）保证供水

保证海水的正常供应。泵不上海水时除泵的故障外，通常还由于系统中漏进空气或滤器堵塞。特别是当船舶由深水进入浅水，遇大风浪，以及在较脏的水域航行时，可能会发生海底阀堵塞和吸空，应及时切换使用高或低位海底阀。

应定期（每周一次）检查冷却水质量。水处理添加剂的浓度应在规定范围内，pH 值范围 6.5～8，氯化物浓度不大于 50×10^{-6}。若氯化物浓度增加，则表示有海水漏入；pH 值降低则说明有排气渗入，应及时查明原因并予以处理。

模块四　换气与增压系统的认识

【学习目标】

1. 了解二冲程柴油机的换气特点；
2. 了解二冲程柴油机的换气过程；
3. 了解气阀机构的工作条件；
4. 了解气阀的阀面与阀座的配合方式和特点。
5. 了解气阀传动结构的种类和特点；

【模块描述】

柴油机气阀机构是气阀式配气机构的主要组成部分。增压是提高柴油机功率的主要途径。本模块主要介绍气阀机构的功用、气阀的配合方式、气阀的结构特点；掌握气阀传动结构的类型和特点；掌握增压的形式，废气涡轮增压器的基本结构、工作原理、增压系统的组成及系统管理要点。

【任务分析】

气阀机构的主要作用就是控制柴油机的进排气过程。气阀机构的工作条件恶劣，承受燃气高温、高压和腐蚀的作用，工作中还会产生撞击和磨损。气阀采用耐热合金钢材料，阀座采用合金铸铁或耐热合金钢，且阀座采用钻孔冷却。气阀的阀面与阀座有全接触式、外接触式和内接触式三种配合方式。为了减小接触应力，增加阀盘散热，长行程低速柴油机采用内接触式。为保证气阀机构始终处在良好的工作状态，除应按要求正确的安装外，还应定期拆检保养，保证气阀机构的技术状态。

增压的目的是提高柴油机进气压力，增加空气密度，增加供气量，提高柴油机的功率。增压的方式分为定压涡轮增压和脉冲涡轮增压两种基本形式。高增压柴油机一般均采用定压涡轮增压。柴油机的增压系统有单独增压系统、复合增压系统及涡轮复合系统。增压器在工作中因匹配不良会发生喘振现象。废气涡轮增压器转子转速高，气流流速高，涡轮工作温度高。因此，要求正确安装增压器，加强增压器的检查、测量等维护保养工作。

【知识准备】

为了使柴油机的工作循环连续不断地进行，必须排出汽缸内做功后的废气，充入新鲜空气，为下一个工作循环的进行提供必要的条件。这个从排气开始到进气结束的整个工质更换过程称为换气过程。

对换气过程的要求是废气排得越干净，新鲜空气进入汽缸越多越好，这样才有可能喷入更多的燃油并能完全燃烧，使柴油机功率增加。另一方面进气充足，有利于混合气的形成，改善燃烧，提高柴油机的经济性和排放性能。因此，换气过程的完善程度直接影响着柴油机的动力性、经济性、可靠性和排气污染程度。

柴油机的换气过程是由柴油机的换气机构来完成的。

一、二冲程柴油机的换气过程

（一）二冲程柴油机的换气特点

二冲程柴油机的换气过程和四冲程柴油机相比有很大的不同，主要表现在：

（1）二冲程柴油机的换气时间较短；

（2）二冲程柴油机的换气质量较差；

（3）二冲程柴油机的耗气量较大；

（4）二冲程柴油机的汽缸容积不能充分利用。

（二）二冲程柴油机的换气过程

二冲程柴油机的换气过程是从从排气口（或排气阀）打开时起至排气口（或排气阀）完全关闭为止的过程，如图 4－52（a）所示。根据换气过程中汽缸内压力变化特点，可以把整个换气过程分为三个主要阶段。

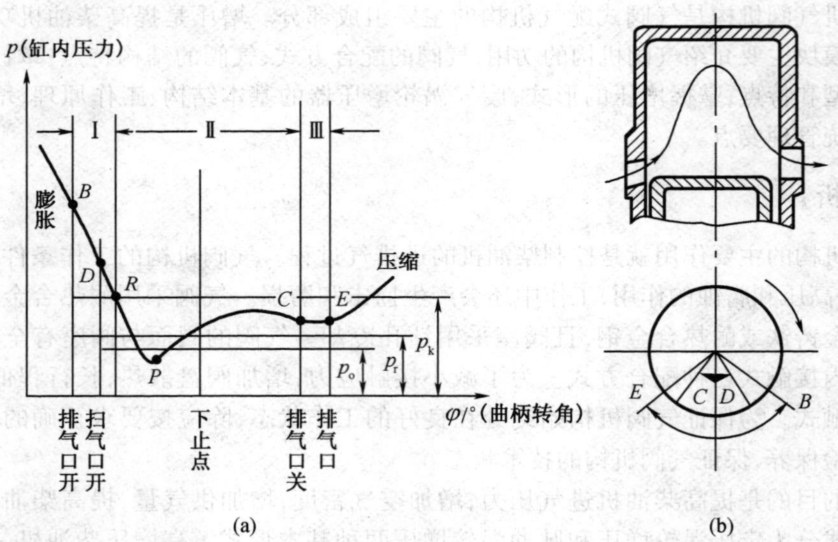

图 4－52　二冲程柴油机换气过程曲线

1. 自由排气阶段（B—R）

从排气口（或排气阀）的开启点 B 到开始进气的点 R（此时汽缸内的压力 p_b 与扫气压力 p_k 相等）为止的阶段，称为自由排气阶段。在这一阶段，汽缸内废气在缸内与排气管的压力差作用下，经排气口高速流入排气管中，使缸内压力急剧降低。一般来说，当活塞下行到点 D 开启扫气口时，汽缸内的压力 p_b 仍略高于扫气压力 p_k，但因扫气口的节流和排气的流动惯性，不会出现废气经扫气口倒冲入扫气箱去。

2. 强制排气和扫气阶段（$R—C$）

此阶段从进气开始到关闭扫气口为止。这一阶段主要靠新气与缸内废气的压力差，利用新气将废气清扫并强制排出汽缸。显然，在此阶段新鲜空气与废气掺混，并有部分新鲜空气经排气口排出。

3. 过后排气阶段（$C—E$）

此阶段从扫气口关闭（点 C）到排气口关闭（点 E）为止。在这一阶段，缸内的部分新鲜空气将经仍开启着的排气口排入排气管，是一个新气损失阶段，因此越短越好。对于直流扫气的柴油机，因为排气阀的关闭可以受到控制，使它与进气口同时关闭或早于进气口关闭，则可避免过后排气损失或实现过后充气。E 点后，汽缸内开始压缩行程。

由上述可知，二冲程柴油机的换气过程没有单独的进、排气冲程，只是在膨胀冲程末和压缩冲程初的下止点附近，依靠进、排气口的压差，以扫气的方式进行的，如图 4－52（b）所示。二冲程柴油机与四冲程柴油机换气过程相比，换气时间短（只占 120 °CA～150 °CA），新气与废气掺混严重，空气消耗量多，使换气过程消耗的功大，换气效果比四冲程柴油机差。

【任务实施】

一、换气机构

保证柴油机按规定顺序和时刻完成进、排气过程的机构称为换气机构，又叫作配气机构。

四冲程柴油机采用气阀式换气机构。现代船用低速二冲程柴油机大都采用气口—气阀式换气机构。换气机构的任务是保证柴油机在工作过程中按规定的时间开启或关闭各汽缸的进气阀（或扫气口）和排气阀（或排气口），使尽可能多的新鲜空气进入汽缸，并使膨胀终了的废气从汽缸排净，保证柴油机工作过程连续和完善。换气机构工作得好坏直接影响到柴油机的换气质量，进而影响柴油机的燃烧过程和做功能力。因此，正确地设计和维护管理好换气机构，对于保证柴油机良好的工作性能和使用寿命具有重要意义。

气阀式换气机构主要包括气阀机构和气阀驱动机构两部分。本节还将讨论凸轮轴和凸轮轴传动机构。

（一）气阀机构

1. 工作条件

在气阀机构中，气阀和阀座是工作条件最恶劣的零件。气阀阀盘和阀座底面是燃烧室壁面的一部分，受到燃气高温、高压的作用，特别是排气阀，由于受到排气气流的加热，温度很高；而进气阀由于进气流的冷却作用温度低一些。对于船用增压柴油机，排气阀阀盘的平均温度可高达 650～800 ℃，阀杆温度为 150～250 ℃；进气阀阀盘的平均温度可高达 450～500 ℃，阀杆温度为 100～120 ℃。气阀在关闭时与阀座发生撞击和磨损，在撞击中，由于阀和阀座的弹性变形、气阀弹簧的振动及气阀弹簧螺旋线的扭转作用，会使阀面和阀座产生楔入性和扭转性滑移。这种滑移使阀面和座面间产生干摩擦，阀面和座面上剥落的金属颗粒、灰分、炭粒又变成磨料加重了磨损。燃烧产物对气阀和阀座有腐蚀作用，特别是燃用重油时，由于重油中含有较高的钒和钠等，燃料燃烧后生成钒和钠的氧化物及这些氧化物生成的盐和聚合物。这些钒和钠的盐、氧化物及聚合物有的熔点低（低至 535 ℃），有的熔点较高（高达 900 ℃）。它们在排气时一部分沉积到气阀和阀座上，使气阀和阀座接触不良，并对金属起腐蚀作用，使阀面和座面上出现凹坑，造成漏气和烧损。

2. 材料

由于气阀和阀座在高温、撞击、磨损、腐蚀的条件下工作，气阀都采用耐热合金钢材料（如镍基耐热合金钢），阀座则采用合金铸铁或耐热合金钢。为了使阀面和座面耐磨、耐腐蚀，高增压和燃用重油的柴油机气阀还在阀面和座面上堆焊钴基硬质合金，如司太立（Stellite）合金。在阀头接近燃烧室侧覆盖耐热耐蚀的铬镍铁合金。阀座采用钻孔水冷，并在阀座密封面附近开有空气槽，内存有扫气空气，当密封面漏气时，可避免产生高温排气的烧烛，如图 4－53 所示。为了使阀杆耐磨，常采用氮化、镀铬、滚压、抛光等工艺。

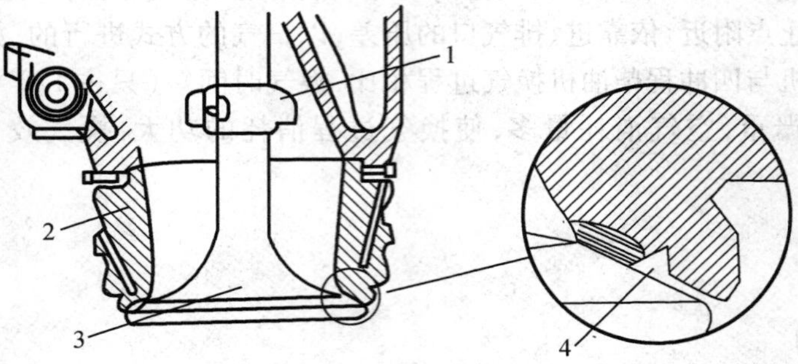

图 4－53　MC 型柴油机排气阀座

1—转翼；2—阀座；3—排气阀；4—空气槽

3. 配合方式

气阀的阀面与阀座在座面的配合上有三种方式，如图 4－54 所示。在图中：

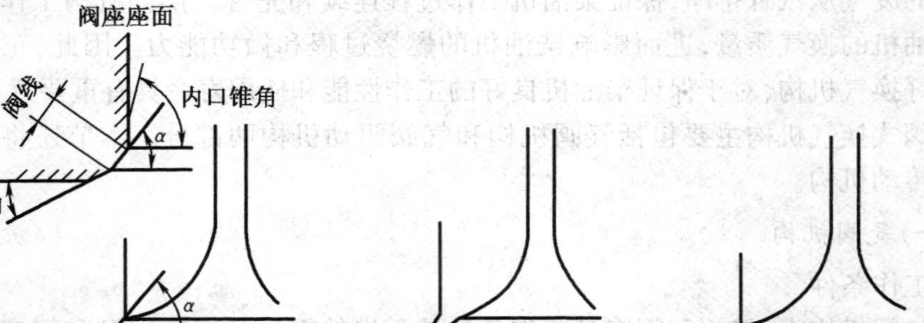

图 4－54　阀与阀座的配合方式

(1) 为全接触式，阀面与座面锥角相等

全接触式接触面大、耐磨、传热好，但易结炭和敲击产生麻点，多用在小型高速柴油机上。阀线宽度一般为 1.5～2.5 mm。

(2) 为外接触式，阀面锥角小于座面锥角

外接触式的阀面锥角比座面锥角小 0.5°～1°。这种方式使接触面小、密封性好，阀面

与座面内侧不与燃烧时的气体接触。阀盘在高压燃气作用下发生拱腰变形会使内侧阀面与座面接触,减小了接触应力增加了散热。它多用于强载中速机。

(3)为内接触式,阀面锥角大于座面锥角

内接触式的阀面锥角比座面锥角大0.2°~0.5°。这种方式接触面小、密封性好。接触面因离燃烧室远些,温度低,钒、钠的腐蚀小。阀盘在高温和高压燃气作用下会发生周边翘曲的热变形和机械变形,使外侧阀面与座面接触。这样,减小了接触应力,增加了阀盘散热。常用在长行程低速柴油机中。

4. 结构特点

在气阀的结构中,阀面锥角是一个重要的参数。阀面锥角增大则气阀对中性好、密封性好,但磨损较大,通常为30°或45°。

气阀弹簧的作用是当摇臂抬起时使气阀关闭。在大多数柴油机中,每个气阀都装有内、外两根弹簧。这样,在满足总的弹簧负荷要求下,每根弹簧的负荷就可以小一些,使之尺寸小、应力低,提高抗疲劳能力。此外,两根弹簧由于自振频率不同、互相干扰,可以起到减振的作用。为了防止一根弹簧断裂后卡进另一根弹簧中,两根弹簧的旋向应当相反,这还可以减少阀在开关时由于弹簧产生扭转而发生的自动研磨。此外,采用两根弹簧还可以增加工作的可靠性。

除机械弹簧外,目前超长行程直流扫气柴油机的排气阀普遍采用空气弹簧。

气阀导管是气阀的导承。它承受着摇臂所引起的侧推力,还起着气阀散热的作用。一般经导管的散热量占气阀总散热量的25%。导管与阀杆之间的间隙是有一定要求的,间隙过小,气阀的动作迟滞,甚至咬死;间隙过大,则散热不良,横向振动和漏气加剧,甚至可能引起烟灰进入间隙使气阀卡住。此外,由于导管和阀杆之间的润滑条件较差,导管很容易磨损。

柴油机的气阀机构基本上是大同小异的。但根据其结构特点可分为不带阀壳和带阀壳两大类。不带阀壳的气阀机构是直接装在汽缸盖上的,如图4-55所示。这种形式的气阀构造简单,但是检修时必须拆下汽缸盖。为了防止因阀座座面损坏而导致汽缸盖报废,一般都装有可以更换的阀座,此种结构多用于中小型柴油机。带阀壳的气阀机构是将气阀及气阀弹簧、导管、阀座等零件装在阀壳上形成一个整体,然后把这个总成装入汽缸盖的阀壳孔中。若阀壳式气阀出现伤裂、过度磨损等故障,修理时可不必拆卸汽缸盖,只需拆下阀壳进行维修,管理比较方便。在结构上,阀壳中有润滑阀杆的油道和强制循环冷却水腔,可以简化汽缸盖的结构。大功率中、低速柴油机的排气阀,广泛采用带阀壳的结构。

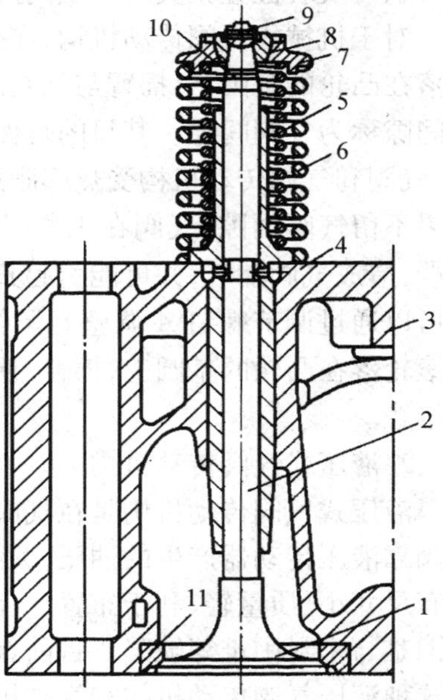

图4-55　不带阀壳气阀机构

1—阀盘;2—阀杆;3—汽缸盖;4—气阀导管;5、6—弹簧;7—弹簧盘;8—卡块;9—撞击块;10—卡环;11—阀座

在强载、燃用重油的柴油机中,除了对排气阀和阀座进行冷却外,还装设旋阀器使排气阀在开关过程中慢慢转动。气阀在开关过程中慢慢转动,可以减少阀面与阀座上的积炭,使磨损减小,贴合严密;可以使

阀盘均匀地接受热量和散热，以改善阀盘的热应力状态；可以消除阀杆与导管之间的积炭，防止卡住。旋阀器有旋转帽式、推进器式、棘轮式、杠杆式等多种。现代船用低速二冲程柴油机大都采用推进器式旋阀器。

推进器式旋阀器的构造原理如图 4－57 所示。在排气阀 17 的阀杆上装有转翼 18，柴油机运转中排气阀打开时，排气气流作用在转翼上，由转翼带动阀杆绕其轴线转动，使排气阀旋转。旋转角速度随柴油机负荷而变。

（二）气阀传动机构

气阀传动机构的作用是把凸轮的运动传给气阀。当凸轮顶升气阀传动机构时，气阀及时开启。在凸轮转过之后，在气阀弹簧的作用下气阀及时关闭。机械式气阀传动机构是传统的气阀传动机构，广泛用于各种类型柴油机上。新型低速柴油机均采用了液压式气阀传动机构。

1. 机械式气阀传动机构

图 4－56 所示是中、小型柴油机中常见的一种机械式气阀传动机构。它由带滚轮的顶头 D、推杆 C 和摇臂 B_1 等组成。摇臂经轴销安装在摇臂支座 B_2 上，摇臂支座固定在汽缸盖上。凸轮在转动中将顶头、推杆顶起，从而使摇臂绕摇臂轴转动，克服气阀弹簧的弹力将气阀打开。当滚轮沿凸轮的型线下降时，在气阀弹簧的作用下气阀逐渐关闭，因而凸轮的形状与安装位置就决定了气阀的启闭时刻。

对于机械式气阀传动机构，在柴油机冷态时，滚轮落在凸轮的基圆上，摇臂与气阀之间应留有间隙，此间隙称为气阀间隙。其目的是保证在柴油机热态时，气阀和气阀传动机构受热膨胀后仍能完全关闭。如果不留气阀间隙，气阀在工作时将向下膨胀关闭不严，造成气阀漏气，并可能引起其他故障。气阀间隙可以通过调节螺钉 A 调整。调整气阀间隙时，要求滚轮落在凸轮的基圆上，摇臂、顶杆和顶头之间保持接触。

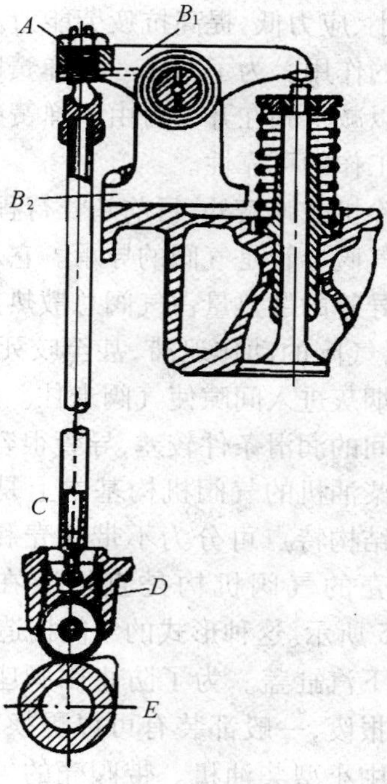

图 4－56　机械式气阀传动机构

2. 液压式气阀传动机构

液压式气阀传动机构是在气阀、顶头的上端各设液压传动器，二者之间通过油管连通。开阀靠液压传动器产生的油压，关阀靠“空气弹簧”的气体压力来实现。这种气阀传动机构具有尺寸小、质量轻、利于布置、气阀不承受侧推力、噪声小、拆装方便等优点。但存在着调试困难与密封困难等缺陷。目前普遍用于超长行程低速柴油机的排气阀中。图 4－57 所示为这种液压气阀传动机构和气阀机构简图。图中顶头处的液压传动器由顶头 3、顶杆 4、套筒 5、柱塞 6、安全阀 7、补油阀 8 等组成。气阀处的液压传动器由缓冲销 10、柱塞 11、套筒 12 等组成。空气弹簧装置由活塞 13、汽缸 14 等组成。由启动空气瓶来的经减压的空气通过止回阀进入空间 N。

当凸轮 2 通过顶头 3、顶杆 4 顶起柱塞 6 时，C 空间的油被压缩建立起油压并经油管 9 泵入 D 空间，作用在柱塞 11 上面。油压力推动柱塞 11 下行并推动活塞 13 下行，将空间 N

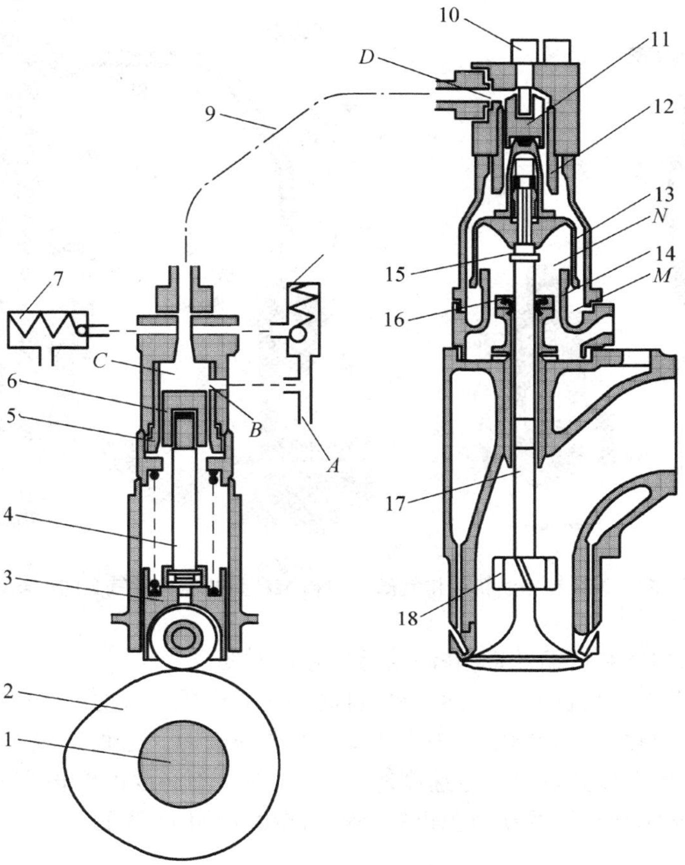

图 4－57　液压式气阀传动机构和气阀机构

1—凸轮轴；2—凸轮；3—顶头；4—顶杆；5—套筒；6—柱塞；7—安全阀；8—补油阀；9—油管；10—缓冲销；11—柱塞；12—套筒；13—活塞；14—汽缸；15—卡环；16—弹簧板；17—气阀；18—转翼；*A*—补油管；*B*—补油孔；*C*、*D*—油空间；*M*、*N*—气空间

内的空气压缩，并把气阀 17 打开。当凸轮把顶头放下时，柱塞 6 重新下行，油压下降，*D* 空间的油流回到 *C* 空间。气阀 17 在 *N* 空间内气体压力（空气弹簧）的作用下关闭。排气阀 17 关闭时，液压柱塞 11 上行，缓冲销 10 进入柱塞 11 上面孔内将油挤出。由于油的阻尼作用，减小了气阀与阀座的撞击。液压传动机构在运行时经柱塞和套筒间隙漏泄的油，由顶杆 4 和补油阀 8 补充。机构中的油由十字头轴承润滑系统经减压后供给。当机构中的油压过高时，油由安全阀 7 泄掉。当 N 空间没有压缩空气时，柱塞 11 会在油压作用下下移，气阀被打开。但当卡环 15 落在弹簧板 16 上时便不再下移，避免气阀与活塞发生撞击。

3. 电控共轨式液压气阀传动机构

MAN－B&W 公司近年来都开发了基于电子控制技术的新型电控共轨式液压气阀传动机构。如图 4－58 所示。

MAN－B&W S 60ME－C 型排气阀共轨系统结构的驱动油泵，其结构与燃油高压油泵没有特别大的差异。ME 系列柴油机的排气阀执行器的动作由电磁阀控制伺服油驱动。电磁阀根据汽缸燃烧状况，由微处理器控制程序系统（ECSP）对各缸排气阀的启闭进行优化控

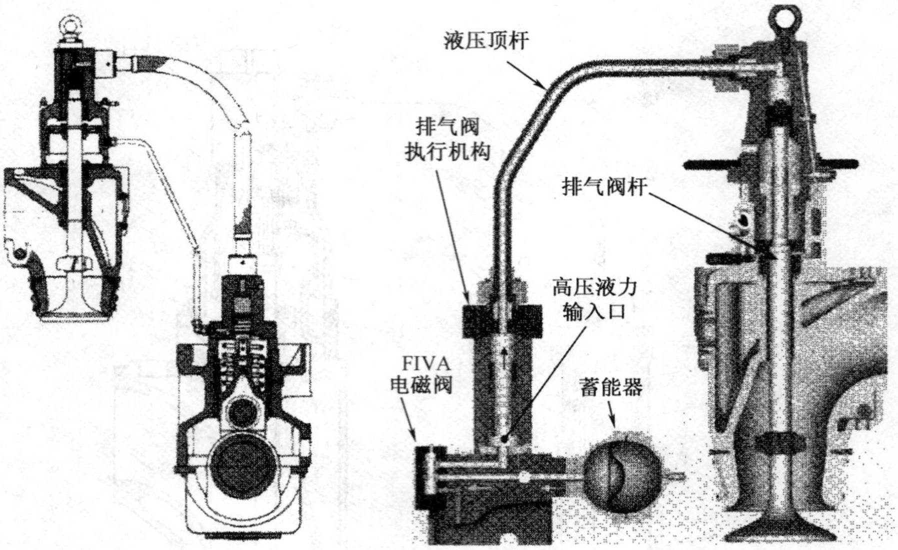

图 4－58　ME 型柴油机的排气阀控制和 MC 型柴油机排气阀的控制对比

制，以达到最佳的扫气和压缩效果，并满足燃烧和排放要求。

驱动油泵的动力源来自系统滑油，经过过滤增压后形成伺服油。MAN B&W S60ME－C 的燃油共轨伺服油与排气阀共轨使用的伺服油为同一来源。这种以电子控制方式控制排气阀开启与关闭，可以使阀盘以限定速度冲击阀座，减少不必要的摩擦和噪音，而且可有效地控制排温。由于驱动油泵的动力源仍然是增压后的伺服油，所以省略了传统的凸轮轴传动装置。

三、废气涡轮增压

（一）废气能量分析

柴油机的废气具有一定的温度和压力，所含的热量约占燃油燃烧放热量的 30%～37%。

采用废气涡轮增压的柴油机废气中含有的最大可利用能，如图 4－59 所示。

由于柴油机结构的限制，排气开始时汽缸中燃气状态 b，这些燃气等熵膨胀到大气压力 p_o时，理论上所能做的功在图上为面积 $b-f-1-b$。也就是排气开始时废气中的可用能量。另外，由于汽缸后的压力不再是大气压力 p_o，而是涡轮前压力 p_T，废气在换气过程中获得的能量为 $i-g-4-1-i$ 表示的面积。对四冲程柴油机而言，换气过程中获得的能量包括强制排气过程中的活塞推出功 2－3－4－1－2 和燃烧室扫气阶段进入排气管的扫气空气所具有的能量 $i-g-3-2-i$ 两部分。所以四冲程柴油机废气中含有的最大可利用能是 $b-f-i-g-4-b$ 所示的面积。而二冲程柴油机在换气过程中获得的能量为扫气期间扫气空气所做的功。值得注意的是，二冲程柴油机在排气开始后，活塞继续下行，获得膨胀功 $b-5-4-b$ 所示的面积，使废气可用能减少，在换气过程中没有活塞推出功补充废气能量，并且废气中掺混有很多扫气空气，使涡轮前气体温度 T_T降低，因而废气中能量较少。

根据在废气涡轮中能量利用的情况，可把废气的能量分为两部分；一部分是废气由压力 p_b膨胀到 p_T的膨胀能 E_1，称之为脉冲能。它是一种脉动的速度能，在排气管中以压力波

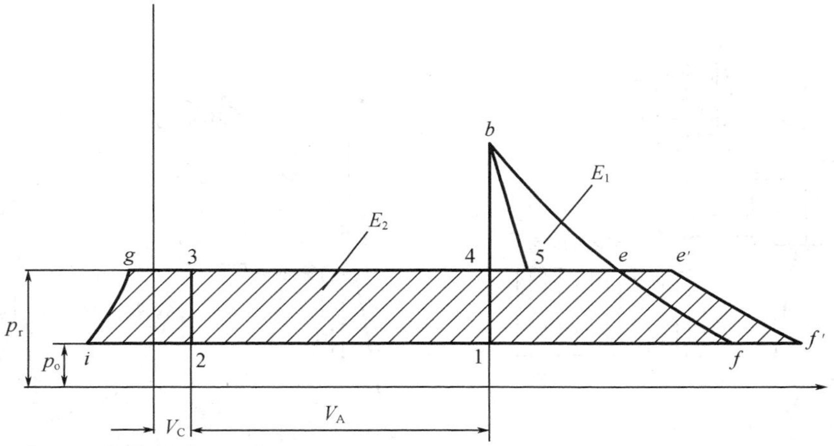

图 4－59　柴油机废气中含有的最大可利用能量

的形式出现，即图中 $b-e-4-b$ 所表示的面积。另一部分是废气由压力 p_T 膨胀到 p_o 的膨胀能 E_2，称之为定压能（亦称势能）。在图中为 $i-g-e-f-i$ 所表示的面积。废气能量 E 是脉冲动能 E_1 与定压能 E_2 之和，二者在总能量中所占的百分数随增压压力 p_k 的不同而异。p_k 越低，则 E_1 所占的比例越大；p_k 越高，则 E_2 越大。

（二）废气涡轮增压的两种基本形式

根据对废气能量利用的方式的不同，废气涡轮增压有定压涡轮增压和脉冲涡轮增压两种基本形式。

1. 定压涡轮增压

定压涡轮增压的特点是进入废气涡轮增压器的废气压力基本上是稳定的。柴油机各缸的排气管连接到一根共用的容积足够大的排气总管上，涡轮装在排气总管后，如图 4－60 所示。由于排气总管的容积足够大，各缸排出的废气进入其中后迅速膨胀、扩散并很快稳定下来，只引起微小的压力波动。排气总管实际上成了集气箱，具有稳压作用。因为废气以基本不变的速度和压力进入涡轮，这种增压方式的涡轮工作稳定，效率高。

定压涡轮增压只利用了废气中的定压能 E_2，脉冲能 E_1 在排气流动中由于排气口（阀）的严重节流和在排气管中的膨胀涡旋，大部分被损失掉，只有小部分脉冲动能转化为热量，使排气管中的废气温度略有升高。图 4－59 中的面积 $e-e'-f'-f-e$ 相应地表示排气管中的废气因此而增加的能量。

定压涡轮增压所利用的废气能量少，尤其当柴油机在低负荷时或启动时，因废气的能量少，使涡轮发出的功率满足不了压气机所需的功率，柴油机必须另设辅助风机来满足低负荷时的扫气需要。

2. 脉冲涡轮增压

脉冲涡轮增压的特点是进入废气涡轮增压器的废气压力为脉动状态。在结构上把各缸排气管经过分组直接与一个或几个废气涡轮相连，要求排气管短而细，如图 4－61 所示。由于排气管容积相当小，因此排气口（阀）开启后，排气管内压力迅速提高，瞬间就接近汽缸内的压力。此后，由于汽缸和排气管的压差迅速减小，废气进入排气管的流速降低，加上排气管中的废气不断流入涡轮，排气管中的压力又随之下降，就形成了所谓脉冲压力波，就是涡轮中利用的脉冲动能。

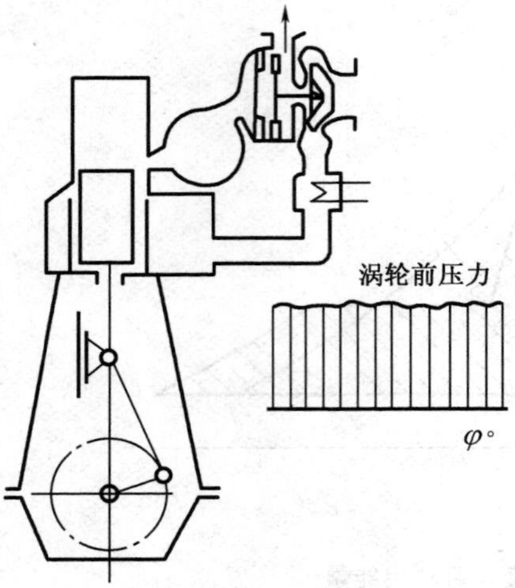

图 4 – 60　定压涡轮增压

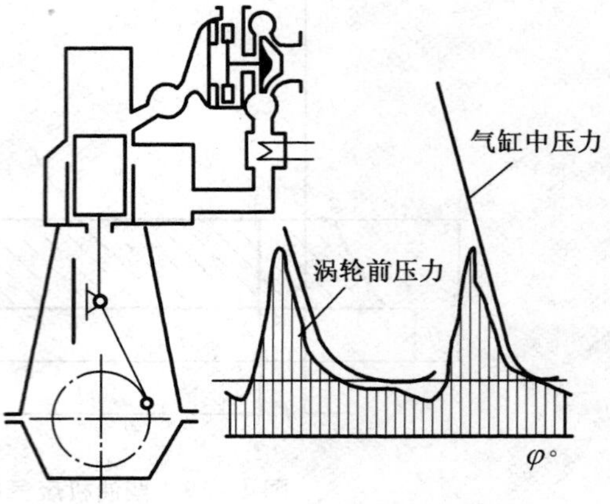

图 4 – 61　脉冲涡轮增压

脉冲涡轮增压利用了脉冲能和定压能,有利于涡轮机与压气机的功率平衡。但由于涡轮在不稳定下工作,效率较低。

在多缸柴油机采用脉冲涡轮增压时,如果各缸的排气均排入一根排气管,就会出现排气干扰现象,即当某缸进行扫气而相邻缸正好排气时,排气压力波就会传到扫汽缸的排气口处,使该缸排气背压升高,从而严重影响该缸扫气的正常进行。为此,必须对排气管进行合理的分组,分组的原则是避免同组各缸之间出现排气干扰。

对于二冲程柴油机,完成一个工作循环,曲轴转 360°曲柄转角,而扫、排气时间可近似为 120°曲柄转角。因此,为避免排气干扰,同一组内各缸之间的排气间隔角(即发火间隔角)必须为 120°曲柄转角。这样,同一组的最多汽缸数为 $i = 360/120 = 3$。对于四冲程柴油机,完成一个工作循环,曲轴转 720°曲柄转角,排气时间可近似为 240°曲柄转角。同样,同一组的最多汽缸数为 $i = 720/240 = 3$。可见,无论是二冲程柴油机还是四冲程柴油机,脉冲涡轮增压最适合于缸数是 3 的倍数的柴油机。

例如,某二冲程六缸柴油机的发火顺序是 1 – 6 – 2 – 4 – 3 – 5,各缸发火间隔角是 60°,则可把 1,2,3 缸分为一组,4,5,6 缸分为另一组,满足了同一组内各缸之间的排气间隔角为 120°曲柄转角的要求,如图 4 – 62 所示。

3. 两种增压方式比较

(1)在废气能量利用方面,脉冲增压利用了废气中的脉冲能和定压能,而定压增压只利用了废气中的定压能,所以采用脉冲增压的柴油机从废气中获得的能量多,增压度高,这是脉冲增压的主要优点。但是脉冲能和定压能在总能量中各自所占比例是随增压压力的变化而变化的。增压压力较低时,E_1 在总能量中所占比例大。随着增压压力的提高,E_1 在总能量中所占比例降低而 E_2 在总能量中所占比例增大。因此,在低增压时,采用脉冲增压是有利的。

(2)在定压涡轮增压中,由于废气是等压进入涡轮的,气流的压力和速度不变,涡轮工作比较稳定,故涡轮效率高。而在脉冲涡轮增压中,由于进入涡轮的气流的压力和流速是变化的,涡轮工作不稳定,增加了损失,故涡轮效率较低。

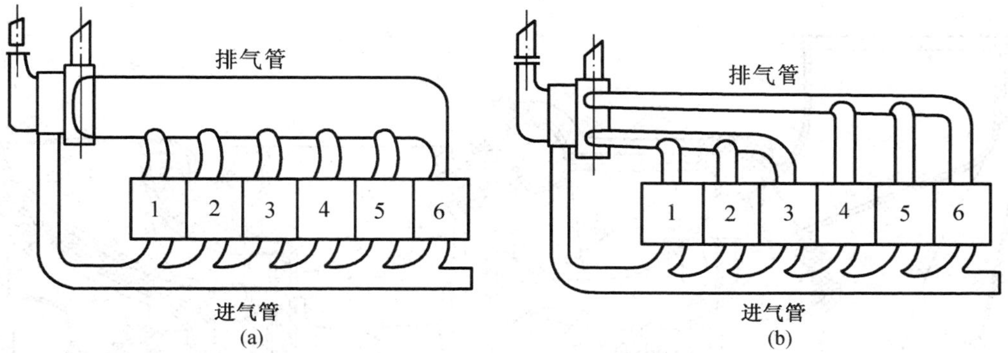

图 4－62 定压增压和脉冲增压系统的布置

(3)定压增压中,排气管的结构简单,布置方便。而在脉冲增压中,排气管要进行分支,使其结构复杂,布置困难。

(4)脉冲增压的加速性能好。在定压涡轮增压柴油机中,由于排气管容积较大,加速时排气管内废气压力提升的比较缓慢,增压器跟不上柴油机的加速,出现较大的滞后。而脉冲增压柴油机由于排气管的容积较小,不存在上述问题。因此,定压增压柴油机必须另设辅助鼓风机来满足低负荷时的扫气要求。

(三)废气涡轮增压器

1. 废气涡轮增压器的构造

废气涡轮增压器结构形式繁多,船用柴油机中较著名的品牌主要有 ABB 公司制造的 VTR,TPS 和 TPL 系列增压器,MAN B&W 公司制造的 NA,NR 系列增压器和近年来新开发的 TCA,TCR 系列增压器及日本三菱公司生产的 MET 系列增压器。

这里以船用柴油机使用得较多瑞士 ABB 公司制造的 VTR 型增压器介绍废气涡轮增压器的结构。VTR 型增压器有 0,1,4,4A,4D,4E 及 4P 等系列产品,可满足 200～37 000 kW 柴油机的匹配要求。

图 4－63 所示为 VTR－4 系列增压器的剖视图,它由右侧的单级轴流式废气涡轮和左侧的单级离心式压气机组成。废气涡轮机的叶轮和压气机的叶轮装在同一根轴上构成废气涡轮增压器的转子,由两端的轴承支承。

(1)轴流式废气涡轮

废气涡轮由进气箱 51、喷嘴环 56、工作叶轮 29、隔热墙 23 和排气箱 61 等组成。进、排气箱内腔用冷却水冷却。进气箱右侧布置着轴承箱。排气箱下部装有增压器支架。隔热墙用绝热材料制成,避免废气对压气机叶轮和空气加热。

柴油机排出的废气经进气箱 51 送至喷嘴环 56。喷嘴环由喷嘴内环、和喷嘴叶片组成。喷嘴叶片之间形成收缩状通道,如图 4－64(a)所示,其作用是将通过喷嘴环的废气压力能部分地转换为动能,并使气流具有工作叶片所需要的方向。工作叶轮由轮盘和工作叶片组成,工作叶片轴向地安装在轮盘边缘的槽口中。如图 4－64(b)所示,工作叶片与槽口配合的根部有枞树形和球形两种,叶身为叶片的工作部分,其形状沿着叶片高度逐渐扭转,使工作叶片间也组成收缩通道,其作用是将废气的动能转换为机械功,最后废气经排气箱排往大气。

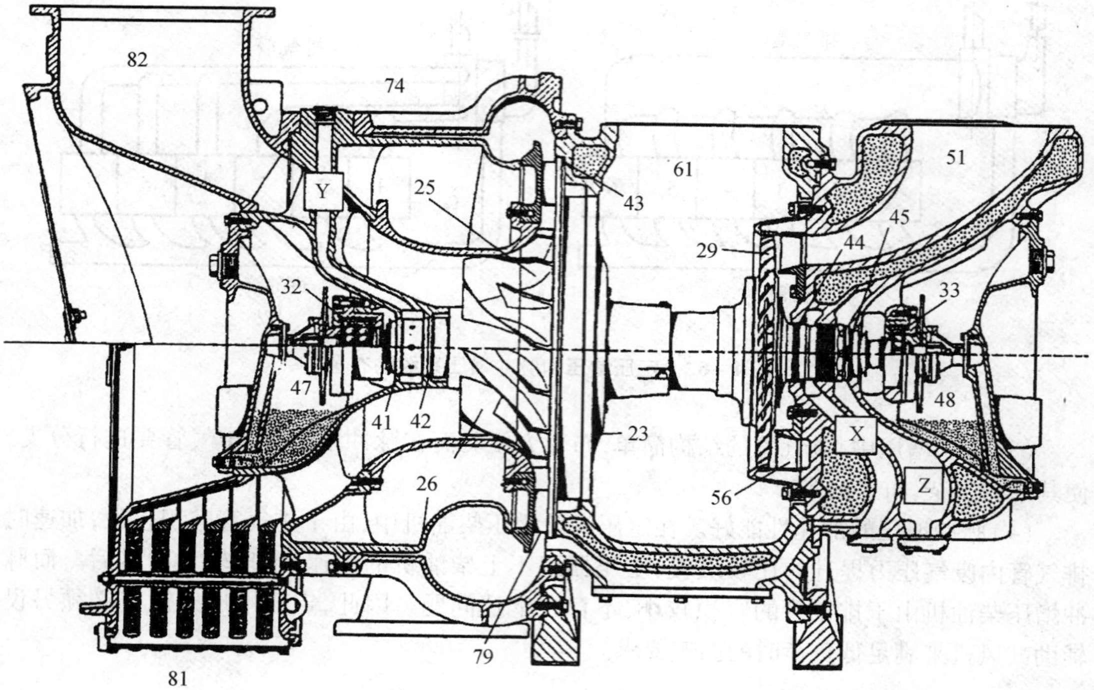

图 4-63　VTR-4 系列增压器剖视图

23—隔热墙；25—压气机叶轮；26—压气机导向轮；29—涡轮机工作叶轮；
32、33—滚动轴承；41，45—油封；42、43、44—气封；47，48—滑油泵；
51、82—进气箱；56—喷嘴环；61—排气箱；74—排气蜗壳；79—扩压器；81—消音器

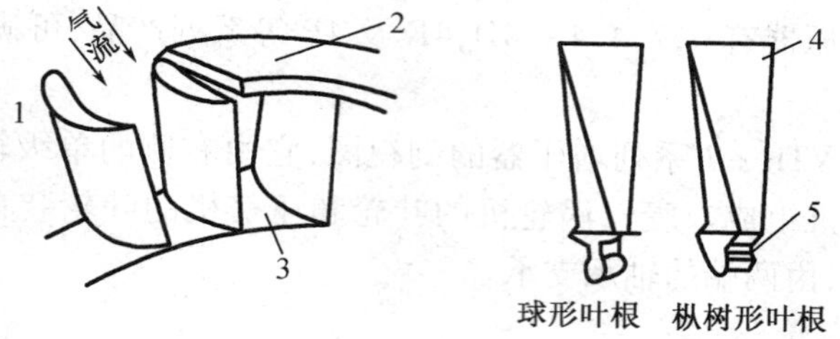

(a)　　(b)

图 4-64　喷嘴环和工作叶片

(2)离心式压气机

增压器的压气机主要由进气消音器 81、进气箱 82、压气机叶轮 25、扩压器 79 和排气蜗壳 74 等组成。

空气经消音器滤网进入。消音器 81 中的空气滤网、导流环对空气起滤清、导流、吸音(导流环由吸音材料制成)作用。进气箱由内、外进气壳共同组成进气通道。进气箱左侧布置着轴承箱。压气机叶轮由前弯的导风轮 26 和半开式工作轮 25 组成，并分别装在转轴上，如图 4-65(a)所示。导风轮的作用是使气流平顺地从轴向转到径向，以减少进气流动损

失。在工作轮上沿径向布置着直叶片,形成气流通道。有叶扩压器 79 固定在排气蜗壳 74 上,其叶片间的气流通道呈渐扩状,如图 4－65(b)所示,其作用是将压缩空气的动能变为压力能,以提高空气的排出压力。一个工作轮与相邻的扩压器组成一个级。排气蜗壳 74 是一个蜗壳状的管道,其通流截面由小到大。它一方面收集从扩压器流出的空气,一方面继续起扩压作用。空气从排气箱排出后经中间冷却器进入柴油机的扫气箱。

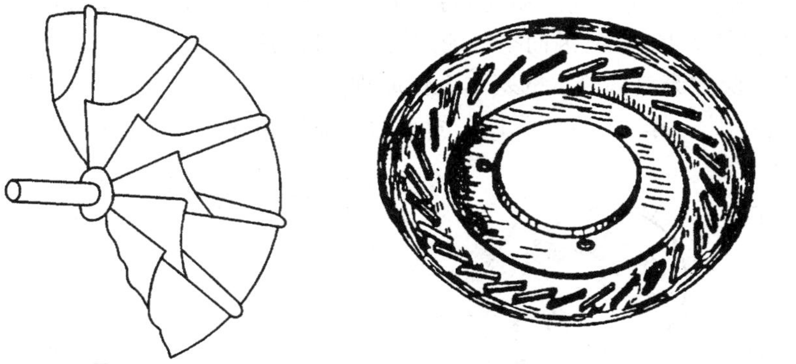

(a)　　　　(b)

图 4－65　压气机的叶轮和扩压器

(3)转子与轴承

压气机叶轮 25 和涡轮机叶轮 29 装在同一根轴的两端,组成增压器的转子。转子轴的两端由滚动轴承 32 和 33 支承。压气机端是支持止推轴承,承受转子的径向和轴向负荷,而涡轮机端的轴承只是一个支持轴承,承受转子的径向负荷,并允许产生一定的轴向位移以保证转子轴的热膨胀。这种支承方式为外支承,它具有转子稳定性好,轴承受高温气体影响小,便于密封,有利于延长轴承寿命的特点。滚动轴承的摩擦损失小,加速性能好。

也有的增压器是采用滑动轴承的。

(4)气封与油封

为了防止燃气、空气和滑油的泄漏,在轴承箱的内侧装有油封 41、45,在叶轮两侧装有气封 42,43,44。气封 44 处由扩压器经通道 X 引入增压空气提高气封效果。在转子右端的油、气封之间通过通道 Z,左端的油、气封之间通过通道 Y 与大气相通。

(5)冷却与润滑装置

废气涡轮因工作温度高,进、排气箱内均设置冷却水腔与柴油机的冷却系相通进行水冷却。

增压器轴承封闭在轴承箱中,一般采用三种润滑方式:一是靠装在转轴上的甩油盘进行飞溅润滑;二是由转子轴驱动的专用油泵进行润滑;三是由柴油机供给润滑油润滑。VTR 型增压器轴承的润滑是由转子轴驱动的专用油泵 47,48 形成封闭式压力润滑。

2. 废气涡轮增压器的工作原理

(1)离心式压气机的基本工作原理

废气涡轮增压器的压气机一般都采用单级离心式压气机。离心式压气机由进气道、工作叶轮(也称压气机叶轮)、扩压器和排气蜗壳组成,如图 4－66 所示。1－1,2－2,3－3 分别为上述各部件的交界面。当压气机工作时,新鲜空气经进气道轴向进入压气机叶轮。由于进气道的导流作用,气流的能量损失极小。在渐缩的进气道中,空气的压力和温度分别由进口的 p_0 和 T_0 下降到 p_1 和 T_1,而流速由 c_0 升高到 c_1。空气进入压气机叶轮后,随叶轮高速回转,并产生离心力。这样,空气在叶轮叶片间随叶轮作圆周运动的同时,在离心力的作用下向叶轮外缘流动并被压缩。在叶轮出口处,空气的压力、温度和流速分别升高到 p_2、T_2 和 c_2。这是由于叶轮对气体做功,把叶轮的机械能变成了气体的动能和压力能。在扩压器中,由于流道逐渐扩大,使空气的动能转换为压力能,流速降低到 c_3,压力升高到 p_3。排气蜗壳的流道也是逐渐扩大的,因而空气流过时继续将动能转换为压力能。

(2)单级轴流式废气涡轮机的基本工作原理

单级轴流式废气涡轮的主要元件是固定的喷嘴环和旋转的工作叶轮,如图 4-67 所示。

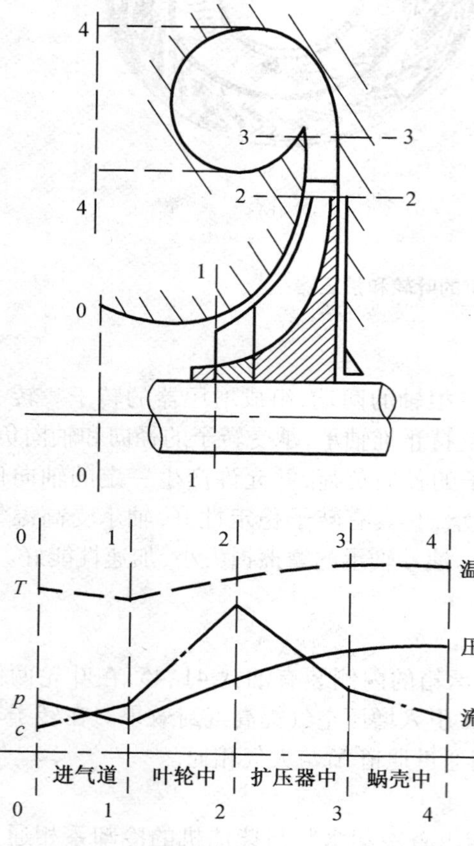

图 4-66　离心式压气机工作原理图

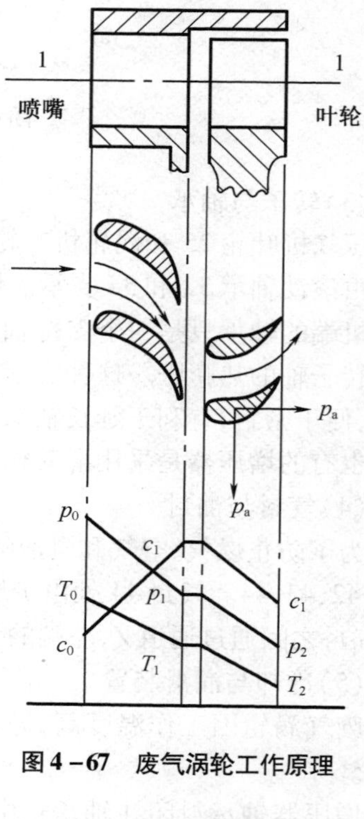

图 4-67　废气涡轮工作原理

一列喷嘴叶片和一列工作叶片组成涡轮机一个级。图中上部为喷嘴环和工作叶轮的局部剖视图。中部的叶型断面是用一个通过 Ⅰ－Ⅰ 的圆柱面切割涡轮所得切面展开在平面上,称为平面叶栅。喷嘴环的各叶片间和叶轮各叶片间形成了废气通道。废气流经喷嘴和叶轮时,其参数(压力 p、温度 T 和流速 c)沿流道的变化情况如图下部所示。

具有一定压力 p_0 和温度 T_0 的废气以速度 c_0 流入喷嘴,在喷嘴收缩形的流道中膨胀加速,其压力和温度降低到 p_1 和 T_1,而流速升高到 c_1,部分压力能转变为速度能。从喷嘴出来的高速气流进入叶轮叶片间的通道时被迫转弯,在离心力的作用下压向叶片凹面而企图离开叶片的凸面。于是,在每个叶片的两面上产生压力差。此压力差的合力即为作用在叶片上的冲动力,所有的叶片上的冲动力对转轴产生一个冲动力矩。此外,叶轮叶片的通道也是收缩的,废气在其中继续膨胀加速,其流出叶轮的相对速度大于流入叶轮的相对速度。当气流在旋转的叶轮中流动时,因膨胀加速而给涡轮以反作用力,使得涡轮又得到一个反作用力矩(或称反动力矩)。冲动力矩和反动力矩的方向是相同的,叶轮就在这两个力矩的共同作用下回转。由于高速气流使工作叶轮旋转作机械功,在叶轮出口处其压力、温度和绝对速度分别下降到 p_2,T_2和 c_2。

(3)离心式压气机的通流特性和喘振机理

离心式压气机在各种不同工况工作时,它的各主要参数会随之变化。这些参数主要有:

①空气流量。单位时间流过压气机的空气量称为空气流量。空气流量可用质量流量 G_k(kg/s)或容积流量 V_k(m^3/s)表示。

②压气机转速。压气机叶轮每分钟的转数,用 n_k(r/min)表示。

③增压比。压气机的出口压力 p_k与进口压力 p_o之比称为增压比,用 π_k表示,即 $\pi_k = p_k/p_o$。

④压气机效率(绝热效率)。压气机绝热压缩空气所消耗的功与实际所消耗功的比值,用 η_k表示。η_k的物理意义是压气机所消耗的功有多少转变为有用的压缩功,它表明压气机设计的完善程度。目前单级离心式压气机的绝热效率一般为 0.75 ~ 0.83 之间。

压气机的通流特性是指在一定的环境条件下(p_0和 T_0一定时),在某一转速 n_k时,增压比 π_k和效率 η_k随流量 G_k而变化的特性。其变化过程的特性曲线,如图 4 - 68 所示。

从图中可知,在等转速运行线上,随着空气流量 G_k的减小,增压比 π_k开始时是增加的,当 G_k减小到某一值时,π_k达最大值。然后再减小 G_k时,π_k便逐渐下降。效率 η_k随流量 G_k的变化规律与 π_k类似。当压气机流量 G_k减小到一定值后,气体进入工作叶轮和扩压器的方向偏离设计工况,造成气流从叶片或扩压器上强烈分离,同时产生强烈脉动,并有气体倒流,引起压气机工作不稳定,导致压气机振动,并发出异常响声。这种现象称为压气机喘振。图中表示喘振状态的临界线称为喘振线,其左方为喘振区,右方为稳定工作区。压气机不允许在喘振区工作。

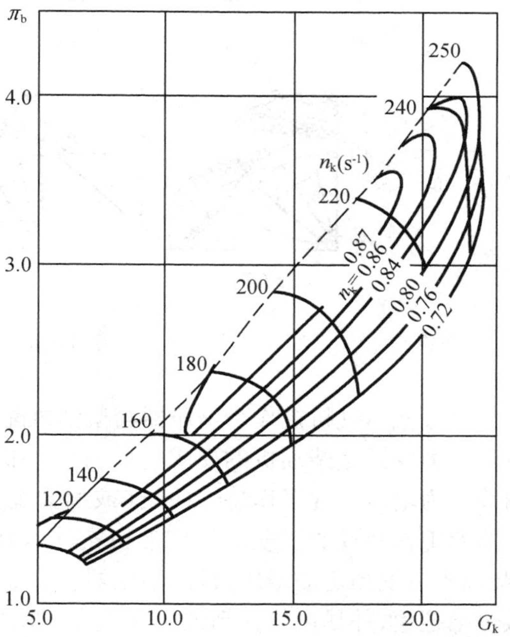

图 4 - 68　压气机特性曲线

产生喘振的原因是当流量小于设计值很多时,在叶轮进口和扩压器叶片内产生强烈的气流分离。图 4 - 69 和图 4 - 70 为压气机流量变化时,空气在叶轮前缘和扩压器中流动的情况。在设计流量下,如两图(a)所示,气流平顺地流进叶轮前缘和扩压器,与叶轮叶片和扩压器叶片之间既不发生撞击,也不产生分离。当流量大于设计流量时,如两图(b)所示,气流在叶轮叶片前缘冲向叶片的凸面,与凹面发生分离;在扩压器中气流冲向叶片的凹面,与凸面发生分离。但是,由于叶轮叶片的转动压向气流分离区,扩压器中气流的圆周向流动压向气流分离区,气流的分离区受到限制,不致随流量的增加而过分地扩大。当流量小于设计流量时,如两图(c)所示,气流在叶轮叶片前缘冲向叶片的凹面,与凸面发生分离;在扩压器中气流冲向叶片的凸面,与凹面发生分离。由于叶轮叶片的转动要离开气流分离区,扩压器中气流的圆周向流动也使气流离开气流分离区,气流的分离区有扩展的趋势。随着流量的减少,气流的分离区越来越大,以致在叶轮和扩压器中造成气体倒流,发生不稳定流动,最终发生喘振。一般扩压器叶片内气流分离的扩展是压气机喘振的主要原因,而叶轮进口处气流分离的扩展会使喘振加剧。

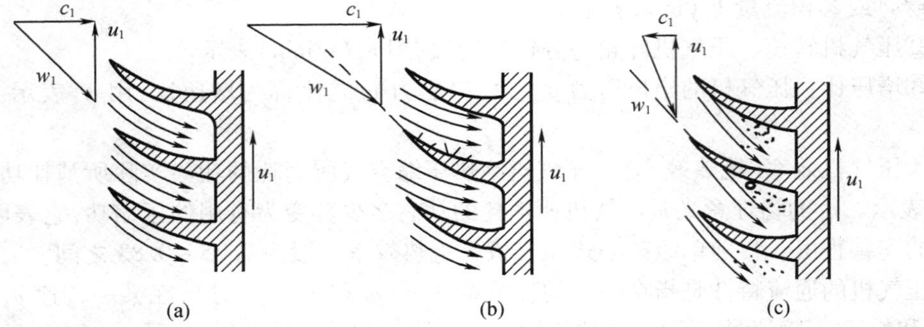

图 4-69　空气在工作叶轮前缘流动的情况

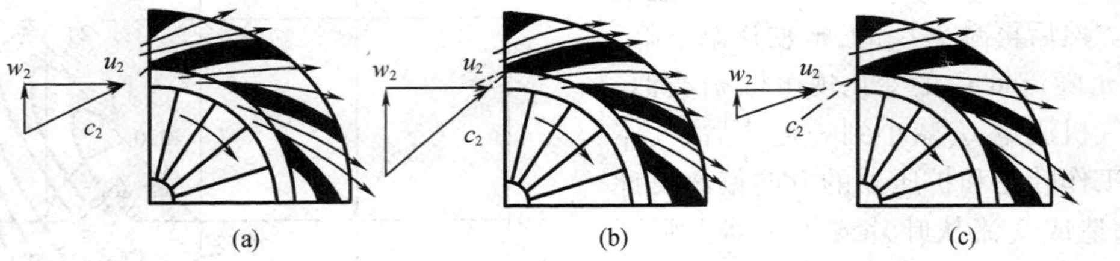

图 4-70　空气在扩压器前缘流动的情况

当离心式压气机被作为增压器与柴油机配合工作时,增压器(或包括辅助扫气泵)的供气量和压力要满足柴油机的要求。此时压气机在柴油机各种负荷下的排出压力-流量变化曲线称为增压器的工作特性曲线(或称为配合特性曲线),如图 4-71 中的粗实线所示。增压器的工作特性曲线取决于柴油机按什么特性运转。柴油机与增压器良好匹配的标志是,柴油机达到预定的增压目标;增压器在柴油机全部的工作范围内都能稳定地运转,既不喘振也不超速,并尽可能在高效率区工作,即增压器的工作特性曲线应离喘振线远一点,又要处在高效率区。

3. MAN B&W 公司废气涡轮增压器

(1)轴流式废气涡轮增压器结构特点

图 4－72 为 NA 系列增压器的结构图。NA 系列增压器是 MAN B&W 公司开发的轴流式废气涡轮增压器。与 VTR 系列增压器相比,NA/S 系列增压器的结构特点主要是:

①轴承位置在压气机叶轮和涡轮机叶轮之间的转轴上,属于内支承式。这样结构可使涡轮增压器结构简单、轴径尺寸小、质量轻、改善了增压器的加速性能。另外内支承结构使得清洗增压器更方便。采用滑动轴承、构造简单、制造成本低、对振动不敏感、运转噪声低、使用寿命长。轴承的润滑由柴油机的润滑系统提供润滑。

②压气机连续后弯叶片可使压气机在宽广的压比范围内保持高效率。

③最新设计的加长涡轮机叶片提高了叶片效率。

④增压器轴承箱、压气机进气壳为非冷却式,这样,省去了笨重的双层夹套及冷却水装置,减轻了增压器的重量、涡轮出口排气温度升高,有利于废气的能量利用。

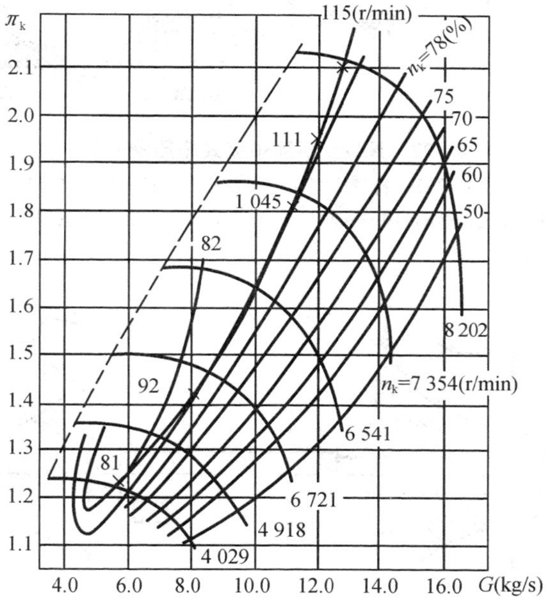

图 4－71　增压器与柴油机的配合

2. 径流式废气涡轮增压器结构特点

径流式废气涡轮增压器的结构与轴流式涡轮增压器的结构基本相同,也是由右侧的废气涡轮和左侧的单级离心式压气机组成。单级离心式压气机各种增压器是一样的,所不同的在于径流式废气涡轮增压器采用单级径流式的涡轮机。

径流式涡轮增压器的转子如图 4－73 所示。目前,径流式涡轮增压器在中小型柴油机上得到了广泛的应用。

图 4－74 为 MAN NR 型径流式废气涡轮增压器。压气机主要由进气消音器 1、流道 2、压气机叶轮 3、排气蜗壳 4 等组成。空气从消音器滤网处进入。工作叶轮是压气机的主要部件。气体被工作叶轮带动高速回转. 使其速度和压力都大幅度升高。增压后的空气最后由排气蜗壳 4 至空冷器和柴油机进气总管。

柴油机排出的废气从涡轮外周进入进气箱 9、进气箱是一个渐缩的蜗壳形流道,废气在流

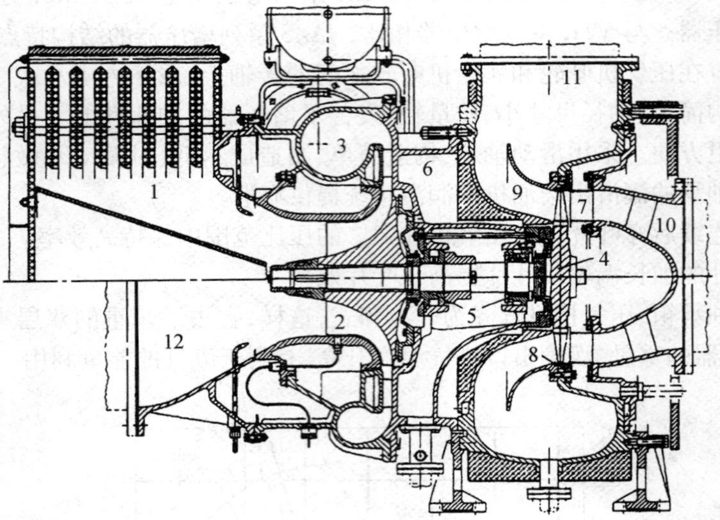

图 4-72　NA/S 系列轴流式增压器的结构图

1—消音器;2—压气机叶轮;3—排气蜗壳;4—涡轮机转子;5—轴承;6—轴承箱;7—喷嘴环;8—封口环;9—废气扩散器;10—涡轮机进气壳;11—涡轮机排气壳;12—压气机进气壳

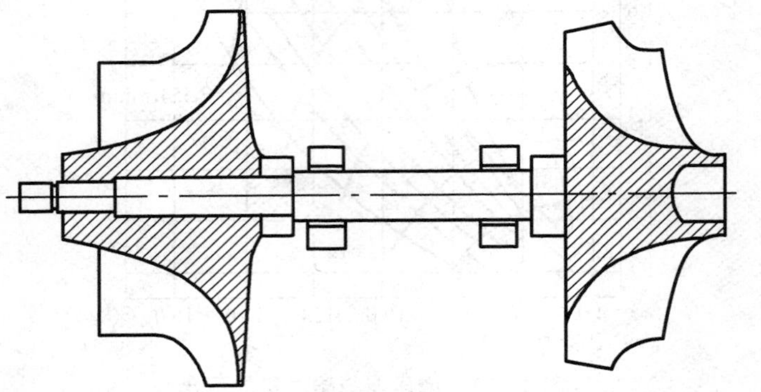

图 4-73　径流式涡轮增压器的转子

道内被加速,向内流过喷嘴环。喷嘴环将柴油机排出的废气的压力能部分转变为动能,然后向内流入涡轮机并驱动涡轮机回转。高速流动的气流在工作叶轮做功后,从增压器右侧中心的排气箱 8 排往大气。径流式废气涡轮增压器一般都采用内支式滑动轴承,采用柴油机的曲轴箱油润滑。柴油机的曲轴箱油经滑油进口 7 进结束后,经滑油出口 10 泄回到曲轴箱。

四、换气与增压系统

柴油机废气涡轮增压系统是由柴油机、压气机、废气涡轮机、空气冷却器和辅助扫气泵等基本元件组成的。其主要任务是提供足够的空气,保证柴油机扫气和燃烧的需要。由于柴油机的运转条件和结构不同、废气中的能量不同、所需的空气量不同,因而对增压系统的要求也不同,形成了各种不同的增压系统。柴油机增压系统可分为单独增压系统、复合增

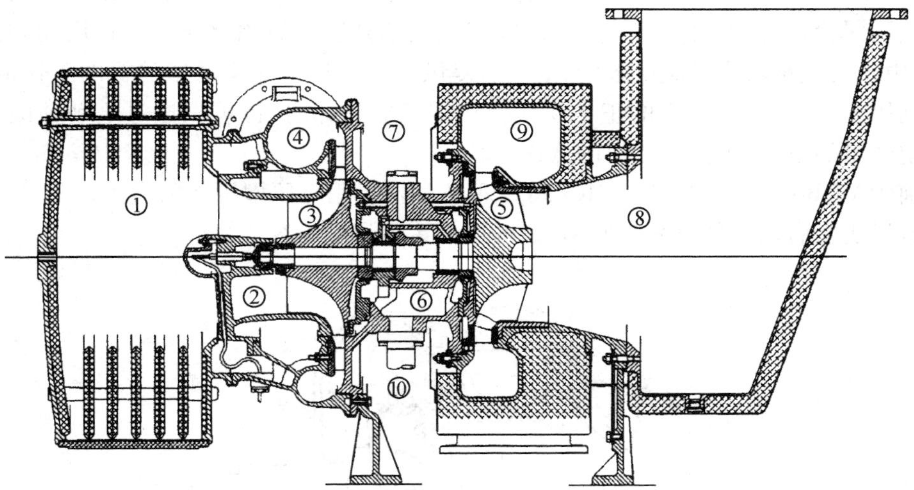

图 4－74　MAN NR 型径流式废气涡轮增压器

1—消音器；2—进气流道；3—压气机叶轮；4—压气机排气蜗壳；5—涡轮机叶轮；6—轴承箱；7—滑油进口；8—废气排气箱；9—废气进气箱；10—滑油出口

压系统。

（一）单独增压系统

单独增压系统是指柴油机只用废气涡轮增压器来实现增压，如图 4－75 所示。涡轮机由废气驱动并带动压气机高速旋转，空气被压气机吸入并被压缩到一定压力，然后经管路送至中间空气冷却器冷却，经冷却降温后的空气进入柴油机扫气箱。这种增压系统可采用等压增压，也可以采用脉冲增压。在这种增压系统中，增压器是依靠柴油机废气所提供的能量来工作的。它可以满足柴油机的工作需要而不消耗柴油机的输出功。因此，这种增压系统最突出的优点是它能够最有效地提高柴油机的功率，同时还能改善柴油机的经济性。

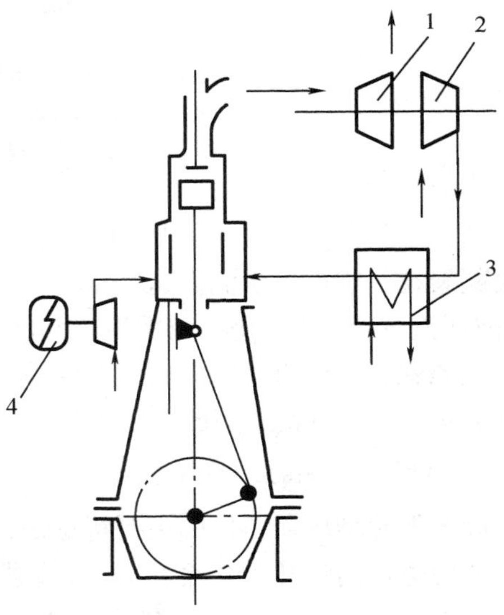

图 4－75　单独增压系统

在船用四冲程柴油机上，单独增压系统得到了最广泛的应用。四冲程柴油机可不增设其他辅助增压泵，而满足柴油机启动、低速、全速工作的需要，当增压器损坏时，无增压器仍能工作。某些小型中速四冲程柴油机，为了简化结构，特别是在增压度较低时，还不设空气冷却器。

在船用二冲程柴油机上，这种增压只适用于扫气质量较好的直流扫气式柴油机。因为这类柴油机的排气规律容易控制，排气管路布置方便、紧凑，涡轮机可以发出较大的功率。此外，直流扫气流程较短，流阻损失小，新气与废气掺混少，换气质量高，所以在汽缸充气压力相同的情况下，直流扫气比弯流扫气所需的增压压力可以低一些，扫气空气量可以少一些，也就是压气机所需的功率可以小一些。因此，直流扫气二冲程柴油机在废气涡轮增压中容易达到涡轮机与压气机的功率平衡，能够实现单独废气涡轮增压。但在启动和低负荷状态下，由于废气量较少且温度较低，增压器提供的空气量不能满足柴油机的工作需要，需另设辅助风机，以保证柴油机的正常工作。在增压器损坏时，也可以通过电动辅助风机以供给一定数量的空气，维持柴油机的低速运转。

目前 MAN B&W 公司生产的 MC/MCE 型柴油机采用定压增压单独增压系统，另附设电动辅助鼓风机在启动和低负荷时使用，如图 4－76 所示。

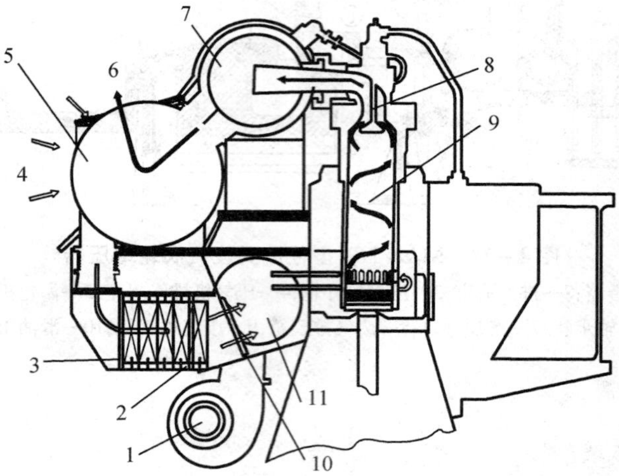

图 4－76　MAN B&W MC 型柴油机的增压系统

1—辅助鼓风机；2—汽水分离器；3—中冷器；4—进气；5—增压器；6—排气；7—排气总管；8—排气阀；9—汽缸套；10—止回阀；11—扫气箱

增压空气的压力越高，空气中的含水量也越多。增压空气中的水分经过空气冷却器时就会凝聚在一起形成水滴。这些水滴被增压空气带进扫气箱和汽缸，就会加重单向阀的腐蚀，破坏汽缸壁上的油膜，加重汽缸和活塞环的腐蚀磨损。当大气湿度高、海水温度低时，凝水现象就愈加严重。因此，在空气冷却器之后要装设气水分离器。气水分离器一般装在扫气箱进口处，以除去增压空气中的水分。气水分离器要经常彻底地排水。

（二）增压系统的维护管理

废气涡轮增压器工作的主要特点是：转子转速高，气流流速高，涡轮工作温度高。废气涡轮的转速可高达几千甚至几万，增压器的尺寸越小，工作转速越高。大尺寸增压器的最高转速在 1×10^4 r/min 左右，较小尺寸增压器的转速可达 $(4\sim5)\times10^4$ r/min，增压器的气体流量很大，对于一台 1×10^4 kw 的柴油机，增压器每秒需供应 20 m^3 的空气，涡轮机和压气机中的气流速度可达每秒数百米；涡轮机端的废气温度很高，涡轮机进口温度高达 500～600 ℃。因此增压器在运转中，应保持转子良好的静平衡和动平衡，轴承要有良好的润滑，流道要清洁并保证可靠的冷却。在拆装管理时应保证安装间隙，防止部件变形和安装不正。

1. 增压器的日常管理

（1）在运行中应测量和记录下列主要运行参数：各缸排烟温度、涡轮机前后温度、增压器的转速、空气滤器和空冷器的压降、扫气箱中的压力、空冷器前后的温度与冷却水的进出口温度，以及轴承润滑油的油位、温度和压力等。根据检查的参数判断涡轮增压器的工作状态，以确定必要的检查、调整和检修方案。

(2)涡轮增压器运行时，应经常用金属棒或其他专用工具细心倾听增压器中有无异常声响和运转是否平稳。转子不平衡时会发出钝重的“嗡嗡”声。

(3)增压器是高速回转机械，应特别注意轴承的润滑。轴承为外部供油润滑时，要注意检查重力油柜的油位及滑油进口压力和出口温度；轴承为自身供油润滑时，应注意检查油池中的油位，若油量不足应及时补充。

(4)如果柴油机停车时间较长(超过 1 个月)，应将增压器转子转动一个位置，以防止轴弯曲变形。增压器再次投入使用前，应通过启动空气吹动使之短时转动，用金属棒倾听运转是否平稳，有无杂音和阻滞现象。

(5)拆装增压器时，应事先阅读说明书以了解其内部结构、拆装顺序和所需的专用工具。拆卸时，应注意各拆卸零件的相对位置；组装时，应注意装配间隙及间隙的调整方法，对一些重要间隙要严格控制。

2. 废气涡轮增压器的清洗

增压器在运行时其内部流道会被灰尘、油雾和炭粒所脏污，这会使流阻增大，增压器效率下降，增压压力降低，脏污严重时还会引起增压器喘振；污物在叶轮上分布不均还可能使转子的动、静平衡不良而引起振动，因此要对增压器进行清洗。增压器的清洗有运转中的清洗和拆开清洗两种。经常定期进行运转中的清洗，以清除旋转件上的灰尘和疏松的积炭，使增压器处于良好的工作状态。但运转中的清洗不能代替定期拆检和清洗增压器。

运转中清洗废气涡轮有水洗法和干洗法。水洗时要在低负荷下进行；干洗是从涡轮机进气道喷入一定数量的已被粉碎颗粒尺寸约为 1.5 mm 的核桃壳或其他类似物体，用冲击式的方法清除积炭等污物。干洗在全负荷时效果最好，负荷低于 50% 时不可干洗。如果装有干洗设备时，应按说明书的指示使用。

压气机在运转中清洗时，要在柴油机全负荷运转下进行。

模块五　操作系统的认识

【学习目标】

1. 了解柴油机的启动方式；
2. 了解柴油机压缩空气启动装置的组成及工作原理和性能特点；
3. 了解柴油机启动条件及各部件的作用；
4. 了解双凸轮和单凸轮换向装置的基本工作原理和性能特点；
5. 了解液压调速器的组成、工作原理和结构特点；
6. 了解 MAN B&WS50MC－C 型柴油机操作系统工作特点。

【模块描述】

柴油机的操作系统是柴油机的重要控制系统。本模块主要介绍柴油机的启动、换向、调速等装置的功用和要求；掌握压缩空气启动装置的组成、工作原理和启动条件。掌握启动装置的主要设备的结构与特点;掌握换向装置的基本原理、方法和要求。掌握双凸轮和单凸轮换向装置的换向原理和特点;掌握调速器的性能指标、液压调速器的工作原理和结构特点。掌握液压调速器的调节方法等以及管理要点。

【任务分析】

船舶经常在各种复杂的情况下航行。在进出港和靠离码头时,船舶改变航速和航向;船舶在海洋中正常航行时,船舶定速前进;在大风浪中航行时,主机会超速或超负荷运行,应限制主机的转速及负荷;在紧急情况下,需紧急刹车,强迫主机迅速停车、倒车。为满足船舶在各种航行条件下机动操作的要求,船舶主机应具有启动和停车、定时和变速、超速和限速、超负荷和限制负荷、正车和倒车等能力。为此,船舶主机必须设置启动、换向、调速装置,以及控制各装置的操作机构。

柴油机迅速、有效、可靠启动,必须具备压力与储量、供气定时和汽缸数三个条件。压缩空气启动装置主要有主启动阀、启动控制阀、空气分配器和汽缸启动阀等组成。能够按照一定的控制顺序控制相关的阀门;柴油机的换向有双凸轮换向和单凸轮换向两种结构,各自有不同的特点,完成柴油机的定时设备的换向,并使柴油机反转;柴油机的调速器有不同的类型和特点,液压调速器有表盘式和气控式两种类型,能够按照要求控制柴油机的转速和负荷;操纵系统是将启动、换向、调速等各装置联结成一个整体并可集中控制柴油机运行的机构。

【知识准备】

船舶主机必须设置启动、换向和调速装置,以及使上述装置联合动作的操纵机构。

一、启动原理分析

(一)概述

柴油机本身没有自行启动能力。为使静止的柴油机转动起来必须借助外力,使柴油机转动,并达到第一个工作循环的条件,即在外力作用下实现进气、压缩、喷油,直至燃油燃烧膨胀做功而自行运转。这一过程称柴油机的启动。启动过程中必须使柴油机达到一定转速,才能保证在压缩终点缸内达到燃油自燃发火的温度。柴油机启动所要求的最低转速称为启动转速。

启动转速的高低与柴油机的类型、环境条件、柴油机技术状态、燃油品质等有关。它也是表征柴油机启动性能的重要标志。启动转速的一般范围为:高速柴油机 80 ~ 150 r/mim;中速柴油机 60 ~ 70 r/mim;低速柴油机 25 ~ 30 r/min。

柴油机启动所用的外来能源通常有人力、电力、气力或液压。根据外来能源的施加形式,柴油机启动方式可分为:

(1)曲轴上施加外力矩使曲轴转动起来。如人力手摇启动、电动机启动及气力或液压马达启动等。

(2)活塞上施加外力推动活塞运动使曲轴旋转起来,如压缩空气启动。

一般小型柴油机和救生艇柴油机采用电力或手摇启动,船舶主机和发电柴油机通常采用压缩空气启动。

(二)压缩空气启动装置的组成和工作原理

压缩空气启动就是将具有一定压力的空气,按柴油机的发火顺序在膨胀行程时引入汽缸,推动活塞,使柴油机曲轴达到启动转速,实现自行发火工作。其主要优点是启动能量大,启动迅速可靠,在倒顺车运转时还可利用压缩空气来刹车和帮助操纵。但该装置构造较复杂,质量较重,故不适用于小型柴油机。

压缩空气启动装置主要包括空气压缩机、启动空气瓶、主启动阀、空气分配器、汽缸启动阀和启动控制阀等。其组成和工作原理如图 4－77 所示。

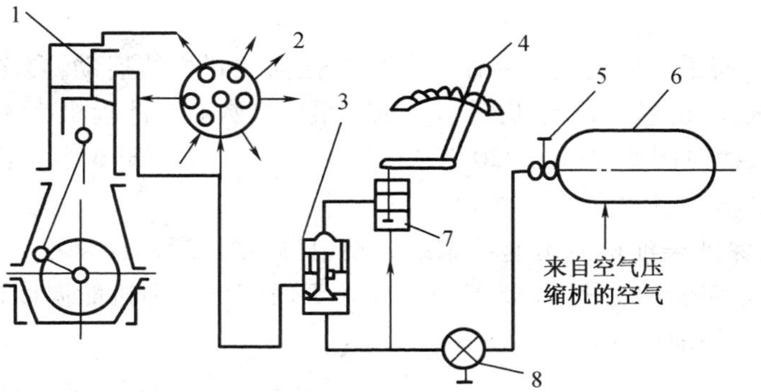

图 4－77　压缩空气启动装置工作原理

1—汽缸启动阀;2—空气分配器;3—主启动阀;4—操纵手柄;5—气阀;6—空气瓶;7—启动控制阀;8—截止阀

启动前,空压机向空气瓶 6 充气至规定压力(2.5～3.0 MPa)。备车时,先打开空气瓶出气阀 5 和截止阀 8,使瓶中空气经截止阀 8 沿管路通至主启动阀 3 和启动控制阀 7 处等候。启动时,将启动手柄 4 推到“启动”位置。此时,启动控制阀 7 开启,控制空气进入主启动阀 3 的活塞上面,推动活塞下移,使主启动阀开启。压缩空气则分成两路:一路为启动用压缩空气,经总管引至各缸的汽缸启动阀 1 下方空间等候;另一路为控制用压缩空气,引至空气分配器,然后按发火顺序依次到达相应的汽缸启动阀的顶部空间,使其开被启。以便原等候在此阀下方空间的启动空气进入汽缸,推动活塞运动,使曲轴旋转并使其达到启动转速。随即将燃油手柄推至启动供油位置,柴油机自行发火运转。启动后立即通过操纵手柄 4 关闭控制阀 7,切断控制空气。主启动阀 3 随即关闭,汽缸启动阀上部空间的控制空气经空气分配器泄放掉,于是汽缸启动阀关闭,启动过程结束。然后可逐渐调节供油量,使柴油机在指定转速下运转。当无须再次启动主机时,可依次关闭截止阀 8 和出气阀 5。

为保证启动迅速可靠,柴油机压缩空气启动装置必须具备以下三个条件。

(1)压缩空气必须具有一定的压力和储量。按我国《钢质海船入级与建造规范》规定,供主机启动用空气瓶(至少有 2 个)的压力应保持在 2.5～3.0 MPa,其储量应保证在不补充空气的情况下,对可换向的主机能从冷机正倒车交替启动不少于 12 次;对不可换向的主机能从冷机连续启动 6 次。最低启动空气压力与柴油机的构造、启动装置的完善性以及柴油机的技术状态等有关。

通常空压机上装有自动控制阀,当气瓶内压力降至一定数值时,压缩机自动投入工作,进行充气。而当气瓶内的压力升至规定值后,空压机自行停车。启动空气管应装安全阀,开启压力为1.1倍的最高启动压力。

(2)压缩空气供气要适时并有一定的供气延续时间,适当的供气正时应既有利于启动又节省空气消耗。压缩空气必须在活塞处于膨胀行程之初的某一时刻开始送入汽缸,并持续一段时间。启动定时(即空气分配器定时)与柴油机的类型、汽缸数目、标定转速,以及启动空气压力等因素有关。

通常,大型低速二冲程柴油机的供气始点约在上止点前5 °CA,供气终点约在上止点后100 °CA,供气持续角一般不超过120 °CA。中高速四冲程柴油机供气始点约在上止点前5 ~10 °CA,供气持续角因受排气阀限制一般不超过140 °CA。实际上,启动空气进入汽缸的时刻会稍延后些。

(3)必须保证有最少汽缸数。为保证曲轴在任何位置均能启动,要求在任何位置至少有一个汽缸处于启动位置。为此,启动所要求的最少缸数对二冲程机为360 °CA/100 °CA,一般不少于4个;而对四冲程机为720 °CA/140 °CA一般不少于6个。若缸数少于上述限值,则启动前应盘车至启动位置。

启动装置应保证柴油机能迅速可靠地启动,且启动消耗的能量尽可能少,易于实现机舱自动化和遥控。对船舶主机,还要求当曲轴处于任何位置和机舱温度低于5~8 ℃时不需暖机就能迅速可靠地启动。

二、换向原理分析

(一)换向的原理和方法

船舶航行中如果要从前进变为后退(或相反),一般有两种方法。其一是改变螺旋桨的转向(直接换向);其二是保持螺旋桨转向不变而改变螺旋桨叶的螺距角使推力方向改变(变距桨换向)。目前多数船舶采用第一种方法换向。改变螺旋桨转向的方法,除某些间接传动推进装置采用倒顺车离合器外,一般都直接改变柴油机的转向。因此,要求船舶主机应具有换向性能,即能按需要改变柴油机曲轴的旋转方向以适应船舶航行的要求。

柴油机只有按照规定的进、排气和喷油正时及发火顺序工作,才能以恒定的方向连续运转。换向时,首先应停车,然后将柴油机反向启动,再使柴油机按反转方向运转。要满足反向启动和反向运转的要求,必须改变启动正时、喷油正时和配气正时,使其与正转时有相同的规律。这些正时均由有关凸轮来控制,所以柴油机的换向就是如何改变空气分配器、喷油泵和进、排气凸轮与曲轴相对位置,以适应换向后的工作要求。为了改变柴油机的转向而设置的改变各种凸轮相对于曲轴位置的机构称为换向机构。

换向时需改变其与曲轴相对位置的凸轮因机型不同而异。二冲程弯流扫气柴油机仅空气分配器及喷油泵凸轮需要换向;二冲程直流扫气柴油机又增加了排气凸轮的换向;而四冲程柴油机则包括空气分配器、喷油泵及进、排气凸轮。所以不同的机型采用不同的换向装置。对换向机构的基本要求主要有:

(1)准确、迅速地改变各种换向设备的正时关系,保证正、倒车正时相同;

(2)换向装置与启动、供油装置间应有必要的连锁装置,以保证柴油机运行安全;

(3)设置锁紧机构,以防止在运转过程中各凸轮正时机构相对于曲轴上止点的位置发生变化;

(4)换向过程所需时间需符合我国规范的要求(15 s)。

三、调速原理分析

柴油机运行中的不同转速和负荷是通过改变循环喷油量来实现的。改变油量调节机构，使柴油机转速调节到规定的转速范围内称柴油机调速。为此必须装设专门的调速装置，以便根据柴油机负荷的变化来自动调节供油量，维持其规定的转速范围，这种装置称为调速器。

（一）调速的必要性

船舶推进主机与发电柴油机的运转条件和工作特性不同。当外界负荷变化时，柴油机自身的适应能力也不同，因此对调速的要求也不同。

1. 船舶发电柴油机

船舶发电柴油机要求当外界负荷（用电量）变化时能保持恒定的转速，以保证发电机的电压和频率恒定，即柴油机应按负荷特性工作。这就要求柴油机的有效功率能随外界负荷而变动并保持平衡。若外界负荷减小而喷油量不变，则柴油机的功率就会大于外界负荷而使转速升高，转速升高则又进一步扩大了功率的不平衡，使转速继续升高以致发生飞车。反之，若外界负荷增加而喷油量不变，柴油机转速就会降低并最终导致停车。

可见，为使柴油机在外负荷变化时仍保持恒速稳定运转，必须在转速随外负荷变化时相应地调节其供油量，以使其有效功率与外界负荷的变化相适应。即发电用柴油机必须装设定速调速器，以保证负荷变化时柴油机始终能以规定的转速稳定运转。

2. 船舶推进主柴油机

船舶主机的运转条件和工作特性与发电用柴油机不同。船舶主机（直接驱动螺旋桨）因航行要求而需要改变转速。若外界负荷不变而增加供油量，在供油量增加瞬时，柴油机的有效功率大于在原运行点时桨的阻力功率，使柴油机转速增加。当达到新的稳定运转点时，两者功率又达到平衡，即柴油机重新在较高的转速下稳定运转。反之，若减少供油量，则柴油机将在较低的转速下稳定运转。可见改变柴油机供油量可有效地对柴油机实现调速。反之，若外负荷降低，则柴油机将在较高的转速下稳定运转。

可见，柴油主机有自动变更转速以适应外界负荷变化的能力。即使没有调速器，转速仍可自动恢复稳定。即柴油主机具有自动调速性能。所以若对柴油主机的转速不是严格地要求恒定不变，则无需装设调速器。但为了防止主机运转中断轴、螺旋桨失落或出水等造成柴油机超速飞车，根据我国有关规定，船舶主机必须装设可靠的调速器（限速器），使主机转速不超过 115% 标定转速。

另外，现代船舶主柴油机为了避免外负荷变化所引起的转速变化，以及由此对柴油机工作的不良影响（如可靠性、寿命及经济性等），通常均装设全制式调速器。它能在主机正常转速范围内的任一设定转速下保证稳定运转。

（二）调速器类型

1. 按调速范围分类

（1）极限调速器（限速器）

只用于限制柴油机的最高转速不超过某一规定值，在转速低于此规定值时它不起调节作用。此种调速器仅用于船舶主机，目前很少单独使用。

（2）定速（单制式）调速器

负荷变化时直接调节供油量以保持柴油机在预定转速下稳定运转的调速器。此种调速器应用于要求转速固定不变的发电柴油机。通常，为满足多台柴油机并联运行的要求，调速器一般有 ±10% 标定转速的可调范围。

(3)双制式速器

能维持柴油机的最低运转转速并可限制其最高转速的调速器。其中间转速由人工手动调节。此种调速器能改善柴油机怠速工况的稳定性并限制最高转速，用于对低速性要求较高或带有离合器的中小型船用主机。当离合器脱开的瞬时相当于柴油机突卸负荷，该调速器就能有效地防止柴油机飞车。在低转速时接上离合器又能避免柴油机转速急剧下降而保持最低转速。

(4)全制式调速器

从柴油机最低稳定转速到最高转速的全部运转范围内，均能自动调节供油量以保持任一设定转速的调速器。此种调速器广泛用于船舶主机及柴油机发电机组。

2. 按执行机构分类

(1)机械式(直接作用式)调速器

它直接利用飞重产生的离心力来移动油量调节机构以调节柴油机的转速。

(2)液压(间接作用式)调速器

通过液压伺服器将飞重产生的离心力放大，利用放大后的动力来移动油量调节机构以调节柴油机的转速。

(3)电子调速器

转速信号监测或执行机构采用电子方式的调速器。

(三)超速保护装置

为防止在调速器损坏时造成柴油机超速损坏，除按规定和使用要求需装设上述调速器外，按我国有关规定，凡标定功率大于 220 kW 的船用主机和船用柴油发电机还应装设超速保护装置，以防主机转速超过 120% 标定转速和柴油发电机转速超过 115% 标定转速。

超速保护装置是一种安全装置，它与调速器不同，它只限制柴油机转速，本身无调速特性。在正常运转范围内它不起作用，只在转速达到规定限值时才作出响应使柴油机立即停车或降速。按规定超速保护装置必须与调速器分开设立并独立工作，无论柴油机操纵机构处于何种状态，超速保护装置的保护动作必须迅速而准确。

超速保护装置由转速监测器、伺服机构和停车机构三部分组成。转速监测器对柴油机转速随时进行测定与鉴别。当转速达到规定限值时，发出信号，触发伺服机构动作。伺服机构的动作应具有足够的强度与幅度，保证在任何情况下均能带动停车机构立即切断燃油供给或停止汽缸进气，使柴油机迅速停车。

转速监测器有离心式、电磁式、气压式三种型式。离心式利用飞重——弹簧测定转速，多用于中型柴油机。电磁式利用电磁感应原理测定转速(如测速发电机)，多用于中、低速柴油机。气压式利用增压空气压力测定转速，仅适用于机械增压的小型柴油机。

伺服机构有弹簧式、气压式、液压式三种。弹簧式的结构简单，但需人工复位。气压式和液压式结构复杂，但动作作用力大，且能自动复位。

(四)调速器性能指标

调速器的性能直接影响柴油机运转的稳定性和可靠性。调速器装机后，在柴油机性能鉴定时应对柴油机进行突变负荷试验，同时用转速自动记录仪记录柴油机的转速随时间的变化曲线(即调速性能试验)，用以分析调速器的性能。

图4－78为柴油机突变负荷试验时得到的调速过程的转速变化曲线。柴油机先在最高空载转速 n_{omax} 下稳定运转，在某瞬时突加全负荷，转速立刻下降，瞬时转速降到 n_{min}。此时由于调速器相应增加了喷油量，转速又回升，经过一段时间 t_s 后并经历数次收敛性的波动，至某点才稳定在全负荷稳定转速 n_b 下运转。此过程称为调节的过渡过程。

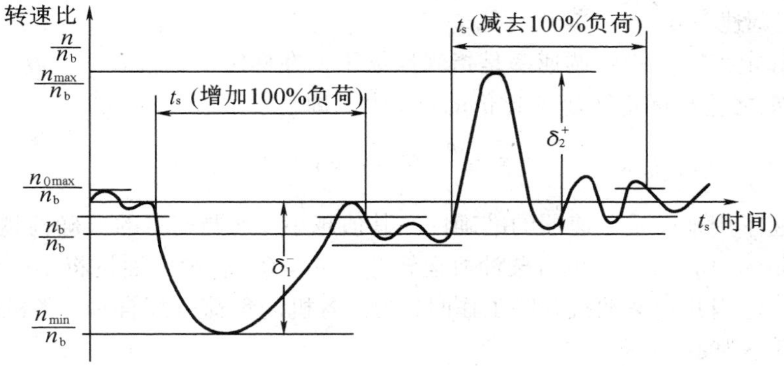

图4－78　调速过程的转速变化曲线

试验还可从其后某点突卸全负荷，此时转速立即升高，达到最高瞬时转速 n_{max}。由于调速器相应减少喷油量，转速又下降，经过 t_s 时间后，又稳定在原最高空载转速 n_{omax}。

评定调速器的性能有动态指标和静态指标。

1. 调速器的动态指标

当负荷突然变化时，调速器与发动机组成的系统从一个稳定工况过渡到另一个稳定工况，其间经历多次转速波动才达到稳定，此即调节的过渡过程。过渡过程中转速大幅度的波动与调速系统各部件的惯性及负载的特性直接有关。动态指标是用来评定调速系统过渡过程的性能指标(稳定性)。

(1)瞬时调速率 δ_1

柴油机先在标定工况下稳定运转，然后突然卸去全部负荷，测定转速随时间的变化关系。突卸全负荷瞬时调速率 δ_1^+ 定义为

$$\delta_1^+ = \frac{n_{max} - n_b}{n_b} \times 100\%$$

式中　n_{max}——标定工况下突卸全负荷时的最高瞬时转速，r/mim；

n_b——标定转速，r/min。

柴油机先在最高空载转速下稳定运转，然后突加全负荷，测定转速随时间的变化关系。突加全负荷瞬时调速率 δ_1^- 定义为

$$\delta_1^- = \left| \frac{n_{min} - n_{omax}}{n_b} \right| \times 100\%$$

式中　n_{min}——标定工况突加全部负荷时的最低瞬时转速，r/min；

n_{omax}——最高空载转速，r/min。

我国有关规范要求 发电柴油机的 $\delta_1^+ \ngtr 10\%$；δ_1^-(突加50% 后再加50% 全负荷)$\ngtr 10\%$。

(2)稳定时间 t_s

从突加(或突减)全负荷后转速刚偏离最高空载转速的波动范围(或刚偏离标定转速的波动范围)到转速恢复到标定转速的波动范围(或刚恢复到最高空载转速的波动范围)为止所需的时间。它表示过渡过程的长短。稳定时间越短，则调速器的稳定性越好。我国有关规范规定,交流发电柴油机 $t_s \ngtr 5$ s;船舶主机 $t_s \ngtr 10$ s。

2. 调速器的静态指标

(1)稳定调速率 δ_2

调速器标定工况的稳定调速率是指当操纵手柄在标定供油位置时，最高空载转速 n_{max} 与标定转速 n_b 之差与标定转速 n_b 比值的百分数，即

$$\delta_2 = \frac{n_{omax} - n_b}{n_b} \times 100\%$$

稳定调速率用来衡量调速器的准确性。其值越小，则调速器的准确性越好。δ_2 在国外称速度降（Speed Drop）。对单台柴油机运转允许 $\delta_2 = 0$，表示柴油机将不随外界负荷变化而保持恒速。但当几台柴油机并联工作时，为使各机的负荷分配合理，各机的稳定调速率 δ_2 必须相等且不为零。

对 δ_2 的要求应视柴油机的用途而定。我国《钢质海船入级与建造规范》规定，船用主机稳定调速率 $\delta_2 \ngtr 10\%$，交流发电柴油机的 $\delta_2 \ngtr 5\%$。

(2)转速波动率 Φ 或转速变化率 φ

用来表征柴油机在稳定运转时转速的变化程度。这种转速波动主要由柴油机的回转力矩不均匀引起的。

转速波动率 Φ 定义为

$$\Phi = \left| \frac{n_{cmax}(n_{cmin}) - n_m}{n_m} \right| \times 100\%$$

转速变化率 φ 定义为

$$\varphi = \frac{n_{cmax} - n_{cmin}}{n_m} \times 100\%$$

式中 n_{cmax}——测定期间的最高转速,r/min;

n_{cmin}——测定期间的最低转速,r/min;

n_m——测定期间的平均转速,$n_m = (n_{cmax} + n_{cmin})/2$。

Φ 表征柴油机在稳定工况下转速波动的大小,φ 表征转速变化的大小。一般在标定工况时，$\Phi \leqslant (0.25 \sim 0.5)\%$;$\varphi \leqslant (0.5 \sim 1.0)\%$。

(3)不灵敏度 ε

柴油机在一定负荷下稳定工作时，由于调速机构中的间隙、摩擦及阻力，若转速稍有变动,调速器不能立即改变供油量。直至转速变化足够大时，调速器才开始响应调节供油量。例如，柴油机运行转速为 100 r/min，当转速在 99 ~ 101 r/min 的范围内变化时，调速器都无响应。此现象称调速器的不灵敏性，国外称为盲区(Dead Band)。通常用不灵敏度来表示不灵敏区域的大小。柴油机转速变动时调速器开始作出响应的上下极限转速之差与平均转速 n_m 之比称为不灵敏度 ε。

$$\varepsilon = \frac{n_2 - n_1}{n_m} \times 100\%$$

式中　n_1——柴油机转速减少时，调速器开始起作用时的转速，r/min；

n_2——柴油机转速增加时，调速器开始起作用时的转速，r/min；

n_m——柴油机平均转速，r/min，$n_m=(n_l+n_2)/2$。

不灵敏度过大会引起柴油机的转速不稳定，严重时会导致调速器失去作用使柴油机发生飞车；一般规定在标定转速时 $\varepsilon \leqslant (1.5\sim2.0)\%$，而在最低稳定转速时 $\varepsilon \leqslant (10\sim13)\%$。

【任务实施】

一、压缩空气启动装置工作分析

（一）汽缸启动阀

汽缸启动阀通常每缸一个装在汽缸盖上，其下方与启动空气总管相连，上方与空气分配器相连。其动作由空气分配器控制，按发火顺序使启动空气进入汽缸，完成启动动作。

汽缸启动阀不仅应有足够的流通面积，而且要能兼顾启动和制动两方面不同的要求。

在启动方面：要求汽缸启动阀开关迅速但落座速度缓慢以减轻阀盘与阀座间的撞击。当缸内发火后，即使有控制空气作用在其上方空间，它也应保持关闭状态，防止燃气倒流入启动空气管。

在制动方面：要求在制动过程中，即使缸内压力稍高于启动空气压力时，汽缸启动阀仍然保持开启，以实现减压制动和强制制动。

柴油机的制动过程由能耗（减压）制动和强制制动两个阶段组成。为使高速回转的柴油机迅速停车，首先由换向机构做换向操作，然后空气分配器按换向后的定时打开汽缸启动阀，而此时曲轴仍按原方向转动。汽缸启动阀开启时活塞正处于压缩行程，这时柴油机起着压缩机的作用。被压缩的空气从开启的汽缸启动阀排出，从而减少了行程未了留在燃烧室空间的空气数量和压力，即减小了空气在膨胀行程的做功能力，使柴油机转速迅速下降，此即所谓的能耗制动。当柴油机转速降低后，在压缩行程将压缩空气送入汽缸，以阻止活塞运动，即所谓的强制制动。为保证制动的效果，当缸内压力稍高于启动空气压力时，要求汽缸启动阀仍能保持开启。

可见启动和制动两方面对汽缸启动阀的要求是互相矛盾的。启动时要求当汽缸内气体压力大于启动空气压力时应当自动关闭，而制动时则要求汽缸内的压力稍高于启动空气压力时启动阀应保持开启，只是当缸内气体压力超过启动空气压力太多时，汽缸启动阀才自动关闭。这种不同的要求可通过启动阀不同的构造来实现。

汽缸启动阀分单向阀式和气压控制式。前者为一简单的单向阀，其启动空气与控制空气合并由空气分配器控制。当压缩空气由空气分配器进入该单向阀后，该阀开启进行启动；当压缩空气经分配器泄入大气后，该阀即在弹簧作用下关闭。这种结构适于中、小型柴油机。而气压控制式开阀的控制空气（从空气分配器来）与进入汽缸的启动空气（从空气总管来）分开输送，故空气分配器尺寸小，空气损失少，启动迅速，适用于大型柴油机。

按控制气路的不同，气压控制式分单气路控制式与双气路控制式两种。

1. 单气路控制式汽缸启动阀

单气路控制式汽缸启动阀的结构与工作原理如图 4－79（a）所示。

启动阀由阀盘 1、导杆 3 和面积较大的启阀活塞 4 组成。启动空气进入进气腔 2，由于阀盘 1 与导杆 3（即平衡活塞）的直径基本相等，对汽缸启动阀的开启不起作用，所以阀盘 1

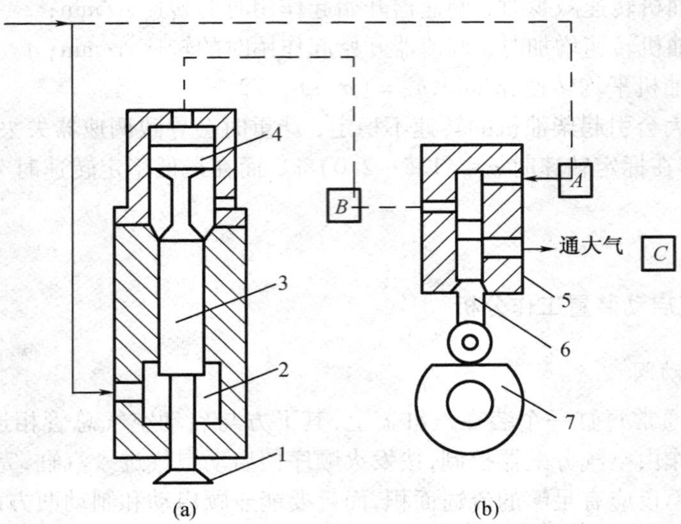

图 4 -79 单气路控制式汽缸启动阀

1—启动阀阀盘;2—进气腔;3—导杆;4—启阀活塞;5—阀体;6—滑阀;7—凸轮

在启阀活塞下部的弹簧作用下保持关闭。当空气分配器将控制间空气送入启阀活塞 4 的上部空间时,活塞 4 被压下,汽缸启动阀开启。原等候在此阀下方空间 2 的启动空气进入汽缸进行启动。

单气路控制式汽缸启动阀属平衡式汽缸启动阀。启动阀的开启依靠控制空气的作用,关闭则由弹簧控制。其启阀活塞为单级平面式,面积大,所以开关迅速,启动空气消耗少,且结构简单,因而被多种柴油机所采用。

2. MAN B&W MC 系列柴油机的汽缸启动阀

图 4 -80 所示为 MAN B&W S50MC - C 型柴油机的汽缸启动阀。它由启阀活塞、阀、弹簧和阀本体等组成,该阀不能兼顾启动和制动两方面的要求,这种启动阀关闭时的落座速度快,导致阀盘与阀座撞击严重,磨损快,容易损坏,影响启动阀密封性和可靠性。严重时将导致柴油机启动失灵。此外,其启阀活塞面积大,故当缸内压力超过启动空气压力时仍有可能开启而发生燃气倒冲,引发空气管爆炸事故。MC 型柴油机的每个启动阀进气管均装有一个安全保护帽,就是为了防止启动空气管因燃气倒灌而发生事故。

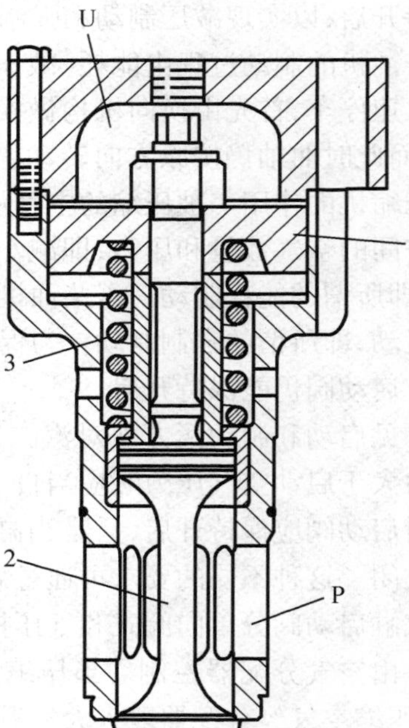

图 4 -80 MAN B&W S50MC - C 型柴油机汽缸启动阀

1—启阀活塞;2—阀;3—弹簧;

P—进气口;U—启阀空间

（二）空气分配器

空气分配器由凸轮轴驱动，按照柴油机的发火顺序，在要求的启动定时时刻内将控制空气分配到相应的汽缸启动阀并将其打开，以便压缩空气进入汽缸，启动柴油机。当启动完毕柴油机进入正常运转状态，分配器滑阀与驱动凸轮自动脱离接触，以减少不必要的磨损。

空气分配器可分回转式（分配盘式）和柱塞式两种结构形式。回转式如图 4－77 中所示，它利用凸轮轴驱动一个带孔的分配盘与分配器壳体上的孔（与汽缸数目相同）相配合，控制各缸汽缸启动阀的启闭，多用于中、高速柴油机。柱塞式是通过启动凸轮和滑阀来控制汽缸启动阀的启闭，多用于大、中型柴油机。

柱塞式空气分配器按其排列形式不同，又可分为单体式和组合式。单体式如图 4－79（b）所示，分配器按各缸分开布置，分别由相应的启动凸轮控制，启动阀启闭时刻与次序均由各启动凸轮的型线和在凸轮轴上的安装位置决定。组合式集中由一个或一套启动凸轮控制，凸轮的安装位置和型线决定了各启动阀的启闭时刻，分配器与启动阀的连接管系布置决定了各启动阔的开启次序。组合式分配器按其柱塞的排列形式还可分圆列式和并列式两种。

为与汽缸启动阀匹配，柱塞式空气分配器又有单气路和双气路两种。

1. 单气路空气分配器

单气路式空气分配器如图 4－79（b）所示，它与单气路汽缸启动阀相配。

滑阀 6 的位置由呈下凹状的凸轮 7 控制。图示情况为滑阀处于最低位置，阀体上的出气口（中间的一个）打开，控制空气经空气分配器到达汽缸启动阀启阀活塞的上部，开启启动阀。当凸轮 7 转过一定角度后，滑阀 6 被抬起进气孔与出气孔隔断，同时使出气孔与泄气孔（最下面的一个）连通。启阀活塞上部的空气通过空气分配器泄入大气，汽缸启动阀在弹簧的作用下上行关闭。当进入空气分配器上部的控制空气泄放后，滑阀 6 由自身弹簧（图中未示出）吊起而脱离凸轮 7 的控制，避免在柴油机运转中滑阀磨损。可见此种汽缸启动阀的开启由空气分配器中的控制空气来控制，而启动空气则由空气管道直接输送。

2. MAN B&W S50MC－C 型柴油机空气分配器

图 4－81 所示为 MAN B&W S50MC－C 柴油机所使用的转盘式空气分配器。空气分配器安装在柴油机的一端，由凸轮轴经过齿轮驱动。由分配盘、换向盘、本体、轴和轴承等组成。在分配盘上与换向盘的接触面上，开有内外两圈圆弧槽，外槽用于正车启动，内槽用于倒车启动，每圈圆弧槽都分为短槽和长槽。控制空气由 A_1，A_2空间经分配盘上钻孔供向短槽，由短槽经换向盘及本体上的孔轮流供向各汽缸启动阀。结束进气的汽缸启动阀的控制空气经换向盘上的孔进入长槽，长槽与轴和换向盘之间的空间相通，由此空间再经本体上的孔泄放大气。换向盘上有两组孔，分别于分配盘上的内、外圆弧槽相对。换向盘在正车位置时，外侧一组孔与本体上去汽缸启动阀的供气孔相通，内侧一组孔被封闭；换向盘在倒车位置时，内侧一组孔与本体上去汽缸启动阀的供气孔相通，外侧一组孔被封闭。换向汽缸装置通过换向盘上的臂拉动换向盘转动。正常运行时，分配盘和换向盘是不接触的，靠作用在轴肩上的滑油压力将轴及分配盘略向外推出。当有控制空气供向分配盘时，A_1，A_2空间有压力空气，分配盘 7 被压靠到换向盘上。

（三）主启动阀

主启动阀是压缩空气系统的总开关，它位于空气瓶和启动空气总管之间，用来启闭空气瓶与空气分配器和汽缸启动阀间的主启动空气通路。启动操纵时来自空气瓶的压缩空气经主启动阀迅速进入启动空气总管,并经总管分至各缸汽缸启动阀和空气分配器,它既能满足启动所需要的压缩空气量,又可以使供气迅速可靠并减少压缩空气的节流损失。启动完毕后,它能迅速切断进入启动总管的压缩空气,并使总管中的残余空气经主启动阀放入大气。大、中型柴油机压缩空气启动装置中多设有主启动阀。大型柴油机的主启动阀尺寸较大,故常采用气动控制,有时另装手动机构备用。

按动作原理,主启动阀分为均衡式和非均衡式两种。前者的开启依靠加载于控制缸内启阀活塞上的控制空气破坏原均衡关闭状态来实现;后者则依靠泄放控制缸内的空气来开启。大型低速柴油机多采用后者。

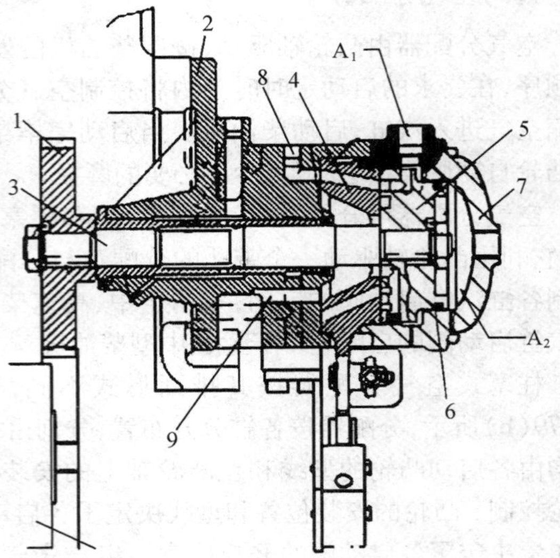

图 4－81　MAN B&W S50MC－C 型柴油机(转盘式)空气分配器

1—齿轮;2—本体;3—分配器轴;4—换向盘;5—分配盘;6—活塞环;7—盖;8—通向汽缸启动阀的供气孔;9—泄气孔

图 4－82 为 MAN－B&W MC/MCE 柴油机采用的一种球阀式主启动阀示意图。它由一个大球阀 2(主阀)和与其并联旁通的小球阀 6(慢转阀)组成。两个球阀均由气动控制阀 7 控制的推动装置来启闭。在主启动阀出口管系中还设单向阀 3,以防止燃气倒灌。

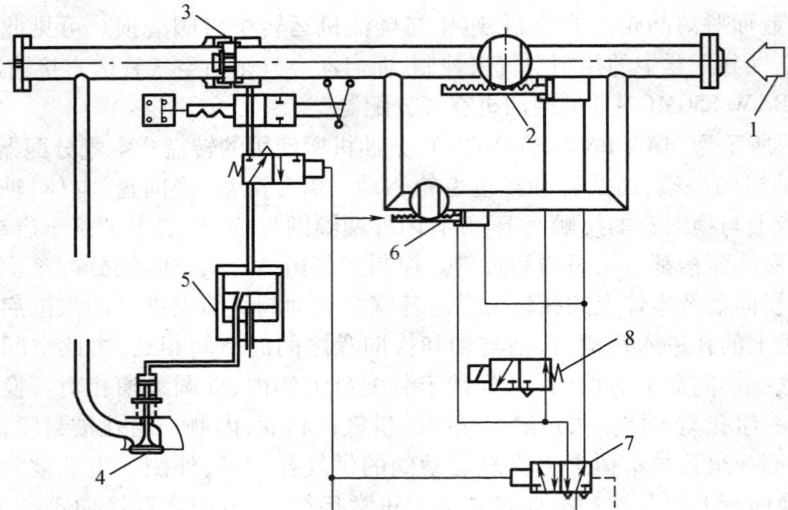

图 4－82　MAN B&W MC/MCE 球阀式主启动阀

1—启动空气;2—主启动阀;3—止回阀;4—汽缸启动阀;5—空气分配器;6—慢转阀;7—气动控制阀;8—慢转控制阀

慢转时,按下慢转开关,通过电磁阀使主阀 2 锁闭,慢转阀 6 打开做慢转动作。正常启动时,由气动推动装置将两个球阀都打开进行启动。若停车超过 30 min,柴油机再次启动前应先操作操作台上的慢转开关使主机慢转,并且慢转开关至少要使主机慢转一周后才能复位使电磁阀释放主阀 2 的锁闭。然后在控制空气作用下气动推动装置开启大球阀,继续启动过程。

(四)压缩空气启动系统的维护管理

1. 压缩空气启动系统的维护

(1)系统中有关部件的检查。如各阀件定期保养、清洁、润滑,特别应注意是否有锈蚀、卡死或漏气,保证各部件动作灵活、气密。

(2)压缩空气瓶应定期放残。检修阀件时应关闭气源,以免发生事故。

(3)应特别注意对汽缸启动阀的维护保养,保证其密封性。

(4)有关部件拆装、检修后应校对或调整相应的间隙。

2. 压缩空气启动系统常见故障分析

(1)柴油机不能启动

若启动手柄或手轮推至启动位置而柴油机没有转动,其主要原因在启动系统。可能原因如下:

①盘车机未脱开,盘车机连锁阀尚在关闭位置,启动控制阀无控制空气。

②空气瓶出口阀或主截止阀未开足,应检查有关阀门并予以开足。

③压缩空气瓶压力不足,需予以补足。

④启动空气管系脏污,需清洁管系内壁并排放残水。

⑤主启动阀卡死,致使汽缸启动阀无法开启。可酌情由“自动”改为“手动”或用专用工具将阀撬起或对其拆检。

⑥空气分配器柱塞咬死或磨损漏气,或启动定时错误(拆装后)。查明原因并排除故障。紧急情况下可紧急换向,并反向启动即停。然后再换向启动(个别柱塞咬死时)。

⑦汽缸启动阀动作不灵活或严重漏气,可用专用工具压动阀杆或将阀芯换新。

⑧启动控制阀咬死或磨损过度,需清洗或换新。

(2)启动时曲轴转动但达不到发火所需转速

其可能原因及对策如下:

①启动空气压力过低,需予补足。

②柴油机暖缸不足,滑油的黏度太大,应充分暖缸。

③启动操作过快,应重新启动。

④个别汽缸启动阀或空气分配器咬死,或动作不灵活,需检查并拆卸清洗。

(3)某一段启动空气管发热

系由该汽缸启动阀漏泄所致。应检修研磨漏气的汽缸启动阀。

二、换向装置工作分析

(一)双凸轮换向原理及换向装置

1. 换向原理

双凸轮换向特点是对需换向的设备均设置供正、倒车使用的两套凸轮。正车时正车凸轮处于工作位置，倒车时轴向移动凸轮轴使倒车凸轮处于工作位置。从而使柴油机各缸的有关正时和发火次序符合正、倒车运转的要求。

以二冲程直流扫气柴油机为例来说明双凸轮换向原理。如图4－83所示，图中实线为正车凸轮，虚线为倒车凸轮，正、倒车凸轮对称于曲轴上、下止点位置的纵轴线 Ob。图4－83(a)为喷油泵凸轮。正转时，凸轮轴顺时针旋转，如果凸轮的升起点 α 为供油始点，图示位置曲柄正处于上止点，则供油提前角为11°。图4－83(b)为排气凸轮，当曲轴按正车方向转到上止点后104 °CA，即下止点前76 °CA时，排气阀开启。

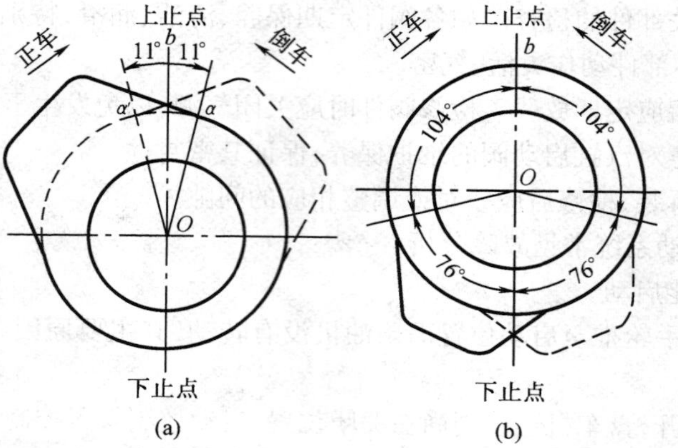

图4－83　双凸轮换向原理

柴油机换向后，使用倒车凸轮从图示位置逆时针旋转。由图可知此时供油提前角仍为11 °CA，排气提前角为下止点前76 °CA。图中未示出空气分配器凸轮，其正、倒车凸轮的布置原则与喷油泵凸轮相同。多缸柴油机的正、倒车发火顺序相反。若二冲程六缸柴油机正车发火顺序为1－6－2－4－3－5，则倒车时其发火顺序为1－5－3－4－2－6。

2. 换向装置

根据轴向移动凸轮轴所用能量与方法不同，双凸轮换向装置有不同的构造形式。一般有机械式、液压式和气压式。图4－84所示为气力—液压式，目前MAN型柴油机即采用此种换向装置。图中所示为倒车位置。

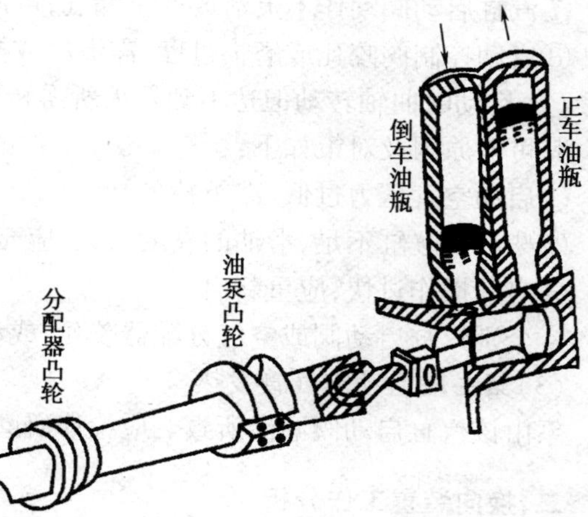

图4－84　双凸轮换向装置

当进行由倒车到正车的换向操作时，利用换向杆使换向阀开启，压缩空气进入正车油瓶，倒车油瓶中的气体则经换向阀泄入大气。压缩空气使滑油压入油缸活塞的右侧，推动活塞带动凸轮轴左移，同时油缸活塞左侧的油被活塞压入倒车油瓶。当活塞移至左侧极限位置时，各正车凸轮正好处于相应的从动件的下方，实现了换向动作。

(二)单凸轮换向原理及换向装置

单凸轮换向特点是每个需换向的设备(如喷油泵、空气分配器、排气阀等)均由各自轮廓对称的凸轮控制,正、倒车使用同一凸轮。换向时无需轴向移动凸轮轴,只需将凸轮轴相对曲轴转过一个角度即可。柴油机换向时为改变正时而使凸轮轴相对本缸曲轴转过一个角度的动作称凸轮的换向差动,所转过的相应角度称为换向差动角。若差动方向与换向后的新转向相同称为超前差动;若差动方向与换向后的新转向相反则称为滞后差动。单凸轮换向所使用的凸轮线形有两种:一般线形和鸡心形线形。前者适用于各种凸轮,后者仅适用于直流阀式换气的喷油泵凸轮。

1. 一般线形单凸轮换向

以图 4-85 来说明一般线形单凸轮换向的原理。图中(a)为二冲程柴油机的喷油泵凸轮,凸轮作用角为 2φ,它为一对称凸轮,OO',OO_1,OO_2 分别为本缸曲柄的上止点位置线和凸轮在正、倒车位置时的中心线。图中所示位置时曲柄处于上止点,β 为供油提前角,凸轮正车工作(实线),凸轮中心线 OO_1 与曲柄上止点间夹角为 $\alpha_s = \varphi - \beta$。

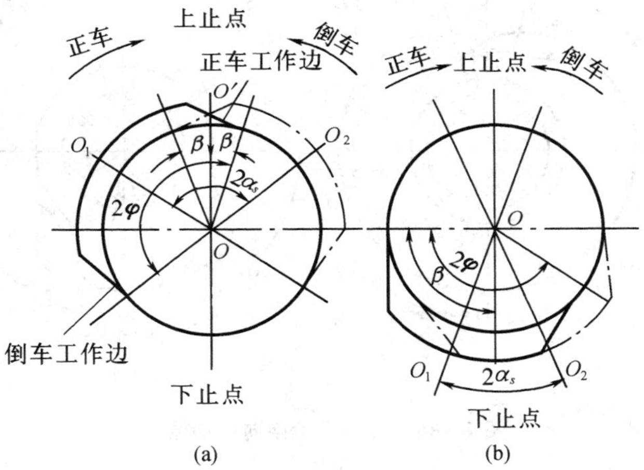

图 4-85　一般线形单凸轮换向原理

(a)喷油泵凸轮;(b)排气凸轮

当柴油机从正车换为倒车时,为保证倒车时有同样的供油提前角 β,则要求正车凸轮中心线 OO_1 沿换向后转向(逆时针)的相反方向转过一个差动角 $2\alpha_s = = 2(\varphi - \beta)$,如图中点画线凸轮所示。本例中,正车转向为顺时针,倒车转向为逆时针,由正车换为倒车时的差动方向为顺时针。故相对于换向后的新转向(倒车)为滞后差动。若由倒车换为正车则应向反向差动(逆时针)$2\alpha_s$,但对换向后的新转向(正车顺时针)而言,仍为滞后差动。因此喷油泵凸轮为滞后差动,换向差动角为 $2\alpha_s$。

图 4-85(b)为二冲程直流阀式柴油机的排气阀凸轮。由图可见,当由正车(实线)凸轮位置换为倒车(虚线)位置时,其差动方向为沿换向后的同方向(逆时针),即为超前差动,换向差动角为 $2\alpha_s$。

可见,由于换向时油泵凸轮与排气凸轮的差动方向相反,差动角也不同,因此采用一般线型单凸轮换向时,两者无法同轴差动,只能分别装在两倒车工作边根凸轮轴上进行双轴单凸轮差动换向，使柴油机上止点结构复杂化。为简化柴油机结构，使两组凸轮能在同一根轴上实现差动换向必须满足下述三个条件：

①两组凸轮差动方向相同；

②两组凸轮差动角相等；

③差动前后同名凸轮的正倒车正时相同或基本相同。

为满足上述要求，需以特殊形状的鸡心凸轮来代替上述一般线型的喷油泵凸轮。

2. 鸡心凸轮换向原理

图 4－86 为鸡心凸轮的换向差动原理图。图中(a)为喷油泵凸轮，呈鸡心状；(b)为排气阀凸轮,为一般线型凸轮。两凸轮安装在同一轴上。图中实线为两凸轮的正车位置，虚线为其倒车位置。鸡心凸轮对称于 OO'线。它由基圆 O_1O_2(半径最小)、顶圆 α_1,α_2(半径最大),以及由圆 O_1,O_2两侧向顶圆 α_1,α_2伸展且按相同规律变化的两段曲线。$O_1\alpha_1$及 $O_2\alpha_2$组成。

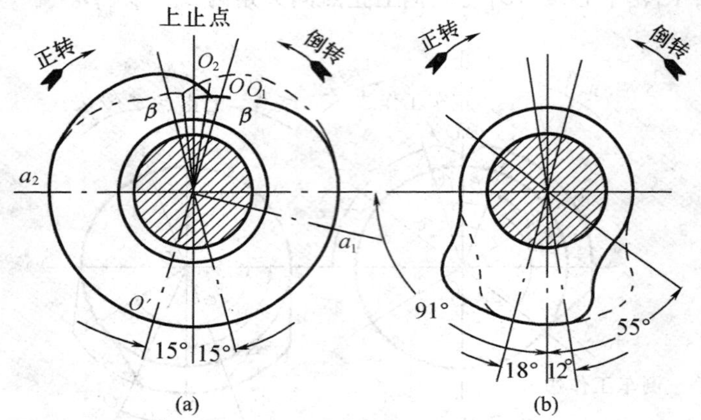

图 4－86 鸡心凸轮换向差动原理

(a)鸡心凸轮；(b)排气凸轮

正车运行时(顺时针转动),$O_1\alpha_1$为喷油泵吸油段；$O_2\alpha_2$为喷油泵的泵油段，供油提前角为β。在图(a)所示的情况下，鸡心凸轮的对称线 OO'相对于该缸曲柄上止点的夹角为 $\alpha_s=15°$。当由正车改为倒车时，只要把鸡心凸轮沿换向后转向(逆时针)转动差动角 $2\alpha_s=30°$ 即可，如图中虚线所示凸轮。此凸轮按倒车方向(逆时针)转动时可功保证相同的供油提前角，但喷油泵的吸油段、供油段与正车运转时正好互换。

由上可见，鸡心凸轮差动方向对新转向(倒车逆时针)而言为超前差动。于是喷油泵凸轮与排气阀凸轮的差动方向一致，满足了同轴差动的第一个条件。

对于图(b)所示的排气阀凸轮,其正车凸轮中心线与下止点线夹角为 18 °CA(排气阀正时为下止点前 91 °CA 开启,下止点后 55 °CA 关闭,排气凸轮的作用角为 146 °CA),换向差动角应为 2×18 °CA＝36 °CA,这与喷油泵凸轮差动角 30 °CA 不一致。为满足同轴差动的第二个条件，考虑到供油定时对柴油机工作过程的影响更为重要，取 30 °CA 为共同的差动角。此时可保证喷油泵的供油正时在换向前后不变，但排气阀正时在倒车运转时较正车正时滞后 6 °CA,即下止点前 85 °CA 开，下止点后 61 °CA 关，而排气持续角(146 °CA)

未变，满足了同轴差动的第三个条件。由此可实现喷油泵凸轮与排气阀凸轮同轴差动换向。

单凸轮换向需在换向时改变凸轮轴与曲轴的相对位置。实现这种差动的方法通常有4种：

①曲轴不动，通过换向装置使凸轮轴相对于曲轴转过一个差动角，一般为滞后差动。

②凸轮轴不动，先进行空气分配器换向动作，在反向启动使曲轴反向回转之初，曲轴相对凸轮轴转过一个差动角之后才带动凸轮轴一起转动，此法为滞后差动。

③先进行空气分配器换向，在反向启动之初，通过差动机构使凸轮轴与曲轴之间有一定的转速差，待完成差动角后，再同步转动。此法一般为超前差动。

④曲轴与凸轮轴均不动，通过改变喷油泵滚轮在凸轮轴上的倾斜方向完成换向差动，一般为超前差动。

3. 单凸轮换向装置

单凸轮换向装置用于实现凸轮轴与曲轴之间差动过程，按使用的工质和能量不同，可分为以下几种。

(1)液压差动换向装置

采用液压差动换向伺服器并使用滑油系统中的中压滑油(0.6 MPa)作为工质，完成差动动作。伺服器的外壳通过链轮由曲轴驱动。伺服器的内腔有一转板并用键固定在凸轮轴上，转板将伺服器的内腔分隔成两个空间(正、倒车空间)，此两个空间分别用滑油管与换向阀的有关油管相连。正车时，转板顶在伺服器内两个对称布置的扇形凸块上，而且正车空间充满中压滑油，倒车空间释放油压。

换向时曲轴不动，操作换向阀改变正、倒车空间的进、排油方向，倒车空间进油，正车空间释放油压，转板在滑油压力作用下相对于曲轴转过一个差动角，并带动凸轮轴从正车位置转至倒车位置，完成差动换向动作。此种装置用于 Sulzer RD，RND，RND－M 等型柴油机，为滞后差动。

Sulzer RTA 柴油机使用一种新型的液压差动换向装置。该机每段凸轮轴都装配一个换向伺服器，每个换向伺服器外缘上装有两个油泵凸轮，凸轮轴上装有不需换向的排气凸轮。凸轮轴与伺服器不是刚性连接，而是通过凸轮轴上的两个转翼带动换向伺服器及外缘上的燃油凸轮按规定方向转动。换向时，凸轮轴和曲轴均不动，而是变化控制油进、排方向，使换向伺服器及其外缘凸轮绕凸轮轴在两转翼之间转过一个差动角来实现换向动作。液压伺服器采用由十字头滑油泵提供的1.6 MPa 液压油。

(2)气动机械差动换向装置

图4－87 所示为 MAN－B&W 公司近年来采用的一种更简易新颖的气动机械换向装置。换向时曲轴与凸轮轴均无差动动作，通过改变各缸喷油泵传动机构中的滚轮在油泵凸轮上的倾斜角度来实现换向动作。图示为正车位置，换向时用压缩空气拉动滚轮的顶头，使滚轮连接杆的倾斜方向发生改变，即改变滚轮与凸轮的相对位置以实现超前差动换向。

(三)换向装置常见故障

换向装置常见故障主要是柴油机不能换向，即换向手柄已从正车位置推至倒车位置(或相反)，但柴油机未能开出倒车(或倒车换成正车)。其主要原因通常在于换向机构发生故障和操作不当。

1. 换向机构故障

(1) 换向装置中有关阀件咬死或失灵。

(2)换向伺服器故障:油路堵塞、漏油，转板在极端位置咬死或不能达到另一极端位置，检修时控制油管装错。

(3)空气分配器失灵。

(4)双凸轮换向装置中的“气力—液力式”换向装置的有关控制部件漏气、漏油，使凸轮轴无法轴向移动。

(5)拉动喷油泵滚轮连杆的拉杆螺栓松脱(MAN - B&W SMC/MCE 型柴油机)使个别缸喷油泵无法完成换向动作。此时其他已实现换向的汽缸仍可使柴油机按换向要求运转，而该缸自动断油。

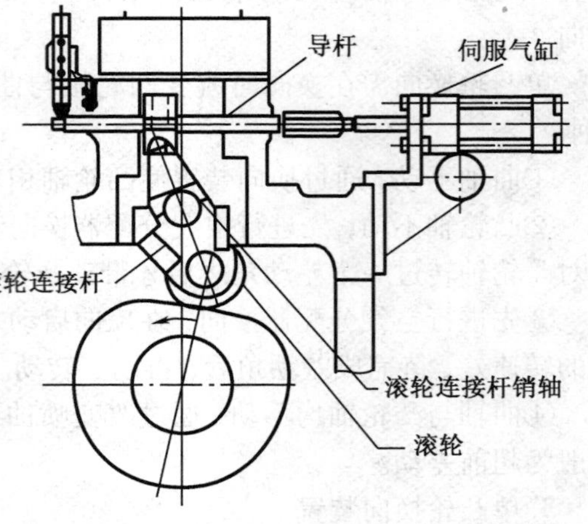

图 4 – 87　MAN – B&W 新型换向装置

2. 操作不当

(1)操作过快，换向手柄虽已到位，而凸轮轴尚未到位就急于启动，导致换向失败。

(2)换向手柄虽已到位，但由于水流作用使螺旋桨仍按原转向以较高转速转动，此时急于启动而导致换向失败。

(3)紧急刹车时过于性急，主机转速尚未有较大的降低时就强制制动，强制制动的时机不当，导致换向失败。

三、调速装置工作分析

(一)液压调速器

液压调速器通过一个液压放大机构将飞重产生的离心力放大后再去移动油量调节机构。所以它属于间接作用式调速器。这种调速器中必须具有由控制滑阀和动力活塞组成的液压放大机构(液压伺服器)。同时，为提高液压调速器调节过程的稳定性，改善其动态特性，还必须具有反馈(补偿)机构。液压调速器具有广阔的转速调节范围，调节精度和灵敏度高，稳定性和通用性好，广泛应用于船舶大中型柴油机。但其结构复杂，管理要求较高。

1. 液压调速器工作原理

(1)无反馈液压调速器

图 4 – 88 为无反馈液压调速器的结构示图。转速感受元件由飞重 3、调速弹簧 4 和速度杆 2 组成，由柴油机驱动轴 11 带动旋转。伺服放大机构由滑阀 7 及液压伺服器 6 组成。调速器内的高压工作油由齿轮泵 8 供给。

柴油机稳定运转时，飞重 3 的离心力与弹簧 4 的预紧力平衡，飞重 3 位于图示位置。由速度杆控制的摇杆 5(AC)位于图示垂直位置。滑阀 7 封闭液压伺服器的左、右控制孔。伺服器 6 内的动力活塞保持静止，喷油泵齿条不动，于是柴油机按该调速弹簧 4 所设定的转速稳定运转。

若柴油机的负荷减小，驱动轴 11 的转速将升高，飞重离心力增大，飞重向外张开，推动速度杆 2 右移。摇杆 5 以 A 为支点逆时针摆动，于是节点 B 带动滑阀 7 右移，左、右控制孔打开,从而压力油进入伺服器油缸右侧，而左侧空间接通低压油路。油压使动力活塞左移并带动喷油泵齿条减油，柴油机转速下降。当转速恢复至原设定转速时,速度杆和滑阀又回至原平衡位置，并切断伺服油缸工作油通路。动力活塞则停在新的位置上，调节过程结束。

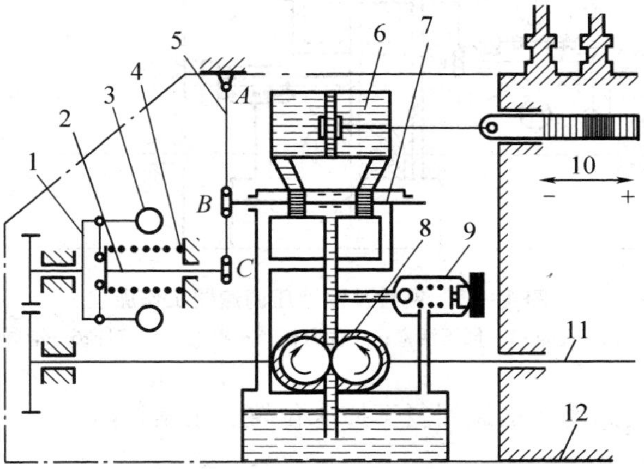

图 4 – 88　无反馈液压调速器工作原理

1—转盘;2—速度杆;3—飞重;4—弹簧;5—连接摇杆;6—液压伺器;7—滑阀;
8—齿轮油泵;9—溢流阀;10—油泵齿条;11—驱动轴;12—喷油泵

类似地，当柴油机的负荷增加时，转速将降低，则调节过程按上述相反方向进行。

实际上，调速系统的惯性使滑阀和动力活塞的动作总是滞后于柴油机转速的变化。当负荷减小需调小供油量时不能达到根据负荷的减少程度适度调节，导致油量减少过分，柴油机降速过度。类似地，当柴油机负荷增加时，供油量将增加过分，柴油机增速过度。于是如此不断重复降速、加速的调节过程，使转速波动调节过程不稳定，无法满足使用要求。这种无反馈装置的液压调速器在实际中是不能使用的。

为能实现稳定调节，液压调速器中需加入一个反馈(或补偿)机构。反馈环节在动力活塞移动的同时反作用于滑阀，使其向平衡位置移动，从而使滑阀提前恢复至平衡位置。反馈环节对滑阀产生的反作用动作称为反馈或补偿。液压调速器中的反馈机构有刚性反馈和弹性反馈两类。

(2)刚性反馈液压调速器

其基本结构与无反馈液压调速器相似。若将图 4 – 88 中的连接摇杆 5 的固定支点 *A* 改为与动力活塞杆铰接，即构成刚性反馈机构，如图 4 – 89 所示。

由图 4 – 89 可见,当柴油机负荷减小时,驱动轴的转速将升高,飞重向外张开使调速弹簧 7 压缩,同时使速度杆 1 向右移动。由于此时动力活塞尚未动作,故反馈杠杆 *AC* 的上端点 *A* 此时作为固定点,杠杆 *AC* 绕 *A* 点向右(逆时针)摆动,带动滑阀右移,将控制孔打开。高压油进入伺服器油缸的右腔,左腔则与低压油路相通。高压油便推动活塞带动喷油泵调节杆 5 左移,减少柴油机的供油量。

动力活塞左移的同时,杠杆 *AC* 绕 *C* 点向左摆动并带动与 *B* 点相连接的滑阀 6 也左移,从而使滑阀向相反方向移动。并且,柴油机此时由于减油而转速下降,也使滑阀左移。在

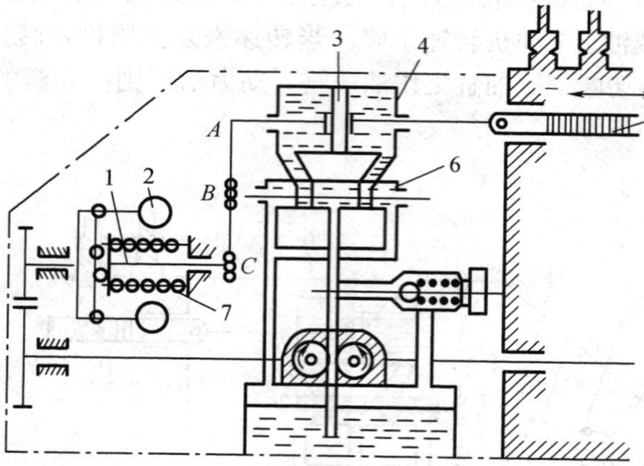

图 4－89　刚性反馈液压调速器工作原理

1—速度杆;2—飞重;3—伺服活塞;4—伺服器;5—喷油泵调节杆;6—滑阀;7—弹簧

两者的共同作用下,滑阀就能迅速回复至原来位置。于是调节过程的波动很快被衰减,使调速器实现稳定调节。

调节过程结束时,滑阀回到原位,关闭控制油孔,切断通往伺服油缸的油路。此时动力活塞停止运动,油量调节杆则随其移到一个新的平衡位置,柴油机在相应的新负荷下工作,即 A 点的位置是随负荷而变的。而 B 点在任何稳定工况下均应处于原位,它与负荷无关。由于反馈是通过刚性连接达到的,故 C 点的位置必须随 A 点作相应的变动而稳定在新的位置,亦即柴油机不能恢复到原有的转速。故调速器的稳定调速率不能达到零,不能实现恒速调节,这是刚性反馈的特点。

进一步分析可知,刚性反馈调速器当负荷减小时,新的稳定转速将比原转速稍高。当负荷增加时,新的稳定转速将比原转速稍低。

(3)弹性反馈液压调速器

如果既要调速过程稳定,又要实现恒速调节($\delta_2=0$),就必须采用带有弹性反馈的液压调速器。

弹性反馈调速器实际上是在刚性反馈调速器的基础上增加了一个弹性环节,如图 4－90 所示。它由缓冲器 5、补偿活塞 6、补偿弹簧 7、节流针阀 8 组成。缓冲器油缸中充满工作油,油缸内补偿活塞两侧空间通过管道及针阀 8 而接通。当缸体自受力后,缸内工作油从一侧间流向另一空间。针阀的节流作用使补偿活塞的移动比受力滞后,从而起到缓冲作用。

当发动机负荷减小时,转速增大,飞重 12 的离心力增加。同样,滑阀 8 右移,而伺服活塞 5 则左移,减少喷油泵的供油量。当活塞 5 的运动速度很快时,由于缓冲器 4 中滑油的阻尼作用,缓冲器 4 和缓冲活塞 3 就像一个刚体一样地运动。随着伺服活塞 5 的左移,缓冲器和 AC 杠杆上的 A 点出向左移动。这一过程和上述刚性反馈系统的调速器完全相同。但当调速过程接近终了时,滑阀 8 已回到原来的位置,遮住了通往伺服油缸的油路 6,7,此时缓冲器和伺服活塞已停留在与新负荷相应的位置上。被压缩的弹簧 2 由于有弹性复原的作用,因此使 A 点带动缓冲器活塞 3 相对于缓冲器油缸 4 移向右方,回到原来位置。缓冲活塞右方油缸中的油经节流阀流到左方。于是,AC 杠杆上的各点都恢复到原来的位置,此时调速器的套筒 10 亦因转速复原而回到原来的位置。这样,发动机的稳定转速就保持不变。当负荷增加时,动作过程相反。这种调速器没有静速差,即 $\delta_2 = 0$。

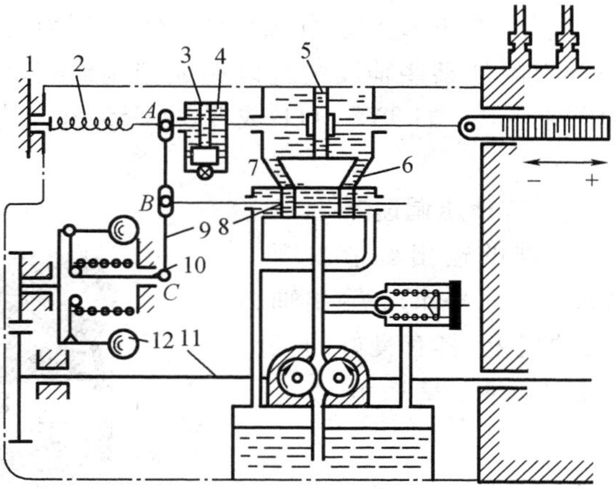

图 4－90　弹性反馈液压调速器工作原理

1—支点;2—弹簧;3—活塞;4—缓冲器;5—油泵齿条;6、7—油路;8—滑阀;9—反馈杠杆;10—速度杆;11—驱动轴;12—飞重

(4)双反馈液压调速器

并车运行时,除了要求柴油机调速过程稳定外,还需按正确的比例分配各机的负荷。因此调速器既应具有弹性反馈机构以保证调节的稳定性,同时还应具有刚性反馈机构以使其有一定的稳定调速率,以保证各机按比例分配负荷。图 4－91 为具有双反馈的液压调速器的工作原理示意图。

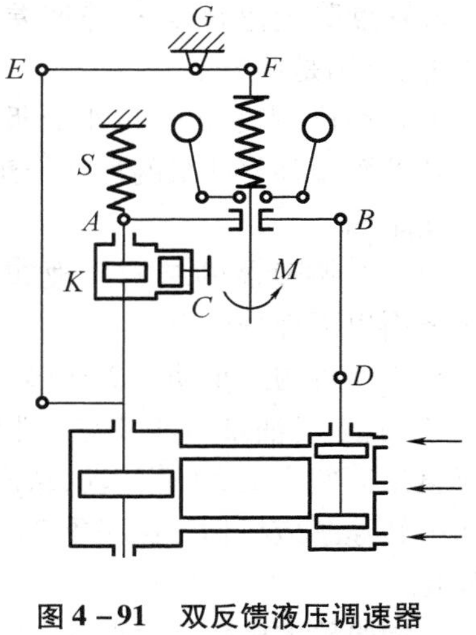

图 4－91　双反馈液压调速器工作原理

K—缓冲器;*C*—节流针阀;*S*—补偿弹簧;*E*,*G*,*F*—反馈杠杆

刚性反馈杠杆 *EGF* 和弹性反馈机构(缓冲器 K、补偿弹簧、节流针阀)由动力活塞杆带动。当柴油机负荷降低,转速升高时,飞重向外张开,带动杠杆 *AB* 以 *A* 点为支点做逆时针摆动,使滑阀杆 *D* 上移,压力油进入伺服器动力活塞的下方而从其上方泄至低压空间。于是,动力活塞上行减油。同时,一方面使刚性反馈杠杆 *EGF* 绕 *G* 点顺时针摆动,*F* 点下移增加弹簧预紧力,使其稳定后转速较原转速稍有提高($\delta_2 > 0$)。另一方面由弹性反馈机构保证恒速稳定调节。

双反馈调速器中,可通过弹性反馈机构中节流针阀的开度大小调节其稳定性。通过改变刚性反馈 *EGF* 两臂的比例来调节稳定调速率,当 *F* 与 *G* 重合时,$\delta_2 = 0$。船用柴油机广泛采用这种双反馈液压调速器。

目前船舶上广泛采用同时具有弹性反馈机构和刚性反馈机构的双反馈液压调速器。这种调速器稳定性高,δ_2大小可调,转速调节精度和灵敏度高。

液压调速器的特点是:具有广阔的转速调节范围、调节精度和灵敏度高,稳定性好,广泛用于船舶大、中型柴油机但其结构复杂,管理要求高。

2. 液压调速器的典型结构

船用柴油机的液压调速器大多为双反馈全制式。以 Woodward UG 和 Woodward PGA 型液压调速器最为普遍。UG 型分为杠杆式和表盘式两种。PGA 型为气动遥控式，多用于遥控主机。它们均可按用户要求附加某些辅助装置以完成控制或安全等方面的额外要求。国产的全制式双反馈液压调速器，如 TY－111 或 TY－555 型，其基本结构和性能与 Woodward UG 型相似。

(1) Woodward UG－8 表盘式液压调速器

UG－8 表盘式液压调速器的输出调节力矩(工作能力)为 8 英尺－磅(10.85 N·m)，输出轴转角为 42°，多用于发电柴油机上，具有良好的工作性能。这种调速器的外形如图 4－92 所示。

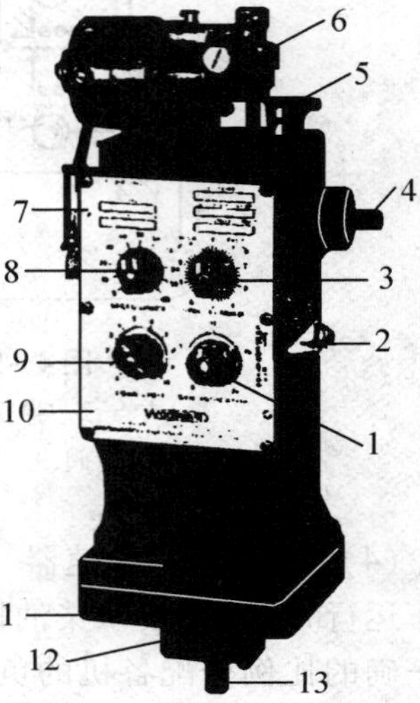

图 4－92 UG－8 表盘式调速器外形

1—转速指示器；2—反馈指针；3—调速旋钮；4—输出轴；5—加油盖；6—调速电动机；7—油位表；8—静速差旋钮；9—负荷限制旋钮；10—表盘；11—节流针阀；12—放油塞；13—驱动轴

①表盘

表盘上有四个旋钮：

a. 调速旋钮 3：位于面板右上方，作用是调节设定转速。

b. 转速指示旋钮 1：位于面板右下方，作用是指示设定转速的高低，该旋钮不可调。

c. 速度降旋钮 8：又称静速差旋钮，位于面板左上方，作用是调节 δ_2。

d. 负荷限制旋钮 9：位于面板左下方，作用是限制喷油泵循环供油量的加油份额。

②结构

UG－8 调速器的结构原理如图 4－93 所示，它主要由以下部分组成。

a. 驱动机构。驱动轴 28 由柴油机凸轮轴经伞齿轮传动，通过油泵齿轮 22、弹性轴 37、传动齿轮和飞重架等使飞重 39 等转动，从而将柴油机的转速信号传给感应机构。

b. 转速感应机构。由飞重 39、锥形调速弹簧 8 及调速杆 38 组成，用以感受和反映转速的变化。

c. 伺服放大机构。由控制滑阀 36、控制滑阀套筒 34、动力活塞 23 以及有关油路组成。用来放大感应机构的输出能量。

d. 调节机构。由动力活塞 23、输出轴 12 及油量调节杆 13 等组成。用来拉动调油杆调节供油量。

e. 恒速(弹性)反馈机构。主要由大反馈活塞 33、小反馈活塞 30、上下反馈弹簧 29、补偿针阀 31、反馈杠杆 45 和 40、可调支点 47、反馈指针 46 以及反馈油路等组成。其作用是保证调速过程中转速稳定。

f. 速度降(静速差)机构。主要由速度降旋钮 2、凸轮 1、顶杆 4、拉紧弹簧 3、可调支持销 6、速度降杆 7 和速度降指针 5 等组成。它是一种刚性反馈机构，不仅能使调节过程稳定，而且还能调节稳定调速率 δ_2 以满足调节稳定性及并联运行的工作需要。

g. 速度设定机构。由两部分组成：其一由调速旋钮 42、传动齿轮 41，43 和调速齿轮 44

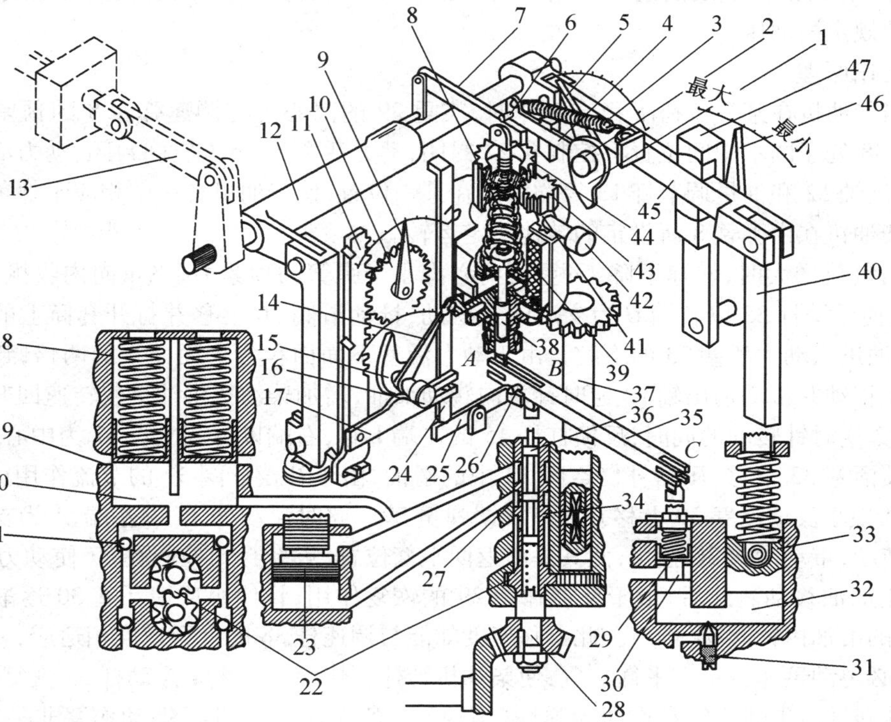

图 4－93　UG－8 表盘式调速器结构原理图

1—静速差凸轮；2—静速差旋钮；3—拉紧弹簧；4—顶杆；5—静速差指针；6—支持销；7—静速差杆；8—调速弹簧；9—负荷指针；10—齿轮；11—齿条；12—输出轴；13—油量调节杆；14—负荷限制指针；15—负荷限制凸轮；16—负荷限制旋钮；17—控制杆；18—稳压油缸；19—溢油孔；20—蓄压室；21—球阀；22—油泵齿轮；23—动力活塞；24—紧急停车杆；25—限制杆；26—限制销；27—控制孔；28—驱动轴；29—反馈弹簧；30—小反馈活塞；31—补偿针阀；32—补偿空间；33—大反馈活塞；34—控制阀套筒；35—浮动杆；36—滑阀；37—弹性轴；38—调速杆；39—飞重；40—杆；41—传动齿轮；42—调速旋钮；43—传动齿轮；44—调速齿轮；45—反馈杠杆；46—反馈指针；47—活动支点

组成；其二由调速电机及蜗轮减速机构等组成。前者用于调速器前手动调节，后者用于配电盘处遥控，均通过改变弹簧 8 的预紧力改变柴油机的稳定转速。

h. 负荷限制机构。由负荷限制旋钮 16、负荷限制指针 14、负荷限制凸轮 5、控制杆 17、紧急停车杆 24、限制杆 25、限制销 26、齿条 11、齿轮 10、负荷指针 9 等组成。用以限制动力活塞的加油行程。如图示限制指针 14 位于表盘刻度“10”（最大）处，而此时动力活塞的实际加油行程由指针 9 指示为“5”处。此时在杆 17 与凸轮 15 之间具有间隙，滑阀 36 的下移不受限制，动力活塞继续上行加大供油量，当动力活塞上行至最大供油位置时，指针 9 指示“10”，杆 17 与凸轮 15 刚好接触，限制滑阀 36 继续下移，即动力活塞限制在供油“10”处。同理若指针 14 置于“8”，“6”，“4”刻度处，柴油机的供油量亦被限制在“8”，“6”，“4”处。若转动旋钮 16 至“0”刻度，则柴油机自行停车。柴油机启动时为防加速过快应将负荷限制旋钮置于“5”；待启动之后运转正常将负荷限制旋钮转至“10”或规定位置。

按下停车杆 24 可使滑阀 36 抬起，动力活塞 23 下行减油停车。但此杆仅在调速器试验中使用，并非在柴油机运转中使用。但可在其上方装设安全停车辅助装置以保护柴油机。

i. 液压系统。由低压油池、齿轮泵 22、稳压油缸 18 及稳压活塞及有关油路组成，用于产生并维持规定的油压。

③工作原理

a. 当柴油机在某一负荷下稳定工作时，飞重 39 的离心力与调速弹簧 8 的预紧力相平衡，滑阀 38 处于图示中间位置将控制孔 27 封闭，动力活塞 23 下方空间封闭，动力活塞固定不动，输出轴 12 和油量调节杆 13 等均固定在某一位置，使柴油机有一个相应于外负荷的供油量。柴油机在由弹簧 8 所设定的转速稳定运转。

b. 当负荷增大时，转速下降，飞重的离心力小于弹簧的预紧力，飞重向内收拢，调速杆 38 下移，使浮动杆 35 以右端 C 为支点向下摆动，推动滑阀 36 下移并打开套筒上的控制孔 27，高压油进入动力活塞 23 的下腔。由于动力活塞下面面积为上面面积的两倍，致使动力活塞向上移动并带动输出轴 12 逆时针方向转动加油，增加柴油机供油量使转速回升。随着输出轴 12 逆时针转动的同时，反馈杠杆 45 的左端上移，右端以可调支点 47 为中心下移，带动大反馈活塞 33 下移，压缩补偿空间 32 中的滑油，由于补偿针阀 31 的节流作用(31 的开度小)，致使小反馈活塞 30 上移并压缩反馈弹簧 29。此时浮动杆 35 以左端，A 为支点逆时针方向转动，带动滑阀 36 上移，使其提前返回平衡位置，重新封闭控制孔 27 使动力活塞 23 提前停止加油移动。此后，由于反馈弹簧 29 的恢复作用，将使小反馈活塞 30 逐渐下移复位，多余的滑油由针阀 31 排出。此下移速度如能与调速杆 38 的上行速度相适应，就能使滑阀 36 不必再动迅速稳定在平衡位置，使柴油机转速更快稳定下来。浮动杆 35 恢复原位，柴油机恒速转动。上述反馈动作即为弹性(恒速)反馈。实际上，此反馈动作并非一次完成。而是要反复多次，一直持续到油量增加到与负荷增加相适应，使柴油机恢复至原工作转速。另外，当轴 12 逆时针方向转动加油的同时，还带动速度降杆 7 绕可调支持销按逆时针方向转动，其右端上移，中心螺杆和调速齿轮 44 随即一起上移，将调速弹簧 8 稍微放松，由此使柴油机在负荷增加后的稳定工作转速较原工作转速稍有降低，亦即保证一定的速度降。

c. 当负荷减小时，调速器的调节过程与上述相反。

2. Woodward PGA 调速器

PGA 液压调速器由原 PG 型调速器与遥控气动速度设定机构组合而成，是一种双反馈、气动速度设定的全制式液压调速器。PGA 是指压力补偿压缩空气速度设定。其速度降由刚性反馈实现，而弹性反馈改用一种阻尼补偿系统。PGA 调速器主要用于气动遥控系统的主柴油机。

PGA 调速器由调速器主体部分、速度设定部分、速度降机构三部分组成。图 4 - 94 为其结构原理图。

(1)调速器主体部分

由齿轮油泵 4、蓄压器 1、调速弹簧 29、飞重组件 30、推力轴承 31、滑阀 8、回转套筒 9、阻尼补偿系统 12 和 10，伺服油缸 17 等组成。其工作原理与上述 UG8 调速器基本相同，而弹性反馈机构改用一种由阻尼活塞 12、弹簧和针阀 10 组成的阻尼补偿系统。当柴油机的外负荷增大时，转速下降，滑阀 8 下行，压力油进入阻尼活塞 12 的左侧并推动它右移，把右侧的油压入伺服油缸 17 内动力活塞的下部，推动动力活塞上行，加大油门使柴油机加速。与此同时阻尼活塞 12 左右两侧的油压同时作用在位于滑阀 8 上部的补偿环带 7 的两侧，且下侧油压大于上侧油压，产生向上的补偿力使滑阀上移提前复位，即产生负反馈作用。此后，由于另一方面，阻尼活塞的缓慢左移复位，使此补偿力逐渐减小。最后当转速恢复至原设定转速稳定运转时，补偿力消失，飞重恢复至垂直位置，滑阀与阻尼活塞均恢复至原中央位置，而动力活塞稳定在新的位置上。柴油机在增大的供油量下稳定运转。

(2)速度设定部分

由气压(控制空气压力:0.049～0.50 MPa)设定与手动设定机构两部分构成。

①气动式转速设定机构。主要由波纹管39、速度设定滑阀35、单作用弹簧支承的液压速度设定油缸28以及使滑阀35回中的复位机构(活塞杆25、复位杆45、可调支点41、复位弹簧44等)等组成。

当作用在波纹管外侧的控制空气压力恰好与复位弹簧向上的力平衡时，滑阀柱塞处于中央位置，控制带封闭控制孔，速度设定活塞固定不动，调速弹簧的预紧力不变，n不变。

当输入到波纹管39外侧的控制空气压力增高时(即要求设定转速增高)、波纹管被压缩向下的力大于复位弹簧44的向上作用力，波纹管被压缩使速度设定滑阀35下移，高压工作油进入速度设定活塞27的上方并推动设定活塞27下移，增加调速弹簧29的预紧力，即设定转速增高。与活塞杆25下移的同时，复位杆45以可调支点41为支点顺时针方向转动，增大了弹簧44与负荷弹簧46向上的拉力，并与波纹管向下的作用力相互平衡。同时通过“C”形框向上拉动滑阀35使它恢复到中央位置，封闭速度设定活塞的压力油管，设定活塞27固定不动，给出一个较高的设定转速。

欲降低设定转速而降低控制空气压力时，上述速度设定机构按相反过程动作。

②手动转速设定机构。主要由手动速度调节旋钮54、引导螺母53、连杆52、滑环50、速度设定螺母48、高速停车调整螺钉49、高速停车销51和“T”形带有滚珠轴承支架的手动速度设定螺丝组件47等组成。在没有控制空气时，借助于本机构可在机旁任意设定柴油机的工作转速。

若需提高设定转速，可顺时针方向转动旋钮54，螺母53左移，通过连杆52、滑环50拉动设定螺母48下移并带动螺钉组件47和轴承41一起下移。相应于螺母48下移的某一位置，负荷弹簧46拉下复位杆45并通过低速调节螺钉42、“C”形框38等使滑阀35下移离开中央位置。压力油进人活塞27上方使其下移，增加调速弹簧29的预紧力，提高了设定转速。此后由复位杆45顺时针方向转动并通过复位弹簧44提起滑阀35至中央位置，切断压力油，设定活塞27固定不动。柴油机在较高设定转速下稳定工作。同理逆时针方向转动旋钮54可降低设定转速。

(3)速度降机构

由动力活塞上的尾杆18、速度降杆20以及速度降凸轮23等组成。本机构为一刚性反馈机构。当动力活塞上移增加供油量时，尾杆18上行推动杆20并通过速度降凸轮23的锁紧螺钉使速度降凸轮转动，使速度降柱塞24稍微上移放松调速弹簧29的预紧力，保证一定的稳定调速率。反之，当动力活塞下行减油时，由速度降凸轮稍微增大调速弹簧的预紧力。

3. 液压调速器的调节

液压调速器的调节一般指修理后的调整或性能优化调整。调整工作最好在调速器试验台上进行。若在柴油机上进行，则需严防柴油机超速飞车并应备好紧急停车机构。调整工作随调速器的类型而不同，通常包括稳定调速率的调节、稳定性调节以及PGA调速器的速度设定调节。

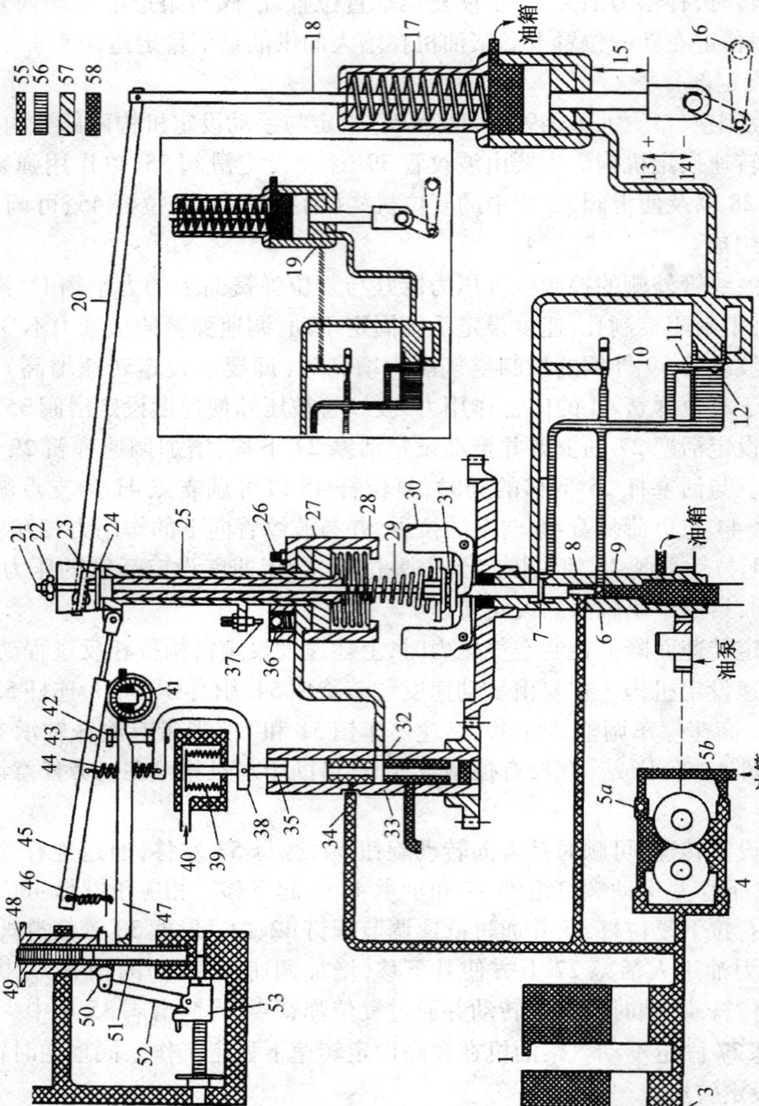

图 4－94　PGA 调速器结构原理图

1—蓄压器；2—储油箱；3—溢油孔；4—油泵；5a—止回阀（开启）；5b—止回阀（关闭）；6—控制环带；7—补偿环带；8—滑阀柱塞；9—套筒（转动）；10—补偿针阀；11—旁通口；12—阻尼活塞；13—加油；14—减油；15—间隙；16—输出转轴（选配）；17—伺服油缸；18—尾杆；19—选配的补偿切除孔；20—速度降杆；21—停车杆；22—停油螺母；23—速度降凸轮；24—速度降柱塞；25—活塞杆；26—活塞止动调整螺钉；27—转速设定伺服活塞；28—转速设定油缸；29—调速弹簧；30—飞重；31—推力轴承；32—控制环带；33—套筒（转动）；34—断续供油口；35—速度设定滑阀柱塞；36—最高转速限制阀；37—限制阀调整螺钉；38—“C”型框；39—波纹管；40—控制空气；41—可调支点架；42—低速调整螺钉；43—停车销；44—复位弹簧；45—复位杆；46—负荷弹簧；47—速度设定螺钉组件；48—速度设定螺母；49—手动高速停车螺钉；50—滑环；51—高速停车销；52—连杆；53—引导螺母；54—手动速度调节旋钮；55—调速器油泵供油压力；56—调速器中间部分油压；57—封闭油和伺服油缸中油压；58—储油箱油压

(1)稳定调速率 δ_2 的调节

①稳定调速率 δ_2 的作用和要求

保证一定的稳定调速率不但能提高调速过程的稳定性，而且还可对并联工作的柴油机间所承担的负荷作自动调节，以保证各机的负荷分配合理。不同用途的柴油机对其调速器的 δ_2 要求有所不同，在柴油机交验时必须经测试和调节以符合有关规范的要求。

为使各机负荷分配合理，多台并联运行的柴油机（如多台发电柴油机并车运行）应要求各机所承担的负荷与其标定功率成正比。若各机标定功率相等，则各机间负荷应均匀分配；若标定功率不等，则各机间负荷与其标定功率成正比。从而保证各机的负荷同步增减。

稳定调速率在调速特性曲线上的表示见图4－95(b)。实测的调速特性曲线略有弯曲，此处近似以直线示出。可见若空载时转速为 $n_{空}$，则随着负荷的增加，柴油机转速相应降低，在标定转矩时转速下降为 n_b（标定转速）。转速差（$n_{空}-n_b$）的大小反映了 $n_{空}$ 的大小。若 $n_{空}=n_b$，则 $\delta_2=0$，相当于具有弹性反馈的液压调速器的调速特性，如图4－95(a)所示。

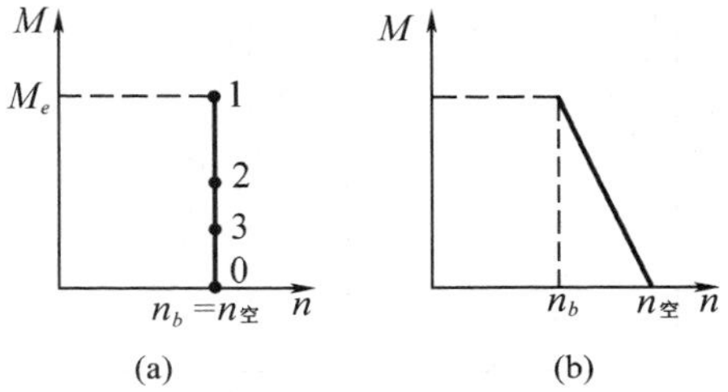

图4－95　调速特性曲线图

若两台标定功率相同的柴油机并联运行且其稳定调速率均为零，则其调速特性曲线为一垂直于横坐标的直线，如图4－96所示。此时总功率虽一定，但在运转中两机间功率的分配将是任意的，可能随时自行变动。亦即工况将不稳定，这种装置是无法使用的。

若两台标定功率相等的柴油机并联运行，且 $(\delta_2)_1=(\delta_2)_2>0$，则两机有重合的调速特性，如图4－97所示。图中纵坐标用柴油机转矩 M 与标定转矩 M_b 之比 M/M_b 表示。$M_{合}$ 为两机合成的调速特性线。可见，当转速为 n_1 时，各机的运行点为点2，合成工作点为点1，两机负荷分配均匀。当外负荷增加时，两机的转速同步下降至 n_2，各机运行点为点2′，合成工作点为点1′，负荷仍保持均匀分配；当转速降至 n_b 时，两机将同时到达标定工况。

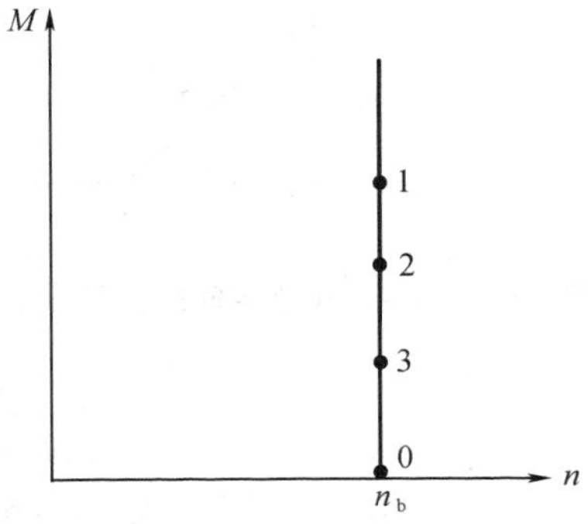

图4－96　$\delta_2=0$ 时的负荷分配

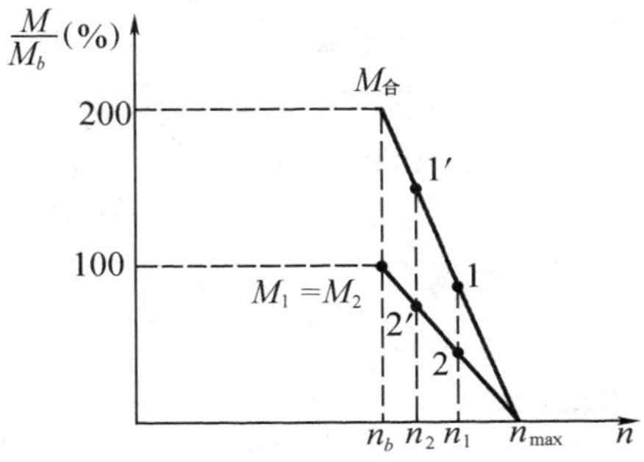

图4－97　两机 δ_2 相等时的负荷分配

若两机标定功率相等并联运行，但其稳定调速率 δ_2 不等，且 $(\delta_2)_2>(\delta_2)_1>0$，则其调速特性线如图4－98(a)所示。两机的调速特性线具有不同的倾斜度，δ_2 小者较陡。当转速为 n_a 时，两机工作点分别为点1和点2，δ_2 小者（1号机）承担负荷多，显然负荷分配不均匀。此时若调节调速器的设定转速，使两机调速特性线沿 n 轴平移而相交于点 2，如图 4－98(b)所示，则可使两机承担负荷相同。但这种均衡负载状态是暂时的，一旦外负荷发生变化，此种负荷均匀分配状态就发生变化。如图所示，若外负荷增加而转速降至 n_c，则两机工作点分别为点 3 和点 4，此时负荷分配又变成不均匀。

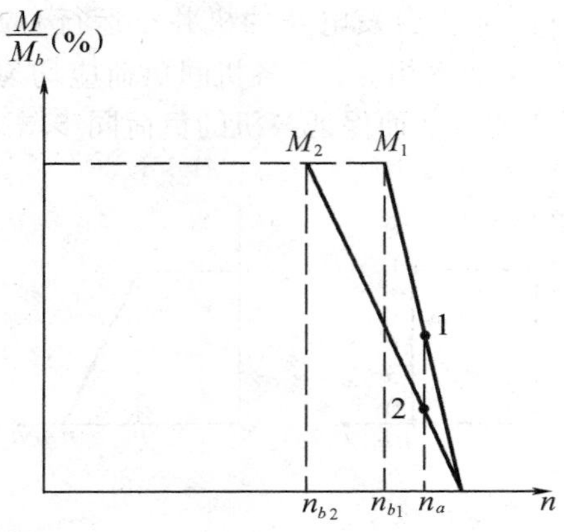

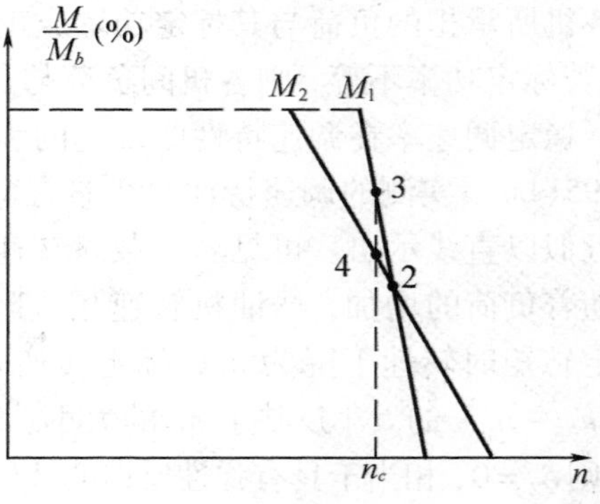

图 4－98　两机 δ_2 不等时的负荷分配

若两机标定功率不等并联运行，$(M_b)_1 > (M_b)_2$，且稳定调速率 $(\delta_2)_1 = (\delta_2)_2 > 0$，则其调速特性如图 4－99 所示。可见当转速为 n_c时，两机工作点分别为 1 和 2，其负荷分配与其标定功率成正比。并且当负荷变化时，两机的负荷同步增减。但若两机的 δ_2不等，则两机的负荷分配不能与其标定功率成比例。

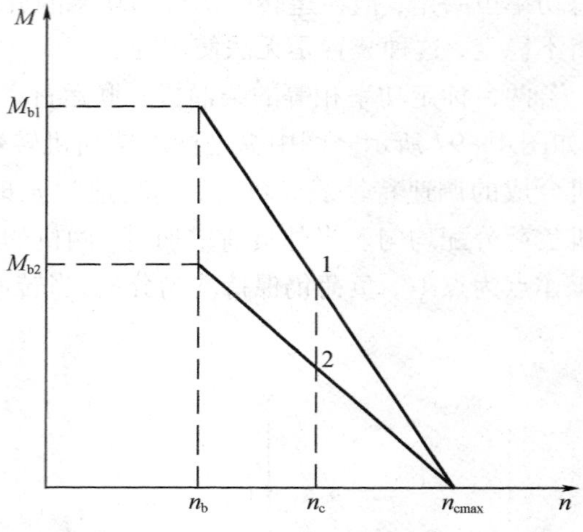

图 4－99　两机标定功率不等时的负荷分配

总之，柴油机并联运行时，可通过调节稳定调速率来调节其承担负荷的分配比例。不管柴油机的标定功率是否相同，为使其承担的负荷合理分配，要求各机的 δ_2必须相等且大于零。同时，各机的 δ_2值还需满足有关规范的要求。

②稳定调速率 δ_2的调节

液压调速器的稳定调速率可通过速度降机构(刚性反馈机构)来调节。Woodward 液压调速器一般有两种调节方法。

a. 表盘式调速器可通过其表盘上的速度降旋钮 8(图 4－92)来调节。顺时针转动此旋钮,就可通过速度降机构增大支持销 6(图 4－93)相对调速弹簧 8 轴线的距离，从而增大 δ_2。若使支持销 6 与弹簧 8 轴线重合，则其 $\delta_2 = 0$。若将此旋钮转至刻度 30～50 处，则表示相应的 $\delta_2 = (3～5)\%$。实践中应根据并联运行柴油机的负荷分配比例来调节，若某并联柴油机承担的负荷小，则应调小该机的 δ_2 数值。

b. 杠杆式 PGA 型调速器的外部无调节机构。若需调节 δ_2 值，可打开调速器顶盖，旋松速度降凸轮(图 4－94 中 23)的锁紧螺钉，则速度降凸轮可沿支点销上的槽道移动。若将速度降凸轮沿槽道向右滑动，即朝向动力活塞尾杆 18 的方向移动，则 δ_2 值增大；反方向移动则 δ_2 值减小。若使凸轮中心线与支点销中心线重合，则 δ_2 值为零。注意不得使速度降凸轮移动超过 $\delta_2=0$ 的位置，因为这样会出现负的稳定调速率而导致调速器动作非常不稳定。这些调速器中 δ_2 的调节范围在 0～12%。

机械调速器的稳定调速率与其结构参数有关，除非更换调速弹簧(刚度)或飞重等零件，一般不可调整。若将调速弹簧换用刚度小者，则其 δ_2 变小，准确性提高，而稳定性将降低。

(2)稳定性调节

为保证调速过程稳定，液压调速器中设有反馈系统。一般在调速器换新或修理后应对反馈系统进行综合调节，以获得尽可能小的瞬时调速率 δ_1 和尽可能短的稳定时间 t_s。

反馈系统的调节主要有两个环节(参见图 4－93)。一是扳动反馈指针 46，来改变反馈杠杆 45 的活动支点 47 的位置，从而调节反馈行程大小。二是调节补偿针阀 31 的开度，以调节反馈速度的快慢。若反馈指针的位置和补偿针阀的开度调节正确，则控制滑阀 36 提前复位后，在飞重和小反馈活塞 30 的复位过程中，控制滑阀 36 在中央位置上一直保持不动。此时调速器的瞬时调速率 δ_1 和稳定时间 t_s 均符合有关规定，调速器稳定性良好。

若将反馈指针指向“最大”位置，反馈行程过大，则控制滑阀 36 会过早提前复位而导致供油量调节不足(负荷增大时油量增加不足，或负荷降低时油量减少不足)，柴油机转速波动幅度大。反之若将反馈指针指向“最小”位置，反馈行程过小，导致供油量调节过度。这两种情况使调速器产生严重的速度波动，稳定性变差。

若补偿针阀开得过大，就会失去节流作用，反馈动作将无法到达小反馈活塞 30，使反馈作用过分减弱，导致供油量调节过度。反之若将针阀开得过小甚至关闭，反馈作用将过分增强，导致供油量调节不足，转速恢复时间长，即稳定时间 t_s 过长。

由上可见，调速器的稳定性调节，应同时调节反馈指针的位置和补偿针阀的开度。其原则是在尽可能小的反馈指针刻度下，保证针阀开度符合相应说明书的要求。如 UG－40 型调速器要求 1/4～1/2 转；UG－8 型调速器要求 1/2～3/4 转；PGA 型调速器要求 1/16～2 转。应注意在任何情况下均不得将补偿针阀全部关死。

以 UG 型调速器为例来说明稳定性调节步骤。

①调节前的准备。使柴油机无负荷下空车运转，此时须有专人掌握燃油杆，以备人工切断供油。待柴油机转速和调速器滑油温度上升到正常值时，方能开始调节。

②调速器滑油驱气。将反馈指针置最大位置，补偿针阀旋出几转，使柴油机处于游车状态。松开调速器上之透气塞，使柴油机转速波动 1～1.5 min，此时调速器各油路中的空气将从放气塞泄出，直至空气全部排光后上紧放气塞。

③无负荷调整。将反馈指针置于刻度 3，人为使柴油机转速波动并逐渐关小补偿针阀 31，直至转速波动刚好消失为止，检查此时针阀的开度。可先将针阀慢慢地完全关死，然后再返回原来的位置，记住转动的圈数是否符合要求。若开度符合说明书规定，则调整便完成。

若调节中波动不停或开度不符合规定要求，则说明反馈不足，应将反馈指针向“最大”方向增加两格，重复上面的调节。若反馈指针达到 7 格时还不稳定，则应调节速度降机构，适当增大静速差(即增大稳定调速率)，再重复调节直至满意。

通过上述调节，转速波动会很快停止。如果针阀开度合乎要求，就可继续试验在各种转速下柴油机能否在转速一旦波动后就会迅速停止。如果达到满意，则无负荷反馈调节即告完成。

④有负荷调整。有时在无负荷时反馈调节已认为满意，但在有负荷时可能又出现转速波动。故还需进行有负荷调整。

有负荷调整就是使柴油机承受负荷，在所需的各种转速下，检查调速器的稳定性。调整步骤与无负荷时相同。通常只需对反馈指针或补偿针阀稍作调节即可达到满意的调节。

调整完毕后，记下反馈指针位置、针阀开度和速度降的数值。反馈指针的位置应锁紧，不要随便移动。当清洗调速器、更换滑油时，只需重新调整针阀的开度即可，一般无需改动反馈指针的位置。

PGA 型调速器无反馈指针，故其稳定性调节较约简单，只需从全开针阀到逐步关小针阀来调节即可，最后仍需使针阀开度符合 1/16 ~ 2 转的要求。应尽量使针阀有较大的开度以保证调速器调节迅速。若在针阀几乎关死情况下仍不能恢复到稳定运转，则可换用一个刚度较大的阻尼弹簧(图 4 – 94 中阻尼活塞 12 处）。

(3)速度设定的调节

PGA 调速器的速度设定调节主要包括气动低速设定值调节，控制空气压力与相应转速范围调节，以及手动设定旋钮的最高转速调节。

①调整前的准备

启动柴油机，使调速器滑油油温达到正常。

a. 若调速器装置有停车电磁阀或压力停车装置，应使它们脱开，处于不致使柴油机停车之状态。

b. 逆时针转动手动速度调节旋钮 54(参见图 4 – 94)，直到最低转速为止(出现滑动)。

c. 调整手动高速停车调节螺钉 49 的上端与 T 形速度设定螺丝 47 的顶部平齐。

d. 调整活塞止动调节螺钉 26，使其在速度设定油缸 28 顶部伸出长度达 13 m 左右。

②气动低速设定值调节

a. 接通控制空气，并调至与所要求的低转速(空车)相对应的最低空气压力值。

b. 逆时针转动速度设定螺帽 48，直至在最低控制空气压力下达到所要求的低速。

③控制空气压力及其相应的调速范围的调节

a. 缓慢增加控制空气压力，直至所需的最大压力值(应注意防止超速飞车)。若控制空气压力在达到最大值前，柴油机已达到所要求的高速，则应向速度设定油缸 28 方向移动可调支点架 41。若相反，控制空气压力已达到最大值而柴油机尚未达到要求的高速，则向相反方向移动可调支点架 41。

必须注意,在进行此项调节之后应重新调整低速设定值。

b. 控制空气压力达到最大值，使柴油机稳定运转。顺时针转动限制阀调节螺钉 37，使柴油机转速刚刚开始下降，然后再逆时针转动螺钉 37 约 1/4 ~ 1/2 转，并将其锁紧，防止超速。

c. 控制空气压力降至最低值，顺时针转动活塞止动调节螺钉 26 直至刚接触伺服活塞为止。然后再逆时针返回 3 转，并锁紧。这样，在柴油机启动时能迅速打开油门，以减少启动时间。

④手动转速设定的最大转速设定值调节

a. 关闭控制空气，顺时针转动手动转速设定旋钮 54，使柴油机达到所要求的高转速。

b. 顺时针转动手动高速停车调整螺钉 49，直至其刚好与高速停车销 51 接触。

然后，应将手动设定旋钮 54 逆时针转到最低速度位置处，以恢复气动速度设定控制。

二、电子调速器

电子调速器是一种电子控制系统。凡转速感测元件或执行机构采用电气方式的调速器，通称为电子调速器。它不使用机械机构，动作灵敏、响应速度快，响应时间只有液压调速器的 1/10 ~ 1/2；动态与静态精度高；无调速器驱动机构，装置简单、安装方便；便于实现数字化、遥控与自动控制，是近代发展起来的精密调速器，已在许多数新型船用柴油机上应用。

电子调速器还能采用双脉冲调节，即将转速变化信号和负载变化信号这样两种单脉冲信号叠加起来以调节燃油量。此种调速器亦称频载调速器。双脉冲调速器能在负载一有变动而转速尚未明显变化之前就开始调节供油量，所以有很高的调节精度，适于对供电要求特别高的 柴油发电机组。

（一）电子调速器的种类

电子调速器通常有三种类型。

1. 全电子调速器

信号感测与执行机构均采用电气方式的调速器。此类电子调速器工作能力较小，多用于小型柴油机。如海因茨曼电子调速器、Woodward 8290 型电子调速器等。

2. 电 – 液或电 – 气式调速器

信号感测采用电子式，而执行机构采用液压或气力式的调速器。此类调速器的伺服执行器工作能力较大，可满足各种柴油机的使用要求。如 Woodward 2301 型电子调速器，其执行机构使用 EG3P 型液压伺服器；而 DG – 8800 型数字式调速器其执行机构采用气压式。

3. 液 – 电双脉冲调速器

在普通的液压调速器上加装电子式负载信号感测装置。此类调速器的特点是当电子部分发生故障时，可自动转为液压调速器工作。国产 TYD – 4 型调速器即为此类调速器。

（二）电子调速器的基本组成

图 4 – 100 所示为双脉冲电子调速器的基本组成。图中 3 为磁电式转速传感器，用于监测柴机转速的变化，并按比例转换成交流电压输出。负荷传感器 5 监测柴油机负荷（如电流、电压、相位）的变化，并按比例转换成直流电压输出。

速度控制单元 6 是电子调速器的核心，它接受来自转速传感器和负荷传感器的输出电压信号，并按比例转换成直流电压后与转速设定电位器 7 的设定转速（电压）进行比较，并将比较后的差值作为控制信号输出送往执行机构 1。执行机构则根据输入的控制信号以电子方式或液压方式拉动柴油机的油量调节机构进行调速动作。

（三）电子调速器工作原理

柴油机稳定运行时，其工作转速转速与转速设定电位器 7 的设定转速相等。转速传感器 3 的输出电压作为负值信号在速度控制单元 6 内与正值的设定转速电压信号相互抵消。此时速度控制单元 6 输往执行机构 1 的控制电压信号使执机构的输出轴保持静止不动，柴油机供油量固定，转速稳定。

若柴油机的负荷增加，首先负荷传感器5的输出电压发生变化，此后转速传感器的输出电也相应变化(数值降低)。此两种降低的脉冲信号在速度控制单元6内与设定转速(电压)比较，并输出正值电压信号，机构中使其输出轴向加油方向转动，以增加柴油机的供油量。

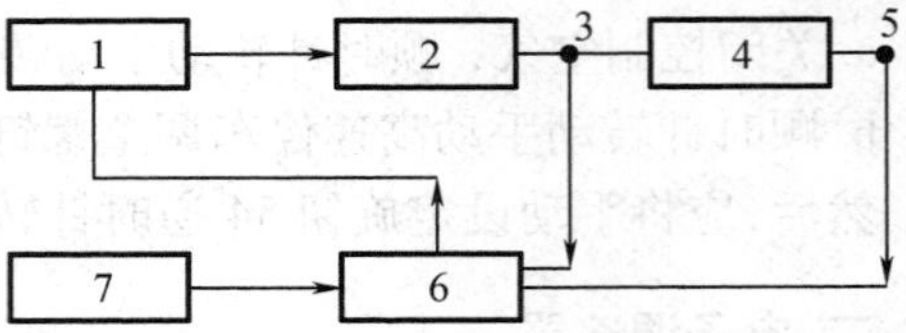

图4-100　双脉冲电子调速器的组成框图

1—执行机构;2—柴油机;3—转速传感器;4—柴油机在执行负载;5—负荷传感器;6—速度控制单元;7—转速设定电位器

类似地，若柴油机负荷降低，转速升高，则传感器的负值信号数值将大于转速设定电压的正值信号数值，控制单元输出为负值电压信号，使执行机构输出轴向减油方向转动，以减少柴油机的供油量。

(四)MAN B&W ME-B型柴油机的转速控制

当驾驶台或集控室的车钟发生主机转速指令,通过转速协调器进行调制,按照主机的运行参数和本身特性参数对车钟的转速指令进行调制:如稳速过程,停车减速过程,最小转速、最大转速、定速航行过程,紧急停车指令、故障减速、轴带发电机、启动时的等速速率加率、负荷程序、临界转速回避、转速微调等,这时车令的发送是不一样的,按照对应的设定程序发送车令,然后,这个车令与主机实际转速信号进行比较,得到偏差值,送到转速调节器(Governor)进行比例积分微分调节或智能控制算法进行计算处理。所得的信号,经过主机性能指标的限制器进行相应限制,不超过限制值,把现结果输出作为当时燃油量的给定值,若超过限制值,只能以限制值输出作为当时燃油量的给定值指令,送到汽缸控制单元(CCU),由它控制FIVA的比例阀,实现燃油量控制,使主机转速跟随车令的要求,ME系列机型的调速控制器功能被集成在主机控制单元(ECU)中,图4-101就是主机控制单元(ECU)实现调速器(Governor)功能的操作界面图。

三、调速器的管理

对调速器进行调整检查时，为防止某些控制机构失控而导致运转中的柴油机超速或飞车(转速失去控制而急剧上升，超过最高允许转速并达到危险程度)，应备好柴油机的应急停车装置。调速器的管理应遵循说明书上的规定。

(一)正确选择调速器滑油

应按说明书规定选择调速器滑油。调速器滑油既是润滑油又作为液压油，必须满足下述要求:

(1)具有适当的黏度和黏度指数，以保证在整个工作温度范围内(通常60~93 ℃)黏度变化符合下列要求:赛氏黏度为100(或50)~300 s，或运动黏度20~65 mm^2/s。

(2)含有适当的添加剂，以保证在上述工作温度范围内性能稳定。

(3)对密封材料(如脂橡胶、聚丙烯等)不得产生腐蚀和损坏作用。

根据上述要求，可选用黏度等级为SAE30,SAE40，质量等级为CB,CC,CD级的石油基润滑油，并应注意不同的油品不得混用。

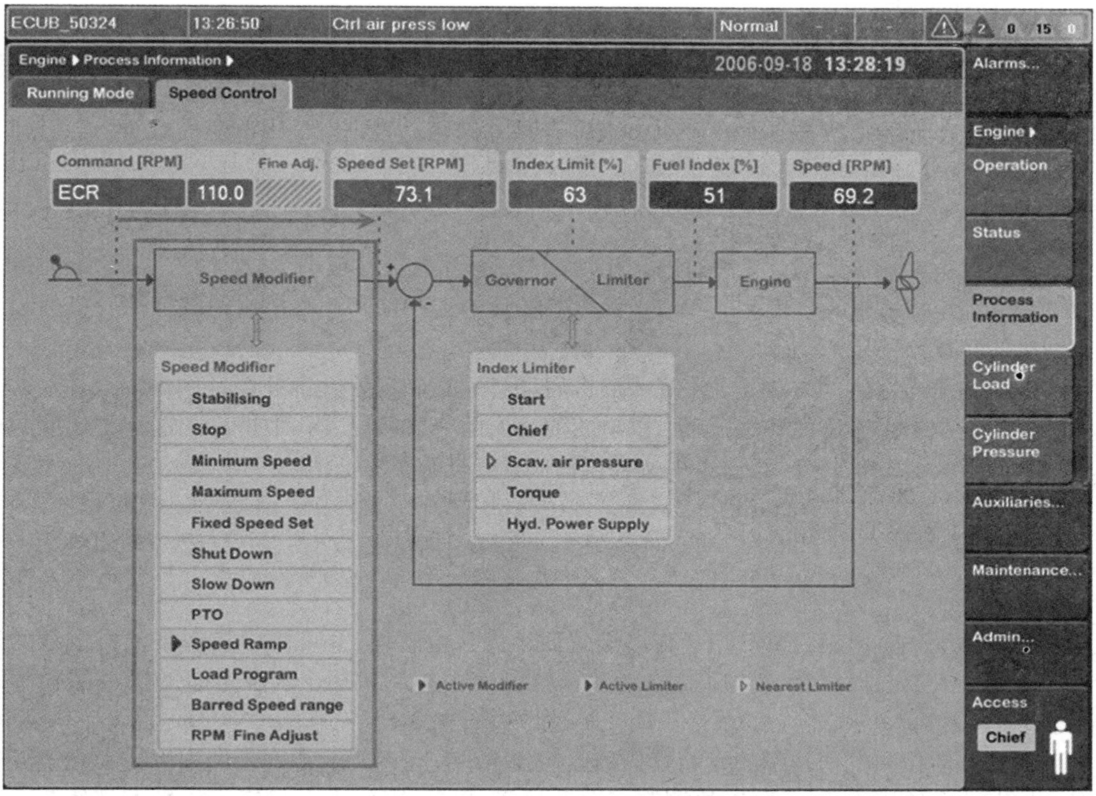

图 4-101 ME 系列机型调速器界面图

（二）防止调速器滑油高温

调速器连续工作时推荐使用油温为 60 ~ 93 ℃（在调速器外壳下部外表面处测量）。实际油温还约高 6 ℃。

油温过高，使调速器稳定性不好，且也易引起滑油氧化变质，从而在调速器的零部件上产生浸渍或沉渣。为防止其氧化变质，应降低滑油的工作温度，如采用换热器进行冷却或换用抗氧化能力高的滑油等。

（三）保证滑油清洁，防止滑油污染

调速器滑油污染原因主要有：容器脏污；滑油反复加热与冷却，引起油中凝水；以及滑油氧化变质等。

滑油污染是调速器故障的主要原因。据统计大约 50% 的故障来自滑油脏污。故应定期检查滑油质量，若滑油污染变质应及时换油。正常情况下，一般每 6 个月应换油一次。在理想工作条件下，若工作环境灰尘和水分很少且工作温度处于正常范围，则换油周期可延长至 2 年或更长些。

若不允许将调速器从柴油机上拆下，则应在油热的时候及时将旧油从放油孔中排掉，再充入清洁的轻柴油，将补偿针阀打开两转以上，启动柴油机让调速器波动 30 s 以自行清洗。然后停车并把清洁用的轻柴油放净，注入新滑油至规定油位，并调整好补偿针阀。

为保证清洗用的轻柴油能全部放掉，在柴油机短时间运转后，可将新换的滑油再放掉，然后再注入新油。

(四)保证调速器滑油的液位正常

调速器工作时，其油位应保持在油位玻璃表的刻线之间，不得过高或过低。若液位下降过快，则表明调速器有漏油或渗油，应即查找并修理。否则滑油因漏泄而减少，会引起调速器咬死、柴油机飞车等事故。

(五)调速器内部油道驱气

调速器拆检或装配后，其油道内会掺混空气;运行中若管理不当(如油位过低)，油道内也会混入空气。油道内有空气存在，会影响油流的连续性和补偿作用的敏感性。将引起柴油机的转速不稳定。

排除油道内空气的方法是，先将柴油机启动怠速运转，然后将补偿针阀旋出几圈，人为使柴油机产生大幅度的转速波动，以迫使油道内的空气从出气孔中挤出。这种大幅度游车至少应持续 2 min，然后再慢慢关小补偿针阀，直至游车完全消除。

四、操作系统工作分析

(一)概述

操纵系统是将启动、换向、调速等各装置联结成一个整体,并可集中控制柴油机运行的机构。轮机人员在操纵台前，通过控制系统就可集中控制机组，以满足船舶操纵的各种要求。

随着自动化和电子技术的发展及各种遥控技术的广泛应用，特别是计算机技术和微处理机越来越多地用于主机遥控、检测和工况监视等领域，不仅大大减轻了轮机人员的劳动强度，而且还可避免人为的操作差错，进一步提高船舶运行的安全性、操纵性和经济性。近代船舶主机遥控的技术水平日趋成熟，船舶正朝着全面自动化和智能化的方向发展。

操纵系统是船舶柴油机中最复杂的一部分，零部件多，排列复杂。遥控技术、自动化技术和计算机技术的应用，更增加了系统的复杂程度。为保证操纵系统工作可靠，它应满足下列基本要求：

(1)能迅速而准确地执行启动、换向、变速和超速保护等动作，并满足船舶规范的相应要求。

(2)有必要的连锁装置，以避免误操作和事故。

(3)有必要的监视仪表和安全保护与报警装置。

(4)操纵系统中的零部件必须灵活可靠，不易损坏。

(5)操作、调节方便，维护简单方便。

(6)便于实现遥控和自动控制。

(二)操作系统的类型

1. 按操纵部位和操纵方式分类

(1)机旁手动操纵

操纵台设在机旁，采用相应的控制机构操纵柴油机，使其满足各种运行工况的要求。

(2)机舱集控室控制

在机舱的适当位置设置专用的控制室，对柴油机的工况进行控制和监视。

(3)驾驶室控制

在驾驶室的控制台上由驾驶员直接控制柴油机运行。

机旁手动控制是整个操纵系统的基础。机舱集控室控制和驾驶室控制统称为遥控，即远距离操纵主机。遥控系统采用各种逻辑回路和自动化装置代替原有的手动操作程序。在三个部位的操纵台上均设有操纵手柄、操纵部位转换开关、应急操作按钮及显示仪表等，以便对主机进行操纵和运行状态参数的监测。尽管遥控技术已相当成熟，但仍必须保留机旁手动操纵系统，以保证对主机实施可靠控制。

2. 按遥控系统使用的能源和工质分类

(1)电动式主机遥控系统

以电作为能源，通过电动遥控装置和电动驱动机构，在遥控室对主机进行操作。

电动式遥控系统控制性能好，控制准确;信号传递不受距离的限制，有利于远距离操纵;不用油、气管路，无需油、气处理装置，不必担心漏油漏气;易于实现较高程度的自动化，是实现主机遥控的最佳途径。这种系统的管理水平要求高，需配备具有一定电子技术的较熟练的管理人员。

(2)气动式主机遥控系统

以压缩空气为能源，通过气动遥控装置和气动驱动机构对主机进行遥控。压缩空气可直接利用主机启动用的压缩空气，通过减压和净化即可取得。

气动遥控系统的信号传递范围较远，一般可达100 m以内;信号传递基本不受温度、振动、电气干扰的影响;因有管路和气压，看得见摸得着，动作可靠，维护方便，故深受轮机人员欢迎。但该系统信号传递不如电动式快，对气源的除油、除尘、除水等净化处理要求较高，否则易导致气动元件失灵。气动系统目前也趋于小型化和集成化。

(3)液力式主机遥控系统

液力式遥控系统以液压为能源。此种系统结构牢固，工作可靠，传递力较大。但因液压传动有惯性及所用油的黏度受温度的影响等，会影响传动的灵敏性和准确性，故一般限于机舱范围内应用，不适合远距离信号传递。

(4)混合式主机遥控系统

混合式遥控系统可综合利用上述各种系统的优点，如电一气混合式和电一液混合式等。即从驾驶室到机舱采用电传动，机舱系统采用气动或液压力。目前此种系统应用较广。MAN B&W S MC/MCE 柴油机的操纵系统采用电一气联合操纵系统。

(5)微型计算机控制系统

常规的遥控系统中，程序控制等功能由各种典型环节的控制回路来实现。微型计算机遥控主机，则通过计算机执行程序取代常规遥控系统的控制回路，用软件取代硬件程序。计算机系统在执行时，根据从接口输入的车令和表征主机实际运行状态的各种信息进行综合判断和运算，得出所需之控制信息，再经输出接口去控制操纵系统的执行元件，从而实现主机的换向、启动、停车和调速等操作。

这种系统的特点是用微处理机取代分立元件或集成逻辑电路元件，且体积小，功能强，扩大了逻辑功能和运算功能，增加了灵活性，可实现最佳状态和最经济性控制。计算机遥控主机系统是当代船舶向综合性自动化方向发展的目标。

通常远距离遥控系统多采用电传动，近距离则多采用液力或气力传动。目前我国远洋船队多采用全气动式及电—气混合两种形式。

(三)操纵系统的其他功能

主机遥控系统除了根据车钟指令通过各种逻辑回路和自动装置等实现主机启动、换向、调速和停车等程序操作外，还必须具有重复启动、慢转启动、负荷程序、应急停车、自动避开临界转速、故障自动减速或停车、紧急倒车等辅助功能。但柴油机的备车系统状态检查等则应由轮机人员在机舱内完成，然后再转换到遥控系统控制。

为保证操纵系统操作可靠,并保护柴油机,操纵系统还应具备必要的连锁及安全保护功能。

1. 连锁功能

(1)车钟连锁。若尚未回车钟，则无法拉动启动手柄。

(2)盘车机连锁。若盘车机未脱开，则主机不能启动。

(3)换向连锁。若换向伺服器尚未换向完毕，则启动手柄不能拉起。

(4)运转方向连锁。换向过程中当柴油机的换向与车钟手柄所指示的方向不一致时，切断燃油供给。

2. 安全保护

当下列情况出现时,停车伺服机构会自行动作使主机停车,同时给出故障报警信号:

(1)曲轴超速。

(2)主机的滑油压力过低或冷却水压力过低。

(3)涡轮增压器滑油压力过低。

(4)推力轴承温度过高。

(5)曲柄箱油雾浓度达故障状态。

(四)典型柴油机的操纵系统

1. MAN B&W MC - C 型柴油机的操纵系统

船用柴油机的操纵系统形式繁多,各具特点且大多随机型而异。下面介绍 MAN B&W MC - C 型柴油油的操纵系统的组成和特点。

(1)系统概述

MAN B&W MC - C 型柴油机的操纵系统是一种电—气联合操纵系统,如图 4 - 102 所示。它有以下几种控制方式:①集控室或驾驶台遥控。②机旁应急控制。

为了保证控制部位的转换,在机旁应急操纵台上设有遥控/机旁转换阀和应急操纵手轮,用于遥控和机舱应急操纵台的控制部位转换。

在图 4 - 102 左侧下部为控制空气供给管路。系统控制空气的气源为 0.7 MPa 的压缩空气。

分两路,一路送入排气阀作为空气弹簧气源,包括排气阀空气弹簧供气管路及止回阀 137;另一路经控制空气总阀后把控制空气送至下述控制部位:其一,经遥控/机旁转换换阀至启动、停车及正、倒车控制阀;其二,送到主启动阀控制阀;其三,送至盘车机连锁阀;其四通至 VIT 系统控制阀和高压燃油泄漏保护阀。

左侧上部为燃油控制和安全系统,主要包括燃油泵、VIT 控制机构、高压燃油泄漏保护

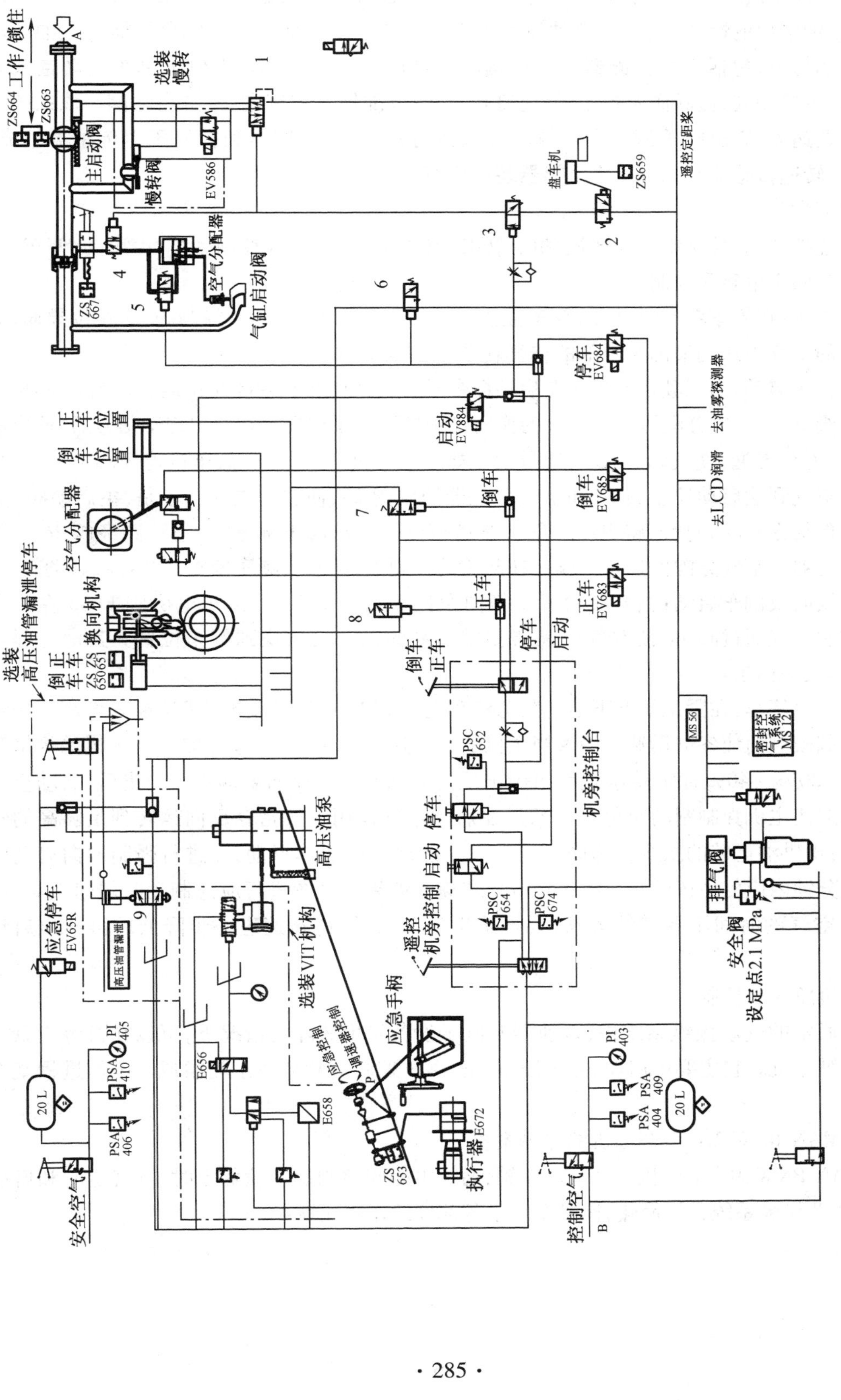

图4－102 MAN B&W MC-C型柴油机的操纵系统

阀和应急停车阀。在停车系统或安全系统工作时,压缩空气被送到喷油泵顶部的空气刺破阀,使喷油泵内的燃油“泄压”,燃油流回到燃油系统。中间部分为空气分配器和燃油凸轮换向控制部分,包括空气分配器换向机构和燃油凸轮换向机构。右侧上部为启动空气系统,包括主启动阀、慢转阀及控制阀、电磁阀、空气分配器及控制阀、汽缸启动阀。该系统设有电子调速器,它由电子调速器本体、电源、执行器、转速传感器和扫气压力传感器组成。执行器、转速传感器和扫气压力传感器装在机旁。

(2)遥控

在遥控期间,控制空气经遥控/机旁转换阀(下部导通)送入控制系统,由启动、停车、正车和倒车四个电磁阀控制。

①停车:在停车状态时,控制空气通过停车电磁阀 E682,使启动控制阀 25 左位导通,等候在此的空气被送到喷油泵顶部的空气刺破阀,切断燃油。

②正车启动:当驾驶台发出正车启动命令时,正车电磁阀 E683 左位通。控制空气通过阀 10 使空气分配器和燃油泵的换向机构换到正车位置。在给出启动信号后,使启动阀 E684 左位导通,使气动阀 33 左位导通。如果此时盘车机脱开,盘车机连锁阀 115 释放,则启动空气到达启动控制阀 27 和空气分配器控制阀 26,使它们导通。于是,主启动阀(如果配设包括慢转阀)打开、将启动空气一路送至汽缸启动阀下部等候,另一路经阀 26 送至空气分配器。空气分配器投入工作。在凸轮的控制下,按发火顺序依次打开各缸启动阀。

③换向及倒车启动:当驾驶台发出换向及倒车启动命令时,倒车电磁阀 E685 左位导通。控制空气通过阀 11 使空气分配器和燃油泵的换向机构换到倒车位置。其他过程与“正车启动”相同。

④紧急停车:在紧急情况下通过紧急停车电磁 127,可将压缩空气迅速通入各高压油泵的空气刺破阀而使各缸迅速停油。当主机的转速降低到“换向转速”(取决于主机的规格和船型,在 20% ~40% 标定转速)后,可给出反向启动指令。反向启动指令给出后,启动空气进入汽缸使主机强制制动至停车。然后在启动空气作用下按指令反向运转到足够高的转速,再给出供油运转的指令。为防止可能发生的严重的船体振动,在进行强制换向启动的最初几分钟内应使主机的转速维持在较低转速。如果在试图进行应急制动时船速太高,给出启动空气的时间不要持续太长,要再给出停车信号,待转速进一步降低后再给出启动信号。

⑤机舱应急控制

在通常的气动操纵系统中,调速器及电子设备发生故障的情况下,可以在机旁应急控制台操纵主机。它主要由启动、停车按钮,正、倒车控制阀和应急手轮组成。工作过程基本同前。

2. MAN B&W ME 型柴油机的操纵系统

MAN B&W ME 柴油机取消了凸轮轴,通过电磁阀控制燃油喷射定时、排气定时和启动定时,因此操纵系统大为简化,操纵系统中各部件的作用如表 4 -7 所示。

表 4-7　ME 操纵系统各部件作用

序号	作用
阀 1	控制空气进口截止阀
压力开关 2	控制空气入口压力监视传感器
压力开关 3	完车空气压力监测传感器
压力表 4	显示控制空气压力
气瓶 5	气瓶 5
阀 6	球阀用于气瓶放残阀
阀 10	截止阀排气阀空气空气弹簧供气阀
压力开关 11	排气阀空气弹簧供气压力监测传感器
阀 20	盘车机——启动连锁阀
限位开关 28	盘车机脱开位置显示
限位开关 29	盘车机啮合位置显示
阀 30	控制主启动阀的电磁阀(首选)
阀 32	备有控制主启动阀的电磁阀(备用)
阀 34	双向止回阀
阀 35	控制主启动阀打开与关闭
阀 36	慢转电磁阀
阀 37	控制慢转电磁阀打开与关闭
限位开关 38	显示主启动阀关闭状态
限位开关 39	显示主启动阀打开状态
限位开关 40	主启动阀启动空气入口压力监测(主)
限位开关 41	主启动阀启动空气入口压力监测(备用)
阀 51	汽缸启动电磁阀(信号来自于 CCU)
限位开关 58	去汽缸启动阀的先导空气接通显示
限位开关 59	去汽缸启动阀的先导空气关闭显示

(1)ME 柴油机操纵系统的气路

气动操纵系统气源有两种,启动空气压力为 3.0 MPa,控制空气 0.7 MPa。从控制空气瓶出来的控制空气分为两路,一路到阀 37 和 35 等待,另一路经盘车连锁阀 20 至阀 36 和阀 30、32 等待。

(2)ME 柴油机操纵系统的主要功能

①启动控制

包括正常启动和慢转启动。正常启动时,计算机送出的信号使得主启动电磁阀 30 或备用电磁阀 32 受控,控制空气经双向止回阀 34 后送至阀 35 的控制端,使阀 35 工作在左位,进而控制主启动阀的开启。同时慢转启动电磁阀 36 也受控,控制空气经 36 的上位后使阀 37 工作在左位,等待的空气控制慢转启动阀开启。慢转启动时,仅慢转启动电磁阀 36 受控,控制空气经慢转启动电磁阀 36 的上位使阀 37 工作在左位,控制慢转启动电磁阀的开启。

②阀 20 用来实现盘车机启动连锁。

③阀 10 和 15 用来向排气阀空气弹簧装置供控制空气,压力开关 11 用于低压报警。

④与 MC 柴油机操纵系统相比,ME 操纵系统简化了很多功能,主要区别在于:

a. 没有安全空气,停油(包括应急停车故障自动停车)由 ELFI 电磁阀控制燃油升压器(又称高压油泵)实现;

b. 没有空气分配器,由计算机通过电磁阀实现启动控制:

c. 没有正车、倒车控制电磁阀,由计算机通过对 ELFI 电磁阀的定时控制实现换向控制;

d. 没有 VIT 执行机构。

(3)机旁操作

操作系统图的中部示出了的机旁控制台应急操作模块,当遥控系统有故障时,转换到机旁操作。